21 世纪全国本科院校电气信息类创新型应用人才培养规划教材

信号与线性系统

主　编　朱明旱
参　编　叶　华　刘尘尘

内 容 简 介

本书系统地讨论了信号与系统的基本理论和基本方法，共分为8章，主要内容包括信号与系统的基本概念，连续系统的时域分析，离散系统的时域分析，连续信号与系统的频域分析，离散信号与系统的频域分析，连续系统的s域分析，离散系统的z域分析，系统的状态变量分析。本书条理清晰，深入浅出，配有大量实例，便于自学。

本书可作为高等学校通信工程、电子电气工程、计算机工程、自动控制工程等专业信号与系统课程的教材，也作为相关专业、相关领域的科技工作者的参考书，还可作为一本考研的辅导书。

图书在版编目(CIP)数据

信号与线性系统/朱明旱主编. —北京：北京大学出版社，2013.7

(21世纪全国本科院校电气信息类创新型应用人才培养规划教材)

ISBN 978-7-301-22776-3

Ⅰ.①信… Ⅱ.①朱… Ⅲ.①信号理论—高等学校—教材②线性系统—高等学校—教材 Ⅳ.①TN911.6

中国版本图书馆CIP数据核字（2013）第148340号

书　　名：信号与线性系统

著作责任者：朱明旱　主编

策 划 编 辑：程志强

责 任 编 辑：程志强

标 准 书 号：ISBN 978-7-301-22776-3/TN · 0099

出 版 发 行：北京大学出版社

地　　址：北京市海淀区成府路205号　100871

网　　址：http://www.pup.cn　新浪官方微博：@北京大学出版社

电 子 信 箱：pup_6@163.com

电　　话：邮购部62752015　发行部62750672　编辑部62750667　出版部62754962

印　刷　者：北京鑫海金澳胶印有限公司

经　销　者：新华书店

787毫米×1092毫米　16开本　16.5印张　384千字

2013年7月第1版　2013年7月第1次印刷

定　　价：33.00元

前　　言

在通信、自动控制、信号与信息处理、电路与系统等领域，信号与线性系统是基本的研究对象。在过去的几十年中，信号与线性系统的研究取得了重要的进展，并形成了相当完整和成熟的理论。信号与线性系统中所涉及的许多概念、方法、原理和结论，对于通信系统、数字滤波、最优控制、随机控制、计算机控制等都有重要的作用，是学习这些课程必不可少的基础。基于此，国内外很多大学都毫不例外地将信号与线性系统作为通信工程、电子电气工程、计算机工程、自动控制工程等专业的主干基础课，并将它作为研究生入学考试的专业课程之一。

本书以大学本科理工科学生为主要读者对象，系统地阐述了处理信号和分析线性系统的基本方法。在内容的选取上，本书根据少而精的原则论述了信号与线性系统的基本概念、基本方法和基本理论。全书牢牢地把握信号处理与线性系统分析这条主线，分别对连续和离散情况、时域法和变换法进行了介绍，既注意了连续和离散、时域法和变换法之间的内在联系，又保持了它们之间的相对独立，使读者在阅读本书的过程中，既能感到新知识的不断拓展，又能体会到旧知识的不断巩固，从而高效地掌握本课程的知识。

全书共分为 8 章：第 1 章信号与系统的基本概念，主要介绍了和信号与系统分析相关的基本概念和运算，是信号与线性系统理论的基础的总括；第 2 章连续系统的时域分析，主要讲述了时域里分析连续系统的响应和特性的方法，以及运用卷积积分运算求解连续系统零状态响应的方法；第 3 章离散系统的时域分析，主要讲述了时域里分析离散系统响应和特性的方法，以及运用卷积和运算求解 LTI 离散系统零状态响应的方法；第 4 章连续信号与系统的频域分析，主要介绍了分析连续信号频率特性和连续系统的频率响应的方法；第 5 章离散信号与系统的频域分析，主要介绍了分析离散信号频率特性和离散系统的频率响应的方法；第 6 章连续系统的 s 域分析，主要介绍了运用拉普拉斯变换法分析连续系统响应和特性的方法；第 7 章离散系统的 z 域分析，主要介绍了运用 z 变换法分析离散系统响应和特性的方法；第 8 章系统的状态变量分析，初步地介绍了运用状态变量法分析连续和离散系统响应及稳定性的方法。

本书的知识脉络非常清晰，每章都有展示各知识点联系的【本章知识架构】和【本章教学目标与要求】可供授课教师教学参考，【引例】中介绍了全章的知识背景、应用和特点，用以激发读者的学习热情，同时又使读者能够迅速把握全章的实质。对于不易理解的知识点，通过【理解】和【知识要点提醒】补充必要的基础知识，引导读者使其理解程度达到一定的深度和广度。【实用小窍门】介绍了实用的解题思路和技巧，提升读者运用知识的能力。【知识联想】将相似的知识进行比较，帮助读者加强新旧知识和不同学科知识之间的整理和融合。在讲述基本理论和方法的同时，通过【拓展阅读】使读者在学习本课程的同时，思维和视野又不仅仅局限于本课程的内容。在知识内容的安排和描述上，编者力求让读者在阅读的过程中品味到虽然处理方法在变，但其最基本的原理和思维方法却始终不变，“知识”的本质内涵没变，从而可以从中体会到学习的乐趣。

编者参考了国内外的经典教材，并根据多年的教学思考，花费了一年多的时间编写本书，衷心希望本书对学习信号与线性系统的读者能够有所帮助。由于编者水平有限，书中难免有不足和疏漏之处，欢迎使用本教材的读者批评指正。若有疑问，可联系作者 E-mail：zhumh_123@163.com。

编　者

2013 年 4 月于湖南长沙

目　录

第 1 章

信号与系统的基本概念

本章知识架构

本章教学目标与要求

- 理解信号和系统的定义、信号与系统的相互关系。
- 熟悉信号的表示、分类和各类信号的特点。
- 了解常用信号的特点，掌握单位阶跃信号和单位冲激信号的性质。
- 掌握信号的相加、相乘、翻转、时移、尺度变换和混合运算等基本运算。
- 初步了解描述和分析系统的方法。
- 理解系统各特性的具体含义。

引例

人们的生产和生活都离不开信号。人们常常用信号来交流信息，传递消息或命令。系统是普遍存在的，从基本粒子到星系，从人类社会到人的思维，从无机界到有机界，从自然科学到社会科学，系统无所不在。

案例一：

我国古代人利用烽火台上的火或烟，向远方军队传递敌人入侵的消息；十字路口的红绿灯告诉人们应该停或行，这都属于光信号。当人们说话时，声波传递到他人的耳朵，使他人了解说话人的意图；铃声传达上下课的命令，这都属于声信号。电视机天线接收的电视信息以及手机接收的来电信息，这些都属于电信号。

案例二：

人们在自然科学、工程、经济、社会等许多领域中，广泛地运用系统的概念，如天体系统、生产系统、教育系统、交通系统、电力系统、通信系统(如图 1.1 所示)等。手机、电视机、计算机网等都可以看成是系统。

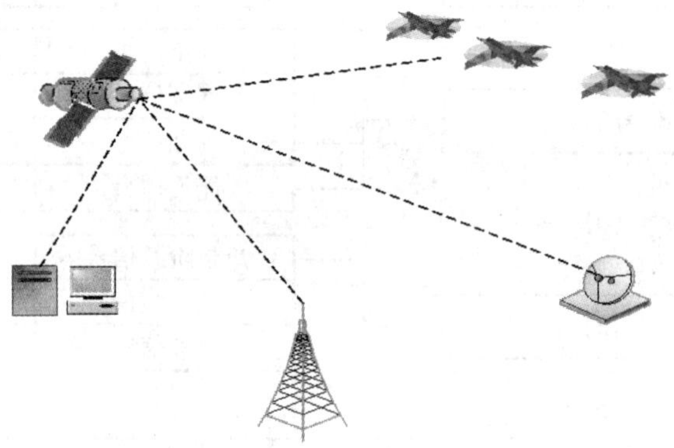

图 1.1　通信系统示意图

那么，信号和系统的准确定义是什么？怎样分类信号？怎样对其进行运算？系统有哪些特性？描述和分析系统的方法有哪些？这些都是本章所要讲授的重要内容。

1.1　信号与系统的定义

1. 信号的定义

信号是信息的表现方式，是带有信息(如语言、音乐、图像等)的随时间(或空间)变化的某种物理量，其图像称为信号的波形。

信号广泛地出现在人们的生产和生活领域中，并携带着特定的信息。我国古代人利用烽火台上的火或烟，向远方军队传递敌人入侵的消息，这里的“火”和“烟”就是信号，它所传递的“敌人入侵”就是该信号所携带的信息。在现代社会中，语言、音乐、图像等往往先变换为电流、电压、电磁波或光，然后再通过电缆、空间或光缆传输给对方。这些物理量(电流、电压、电磁波或光)都是信号，常被称为电信号、光信号，它们携带着特定的语言、音乐、图像等信息。

为了运用数学工具对信号进行分析，需要先对信号的特点或变化规律进行描述。信号一般可用包含一个或多个变量的函数来描述。在电路中，信号通常是随时间变化的电压或电流，这类信号可用随时间变化的一维函数来描述，即信号是变量 t 的函数 $f(t)$。一幅图像的灰度，可用随空间坐标 (x, y) 变化的二维函数 $f(x, y)$ 来描述。一段视频序列图像的灰度，则可用随时间 t 和空间坐标 (x, y) 变化的三维函数 $f(x, y, t)$ 来描述。

由于信号常用函数来描述，在以后讨论信号的有关问题时，“信号”与“函数”两词常不加区别互相通用。本书所讨论的信号，主要是一维信号。

2. 系统的定义

系统是由若干个相互作用和相互依赖的事物组成的具有特定功能的整体。这些事物可能是一些个体、元件、零件，也可能本身就是一个子系统。

企业家可将企业的原材料消耗、工资的支付额、产品的数量、产品的销售额的关系看成经济系统，研究如何获得最大利润。生理学家将人体的骨、软骨、关节和骨骼肌组成的整体看成人体的运动系统，研究它们对人体的支撑和保护作用，以及产生运动的机理。地球系统科学把地球看成一个由地核、地幔、岩石圈、水圈、大气圈、生物圈和行星组成的系统，研究各组成部分之间的相互作用，解释地球的动力和演化。

在分析系统属性时，人们常常不关心它的内部细节，而是将其抽象为理想的模型，以便揭示系统的主要性能，如经济学家用循环流量图模型来研究经济参与者如何相互交易；生物教师用塑料人体模型来讲授基础解剖学；电工教师在分析电路时，常常认为电阻是理想的线性元件，导线的电阻为零等。虽然这些模型略去了许多细节，不包括系统各事物的每一个特征，但是研究这些模型对了解系统属性却非常有用。

系统的基本功能就是对输入信号进行“加工”、“处理”，并产生输出信号。信号与系统是紧密相连的，信号离开了系统，就无法实现“加工”、“处理”；系统没有信号，也就失去了作用。

知识联想

如果将系统当成是“硬件”，则信号便是“软件”。客观世界中的“硬件”与“软件”往往是相互依存的，如计算机的硬件和软件，人们的肉体和思想等。

图 1.2 是大家熟悉的整流滤波电路，其中输入交流电压 $u_i(t)$ 为输入信号，输出直流电压 $u_o(t)$ 为输出信号，通常输入信号也称为激励，输出信号也称为响应。变压器、整流桥、电阻 R、电容 C_1 和 C_2 组成了整流滤波电路系统。该系统的功能就是将交流电压 $u_i(t)$ 变压、整流、滤波后，变为直流电压 $u_o(t)$ 输出。

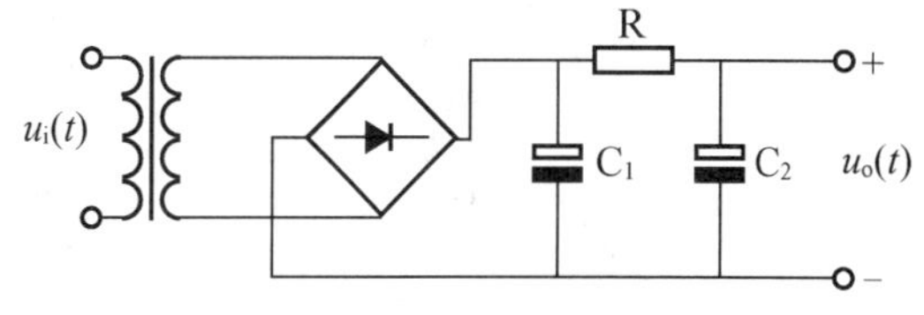

图 1.2　整流滤波电路

信号分析与系统分析是信号传输、信号处理、信号综合及系统综合的共同理论基础。本书系统地论述了信号分析与系统分析的基本理论和方法，以便为读者学习和研究通信理论、控制理论、数字图像处理和数字语音处理理论打下基础。

1.2 信号的分类

为了便于分析各信号的共性与个性，常从不同的角度对信号进行分类。大体上可将信号分为：确定信号和随机信号，连续信号和离散信号，周期信号和非周期信号，能量信号和功率信号。另外有的学者还将信号分为：偶信号和奇信号，实信号和虚信号，普通信号的奇异信号，时限信号和无时限信号，因果信号和反因果信号。

1. 确定信号和随机信号

确定信号是指可以用确定的时间函数关系式来描述的信号，对于任意指定的时刻，都有其确定的量值。如图 1.3(a)所示的正弦信号 $f(t)=\sin(\pi t)$，要确定信号 $f(t)$在任意时刻 t_0 的量值，只需将 t_0 值代入函数关系式即可，即 $f(t_0)=\sin(\pi t_0)$。

随机信号又称不确定信号，是指无法用确定的时间函数来描述的信号，如某地区的气温变化信号、上证指数走势信号等。图 1.3(b)为 2011 年 12 月 30 日的上证指数走势信号，可见该曲线无法用确定的时间函数来描述。研究随机信号要用概率、统计的方法。

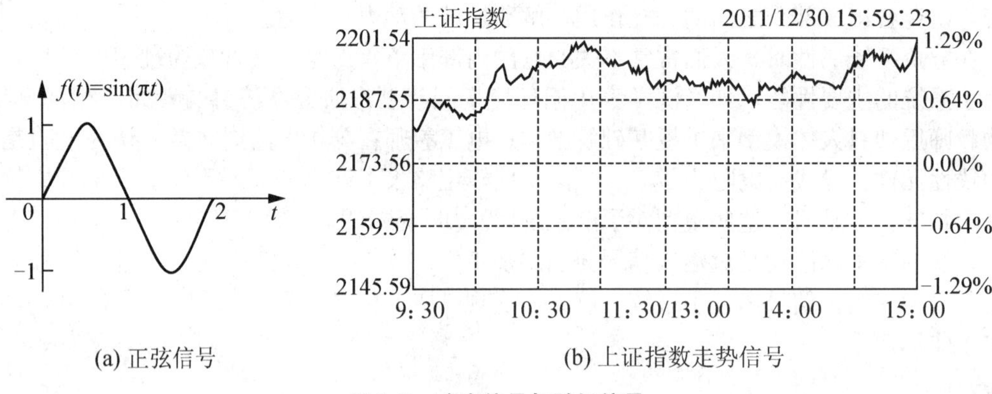

(a) 正弦信号　　(b) 上证指数走势信号

图 1.3　确定信号与随机信号

2. 连续信号和离散信号

在连续时间范围内($-\infty<t<\infty$)有定义的信号称为连续时间信号，简称连续信号。连续信号常用 $f(t)$表示，如图 1.4 所示。

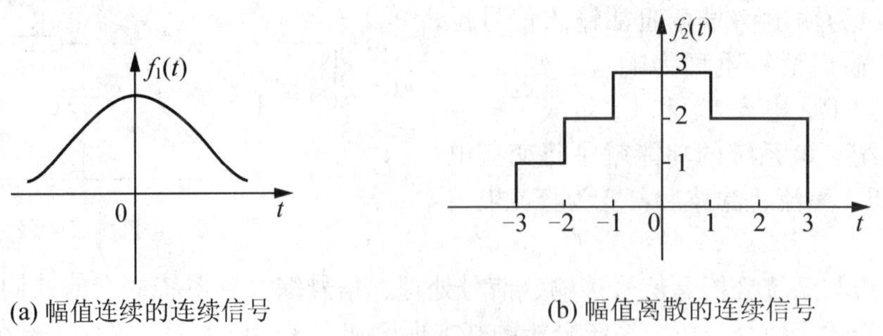

(a) 幅值连续的连续信号　　(b) 幅值离散的连续信号

图 1.4　连续信号

比较连续信号 $f_1(t)$和 $f_2(t)$，会发现同是连续信号，但两信号又有本质的不同。前

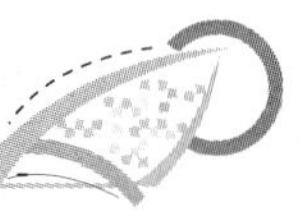

者的幅值连续，后者的幅值离散。这种幅值连续的信号又被称为模拟信号。

知识要点提醒

"幅值连续"是指对于任意时刻 t_0，当时间增量趋于0时，相应的幅值增量也趋于0，读者可参考高等数学中的"函数连续"定义。

仅在一些离散的瞬间才有定义的信号称为离散时间信号，简称离散信号。这里"离散"是指信号的定义域是离散的，如果信号是时间的 t 的函数，则该信号只在一些离散时刻有值，其余的时间均没有，常用 $f(kT)$表示。本书只讨论离散时间间隔 T 为常数的情况，为了方便，又将 $f(kT)$简记为 $f(k)$，这样的离散信号也常称为序列，如图 1.5 所示。

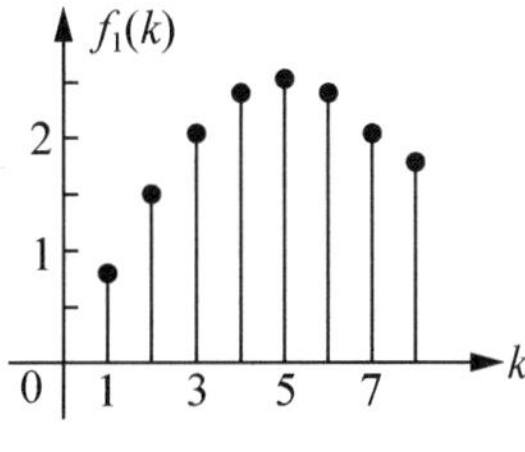

(a) 幅值连续的离散信号

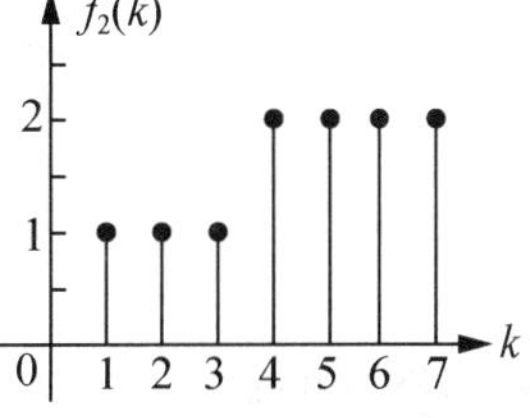

(b) 幅值离散的离散信号

图 1.5 离散信号

比较图 1.5 的离散信号 $f_1(k)$和 $f_2(k)$，会发现同是离散信号，但两信号的幅值又有本质的不同，前者的幅值为连续区间[0, 2.5]上的实数，后者的幅值只为{1.0, 2.0}这两个离散值。这种幅值离散的序列，又被称为数字信号。

理解

模拟信号经过抽样(即时间离散)，就变成了离散信号。离散信号再经过幅度量化，即幅值离散，就变成了数字信号。将模拟信号转换成离散信号的过程中，采用多大的抽样频率合适呢？这个问题将会在4.7节中阐述。

3. 周期信号和非周期信号

周期信号具有在整个时间轴上不断重复变化的特点，重复的时间间隔 T(或整数 N)称为信号的周期，如图 1.6 所示。

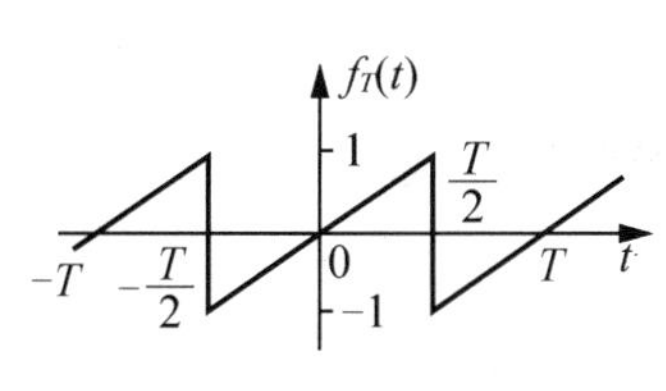

(a) 连续周期信号

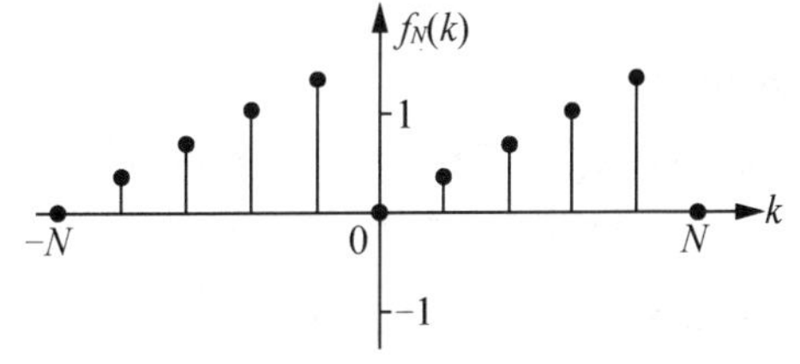

(b) 离散周期信

图 1.6 周期信号

连续周期信号满足

$$f_T(t)=f_T(t+T),\ (T>0) \tag{1-1}$$

离散周期信号满足

$$f_N(k)=f_N(k+N),\ (N>0) \tag{1-2}$$

最小的不为零的时间间隔 T(或整数 N)称为信号的基本周期。

不满足式(1-1)或式(1-2)的信号称为非周期信号。非周期信号的幅值在整个时间轴上不具有重复变化的特点，也可认为它的周期为无穷大。

对于正弦序列(或余弦序列)$f(k)=A\sin(\omega_0 k+\varphi)$，如果它为周期信号，需要满足什么具体条件呢?

根据周期信号的定义可知，若 $f(k)=A\sin(\omega_0 k+\varphi)$为周期信号，就必然能够找到整数 N，使 $f(k)=f(k+N)$成立，即

$$\begin{aligned}A\sin(\omega_0 k+\varphi)&=A\sin[\omega_0(k+N)+\varphi]\\&=A\sin(\omega_0 k+\omega_0 N+\varphi)\end{aligned}$$

若 $\omega_0 N=2n\pi$(n 为整数)，则 $f(k)$是周期信号，此时 $N=2n\pi/\omega_0$。也就是在 n 为整数的情况下，若能使 $N=2n\pi/\omega_0$ 也为整数，则 $f(k)$必是周期信号，最小正整数 N 就是 $f(k)$的周期，ω_0 为正弦序列的数字角频率，单位为 rad。

【例 1.1】 判断下列各序列是否为周期信号，如果是周期信号，确定其周期。

(1) $f_1(k)=\sin\left(\dfrac{\pi}{7}k+\dfrac{\pi}{5}\right)$ (2) $f_2(k)=\sin\left(\dfrac{1}{7}k+\dfrac{\pi}{5}\right)$ (3) $f_3(k)=\cos(3\pi k)$

解：

(1) $\omega_0=\dfrac{\pi}{7}$，$N=\dfrac{2n\pi}{\omega_0}=14n$

n 为整数时，N 也为整数，故 $f_1(k)$是周期序列。当 $n=1$ 时，对应的大于零的最小正整数 14，就是 $f_1(k)$的周期。

(2) $\omega_0=\dfrac{1}{7}$，$N=\dfrac{2n\pi}{\omega_0}=14\pi n$

n 为整数时，N 不可能为整数，它是无理数，故 $f_2(k)$不是周期序列。

(3) $\omega_0=3\pi$，$N=\dfrac{2n\pi}{\omega_0}=\dfrac{2n}{3}$

N 可取到整数，$n=3$ 时，取到非零的最小正整数 2，故 $f_3(k)$是周期序列。2 是 $f_3(k)$的周期。

实用小窍门

对于正弦序列(或余弦序列)$f(k)=A\sin(\omega_0 k+\varphi)$，若它的数字角频率 ω_0 中含有 π 的因子，该序列一定是周期序列，否则为非周期序列。想一想，为什么?

4. 能量信号和功率信号

对于连续信号 $f(t)$，在区间$(-\infty,+\infty)$的能量 E 和平均功率 P，分别为

$$E=\int_{-\infty}^{\infty}|f(t)|^2\mathrm{d}t \tag{1-3}$$

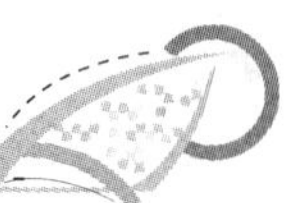

$$P=\lim_{a\to\infty}\frac{1}{2a}\int_{-a}^{a}|f(t)|^2\mathrm{d}t \tag{1-4}$$

这里的 E 和 P，并不是信号 $f(t)$ 在系统中的能量和平均功率，因为实际的能量和平均功率还与负载有关。这两个量可以用于描述信号的特性和比较信号，例如，信号不同分量的 E 和 P 表示了各分量间的相对重要性。如果 $f(t)$ 是电流信号或电压信号，此时的 E 和 P 就是它在单位电阻上的能量和平均功率。

对于离散信号 $f(k)$，在区间$(-\infty, +\infty)$的能量 E 和平均功率 P，分别为

$$E=\sum_{k=-\infty}^{\infty}|f(k)|^2 \tag{1-5}$$

$$P=\lim_{N\to\infty}\frac{1}{2N+1}\sum_{k=-N}^{N}|f(k)|^2 \tag{1-6}$$

若信号的能量 E 有界(即 $0<E<\infty$)，则称其为能量有限信号，简称能量信号。由于能量信号的能量有界，而时间为无穷长，所以它的平均功率 $P\to 0(P=E/t)$。

若信号的平均功率 P 有界(即 $0<P<\infty$)，则称其为功率有限信号，简称功率信号。由于功率信号的平均功率有界，而时间为无穷长，所以它的能量 $E\to\infty(E=Pt)$。

一个信号可以既不是能量信号，也不是功率信号，但一个信号不能既是能量信号又是功率信号。

【例 1.2】 判断下列信号哪些是能量信号，哪些是功率信号。

(1) $f_1(t)=\begin{cases}e^{-t} & t\geqslant 0\\ 0 & t<0\end{cases}$　　(2) $f(k)=3$　　(3) $f_2(t)=e^{-t}$

解：

(1) $E=\int_{-\infty}^{\infty}|f_1(t)|^2\mathrm{d}t=\int_{0}^{\infty}e^{-2t}\mathrm{d}t=\frac{1}{2}$

由于 $0<E<\infty$，故该信号是能量信号。

(2) $E=\lim\limits_{N\to\infty}\sum\limits_{k=-N}^{N}|f(k)|^2=\lim\limits_{N\to\infty}\sum\limits_{k=-N}^{N}3^2=\lim\limits_{N\to\infty}9(2N+1)\to\infty$

$P=\lim\limits_{N\to\infty}\frac{1}{2N+1}\sum\limits_{k=-N}^{N}|f(k)|^2=\lim\limits_{N\to\infty}\frac{1}{2N+1}\sum\limits_{k=-N}^{N}3^2=\lim\limits_{N\to\infty}\frac{9(2N+1)}{(2N+1)}=9$

由于 $E\to\infty$，$0<P<\infty$，故该信号不是能量信号，而是功率信号。

(3) $E=\int_{-\infty}^{\infty}|f_2(t)|^2\mathrm{d}t=\int_{-\infty}^{\infty}e^{-2t}\mathrm{d}t=-\frac{1}{2}e^{-2t}\Big|_{-\infty}^{\infty}\to\infty$

$P=\lim\limits_{a\to\infty}\frac{1}{2a}\int_{-a}^{a}|f(t)|^2\mathrm{d}t=\frac{1}{2a}\lim\limits_{a\to\infty}\int_{-a}^{a}e^{-2t}\mathrm{d}t=\lim\limits_{a\to\infty}\frac{1}{4a}e^{2a}$

根据洛必达法则，$\lim\limits_{a\to\infty}\frac{1}{4a}e^{2a}\to\infty$，故该信号既不是能量信号，也不是功率信号。

1.3 常用的信号

本课程中常用的信号有单位阶跃信号和阶跃序列、单位冲激信号和单位序列、斜坡信号和斜坡序列、门函数信号和矩形序列。

1.3.1 单位阶跃信号和阶跃序列

1. 单位阶跃信号

单位阶跃信号常用 $\varepsilon(t)$表示，它的定义为

$$\varepsilon(t)=\begin{cases}1 & t>0\\0 & t<0\end{cases} \tag{1-7a}$$

图形如图 1.7(a)所示，该信号在 $t=0$ 时刻产生了幅度为 1 的阶跃变化。对于阶跃时刻 $t=0$ 的值，常不给出具体定义。阶跃幅度为 1，就是单位阶跃中“单位”二字的含义。

如果信号在 $t=t_0$ 时刻产生幅度为 1 的阶跃变化，该信号的定义为

$$\varepsilon(t-t_0)=\begin{cases}1 & t>t_0\\0 & t<t_0\end{cases} \tag{1-7b}$$

图形如图 1.7(b)所示(图中 $t_0>0$)。

2. 阶跃序列

阶跃序列常用 $\varepsilon(k)$表示，它的定义为

$$\varepsilon(k)=\begin{cases}1 & k\geqslant 0\\0 & k<0\end{cases} \tag{1-7c}$$

图形如图 1.7(c)所示。

如果将 $\varepsilon(k)$向右平移 k_0 单位，它的定义为

$$\varepsilon(k-k_0)=\begin{cases}1 & k\geqslant k_0\\0 & k<k_0\end{cases} \tag{1-7d}$$

图形如图 1.7(d)所示(图中 $k_0>0$)。

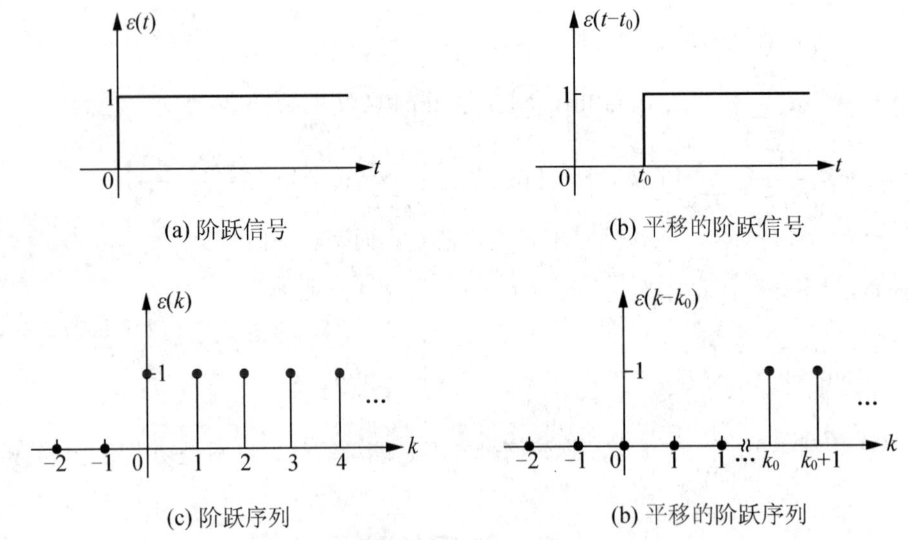

图 1.7 单位阶跃信号和阶跃序列的图形

运用单位阶跃信号和阶跃序列，可以简化分段函数信号的表达式。

【例 1.3】 信号 $f_1(t)$和 $f_2(t)$的波形如图 1.8 所示，写出用单位阶跃信号表示的表达式。

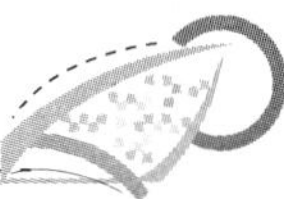

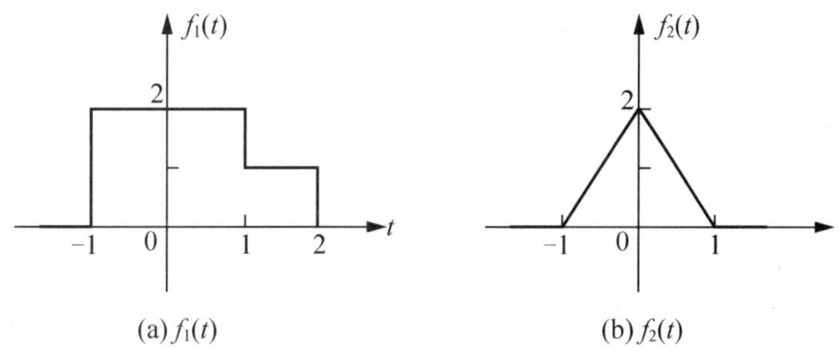

图 1.8　$f_1(t)$和 $f_2(t)$的波形

解：

(1) 图 1.8(a)中的信号 $f_1(t)$，可看成是图 1.9 所示的 3 个信号 $f_{11}(t)$、$f_{12}(t)$、$f_{13}(t)$的相加。

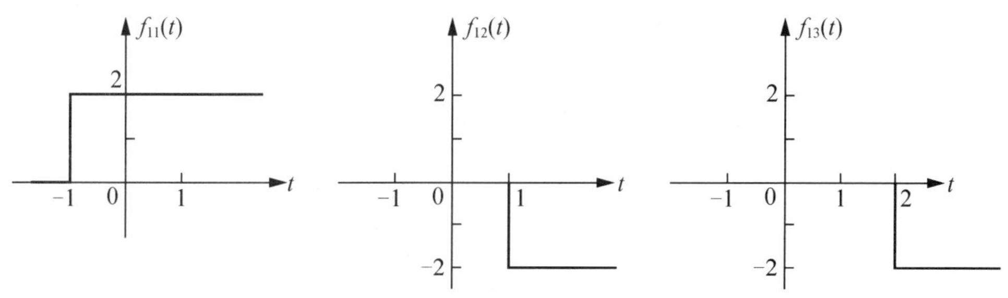

图 1.9　信号的分解

即 $f_1(t)=f_{11}(t)+f_{12}(t)+f_{13}(t)$

因为 $f_{11}(t)=2\varepsilon(t+1)$，$f_{12}(t)=-\varepsilon(t-1)$，$f_{13}(t)=-\varepsilon(t-2)$

所以 $f_1(t)=2\varepsilon(t+1)-\varepsilon(t-1)-\varepsilon(t-2)$

实用小窍门

对于如图 1.8(a)这样不断发生阶跃变化的信号，只需从左到右顺次记下各个阶跃的位置和幅度，就可得到它的表达式。在图 1.8(a)中，从左往右看，会发现在 $t=-1$ 的位置有一幅度为 2 的向上阶跃(正阶跃)，即 $2\varepsilon(t+1)$。在 $t=1$ 的位置有一个幅度为 1 的向下阶跃(负阶跃)，即$-\varepsilon(t-1)$，在 $t=2$ 的位置又有一个幅度为 1 的向下阶跃(负阶跃)，即$-\varepsilon(t-2)$，于是有 $f_1(t)=2\varepsilon(t+1)-\varepsilon(t-1)-\varepsilon(t-2)$。

(2) 图 1.8(b)中的信号 $f_2(t)$，可以看成是由图 1.10 所示的 4 个信号 $f_{21}(t)$、$f_{22}(t)$、$f_{23}(t)$、$f_{24}(t)$，经过 $f_{21}(t)\times f_{22}(t)+f_{23}(t)\times f_{24}(t)$运算形成的。

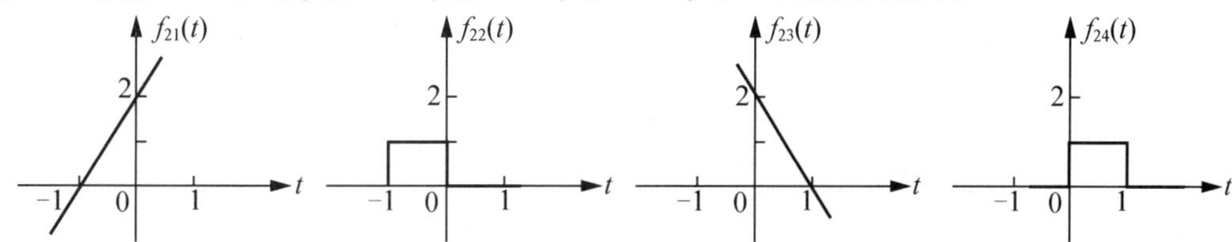

图 1.10　信号的分解

因为 $f_{21}(t)=2t+2$，$f_{22}(t)=\varepsilon(t+1)-\varepsilon(t)$，$f_{23}(t)=-2t+2$，$f_{24}(t)=\varepsilon(t)-\varepsilon(t-1)$，所以 $f_2(t)=(2t+2)[\varepsilon(t+1)-\varepsilon(t)]+(-2t+2)[\varepsilon(t)-\varepsilon(t-1)]$

1.3.2 单位冲激信号和单位序列

1. 单位冲激信号

单位冲激信号常用 $\delta(t)$ 表示，它的定义为

$$\begin{cases} \delta(t)=\begin{cases}\infty & t=0\\ 0 & t\neq 0\end{cases} \\ \int_{-\infty}^{\infty}\delta(t)\mathrm{d}t=1 \end{cases} \tag{1-8a}$$

图形如图 1.11(a)所示。式(1-8a)中，$\int_{-\infty}^{\infty}\delta(t)\mathrm{d}t=1$ 说明该冲激信号波形下的面积等于 1，这便是此处“单位”二字的含义。

如果单位冲激信号出现在 $t=t_0$ 时刻，则该信号的定义为

$$\begin{cases} \delta(t-t_0)=\begin{cases}\infty & t=t_0\\ 0 & t\neq t_0\end{cases} \\ \int_{-\infty}^{\infty}\delta(t-t_0)\mathrm{d}t=1 \end{cases} \tag{1-8b}$$

图形如图 1.11(b)所示。

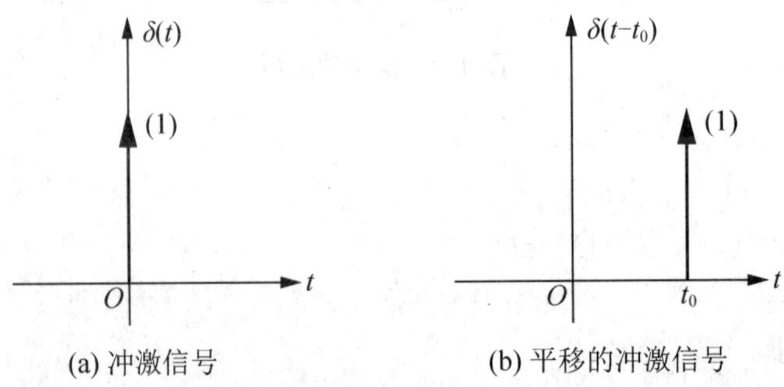

(a) 冲激信号　　(b) 平移的冲激信号

图 1.11 单位冲激信号的图形

当一个电容突然接到电压为 1V 的电池上时，如果连接导线和电池内部的电阻可以忽略不计，极短时间内流过电容的电流，就可以用单位冲激信号 $\delta(t)$ 来描述。假设图 1.12(a)的电路中电池电压为 1V，C 的电容为 1F，开关 K 在 $t=-\tau/2$ 时刻闭合，开关闭合后电容上的电压 $u_C(t)$ 是斜变的，图形如图 1.12(b)所示。

$$u_C(t)=\begin{cases} 0 & t<-\dfrac{\tau}{2} \\ \dfrac{1}{\tau}\left(t+\dfrac{\tau}{2}\right) & -\dfrac{\tau}{2}\leqslant t\leqslant\dfrac{\tau}{2} \\ 1 & t>\dfrac{\tau}{2} \end{cases}$$

则电流 $i_C(t)$ 的表达式为

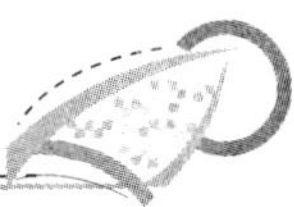

$$i_C(t)=C\frac{\mathrm{d}u_c(t)}{\mathrm{d}t}=\frac{1}{\tau}\left[\varepsilon\left(t+\frac{\tau}{2}\right)-\varepsilon\left(t-\frac{\tau}{2}\right)\right]$$

图形如图 1.12(c)所示。

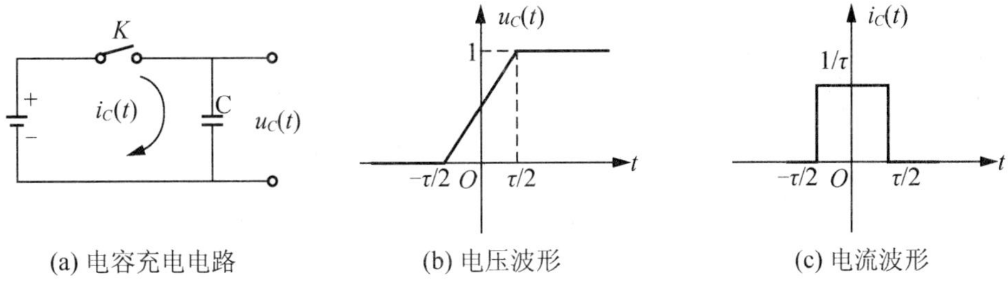

(a) 电容充电电路　　(b) 电压波形　　(c) 电流波形

图 1.12　电容充电电路与 $u_C(t)$、$i_C(t)$波形

$i_C(t)$波形下的面积为 1，当 $\tau\to 0$ 时，$u_C(t)$变成了单位阶跃电压信号，$i_C(t)$变成了单位冲激电流信号。

此外，$\delta(t)$还可看成其他信号的极限。如图 1.13 所示，信号 $p_1(t)$波形下的面积等于1，即$\int_{-\infty}^{\infty}p_1(t)\mathrm{d}t=1$。当$\tau\to 0$，信号 $p_1(t)$的幅值 $1/\tau\to\infty$。此时信号 $p_1(t)$也变成了单位冲激信号 $\delta(t)$，即

$$\delta(t)=\lim_{\tau\to 0}p_1(t) \tag{1-9}$$

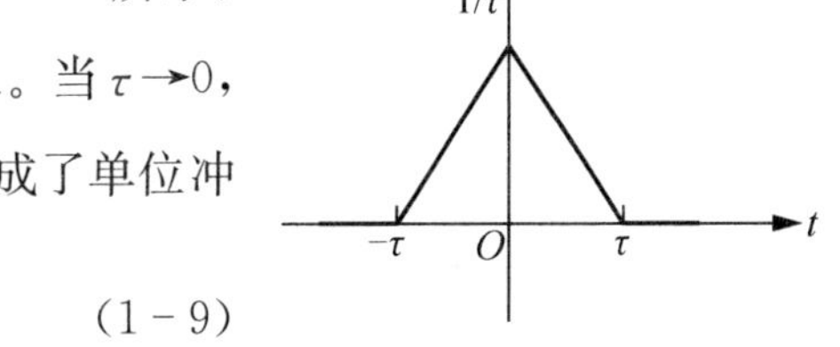

图 1.13　单位冲激信号的模型

拓展阅读

普通函数(如 $y=\mathrm{e}^x$)是将定义域内的数 x_0，经过一定的运算，映射为值域内的数 y_0。用积分定义的广义函数，则是将检验函数，经过一定的积分运算，映射成具体的数。设 $g(t)$是广义函数，$\varphi(t)$为检验函数，N_0 为 $\varphi(t)$的映射，则

$$\int_{-\infty}^{\infty}g(t)\varphi(t)\mathrm{d}t=N_0[g(t),\ \varphi(t)] \tag{1-10}$$

根据广义函数理论，如果有另一个广义函数 $\xi(t)$，它与 $\varphi(t)$经过一定的积分运算，同样也映射成了 N_0，即

$$\int_{-\infty}^{\infty}\xi(t)\varphi(t)\mathrm{d}t=N_0[\xi(t),\ \varphi(t)] \tag{1-11}$$

则这两个函数相等，即 $g(t)=\xi(t)$，称为广义函数相等原理。

单位冲激函数不是通常意义下的普通函数，即它并不是对定义域内的每一个数，都会有相应的映射。从严格意义上讲，它是用积分来定义的广义函数，即

$$\int_{-\infty}^{\infty}f(t)\delta(t)\mathrm{d}t=f(0) \tag{1-12}$$

其中 $f(t)$在 $t=0$ 处是连续的。式(1-12)所示的积分称为筛选积分(或称为单位冲激函数抽样特性)，因为 $\delta(t)$与 $f(t)$相乘后再积分筛选出了 $f(0)$值。

2. 单位序列

单位序列常用 $\delta(k)$表示，它的定义为

$$\delta(k)=\begin{cases}1 & k=0\\ 0 & k\neq 0\end{cases} \tag{1-13a}$$

图形如图 1.14(a)所示。

如果将 $\delta(k)$ 向右平移 k_0 单位，$\delta(k-k_0)$ 定义为

$$\delta(k-k_0)=\begin{cases}1 & k=k_0\\ 0 & k\neq k_0\end{cases} \tag{1-13b}$$

其图形如图 1.14(b)所示(图中 $k_0>0$)。

由于 $\delta(k-k_0)$ 只在 $k=k_0$ 时为 1，而其他位置时均为零，故有

$$f(k)\delta(k-k_0)=f(k_0)\delta(k-k_0) \tag{1-14}$$

上式也可称为 $\delta(k)$ 的取样特性。

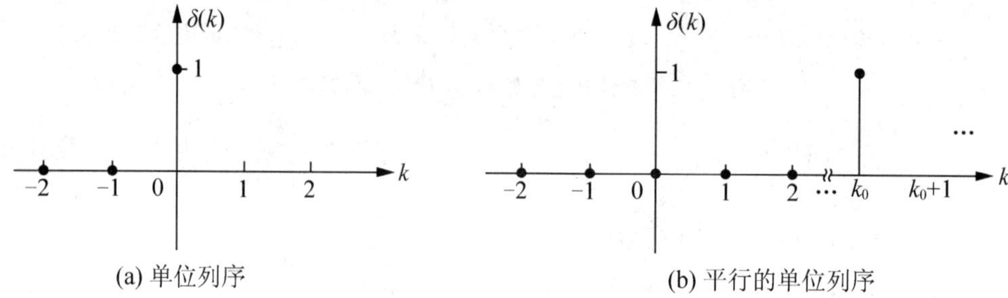

图 1.14　单位序列的图形

不难发现，单位序列 $\delta(k)$ 与单位阶跃序列 $\varepsilon(k)$ 之间的关系是

$$\delta(k)=\varepsilon(k)-\varepsilon(k-1) \tag{1-15}$$

$$\varepsilon(k)=\sum_{j=0}^{\infty}\delta(k-j) \tag{1-16a}$$

式(1-16a)中，令 $i=k-j$，则当 $j=\infty$ 时，$i=-\infty$；当 $j=0$ 时，$i=k$，故上式还可写为

$$\varepsilon(k)=\sum_{i=-\infty}^{k}\delta(i) \tag{1-16b}$$

3. $\delta(t)$ 的积分和导数

由于单位冲激函数 $\delta(t)$ 的面积全部集中在 $t=0$ 处，且为 1，所以它的积分如下。

$$\int_{-\infty}^{t}\delta(t)\mathrm{d}t=\begin{cases}1 & t>0\\ 0 & t<0\end{cases} \tag{1-17a}$$

即

$$\int_{-\infty}^{t}\delta(t)\mathrm{d}t=\varepsilon(t) \tag{1-17b}$$

单位阶跃函数 $\varepsilon(t)$ 的导数是单位冲激函数 $\delta(t)$，即

$$\delta(t)=\frac{\mathrm{d}\varepsilon(t)}{\mathrm{d}t} \tag{1-18}$$

式(1-17b)与(1-16b)相对应，式(1-18)与(1-15)相对应

知识联想

从物理意义上讲，求某个时间函数的导数就是求它相对于时间 t 的变化率。从几何意义上讲，二维空间里，一条直线的导数就是它相对于 x 轴正方向的斜率，即 $\tan\alpha$(这里 α 为该直线与 x 轴正方向的夹

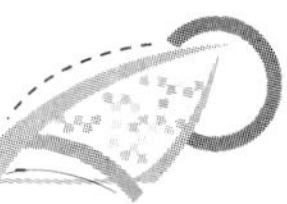

角)。根据单位阶跃函数的图形，不难发现，当 $t<0$ 和 $t>0$ 时，$\alpha=0$，斜率 $\tan\alpha=0$；当 $t=0$ 时，$\alpha=\pi/2$，$\tan\alpha\to\infty$。这也能有助于理解单位阶跃函数的导数为单位冲激函数。

单位冲激函数 $\delta(t)$的导数 $\delta'(t)$，称为冲激偶函数，它的图形如图 1.15(a)所示。为了便于理解，也可将它看成是单位冲激函数模型求导后的极限，如图 1.15(b)和图 1.15(c)所示。

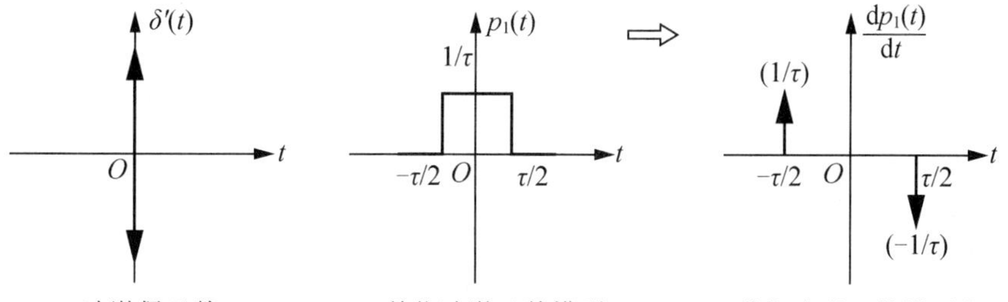

图 1.15　冲激偶函数及其模型的图形

$$\delta'(t)=\lim_{\tau\to 0}\frac{\mathrm{d}p_1(t)}{\mathrm{d}t} \tag{1-19}$$

4. $\delta(t)$的性质

1) 与普通函数的乘积

$$f(t)\delta(t)=f(0)\delta(t) \tag{1-20a}$$

$$f(t)\delta(t-t_0)=f(t_0)\delta(t-t_0) \tag{1-20b}$$

证明：将 $f(t)\delta(t)$看作广义函数，根据广义函数理论和单位冲激函数的筛选积分特性[式(1-12)]，有

$$\int_{-\infty}^{\infty}[\delta(t)f(t)]\varphi(t)\mathrm{d}t=\int_{-\infty}^{\infty}\delta(t)[f(t)\varphi(t)]\mathrm{d}t=f(0)\varphi(0)$$

另外

$$\int_{-\infty}^{\infty}[\delta(t)f(0)]\varphi(t)\mathrm{d}t=f(0)\int_{-\infty}^{\infty}[\delta(t)\varphi(t)]\mathrm{d}t=f(0)\varphi(0)$$

不难发现，广义函数 $f(t)\delta(t)$和 $f(0)\delta(t)$与 $\varphi(t)$经过一定的积分运算，映射成了相同的值 $f(0)\varphi(0)$。根据广义函数相等原理可知，式(1-20a)成立。同样的原理可证明式(1-20b)成立。

$$f(t)\delta'(t)=f(0)\delta'(t)-f'(0)\delta(t) \tag{1-21a}$$

$$f(t)\delta'(t-t_0)=f(t_0)\delta'(t-t_0)-f'(t_0)\delta(t-t_0) \tag{1-21b}$$

证明：根据导数的四则运算法则，并运用式(1-20a)，有

$$[f(t)\delta(t)]'=f'(t)\delta(t)+f(t)\delta'(t)=f'(0)\delta(t)+f(t)\delta'(t)$$

另外

$$[f(t)\delta(t)]'=[f(0)\delta(t)]'=f(0)\delta'(t)$$

所以，有 $f'(0)\delta(t)+f(t)\delta'(t)=f(0)\delta'(t)$，即 $f(t)\delta'(t)=f(0)\delta'(t)-f'(0)\delta(t)$。同样的原理可证明式(1-21b)成立。

2）抽样特性

$$\int_{-\infty}^{\infty} f(t)\delta(t)\mathrm{d}t = f(0) \tag{1-22a}$$

$$\int_{-\infty}^{\infty} f(t)\delta(t-t_0)\mathrm{d}t = f(t_0) \tag{1-22b}$$

式(1－22a)和式(1－22b)实际上是单位冲激函数的广义函数定义，不作证明。

$$\int_{-\infty}^{\infty} f(t)\delta'(t)\mathrm{d}t = -f'(0) \tag{1-23a}$$

$$\int_{-\infty}^{\infty} f(t)\delta'(t-t_0)\mathrm{d}t = -f'(t_0) \tag{1-23b}$$

证明：

$$\begin{aligned}\int_{-\infty}^{\infty} f(t)\delta'(t)\mathrm{d}t &= \int_{-\infty}^{\infty}[f(0)\delta'(t) - f'(0)\delta(t)]\mathrm{d}t = f(0)\int_{-\infty}^{\infty}\delta'(t)\mathrm{d}t - f'(0)\int_{-\infty}^{\infty}\delta(t)\mathrm{d}t \\ &= f(0)\delta(t)\Big|_{-\infty}^{\infty} - f'(0) = -f'(0)\end{aligned}$$

式(1－23a)得证，根据同样的原理可证明式(1－23b)。

另外，运用分部积分法还可以推得

$$\begin{aligned}\int_{-\infty}^{\infty} f(t)\delta^{(n)}(t)\mathrm{d}t &= f(t)\delta^{(n-1)}(t)\Big|_{-\infty}^{\infty} - \int_{-\infty}^{\infty} f'(t)\delta^{(n-1)}(t)\mathrm{d}t = (-1)\int_{-\infty}^{\infty} f'(t)\delta^{(n-1)}(t)\mathrm{d}t \\ &= f'(t)\delta^{(n-2)}(t)\Big|_{-\infty}^{\infty} + (-1)^2\int_{-\infty}^{\infty} f^{(2)}(t)\delta^{(n-2)}(t)\mathrm{d}t \\ &= (-1)^2\int_{-\infty}^{\infty} f^{(2)}(t)\delta^{(n-2)}(t)\mathrm{d}t \cdots = (-1)^{n-1}\int_{-\infty}^{\infty} f^{(n-1)}(t)\delta'(t)\mathrm{d}t = (-1)^n f^{(n)}(0)\end{aligned}$$

即

$$\int_{-\infty}^{\infty} f(t)\delta^{(n)}(t)\mathrm{d}t = (-1)^n f^{(n)}(0) \tag{1-24a}$$

同理可得

$$\int_{-\infty}^{\infty} f(t)\delta^{(n)}(t-t_0)\mathrm{d}t = (-1)^n f^{(n)}(t_0) \tag{1-24b}$$

3）尺度变换

设 a、b 为实数，且 $a \neq 0$，则有

$$\delta(at+b) = \frac{1}{|a|}\delta(t+\frac{b}{a}) \tag{1-25}$$

$$\delta'(at+b) = \frac{1}{|a|}\cdot\frac{1}{a}\delta'\left(t+\frac{b}{a}\right) \tag{1-26a}$$

$$\delta^{(n)}(at+b) = \frac{1}{|a|}\cdot\frac{1}{a^n}\delta^{(n)}\left(t+\frac{b}{a}\right) \tag{1-26b}$$

证明：

(1) 若 $a>0$，令 $at+b=x$，运用单位冲激函数的筛选积分特性有

$$\int_{-\infty}^{\infty}\delta(at+b)\varphi(t)\mathrm{d}t = \frac{1}{a}\int_{-\infty}^{\infty}\delta(x)\varphi\left(\frac{x-b}{a}\right)\mathrm{d}x = \frac{1}{a}\varphi\left(\frac{-b}{a}\right)$$

另外

$$\int_{-\infty}^{\infty}\frac{1}{a}\delta\left(t+\frac{b}{a}\right)\varphi(t)\mathrm{d}t = \frac{1}{a}\varphi\left(\frac{-b}{a}\right)$$

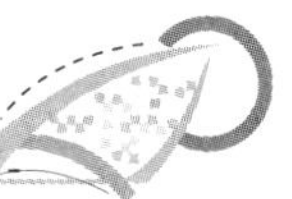

根据广义函数相等原理，有 $\delta(at+b)=\frac{1}{a}\delta\left(t+\frac{b}{a}\right)$

(2) 若 $a<0$，令 $at+b=x$，有

$$\int_{-\infty}^{\infty}\delta(at+b)\varphi(t)\mathrm{d}t=\frac{1}{a}\int_{\infty}^{-\infty}\delta(x)\varphi(\frac{x-b}{a})\mathrm{d}x=-\frac{1}{a}\int_{-\infty}^{\infty}\delta(x)\varphi\left(\frac{x-b}{a}\right)\mathrm{d}x=-\frac{1}{a}\varphi\left(\frac{-b}{a}\right)$$

另外

$$\int_{-\infty}^{\infty}-\frac{1}{a}\delta\left(t+\frac{b}{a}\right)\varphi(t)\mathrm{d}t=-\frac{1}{a}\varphi\left(\frac{-b}{a}\right)$$

根据广义函数相等原理，有 $\delta(at+b)=-\frac{1}{a}\delta\left(t+\frac{b}{a}\right)$

综合以上结论得

$$\delta(at+b)=\frac{1}{|a|}\delta\left(t+\frac{b}{a}\right)$$

同样的思路，可以证明式(1-26a)和(1-26b)，这里不再赘述。

4) 奇偶性

式(1-26b)中，若取 $a=-1$，$b=0$，则有

$$\delta^{(n)}(-t)=(-1)^n\delta^{(n)}(t) \tag{1-27}$$

当 n 为偶数时，有

$$\delta^{(n)}(-t)=\delta^{(n)}(t)$$

即 $\delta(t)$、$\delta^{(2)}(t)$、…是 t 的偶函数。

当 n 为奇数时，有

$$\delta^{(n)}(-t)=-\delta^{(n)}(t)$$

即 $\delta'(t)$、$\delta^{(3)}(t)$、…是 t 的奇函数。

理解

对于 $\delta(t)$，$\delta'(t)$的奇偶性，还可以从它们的模型(如图 1.13 和图 1.15 所示)中得到理解。另外由于偶函数的导数是奇函数，奇函数的导数是偶函数(不妨想想 $\sin t$ 各阶导数的奇偶性)，知道 $\delta(t)$为偶函数，$\delta^{(n)}(t)(n>0)$的奇偶性便很容易获知。

【例 1.4】 求下面各函数的值。

(1) $\mathrm{e}^{2t}\delta(t)$　　(2) $\int_{-\infty}^{\infty}\frac{\sin(\pi t)}{t}\delta(t)\mathrm{d}t$　　(3) $\int_{-\infty}^{t}\delta(at)\mathrm{d}t\ (a>0)$

解：

(1) 应用式(1-20a)，有 $\mathrm{e}^{2t}\delta(t)=\mathrm{e}^0\delta(t)=\delta(t)$。

(2) 应用式(1-22a)，有 $\int_{-\infty}^{\infty}\frac{\sin(\pi t)}{t}\delta(t)\mathrm{d}t=\lim_{t\to 0}\frac{\sin(\pi t)}{t}=\pi$。

(3) 应用式(1-25)和 式(1-17b)，有 $\int_{-\infty}^{t}\delta(at)\mathrm{d}t=\int_{-\infty}^{t}\frac{1}{a}\delta(t)\mathrm{d}t=\frac{1}{a}\varepsilon(t)$。

5) 复合形式

若 $f(t)=0$ 的 n 个根 $t=t_i$ 均为单根，即这 n 个根都不相等，则有

$$\delta[f(t)]=\sum_{i=1}^{n}\frac{1}{|f'(t_i)|}\delta(t-t_i)$$

例如，若 $f(t)=(t-1)(t+2)$，则有

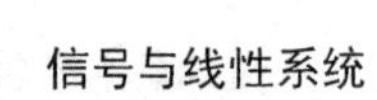

$$\delta[f(t)]=\sum_{i=1}^{n}\frac{1}{|f'(t_i)|}\delta(t-t_i)=\frac{1}{|f'(1)|}\delta(t-1)+\frac{1}{|f'(-2)|}\delta(t+2)$$
$$=\frac{1}{3}\delta(t-1)+\frac{1}{3}\delta(t+2)$$

1.3.3 斜坡信号和斜坡序列

1. 斜坡信号

斜坡信号常用 $r(t)$ 表示，它的定义为

$$r(t)=t\varepsilon(t) \tag{1-28}$$

其图形如图 1.16(a)所示。

根据单位阶跃信号与斜坡信号的定义，不难发现两者之间的关系是

$$r(t)=\int_{-\infty}^{t}\varepsilon(t)\mathrm{d}t \tag{1-29}$$

$$\varepsilon(t)=\frac{\mathrm{d}r(t)}{\mathrm{d}t} \tag{1-30}$$

2. 斜坡序列

斜坡序列常用 $r(k)$ 表示，它的定义为

$$r(k)=k\varepsilon(k) \tag{1-31}$$

其图形如图 1.16(b)所示。

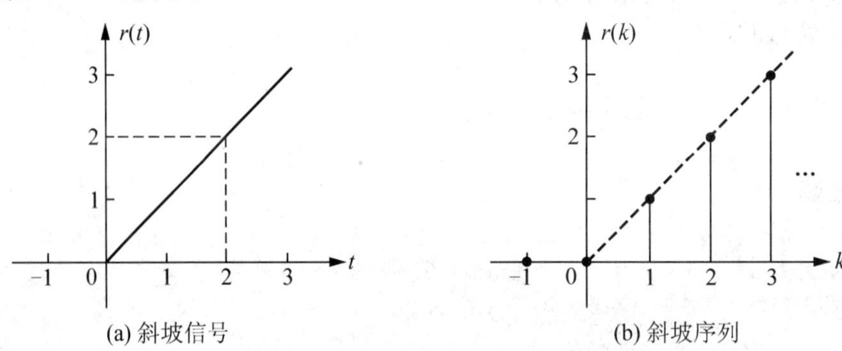

(a) 斜坡信号　(b) 斜坡序列

图 1.16　斜坡信号和序列的图形

1.3.4 门函数信号和矩形序列

1. 门函数信号

门函数信号常用 $g_\tau(t)$ 表示，它的定义为

$$g_\tau(t)=\begin{cases}1 & -\frac{\tau}{2}<t<\frac{\tau}{2}\\ 0 & t<-\frac{\tau}{2},\ t>\frac{\tau}{2}\end{cases} \tag{1-32}$$

图形如图 1.17(a)所示。

门函数信号 $g_\tau(t)$，用单位阶跃信号表达为

$$g_\tau(t)=\varepsilon\left(t+\frac{\tau}{2}\right)-\varepsilon\left(t-\frac{\tau}{2}\right) \tag{1-33}$$

2. 矩形序列

矩形序列常用$R_N(k)$表示，它的定义为

$$R_N(k)=\begin{cases}1 & 0\leqslant k\leqslant N-1\\ 0 & \text{其余}\end{cases} \tag{1-34}$$

图形如图1.17(b)所示。

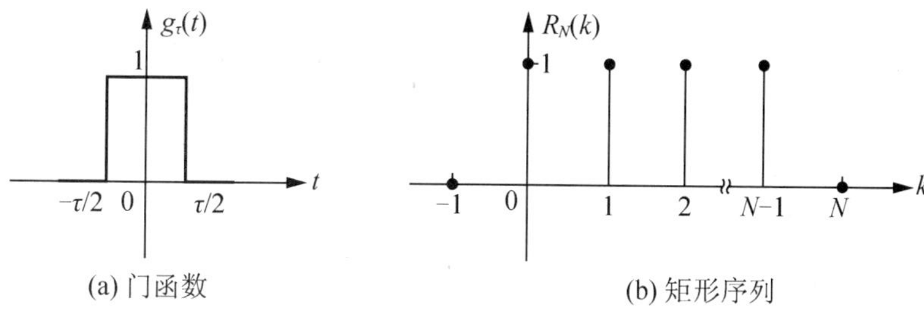

图1.17 门函数信号和矩形序列的图形

不难发现$R_N(k)$和$\delta(k)$、$\varepsilon(k)$之间的关系是

$$R_N(k)=\varepsilon(k)-\varepsilon(k-N) \tag{1-35}$$

$$R_N(k)=\sum_{i=0}^{N-1}\delta(k-i)=\delta(k)+\delta(k-1)+\cdots+\delta[k-(N-1)] \tag{1-36}$$

单位冲激信号$\delta(t)$的性质总结见表1-1。

表1-1 $\delta(t)$的性质

与普通函数的乘积	$f(t)\delta(t)=f(0)\delta(t)$
	$f(t)\delta(t-t_0)=f(t_0)\delta(t-t_0)$
	$f(t)\delta'(t)=f(0)\delta'(t)-f'(0)\delta(t)$
	$f(t)\delta'(t-t_0)=f(t_0)\delta'(t-t_0)-f'(t_0)\delta(t-t_0)$
抽样特性	$\int_{-\infty}^{\infty}f(t)\delta(t)\mathrm{d}t=f(0)$
	$\int_{-\infty}^{\infty}f(t)\delta(t-t_0)\mathrm{d}t=f(t_0)$
	$\int_{-\infty}^{\infty}f(t)\delta'(t)\mathrm{d}t=-f'(0)$
	$\int_{-\infty}^{\infty}f(t)\delta'(t-t_0)\mathrm{d}t=-f'(t_0)$
尺度变换	$\delta(at+b)=\frac{1}{\lvert a\rvert}\delta\left(t+\frac{b}{a}\right)$
	$\delta^{(n)}(at+b)=\frac{1}{\lvert a\rvert}\cdot\frac{1}{a^n}\delta^{(n)}\left(t+\frac{b}{a}\right)$
奇偶性	$\delta^{(n)}(-t)=(-1)^n\delta^{(n)}(t)$
复合形式	$\delta[f(t)]=\sum_{i=1}^{n}\frac{1}{\lvert f'(t_i)\rvert}\delta(t-t_i)$

1.4 信号的基本运算

在信号和系统的分析中，常常用到信号的一些基本运算：相加、相乘、翻转、时移和尺度变换等。这些基本运算，都是针对时间自变量进行的。

1. 相加和相乘

信号 $f_1(\cdot)$与信号 $f_2(\cdot)$相加，指两信号各时刻的幅度值对应相加，即

$$f(\cdot)=f_1(\cdot)+f_2(\cdot) \tag{1-37}$$

两信号的相加如图 1.18 所示。

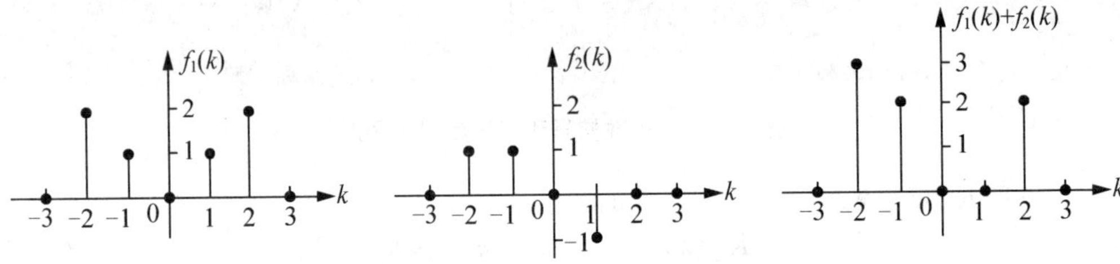

图 1.18 两信号的相加

信号 $f_1(\cdot)$与信号 $f_2(\cdot)$相乘，指两信号各时刻的幅度值对应相乘，即

$$f(\cdot)=f_1(\cdot)f_2(\cdot) \tag{1-38}$$

两信号的相乘如图 1.19 所示。

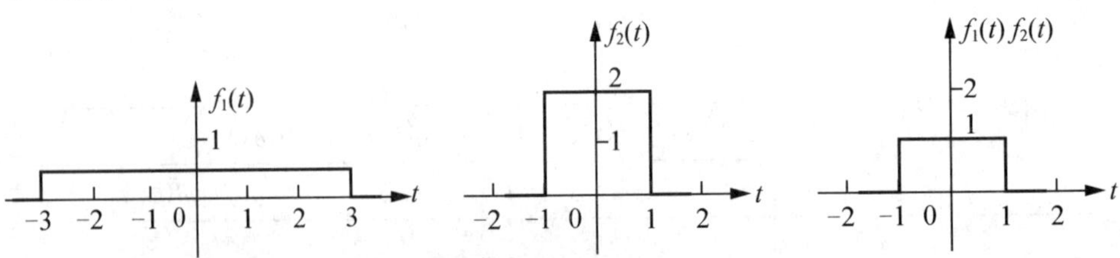

图 1.19 两信号相乘

2. 翻转和时移

信号 $f(t)$[或 $f(k)$]的翻转，是指将它的自变量 t(或 k)用 $-t$(或 $-k$)替换，变为 $f(-t)$[或 $f(-k)$]，对应于 $f(t)$[或 $f(k)$]的波形以纵轴为对称轴左右翻转的运算，如图 1.20 所示。

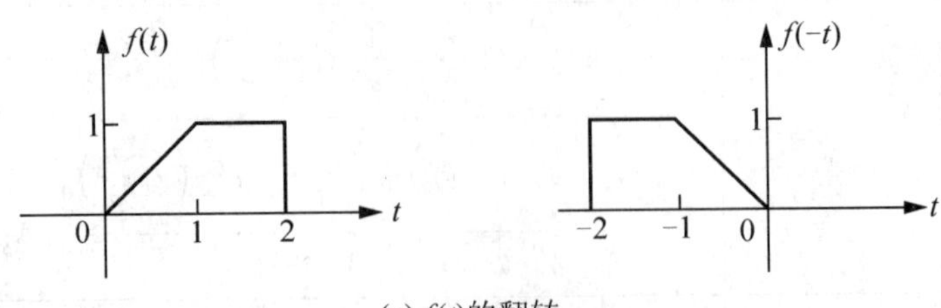

(a) $f(t)$的翻转

图 1.20 信号的翻转

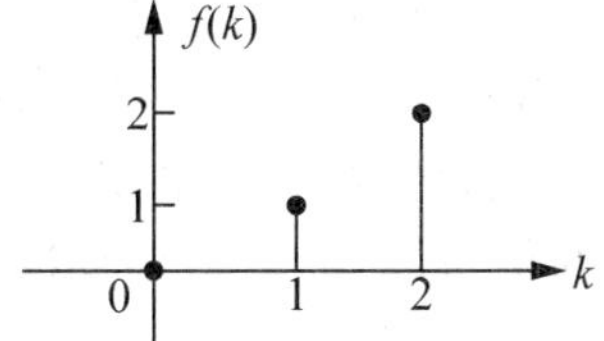

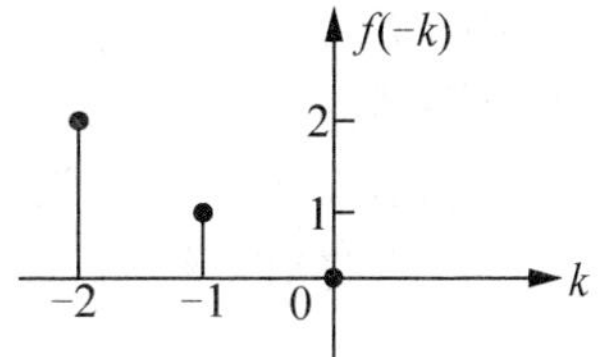

(b) $f(k)$的翻转

图 1.20　信号的翻转(续)

信号 $f(t)$ [或 $f(k)$]的时移(也称平移)，是指将它的自变量 t(或 k)用 $t+t_0$(或 $k+k_0$)替换，变为 $f(t+t_0)$[或 $f(k+k_0)$]，对应于 $f(t)$[或 $f(k)$]的波形平移 t_0(或 k_0)的运算。若 $t_0>0$(或 $k_0>0$)，$f(t)$[或 $f(k)$]的波形向左平移 t_0 时间(或 k_0 单位)；若 $t_0<0$(或 $k_0<0$)，则向右平移 t_0 时间(或 k_0 单位)，如图 1.21 所示。

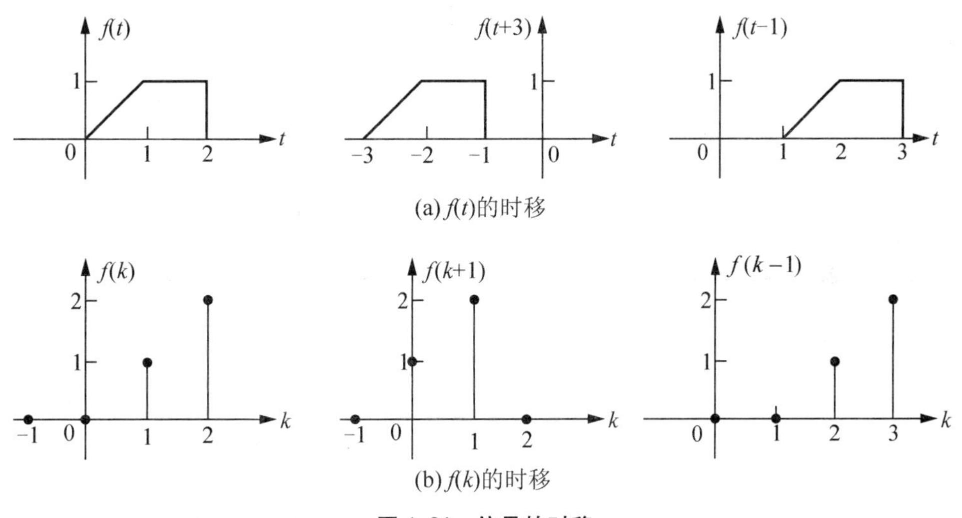

(a) $f(t)$的时移

(b) $f(k)$的时移

图 1.21　信号的时移

3. 尺度变换

连续信号 $f(t)$的尺度变换，是指将它的自变量 t 用 at 替换，变为 $f(at)(a\neq0)$，对应于 $f(t)$的波形进行缩放的运算。若 $a>1$，$f(t)$的波形以 $t=0$ 为基准，沿水平方向压缩为原来 $1/a$；若 $0<a<1$，则沿水平方向展宽为原来的 $1/a$，如图 1.22 所示。

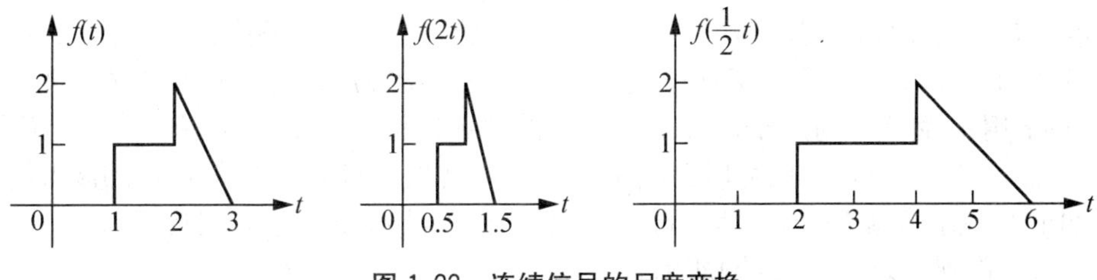

图 1.22　连续信号的尺度变换

离散信号 $f(k)$的尺度变换，是指将它的自变量 k 用 ak 替换，变为 $f(ak)(a\neq0)$，对应于 $f(k)$的波形进行抽取和内插的运算。若 $a>1$，$f(k)$的值每隔 $a-1$ 个抽取 1 个；若

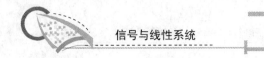

$a=1/n$(n 为大于零的整数)，则在 $f(k)$的相邻值之间插入$(n-1)$个零；若 $a=m/n$，可以看成是先将 $f(k)$的值每隔 $m-1$ 个抽取 1 个，得到 $f(mk)$的波形，再在 $f(mk)$的相邻值之间插入$(n-1)$个零，得到 $f(mk/n)$的波形，也可以看成是先在 $f(k)$的相邻值之间插入$(n-1)$个零，得到 $f(k/n)$的波形，然后再将 $f(k/n)$的值每隔 $m-1$ 个抽取 1 个，如图 1.23 所示。

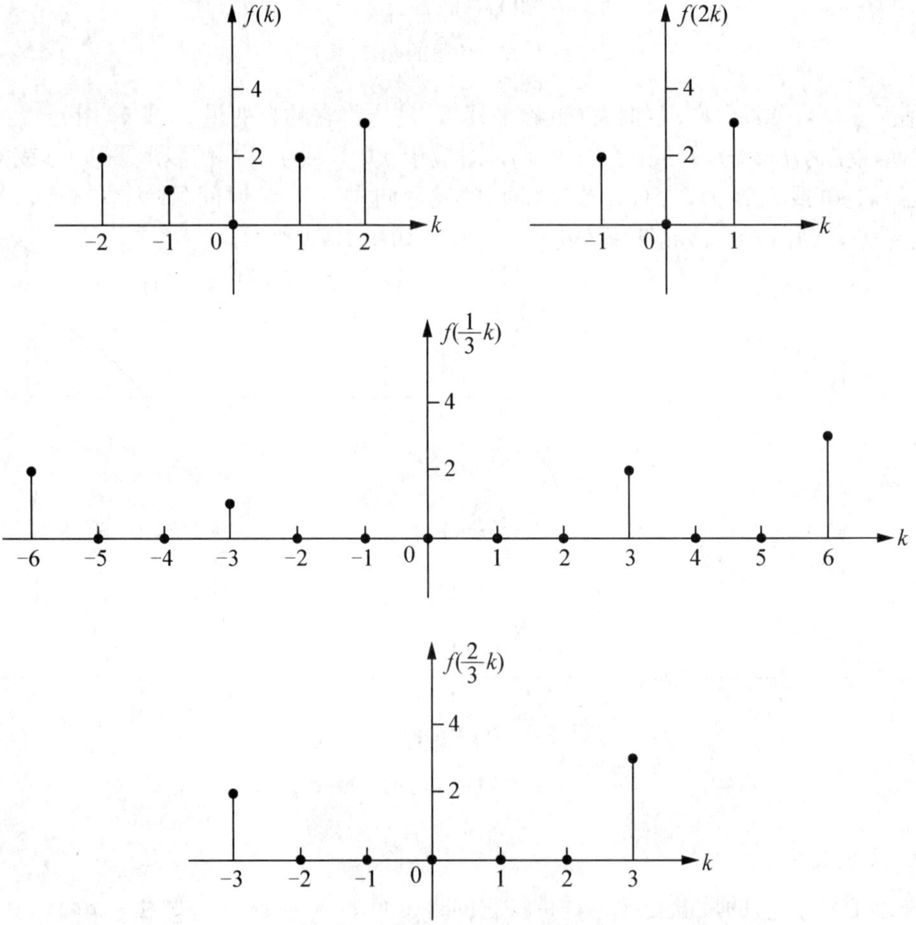

图 1.23　离散信号的尺度变换

4. 混合运算

连续信号 $f(t)$的混合运算，是指将它的自变量 t 用 $at+t_0$ 替换，变为 $f(at+t_0)$$(a\neq 0)$的运算。既可以看成先将 t 用 $t+t_0$ 替换，对应于先将 $f(t)$的波形平移 t_0，然后再将 $t+t_0$ 中的 t 用 at 替换，对应于再将 $f(t+t_0)$的波形进行尺度变换(如果 $a<0$，还要翻转)得到，如图 1.24(a)所示；也可以看成先将 t 用 at 替换，对应于先将 $f(t)$的波形进行尺度变换(如果 $a<0$，还要翻转)，然后再将 at 中的 t 用 $t+t_0/a$ 替换，对应于再将 $f(at)$的波形平移 t_0/a 得到，如图 1.24(b)所示。

离散信号连续信号 $f(k)$的混合运算，是指将它的自变量 k 用 $ak+k_0$ 替换，变为 $f(ak+k_0)$$(a\neq 0)$的运算，仅在 k_0/a 为整数时才有意义。自变量由 k 变为 $ak+k_0$，既可以看成先将 k 用 $k+k_0$ 替换，对应于先将 $f(k)$的波形平移 k_0，然后再将 $k+k_0$ 中的 k 用

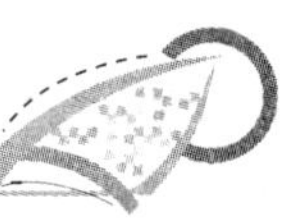

ak 替换，对应于再将 $f(k+k_0)$的波形进行尺度变换(如果 $a<0$，还要翻转)得到；也可以看成先将 k 用ak 替换，对应于先将 $f(k)$的波形进行尺度变换(如果 $a<0$，还要翻转)，然后再将 ak 中的k 用$k+k_0/a$ 替换，对应于再将 $f(ak)$的波形平移 k_0/a 得到。

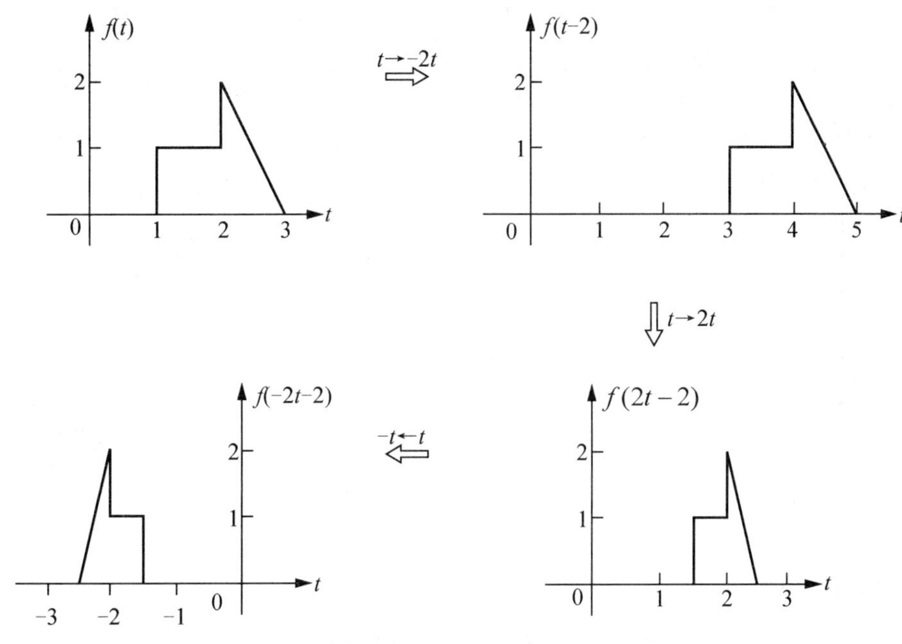

(a) 先平移后尺度变换和翻转

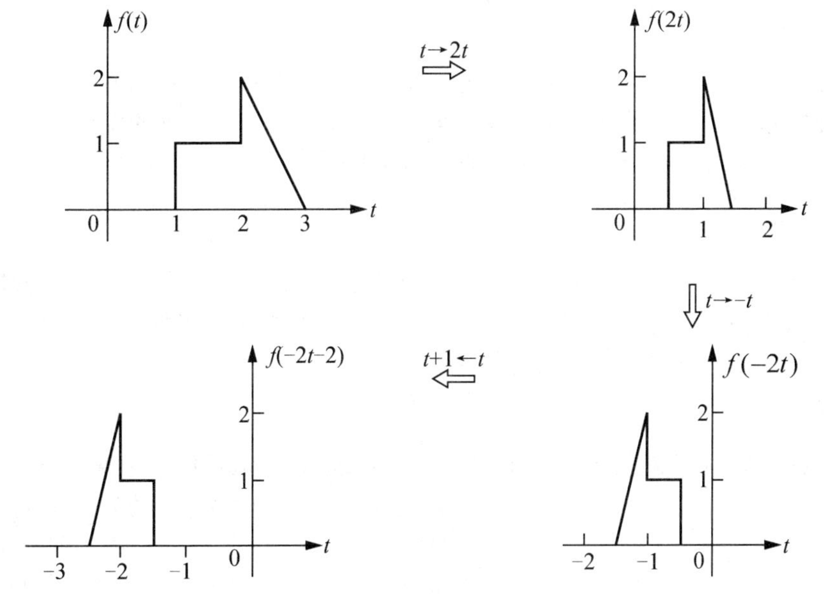

(b) 先尺度变换和翻转后平移

图 1.24　信号的混合运算

【例 1.5】 已知信号 $f(2t+1)$ 如图 1.25(a)所示，画出 $f(3t+4)$ 的波形。

解：变量由 $2t+1$ 变为 $3t+4$，可以看成是先将 $2t+1$ 中的 t 用 $\frac{3}{2}t$ 替换，得到 $3t+1$，然后再将 $3t+1$ 中的 t 用 $t+1$ 替换，得到 $3t+4$。对应的波形变换化是，先将 $f(2t+1)$ 的波形压缩为原来的 $\frac{2}{3}$，得到 $f(3t+1)$ 的波形，如图 1.25(b)所示，然后再将 $f(3t+1)$ 的波形向左平移 1，得到 $f(3t+4)$ 的波形，如图 1.25(d)所示。

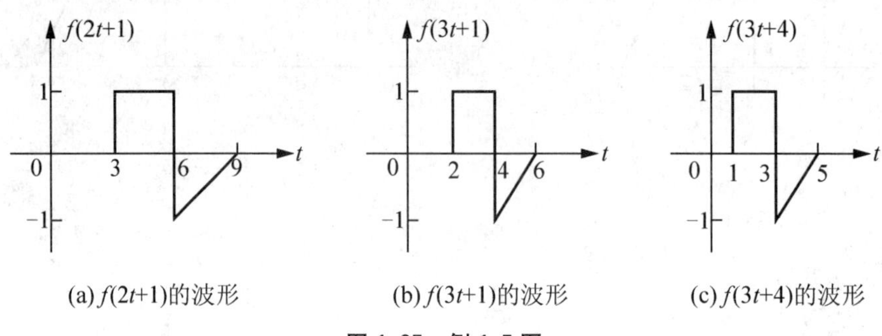

图 1.25 例 1.5 图

知识要点提醒

在信号的翻转、时移、尺度变换、混合运算中，只有将函数式中的自变量 t(或 k)的替换和信号波形的变换关系对应起来，才能抓住这些运算的本质特征，有效避免波形变换出错。

1.5 系统的描述和分析方法

描述系统就是指用数学方法描述系统输入输出间的关系，或系统内部变量与输入输出的关系。分析系统则是在给定系统结构和参数的情况下，研究系统的特性，如：已知输入系统的激励，求系统的响应；给定系统的激励和响应，分析系统的特性等。

1.5.1 描述系统的模型

分析系统之前，需要建立系统的模型。所谓系统模型，是指系统物理特性的数学抽象。系统的数学模型只对实际系统的行为和特征进行描述，并不能反映系统的实际结构，描述系统的数学模型有数学方程式和方框图。

1. 数学方程式

对于激励和响应都是连续信号的系统(连续系统)，如电系统、力学系统、机械系统、热学系统等，描述它们的数学方程式是微分方程。

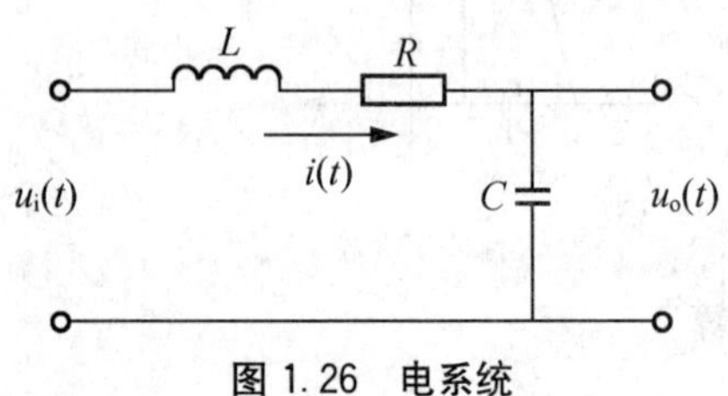

图 1.26 电系统

图 1.26 是一由电感 L、电阻 R 和电容 C 组成的电路系统。该系统的激励为输入电压 $u_i(t)$，响应为电容两端的电压 $u_o(t)$。根据基尔霍夫电压定律，有

$$u_i(t)-L\frac{\mathrm{d}i(t)}{\mathrm{d}t}-Ri(t)-\frac{1}{C}\int_0^t i(t)\mathrm{d}t=0$$

$$u_o(t)=\frac{1}{C}\int_0^t i(t)\mathrm{d}t$$

消去中间变量 $i(t)$，整理得到描述该系统的微分方程为

$$LC\frac{\mathrm{d}^2u_o(t)}{\mathrm{d}t^2}+RC\frac{\mathrm{d}u_o(t)}{\mathrm{d}t}+u_o(t)=u_i(t)$$

即

$$\frac{\mathrm{d}^2u_o(t)}{\mathrm{d}t^2}+\frac{R}{L}\frac{\mathrm{d}u_o(t)}{\mathrm{d}t}+\frac{1}{LC}u_o(t)=\frac{1}{LC}u_i(t) \tag{1-39}$$

对于激励和响应都是离散信号的系统(离散系统)，如经济系统、管理系统等，描述它们的数学方程式是差分方程。

某人向银行借了房贷，月利率为 α，它定期于每月末还款。设在第 k 月初还剩房款 $y(k)$ 元，而第 k 月还款 $f(k)$元，则第 $k+1$ 月初还剩的钱款为

$$y(k+1)=(1+\alpha)y(k)-f(k) \tag{1-40}$$

2. 方框图

用方框图来描述系统，每个方框反映某种数学运算功能，将若干个方框组合起来，构成一个完整的系统。在描述连续系统的微分方程中，有求导运算、加法运算、乘法运算；在描述离散系统的差分方程中，有单位延时运算[$y(k+1)\rightarrow y(k)$]、加法运算、乘法运算。完成这些运算功能的方框如图 1.27 所示，其中积分器实现求导运算，单位延时器实现单位延时运算，加法器实现加法运算，数乘器实现乘法运算。

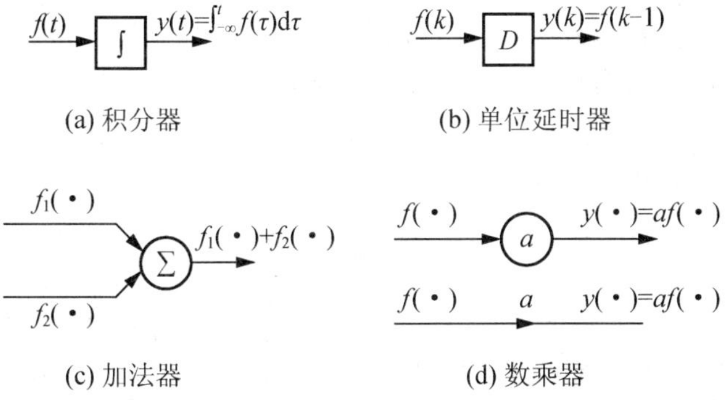

(a) 积分器　　(b) 单位延时器

(c) 加法器　　(d) 数乘器

图 1.27　运算方框

图 1.28(a)是微分方程式(1-39)所描述系统的方框图，图 1.28(b)是差分方程式(1-40)所描述系统的方框图。

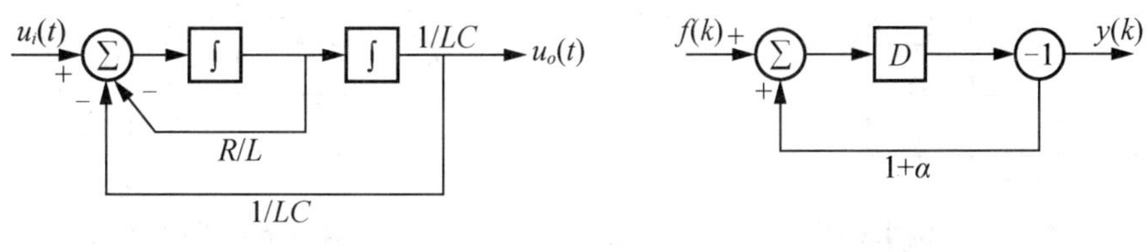

(a) 连续系统的方框图　　(b) 离散系统的方框图

图 1.28　系统的方框图

知识联想

单位延时器用于离散系统，积分器用于连续系统，这两者相对应。前者的输出滞后于输入，那后者的输出与输入是否也隐含有滞后关系呢？

可以认为积分器的输出也"滞后"于输入。根据电路理论可知，电容的电压与电流的关系为 $u_c(t)=(1/C)\int_{-\infty}^{t} i_C(t)\mathrm{d}t$。当电流变化时，电压的相位滞后电流相位90°。电感的电流与电压的关系为 $i_L(t)=(1/L)\int_{-\infty}^{t} u_L(t)\mathrm{d}t$。当电压变化时，电流的相位滞后于电压相位90°。

由系统的方框图，列出系统数学方程式的步骤如下。

(1) 自定义某个积分器(或延时器)输出(或输入)端的状态变量。

(2) 根据积分器(或延时器)所代表的数学运算，顺次写出各积分器(或延时器)输入输出端的状态变量。

(3) 依据输出信号等于各路输入信号之和原理，写出输入输出端加法器对应的等式。

(4) 消去自定义的状态变量，整理得到描述系统的数学方程式。

【例 1.6】 某连续系统的方框图如图 1.29 所示，写出该系统的微分方程。

解： 设最后一个积分器输出端的状态变量为 $x(t)$，据此顺次写出各积分器输入输出端的状态变量分别为 $x'(t)$、$x''(t)$。

由第一个加法器得到

$$x''(t)=-a_1x'(t)-a_0x(t)+f(t) \tag{1-41}$$

由第二个加法器得到

$$y(t)=b_2x''(t)+b_1x'(t)+b_0x(t) \tag{1-42}$$

消去自定义的状态变量 $x(t)$、$x'(t)$、$x''(t)$，方法如下。

$$a_0y(t)=b_2a_0x''(t)+b_1a_0x'(t)+b_0a_0x(t)$$
$$a_1y'(t)=b_2a_1x^{(3)}(t)+b_1a_1x''(t)+b_0a_1x'(t)$$
$$y''(t)=b_2x^{(4)}(t)+b_1x^{(3)}(t)+b_0x''(t)$$

将以上三式相加得

$$y''(t)+a_1y'(t)+a_0y(t)=b_2f''(t)+b_1f'(t)+b_0f(t) \tag{1-43}$$

式(1-43)为图 1.29 所示系统的微分方程。

【例 1.7】 某连续系统的方框图如图 1.30 所示，写出该系统的差分方程。

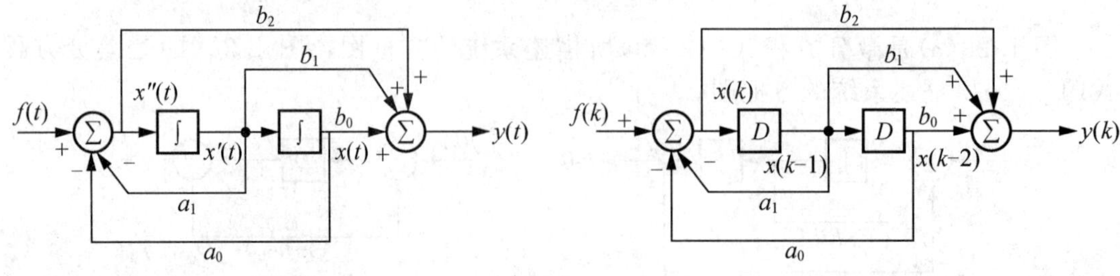

图 1.29 例 1.6 图　　图 1.30 例 1.7 图

解： 设第一个延时器输入端的状态变量为 $x(k)$，据此顺次写出各延时器输入输出端的状态变量分别为 $x(k-1)$、$x(k-2)$。

由第一个加法器得到

$$x(k)=-a_1x(k-1)-a_0x(k-2)+f(k) \tag{1-44}$$

由第二个加法器得到

$$y(k)=b_2x(k)+b_1x(k-1)+b_0x(k-2) \tag{1-45}$$

消去自定义的状态变量 $x(k)$、$x(k-1)$、$x(k-2)$，方法如下。

$$a_0y(k-2)=b_2a_0x(k-2)+b_1a_0x(k-3)+b_0a_0x(k-4)$$

$$a_1y(k-1)=b_2a_1x(k-1)+b_1a_1x(k-2)+b_0a_1x(k-3)$$

将式(1-45)与以上二式相加得

$$y(k)+a_1y(k-1)+a_0y(k-2)=b_2f(k)+b_1f(k-1)+b_0f(k-2) \tag{1-46}$$

式(1-46)为图 1.30 所示系统的差分方程。

将图 1.29 和图 1.30 看成二阶连续系统和离散系统的标准框图，则式(1-43)和式(1-46)分别为二阶连续系统和离散系统的标准方程。这样在写方框图的表达式时，就可以用待定系数法来处理，举例如下。

【例 1.8】 某连续系统的方框图如图 1.31 所示，写出该系统的微分方程。

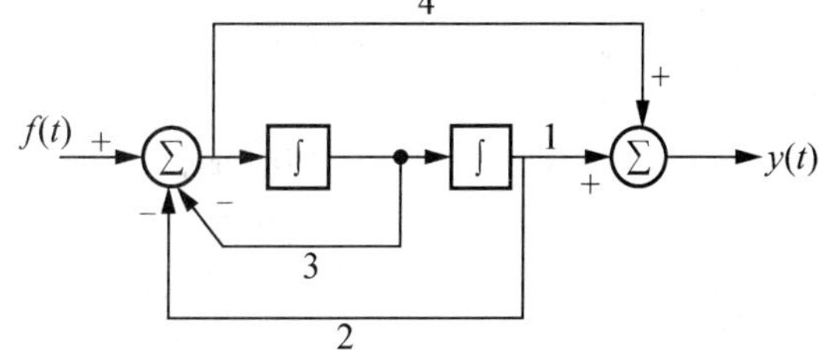

图 1.31　例 1.8 图

解： 比较图 1.29 和图 1.31 不难发现，若令图 1.29 中的参数 $a_0=2$，$a_1=3$，$b_2=4$，$b_1=0$，$b_0=1$，图 1.29 就变成了图 1.31。因此要列出图 1.31 的微分方程，只要将 $a_0=2$，$a_1=3$，$b_2=4$，$b_1=0$，$b_0=1$ 代入式(1-43)方可，即

$$y''(t)+3y'(t)+2y(t)=4f''(t)+f(t) \tag{1-47}$$

知识要点提醒

用待定系数法写方框图的数学表达式，一定要注意各系数的对应位置，以及加法器输入信号的正负与方程式中系数正负的关系。

1.5.2　分析系统的方法

描述系统的方法有输入输出法和状态变量法。输入输出法建立的是系统激励和响应间的关系，适合分析单输入单输出系统，但无法揭示系统的内部特性，本书 1～7 章所讨论的是输入输出法。状态变量法建立的是系统内部变量与激励和输出之间的关系，能从系统内部去分析问题，适合分析多输入多输出系统，本书第 8 章所讨论就是状态变量法。分析系统的方法就是求解微分方程或差分方程的方法，有时域法和变换域法。

1. 时域法

时域法就是以时间 t 或 k 为自变量，直接分析系统的时间响应特性，主要有经典解法和卷积法。

经典解法通过求解微分方程或差分方程的齐次解和特解，得到系统的响应。卷积法先求系统的单位冲激响应[用 $h(t)$表示]或单位序列响应[用 $h(k)$表示]，然后计算激励 $f(t)$ 与 $h(t)$的卷积积分得到连续系统的零状态响应，计算激励 $f(k)$与 $h(k)$的卷积和得到离散系统的零状态响应。时域法的物理意义比较明确，但计算过程比较复杂。

2. 变换域法

变换域法运用数学上的变换理论，先将微分方程或差分方程变换为代数方程，然后运用代数方法对变换后的方程进行处理，最后对结果进行反变换，得到系统的时间响应特性。该方法通过一次正变换和一次反变换，简化了分析系统的计算量。

常用的分析连续系统的变换域法有傅里叶变换法和拉普拉斯变换法，分析离散系统的有离散傅里叶变换法和 z 变换法。

1.6 系统的特性

系统的基本特性有：记忆性与无记忆性、线性与非线性、时不变与时变性、因果与非因果性、稳定与不稳定性等。

1. 记忆性

如果系统在任意时刻的响应不仅与该时刻的激励有关，还与过去的激励有关，就称此系统为记忆系统(也称动态系统)。记忆系统之所以具有这种保留过去激励信息的能力，是因为该系统中有储能元件，如电感、电容、寄存器等。微分方程所描述的连续系统，差分方程所描述的离散系统均是记忆系统。

如果系统在任意时刻的响应只与该时刻的激励有关，而与过去的激励无关，就称此系统为无记忆系统(也称即时系统)。无记忆系统中没有储能元件，描述它的方程中不包含导数、积分和延迟运算，任意时刻只要激励为零，它的响应就一定为零。

【例 1.9】 判断下列系统是否为记忆系统。

(1) $y(t)=f(t-1)$　　(2) $y(t)=tf(t)$　　(3) $y(t)=\int_0^t \sin x f(x)\mathrm{d}x$

解:

(1) $y(0)=f(-1)$，0 时刻的响应与 −1 时刻的激励有关，该系统为有记忆系统。

(2) 任意时刻的响应只与该时刻的激励有关，该系统为无记忆系统。

(3) $y(t_0)=\int_0^{t_0} \sin x f(x)\mathrm{d}x$，当 $t_0>0$ 时，t_0 时刻的响应与它之前的激励有关，该系统为有记忆系统。

实用小窍门

可以通过考察系统方程来判断系统是否为记忆系统。如果描述系统的方程中不包含导数、积分或延迟运算，则该系统为无记忆系统，否则为有记忆系统。

2. 线性

线性性质包括两个内容：齐次性和叠加性。

对于一个无记忆系统，若它的激励增加 α 倍，其响应也增加 α 倍，即若

$$y(\cdot)=T[f(\cdot)]$$

有

$$\alpha y(\cdot)=T[\alpha f(\cdot)] \tag{1-48}$$

则此系统具有齐次性。T 是算子，代表激励 $f(\cdot)$ 与响应 $y(\cdot)$ 的运算关系。

对于一个无记忆系统，若把信号之和作为激励，所产生的响应等于各信号单独作为激

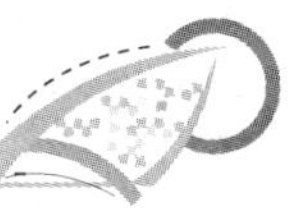

励产生的响应之和，即若

$$y_1(\cdot)=T[f_1(\cdot)],\ y_2(\cdot)=T[f_2(\cdot)]$$

有

$$y_1(\cdot)+y_2(\cdot)=T[f_1(\cdot)+f_2(\cdot)] \tag{1-49}$$

则此系统具有叠加性。

如果系统具有齐次性和叠加性，则称此系统具有线性特性。实际上，对于一个无记忆系统，如果

$$y_1(\cdot)=T[f_1(\cdot)],\ y_2(\cdot)=T[f_2(\cdot)]$$

有

$$\alpha y_1(\cdot)+\beta y_2(\cdot)=T[\alpha f_1(\cdot)+\beta f_2(\cdot)] \tag{1-50}$$

则此系统具有线性特性，式(1-50)包含了式(1-48)和式(1-49)的全部含义。

对于记忆系统，由于包含有储能元件，它的响应常由系统的初始状态[用 $x(0)$ 表示]和激励共同决定。仅由初始状态引起的响应，也就是输入为零的响应，称为零输入响应，用 $y_{zi}(\cdot)$ 表示。仅由激励引起的响应，也就是初始状态为零的响应，称为零状态响应用 $y_{zs}(\cdot)$ 表示。当记忆系统的初始状态不为零时，如果它的全响应 $y(\cdot)$ 可以分解为零输入响应 $y_{zi}(\cdot)$ 和零状态响应 $y_{zs}(\cdot)$ 之和(可分解性)，即

$$y(\cdot)=y_{zi}(\cdot)+y_{zs}(\cdot) \tag{1-51}$$

且零输入响应和零状态响应都满足线性性质，即

$$\alpha y_{zi1}(\cdot)+\beta y_{zi2}(\cdot)=T[\alpha x_1(0)+\beta x_2(0)] \tag{1-52a}$$

$$\alpha_1 y_{zs1}(\cdot)+\alpha_2 y_{zs2}(\cdot)=T[\alpha_1 f_1(\cdot)+\alpha_2 f_2(\cdot)] \tag{1-52b}$$

则此系统称为线性系统。

【例 1.10】 判断下列系统是否具有线性特性。

(1) $y(t)=tf(t)$　　(2) $y(t)=f^2(t)$　　(3) $y(t)=\mathrm{e}^t x(0)+\int_0^t \cos x f(x)\mathrm{d}x$

解：

(1) 设 $y_1(t)=T[f_1(t)]=tf_1(t)$，$y_2(t)=T[f_2(t)]=tf_2(t)$，有

$$T[\alpha f_1(t)+\beta f_2(t)]=t[\alpha f_1(t)+\beta f_2(t)]=\alpha t f_1(t)+\beta t f_2(t)=\alpha y_1(t)+\beta y_2(t)$$

该系统具有线性特性。

(2) 设 $y_1(t)=T[f_1(t)]=f_1^2(t)$，$y_2(t)=T[f_2(t)]=f_2^2(t)$，有

$$T[\alpha f_1(t)+\beta f_2(t)]=[\alpha f_1(t)+\beta f_2(t)]^2=\alpha^2 f_1^2(t)+\beta^2 f_2^2(t)+2\alpha\beta f_1(t)f_2(t)$$

$$\alpha y_1(t)+\beta y_2(t)=\alpha f_1^2(t)+\beta f_2^2(t),\ T[\alpha f_1(t)+\beta f_2(t)]\neq\alpha y_1(t)+\beta y_2(t)$$

该系统不具有线性特性。

(3) $y_{zi}(t)=\mathrm{e}^t x(0)$，$y_{zs}(t)=\int_0^t \cos x f(x)\mathrm{d}x$，$y(t)=y_{zi}(t)+y_{zs}(t)$，满足可分解性。

设 $y_{zi1}(t)=T[x_1(0)]=\mathrm{e}^t x_1(0)$，$y_{zi2}(t)=T[x_2(0)]=\mathrm{e}^t x_2(0)$，有

$$\begin{aligned}T[\alpha x_1(0)+\beta x_2(0)]&=\mathrm{e}^t[\alpha x_1(0)+\beta x_2(0)]=\alpha\mathrm{e}^t x_1(0)+\beta\mathrm{e}^t x_1(0)\\&=\alpha y_{zi1}(t)+\beta y_{zi2}(t)\end{aligned}$$

设 $y_{zs1}(t)=T[f_1(t)]=\int_0^t \cos x f_1(x)\mathrm{d}x$，$y_{zs2}(t)=T[f_2(t)]=\int_0^t \cos x f_2(x)\mathrm{d}x$，有

$$\begin{aligned}T[\alpha f_1(t)+\beta f_2(t)]&=\int_0^t \cos x[\alpha f_1(x)+\beta f_2(x)]\mathrm{d}x=\alpha\int_0^t \cos f_1(x)\mathrm{d}x+\beta\int_0^t \cos x f_2(x)\mathrm{d}x\\&=\alpha y_{zs1}(t)+\beta y_{zs2}(t)\end{aligned}$$

零输入响应和零状态响应都满足线性性质。综合以上结论可知，该系统具有线性特性，为线性系统。

3. 时不变性

如果系统的参数不随时间变化，则称此系统为时不变系统，否则称为时变系统。由于时不变系统的参数不随时间变化，故当激励延迟时间 t_d(或 k_d)加入系统时，系统的零输入响应的形式不变，仅在输出时间上延迟了 t_d(或 k_d)，即对于连续系统，若

$$y_{zs}(t)=T[f(t)]$$

有

$$y_{zs}(t-t_d)=T[f(t-t_d)] \tag{1-53a}$$

则此连续系统为时不变系统，如图 1.32 所示。

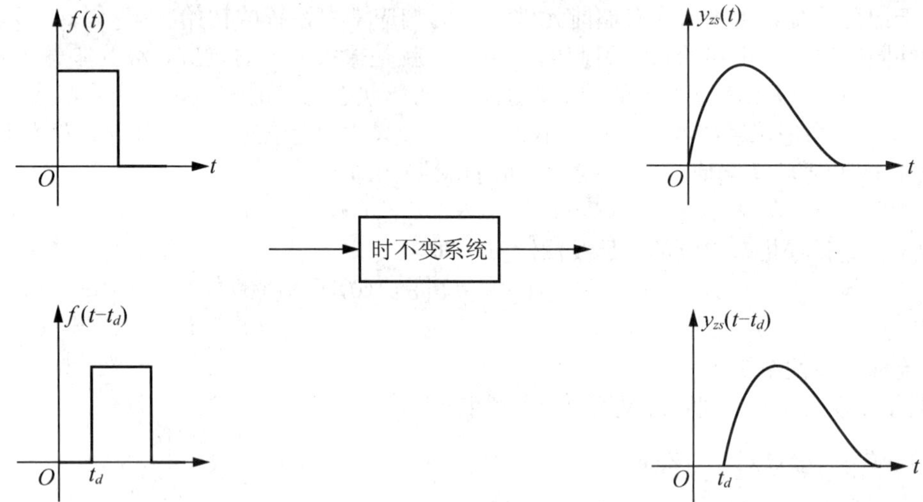

图 1.32 时不变系统

对于离散系统，如果

$$y_{zs}(k)=T[f(k)]$$

有

$$y_{zs}(k-k_d)=T[f(k-k_d)] \tag{1-53b}$$

则此离散系统为时不变系统。

如果一个系统既是线性系统又是时不变系统，则称此系统为线性时不变系统(LTI, Linear Timer Invariant)。本课程主要讨论线性 LTI 系统。

对于 LTI 连续系统，如果在激励 $f(t)$的作用下，其零状态响应为 $y_{zs}(t)$，那么当激励是$\dfrac{\mathrm{d}f(t)}{\mathrm{d}t}$时，系统的零状态响应便是$\dfrac{\mathrm{d}y_{zs}(t)}{\mathrm{d}t}$；当激励是 $\int_{-\infty}^{t}f(\tau)\mathrm{d}\tau$ 时，系统的零状态响应便是 $\int_{-\infty}^{t}y_{zs}(\tau)\mathrm{d}\tau$ 。这两个特性分别称为 LTI 连续系统的微分特性和积分特性，即如果

$$y_{zs}(k)=T[f(k)]$$

则有

$$\frac{\mathrm{d}y_{zs}(t)}{\mathrm{d}t}=T\left[\frac{\mathrm{d}f(t)}{\mathrm{d}t}\right],\ \int_{-\infty}^{t}y_{zs}(\tau)\mathrm{d}\tau=T\left[\int_{-\infty}^{t}f(\tau)\mathrm{d}\tau\right] \tag{1-54}$$

【例 1.11】 判断下列系统是否为时不变系统。

(1) $y(k)=f(2k)$　　(2) $y(k)=kf(k)$　　(3) $y(t)=x(0)+\int_{-\infty}^{t}f(x)\mathrm{d}x$

解：

(1) 因为 $y_{zs}(k)=y(k)=T[f(k)]=f(2k)$，$T[f(k-k_d)]=f(2k-k_d)$

$y_{zs}(k-k_d)=f[2(k-k_d)]=f(2k-2k_d)$，$y_{zs}(k-k_d)\neq T[f(k-k_d)]$

所以该系统是时变系统。

(2) 因为 $y_{zs}(k)=y(k)=T[f(k)]=kf(k)$，$T[f(k-k_d)]=kf(k-k_d)$，$y_{zs}(k-k_d)=(k-k_d)f(k-k_d)$，$y_{zs}(k-k_d)\neq T[f(k-k_d)]$

所以该系统是时变系统。

(3) 因为 $y_{zs}(t)=T[f(t)]=\int_{-\infty}^{t}f(x)\mathrm{d}x$，$T[f(t-t_d)]=\int_{-\infty}^{t}f(x-t_d)\mathrm{d}x$

令 $u=x-t_d$，则 $T[f(t-t_d)]=\int_{-\infty}^{u-t_d}f(u)\mathrm{d}u$

$y_{zs}(t-t_d)=\int_{-\infty}^{t-t_d}f(x)\mathrm{d}x$，$y_{zs}(t-t_d)=T[f(t-t_d)]$，所以该系统是时不变系统。

4. 因果性

人们常把激励看成是引起零状态响应的原因，而零状态响应则是激励作用于系统的结果。所以零状态响应不出现于激励之前的系统，也就是无激励接入时，零状态响应为零的系统，被称为因果系统。即若

$$f(\cdot)=0,\ t<t_0(\text{或 } k<k_0)$$

有

$$y_{zs}(\cdot)=0,\ t<t_0(\text{或 } k<k_0) \tag{1-55}$$

则此系统为因果系统。

【例 1.12】 判断下列系统是否为因果系统。

(1) $y_{zs}(t)=f(2t)$　　(2) $y_{zs}(k)=f(k+2)$　　(3) $y_{zs}(t)=af(t)$

解：

(1) 如果 $f(t)=0$，$t<t_0$；则有 $y_{zs}(t)=f(2t)=0$，$t<t_0/2$，如图 1.33 所示。

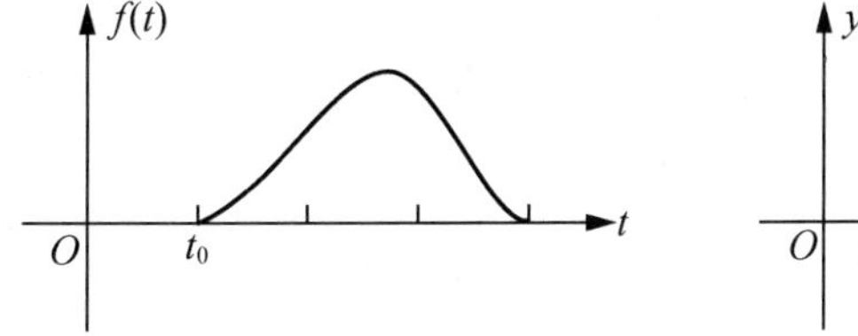

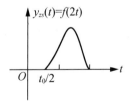

图 1.33　例 1.12(1)波形

所以，该系统为非因果系统。

(2) 如果 $f(k)=0$，$k<k_0$；则有 $y_{zs}(k)=f(k+2)=0$，$k<k_0-2$，如图 1.34 所示。所以，该系统为非因果系统。

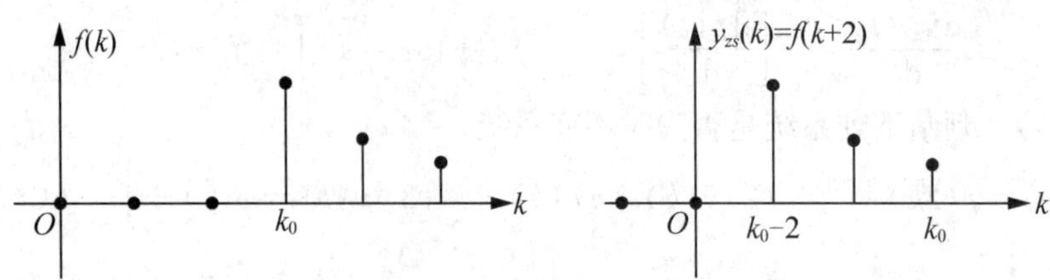

图 1.34　例 1.12(2)波形

(3) 如果 $f(t)=0$，$t<t_0$；则有 $y_{zs}(t)=af(t)=0$，$t<t_0$，如图 1.35 所示。

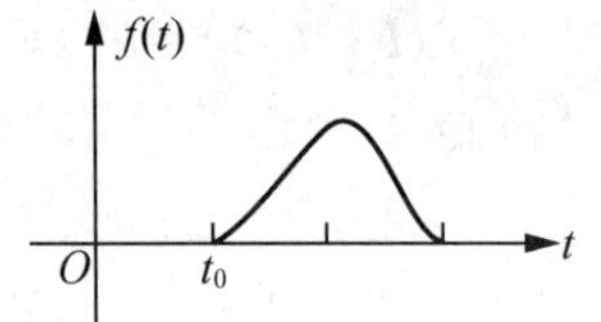

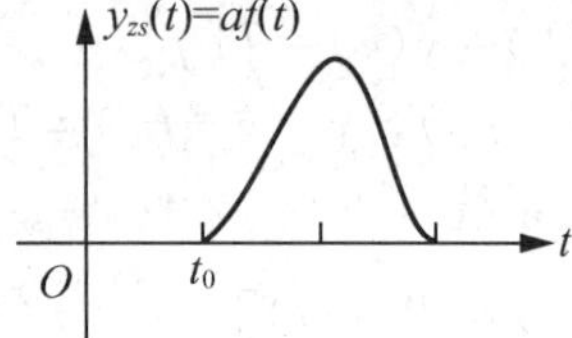

图 1.35　例 1.12(3)波形

所以，该系统为因果系统。

5. 稳定性

对于一个系统，如果任意有界的激励 $f(\cdot)$所产生的零状态响应 $y_{zs}(\cdot)$都是有界的，则称该系统为有界输入有界输出稳定，简称稳定，即如果

$$|f(\cdot)|<\infty$$

有

$$|y_{zs}(\cdot)|<\infty \tag{1-56}$$

则该系统稳定。

【例 1.13】　判断下列系统是否稳定。

(1) $y_{zs}(k)=\sum_{k=0}^{k_0} f(k)$　　(2) $y_{zs}(t)=\frac{\mathrm{d}f(t)}{\mathrm{d}t}$　　(3) $y_{zs}(t)=tf(t)$

解：

(1) 如果$|f(k)|<\infty$，必有$|y_{zs}(k)|<\infty$，因为$|y_{zs}(k)|$是有限项有界信号绝对值的和，所以该系统稳定。

(2) 设 $f(t)=\varepsilon(t)$，有$|f(t)|<\infty$，$|y_{zs}(t)|=|\delta(t)|$无界，所以该系统不稳定。

(3) 如果$|f(t)|<\infty$，当 $t\to\infty$时，$|y_{zs}(t)|=|tf(t)|\to\infty$无界，所以该系统不稳定。

拓展阅读

针对线性系统的研究始于 20 世纪 30 年代初，经过前人几十年的研究和总结，现已形成了相当完整和成熟的线性系统理论。线性系统理论是系统与控制理论中最为基础和成熟的分支，其中的许多概念、方法和结论，对系统与控制的其他分支，如最优控制、非线性控制、鲁棒控制、智能控制、过程控制、随机控制等，都产生了不同程度的影响和作用。

早在第二次世界大战期间，线性系统理论的应用就取得了巨大的成功，具有自动控制功能的 V2 火箭就是其中较为突出的范例。到20世纪50年代，该理论又在许多武器自动控制和工业过程控制得到了成功的应用。现在无论是在航空航天，还是在化工、机械等领域，线性系统理论都有实际应用。可以预见，在今后相当长的时间里，针对线性系统的研究，仍是人们继续关注的课题。

本章小结

本章主要介绍了与信号和系统分析相关的基本概念和运算，是学习信号与线性系统理论的基础。

针对信号，介绍了信号的分类，各类信号的特点。讲述了单位阶跃信号和阶跃序列、单位冲激信号和单位序列、斜坡信号和斜坡序列、门函数信号和矩形序列这些常用信号的特点和性质。讨论了信号的相加和相乘、翻转和时移、尺度变换和混合运算等，并对信号基本运算中应注意的问题进行了简要的总结。

针对系统，先介绍了描述系统的方法，描述系统的数学模型，分析系统的方法，然后对记忆性、线性、时不变性、因果性、稳定性的含义进行了介绍，对如何判断一个系统是否具有这些特性进行了讲解。

【习题1】

1.1 填空题。

(1) 在________时间范围内有定义的信号称为连续信号。

(2) ________有界的信号，称为能量信号；________有界的信号，称为功率信号。

(3) 斜坡信号 $r(t)$ 的一阶导数是________，二阶导数是________。

(4) 描述系统的数学模型有________和________。

(5) 描述系统的方法有________和________。

(6) 分析系统的方法有________和________。

(7) 若一个记忆系统是线性系统，它的响应不仅具有________特性——可表示为零输入响应与零状态响应之和，而且具有零输入线性与零状态线性，即：零输入响应与零状态响应均满足________性与________性。

1.2 判断题，正确的打"√"，错误的打"×"。

(1) 信号离开了系统，也能实现"加工"、"处理"。(　　)

(2) 随机信号又称不确定信号，是指无法用确定的时间函数来描述的信号。(　　)

(3) 连续信号的幅值不一定是连续的。(　　)

(4) 离散信号的幅值一定是离散的。(　　)

(5) 连续周期信号抽样后得到的离散信号必是周期信号。(　　)

(6) 任何一个信号不是能量信号，就是功率信号。(　　)

(7) 微分方程所描述的是连续系统。(　　)

(8) 时不变系统的参数不随时间变化。(　　)

(9) 一个稳定的系统，它的输出总是有界的。(　　)

1.3 粗略绘出下列各信号的波形。

(1) $f(t)=e^{-t}\varepsilon(t)$　　　　(2) $f(t)=e^{-|t|}$

(3) $f(t)=\sin(\pi t)\varepsilon(t)$ (4) $f(t)=\cos(\pi t)[\varepsilon(t)-\varepsilon(t-2)$

(5) $g_{2\tau}(t-3)$ (6) $f(t)=\varepsilon(-2t+3)$

(7) $f(t)=r(t)-2r(t-2)$ (8) $f(t)=\operatorname{sgn}(t^2-4)$

(9) $f(k)=\sin(\frac{\pi}{2}k)$ (10) $f(k)=2^k\varepsilon(k)$

(11) $f(k)=(k+1)\varepsilon(k)$ (12) $f(k)=r(2k)\varepsilon(-k+1)$

(13) $f(k)=\sin\left(\frac{\pi k}{7}\right)[\varepsilon(k)-\varepsilon(k-5)]$ (14) $f(k)=\cos\left(\frac{\pi k}{3}\right)R_5(k)$

1.4 写出题 1.4 图所示各波形的表达式。

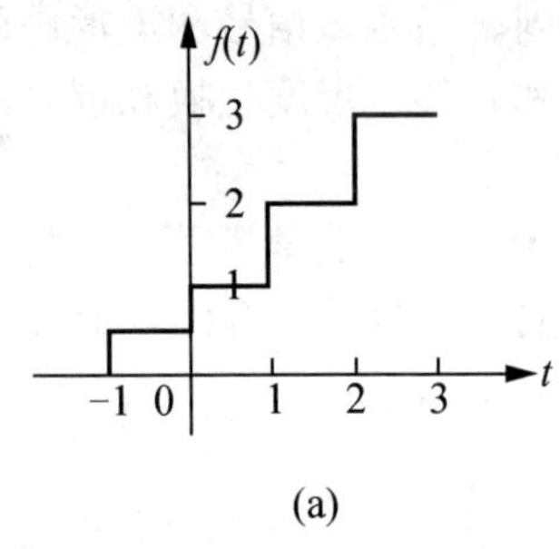

(a)

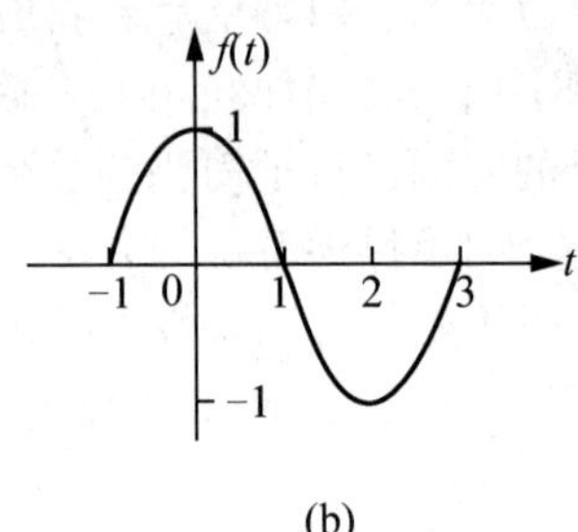

(b)

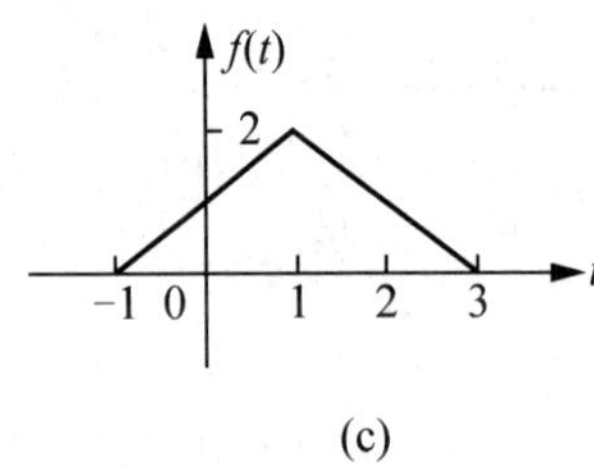

(c)

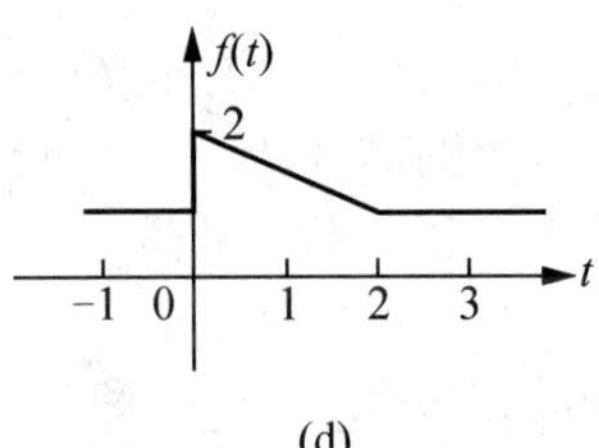

(d)

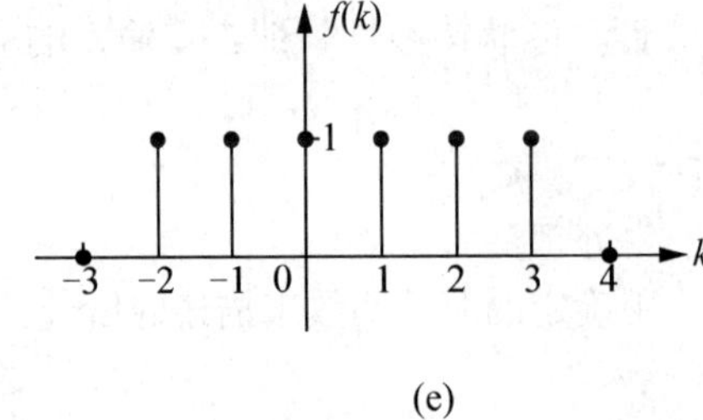

(e)

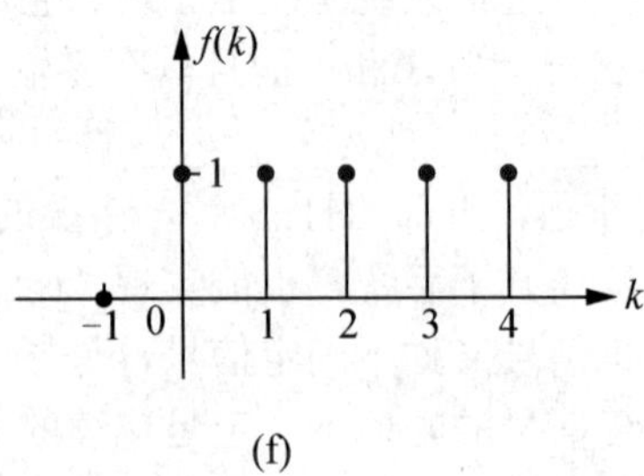

(f)

题 1.4 图

1.5 判断下列各信号是否为周期信号，如果是确定其周期。

(1) $f(t)=\sin(\pi t)$ (2) $f(t)=\sin(\pi t)\varepsilon(t)$

(3) $f(k)=\cos\left(\frac{2}{3}k\right)$ (4) $f(k)=\cos\left(\frac{2}{3}\pi k\right)$

(5) $f(k)=\sin\left(\frac{3\pi}{4}k+\frac{\pi}{4}\right)+\cos\left(\frac{2\pi}{3}k\right)$ (6) $f(t)=\cos t+\sin(\pi t)$

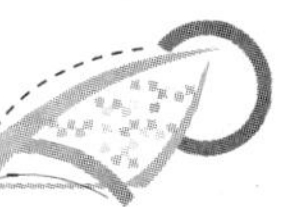

1.6 判断下列各信号是功率信号还是能量信号，或者都不是。

(1) $f(t)=\mathrm{e}^{-2t}\varepsilon(t)$　　(2) $f(t)=t\varepsilon(t)$

(3) $f(t)=1$　　(4) $f(k)=\cos\left(\dfrac{\pi}{2}k+\dfrac{\pi}{2}\right)$

(5) $\left(\dfrac{1}{3}\right)^k\varepsilon(k)$　　(6) $2\mathrm{e}^{2k\mathrm{j}}$

1.7 计算下列各题。

(1) $\displaystyle\int_{-\infty}^{\infty}2\delta(t)\frac{\sin 2t}{t}\mathrm{d}t$　　(2) $\dfrac{\mathrm{d}}{\mathrm{d}t}[(\cos t+\sin t)\varepsilon(t)]$

(3) $\displaystyle\int_{-\infty}^{\infty}\delta(t^2-4)\mathrm{d}t$　　(4) $\displaystyle\int_{-\infty}^{\infty}\mathrm{e}^{-2t}[\delta'(t)+\delta(t)]\mathrm{d}t$

(5) $\displaystyle\int_{-2\pi}^{2\pi}(1+t)\delta(t)\mathrm{d}t$　　(6) $\displaystyle\int_{-\infty}^{t}\mathrm{e}^{-|\tau|}d\tau$

(7) $\displaystyle\int_{-\infty}^{\infty}A(\sin t)\delta'(t)\mathrm{d}t$　　(8) $\displaystyle\int_{-\infty}^{\infty}\delta(t-1)\frac{\mathrm{e}^{-t}\sin(\pi t)}{t-1}\mathrm{d}t$

1.8 $f(t)$的波形如题1.8图所示，画出下列信号的波形。

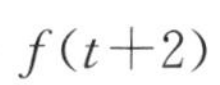

(1) $f(t+2)$　　(2) $f(t-1)$

(3) $f(-t-1)$　　(4) $f\left(\dfrac{1}{2}t+1\right)$

(5) $f(-3t)g_4(t)$　　(6) $f\left(-\dfrac{1}{3}t-3\right)$

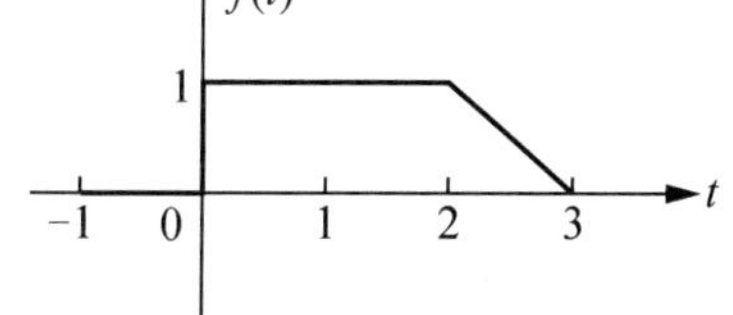

题1.8图

1.9 $f(k)$的波形如题1.9图所示，画出下列信号的波形。

(1) $f(k-2)$　　(2) $f(k+2)$

(3) $f(-k+2)\varepsilon(k)$　　(4) $f(-k-2)r(k)$

(5) $f(-2k+1)$　　(6) $f\left(\dfrac{1}{2}k-3\right)R_6(k)$

1.10 $f(-2t+1)$的波形如题1.10图所示，画出下列信号的波形。

(1) $f(t)$　　(2) $f(3t+1)$

(3) $f'(2t-1)$　　(4) $f(t-1)+f(-t+2)+f'(t)$

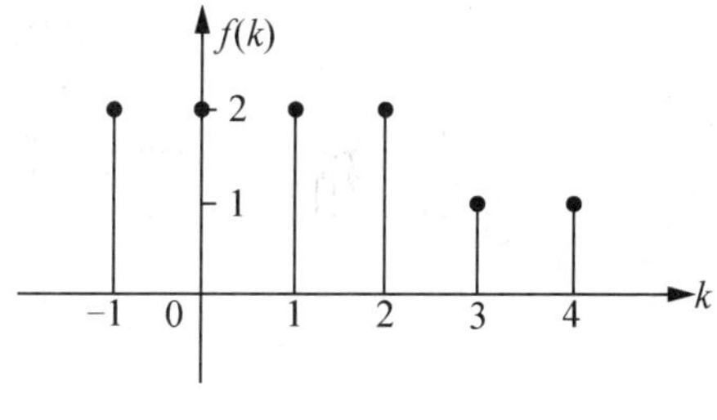

题1.9图

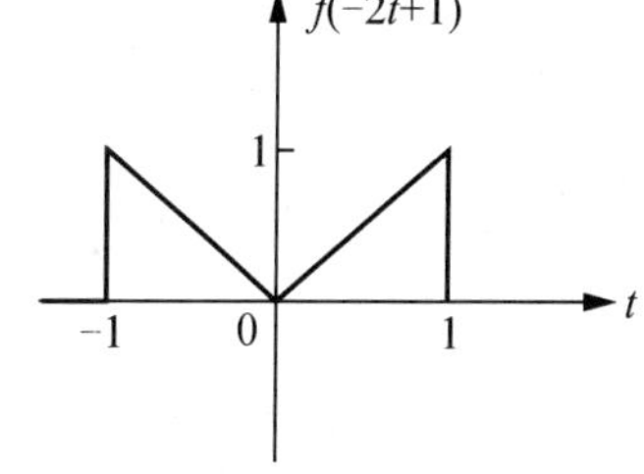

题1.10图

1.11 判断下列系统是否为记忆系统。

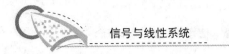

(1) $y(t)=3f^2(t)+\frac{\mathrm{d}y(t)}{\mathrm{d}t}$　　(2) $\frac{\mathrm{d}^2y(t)}{\mathrm{d}t^2}=y(t)+4f(t)-\frac{\mathrm{d}f(t)}{\mathrm{d}t}$

(3) $y(k)=f(k)+3$　　(4) $y(k)=y(k-1)+f(k)+f(k-1)$

1.12 判断下列系统是否是线性系统，$x(0)$为初始状态，$f(\cdot)$为激励，$y(\cdot)$为系统的全响应。

(1) $y(t)=f(t)x(0)+\int_0^t f(x)\mathrm{d}x$　　(2) $y(t)=x(0)+3t^2f(t)$

(3) $y(k)=(k-1)x(0)+(k-1)f(k)$　　(4) $y(k)=kx(0)+\sum_{j=0}^{k}f(j)$

1.13 判断下列系统是否是线性的、时不变的、因果的。

(1) $y(t)=f'(t)$　　(2) $y(t)=f(t+2)$

(3) $y(t)=f(t)\cos(2t)$　　(4) $y(t)=f(-t)$

(5) $y(k)=kf(k)+1$　　(6) $y(k)=f(k)\sin\left(\frac{2\pi}{3}k\right)$

(7) $y(k)=f(2-k)$　　(8) $y(k)=f(k)f(k-2)$

1.14 判断下列系统是否是稳定的。

(1) $y(t)=(t+3)f(t)$　　(2) $y(t)=f(t-1)+f(2t+3)$

(3) $y(t)=\int_{-\infty}^{t}f(\tau)\mathrm{d}\tau$　　(4) $y(t)=f'(t)+4$

(5) $y(k)=(k-2)f(k)$　　(6) $y(k)=\sum_{j=0}^{k}f(j)$

1.15 写出题 1.15 图各系统的微分方程和差分方程。

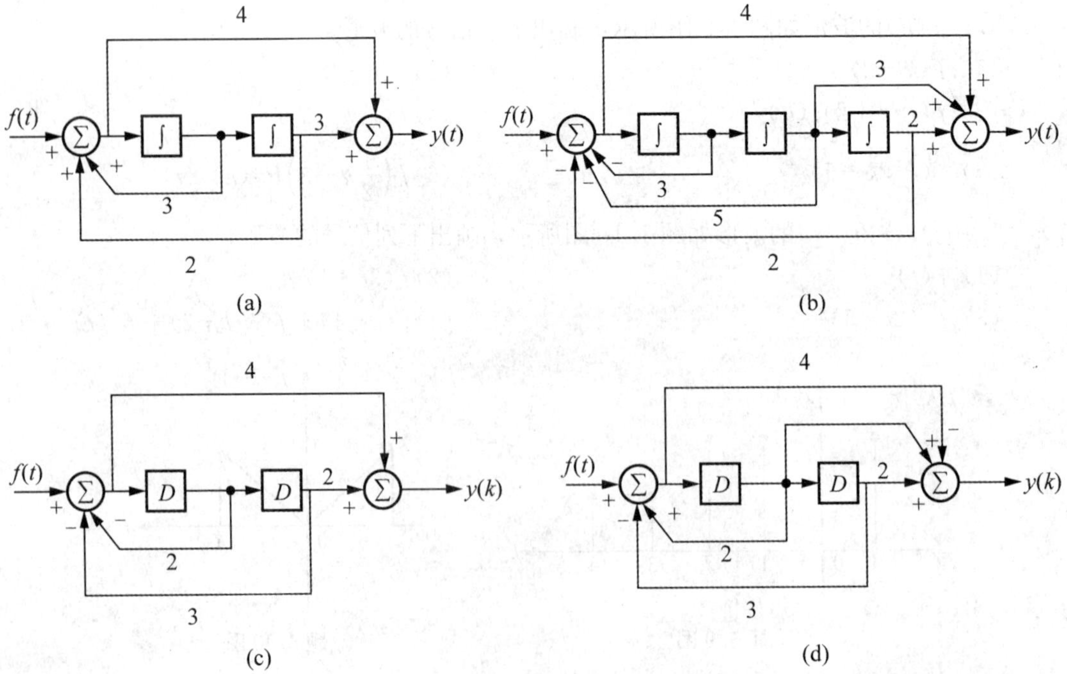

(a)

(b)

(c)

(d)

题 1.15 图

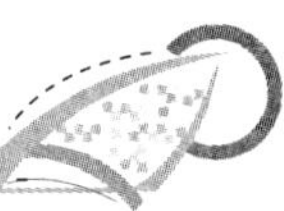

1.16 某LTI连续系统，已知当激励 $f(t)=\varepsilon(t)$时，其零状态响应 $y_{zs}(t)=e^{-3t}\varepsilon(t)$，求

(1) 当输入为单位冲激信号 $\delta(t)$时的零状态响应；

(2) 当输入为斜坡信号 $r(t)$时的零状态响应。

1.17 某LTI连续系统，已知当激励 $f(t)=\delta(t)$时，其零状态响应 $y_{zs}(t)=e^{-t}\varepsilon(t)$，求

(1) 当输入为单位冲激信号 $\delta'(t)$时的零状态响应；

(2) 当输入为单位冲激信号 $2\delta(t)+\varepsilon(t)$时的零状态响应。

1.18 某LTI连续系统，其初始状态一定，已知当激励为 $f(t)$时，全响应为 $y_1(t)=e^{-2t}+\sin t$，$t\geqslant0$，若初始状态不变，激励为 $2f(t)$时，其全响应为 $y_2(t)=2\sin t$，$t\geqslant0$，求初始状态不变激励为 $4f(t)$时系统的响应。

第2章

连续系统的时域分析

本章知识架构

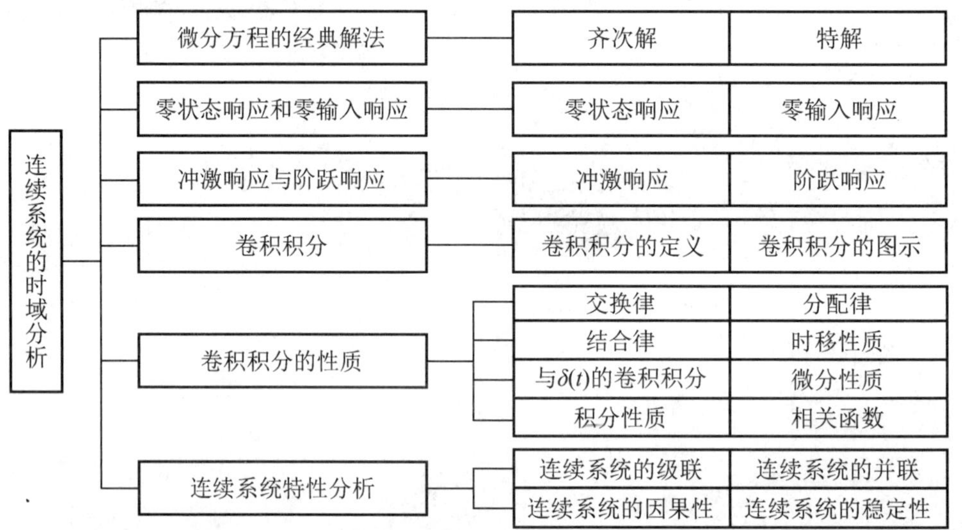

本章教学目标与要求

- 理解特征方程、特征根的意义，并能根据相关数学知识求解微分方程。
- 掌握连续系统零状态响应和零输入响应的时域解法。
- 理解冲激响应和阶跃响应的含义，掌握它们的时域解法。
- 掌握卷积积分的定义并理解其性质。
- 理解并掌握时域里分析连续系统因果性和稳定性的方法。

分析系统就是根据系统的描述方程、初始条件和激励，分析系统的响应。分析连续系统的响应时，以时间 t 作为自变量的方法，就是连续系统的时域分析法。

案例一：

通过第1章的学习已经知道，描述连续系统的方程是微分方程。因此，如何根据初始条件和激励求

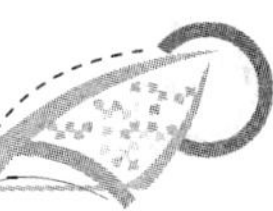

解微分方程，在本章中占有重要的地位。在高等数学中，已学过微分方程的经典解法。但是，在系统分析中，求解微分方程会有哪些新问题、新要求、新特点？齐次解、特解的物理含义是什么？这些都需要大家仔细揣摩。

案例二：

人们在分析事物的过程中，常常将一个复杂的问题分解成若干个便于解决的子问题。这种分解问题的思想在许多领域都有应用，如数学中的因式分解，将一个复杂的多项式分解为一系列一次因式相乘；程序员常将一个复杂的程序，分解成若干个小程序模块等。在连续系统的时域分析中，可以先求出系统的冲激响应，再将冲激响应与输入信号做卷积运算，就得到了系统的零状态响应，这便是分解思想在连续系统时域分析中的应用。那么卷积积分是一种什么运算？为什么冲激响应与输入信号的卷积积分会是零状态响应？这些问题将在本章中找到答案。

2.1 微分方程的经典解法

一个 n 阶的 LTI 单输入—单输出连续系统，用输入输出法描述激励 $f(t)$ 与响应 $y(t)$ 关系的数学模型是 n 阶的常系数线性微分方程，可写为

$$\begin{aligned} &y^{(n)}(t)+a_{n-1}y^{(n-1)}(t)+\cdots+a_1y^{(1)}(t)+a_0y(t)\\ &=b_mf^{(m)}(t)+b_{m-1}f^{(m-1)}(t)+\cdots+b_1f^{(1)}(t)+b_0f(t) \end{aligned} \quad (2-1a)$$

常缩写为

$$\sum_{j=0}^{n}a_jy^{(j)}(t)=\sum_{i=0}^{m}b_if^{(i)}(t) \quad (2-1b)$$

式中 $a_j(j=0, 1, \cdots, n)$ 与 $b_i(i=0, 1, \cdots, m)$ 均为常数，$a_n=1$。此方程的全解由齐次解 $y_h(t)$ 和特解 $y_p(t)$ 组成，即

$$y(t)=y_h(t)+y_p(t) \quad (2-2)$$

2.1.1 确定齐次解形式

对于常系数线性微分方程式(2-1a)，若 $f(t)\equiv0$，则有

$$y^{(n)}(t)+a_{n-1}y^{(n-1)}(t)+\cdots+a_1y^{(1)}(t)+a_0y(t)=0 \quad (2-3)$$

方程式(2-3)被称为 n 阶常系数齐次线性微分方程，对应的解称为齐次解 $y_h(t)$。

代数方程

$$\lambda^n+a_{n-1}\lambda^{n-1}+\cdots+a_1\lambda+a_0=0 \quad (2-4)$$

称为微分方程式(2-3)的特征方程，它的根称为特征根。

观察方程(2-3)，它的左端是 $y(t)$ 与它各阶导数的加权和，右端为 0。一个函数和它的各阶导数可以合并为 0，则该函数必然是指数函数 $e^{\lambda t}$ 的组合形式。根据微分方程理论，$y_h(t)$ 的具体形式与特征根有关。

1. 单根

如果 λ_j 是实数单根，对应的齐次解形式为

$$y_h(t)=C_je^{\lambda_jt}$$

$C_j(j=1, \cdots, n)$ 为待定常数，由初始条件确定。

如果 $\lambda_1=\alpha+\beta j$，$\lambda_2=\alpha-\beta j$ 是一对共轭复数单根，对应的齐次解形式为

$$y_h(t)=e^{\alpha t}[A\cos(\beta t)+B\sin(\beta t)]$$

2. 重根

如果 λ 是 r 重实根，对应的齐次解形式为

$$y_h(t)=(C_{r-1}t^{r-1}+C_{r-2}t^{r-2}+\cdots+C_0)\mathrm{e}^{\lambda t}$$

如果 $\lambda_1=\alpha+\beta\mathrm{j}$，$\lambda_2=\alpha-\beta\mathrm{j}$ 是 r 重的共轭复数根，对应的齐次解形式为

$$y_h(t)=\mathrm{e}^{\alpha t}[(A_{r-1}t^{r-1}+A_{r-2}t^{r-2}+\cdots+A_0)\cos(\beta t)+(B_{r-1}t^{r-1}+B_{r-2}t^{r-2}+\cdots+B_0)\sin(\beta t)]$$

不同特征根所对应的齐次解形式总结见表 2 - 1。

表 2 - 1　不同特征根所对应的齐次解形式

特征根		齐次解 $y_h(t)$
单根	实数根 λ_j	$C_j\mathrm{e}^{\lambda_j t}$
	共轭复数根 $\lambda_{1,2}=\alpha\pm\beta\mathrm{j}$	$\mathrm{e}^{\alpha t}[A\cos(\beta t)+B\sin(\beta t)]$
r 重根	实数根 λ_j	$(C_{r-1}t^{r-1}+C_{r-2}t^{r-2}+\cdots+C_0)\mathrm{e}^{\lambda t}$
	共轭复数根 $\lambda_{1,2}=\alpha\pm\beta\mathrm{j}$	$\mathrm{e}^{\alpha t}[(A_{r-1}t^{r-1}+A_{r-2}t^{r-2}+\cdots+A_0)\cos(\beta t)+(B_{r-1}t^{r-1}+B_{r-2}t^{r-2}+\cdots+B_0)$ $\sin(\beta t)]$

【例 2.1】　确定微分方程 $y^{(3)}(t)-y''(t)-y'(t)+y(t)=f(t)$齐次解的形式。

解：特征方程为

$$\lambda^3-\lambda^2-\lambda+1=0$$

特征根为

$$\lambda_1=1(\text{二重根}),\ \lambda_2=-1$$

λ_1 对应的齐次解形式为 $y_{h1}(t)=(C_1t+C_0)\mathrm{e}^t$，$\lambda_2$ 对应的齐次解形式为 $y_{h2}(t)=C_2\mathrm{e}^{-t}$。故微分方程齐次解的形式为

$$y_h(t)=(C_1t+C_0)\mathrm{e}^t+C_2\mathrm{e}^{-t}$$

2.1.2　求特解

根据微分方程理论，特解 $y_p(t)$的函数形式与激励函数 $f(t)$的形式和特征根有关。

1. 多项式函数

如果激励函数是多项式函数 $K_mt^m+K_{m-1}t^{m-1}+\cdots+K_1t+K_0$ 的形式，该多项式可以缺项，特解的形式随特征根变化如下。

(1) 当所有的特征根均不等于 0 时，$y_p(t)$的函数形式为

$$y_p(t)=P_mt^m+P_{m-1}t^{m-1}+\cdots+Pt+P_0$$

(2) 当有 r 重等于 0 的特征根时，$y_p(t)$的函数形式为

$$y_p(t)=t^r[P_mt^m+P_{m-1}t^{m-1}+\cdots+P_1t+P_0]$$

2. 指数函数

如果激励函数是指数函数 $K\mathrm{e}^{\alpha t}$的形式，特解的形式如下。

(1) 当 α 不是特征根时，$y_p(t)$的函数形式为

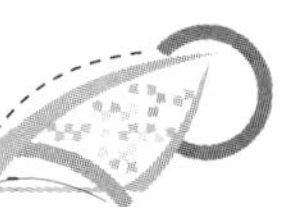

$$y_p(t)=P\mathrm{e}^{\alpha t}$$

(2) 当 α 是特征单根时，$y_p(t)$的函数形式为

$$y_p(t)=(P_1t+P_0)\mathrm{e}^{\alpha t}$$

(3) 当 α 是 r 重特征根时，$y_p(t)$的函数形式为

$$y_p(t)=(P_rt^r+P_{r-1}t^{r-1}+\cdots+P_1t+P_0)\mathrm{e}^{\alpha t}$$

3. 正弦函数

如果激励函数是 $\cos(\beta t)$或 $\sin(\beta t)$的形式，$\pm\mathrm{j}\beta$ 不是特征根，$y_p(t)$的函数形式为

$$y_p(t)=P\cos(\beta t)+Q\sin(\beta t)$$

不同激励所对应的特解形式总结见表 2-2。

表 2-2 不同激励所对应的特解形式

激励 $f(t)$		特解 $y_p(t)$
多项式函数 $K_mt^m+K_{m-1}t^{m-1}+\cdots+K_1t+K_0$	特征根均不等 0	$P_mt^m+P_{m-1}t^{m-1}+\cdots+Pt+P_0$
	r 重等于 0 的特征根	$t^r[P_mt^m+P_{m-1}t^{m-1}+\cdots+P_1t+P_0]$
指数函数 $K\mathrm{e}^{\alpha t}$	α 不是特征根	$P\mathrm{e}^{\alpha t}$
	α 是特征单根	$(P_1t+P_0)\mathrm{e}^{\alpha t}$
	α 是 r 重特征根	$(P_rt^r+P_{r-1}t^{r-1}+\cdots+P_1t+P_0)\mathrm{e}^{\alpha t}$
正弦函数 $\cos(\beta t)$或 $\sin(\beta t)$	$\pm\mathrm{j}\beta$ 不是特征根	$P\cos(\beta t)+Q\sin(\beta t)$

【例 2.2】 已知激励 $f(t)=\mathrm{e}^{-t}$，求微分方程 $y''(t)+5y'(t)+6y(t)=f(t)$的特解。

解： 特征方程为

$$\lambda^2+5\lambda+6=0$$

特征根为 $\lambda_1=-2$，$\lambda_2=-3$。激励函数 $f(t)=\mathrm{e}^{-t}$是指数函数，$\alpha=-1$。α 不等于任何特征根，故特解的形式为

$$y_p(t)=P\mathrm{e}^{-t} \tag{2-5}$$

将特解式(2-5)代入到原微分方程，有

$$P\mathrm{e}^{-t}-5P\mathrm{e}^{-t}+6P\mathrm{e}^{-t}=\mathrm{e}^{-t}$$

得 $P=\dfrac{1}{2}$，所以特解 $y_p(t)=\dfrac{1}{2}\mathrm{e}^{-t}$。

2.1.3 求全解

求微分方程全解的过程包括以下 5 个步骤。

(1) 根据特征方程的根，确定齐次解 $y_h(t)$的形式。

(2) 根据激励函数的形式和特征根，确定特解 $y_p(t)$的形式。

(3) 将特解 $y_p(t)$代入微分方程，求出其中的参数。

(4) 齐次解 $y_h(t)$加特解 $y_p(t)$，得微分方程的全解。

(5) 用初始值求出全解中的参数。

【例 2.3】 描述某 LTI 系统的微分方程为 $y''(t)+5y'(t)+6y(t)=f(t)$，求输入

$f(t)=(e^{-t}+5\cos t)\varepsilon(t)$，初始值 $y(0_+)=2$、$y'(0_+)=1$ 时，该系统的全响应。

解:

(1) 根据特征方程的根，确定齐次解 $y_h(t)$的形式。特征方程为

$$\lambda^2+5\lambda+6=0$$

特征根为 $\lambda_1=-2$，$\lambda_2=-3$。微分方程的齐次解的形式为

$$y_h(t)=C_1e^{-2t}+C_2e^{-3t}$$

(2) 根据激励函数的形式和特征根，确定特解 $y_p(t)$的形式。激励函数中 e^{-t}是指数函数，$5\cos t$ 是正弦函数，-1 和$\pm j$ 都不是特征根，故特解的形式为

$$y_p(t)=A\cos t+B\sin t+Pe^{-t} \qquad t>0$$

(3) 将特解 $y_p(t)$代入微分方程，求出其中的参数。特解 $y_p(t)$代入到原微分方程，有

$$Pe^{-t}-5Pe^{-t}+6Pe^{-t}+(5A+5B)\cos t+(5B-5A)\sin t=e^{-t}+5\cos t \quad t>0$$

解得 $P=\frac{1}{2}$，$A=\frac{1}{2}$，$B=\frac{1}{2}$，$y_p(t)=\frac{1}{2}e^{-t}+\frac{1}{2}\cos t+\frac{1}{2}\sin t$。

(4) 齐次解 $y_h(t)$加特解 $y_p(t)$，得微分方程的全解。

$$y(t)=y_h(t)+y_p(t)=C_1e^{-2t}+C_2e^{-3t}+\frac{1}{2}e^{-t}+\frac{1}{2}\cos t+\frac{1}{2}\sin t$$

(5) 用初始值求出全解中的参数。代入初始值，得

$$y(0_+)=C_2+C_1+1=2 \tag{2-6a}$$

$$y'(0_+)=-3C_2-2C_1=1 \tag{2-6b}$$

由式(2-6a)和式(2-6b)解得 $C_2=-3$，$C_1=4$。系统的全响应为

$$y(t)=\left(-3e^{-3t}+4e^{-2t}+\frac{1}{2}e^{-t}+\frac{1}{2}\cos t+\frac{1}{2}\sin t\right)\varepsilon(t) \tag{2-7}$$

系统的全响应可以分解为自由响应和强迫响应，也可以分解为瞬态响应和稳态响应。由齐次解的函数形式所确定的响应，称为自由响应；由特解形式所确定的响应，称为强迫响应。$t\to\infty$时等于零的响应分量，称为瞬态响应；$t\to\infty$时不为零和∞的响应分量，称为稳态响应。在式(2-7)中，各种响应的分量如下。

$$y(t)=\overbrace{(-3e^{-3t}+4e^{-2t})\varepsilon(t)}^{\text{自由响应}}+\overbrace{\left(\frac{1}{2}e^{-t}+\frac{1}{2}\cos t+\frac{1}{2}\sin t\right)\varepsilon(t)}^{\text{强迫响应}} \tag{2-8a}$$

$$y(t)=\overbrace{\left(-3e^{-3t}+4e^{-2t}+\frac{1}{2}e^{-t}\right)\varepsilon(t)}^{\text{瞬态响应}}+\overbrace{\left(\frac{1}{2}\cos t+\frac{1}{2}\sin t\right)\varepsilon(t)}^{\text{稳态响应}} \tag{2-8b}$$

2.2 零状态响应和零输入响应

系统的全响应还可以分解为零状态响应和零输入响应，即 $y(t)=y_{zs}(t)+y_{zi}(t)$。本节将讲述零状态响应和零输入响应的求解，在此之前先要弄清初始状态与初始值的概念。

2.2.1 初始状态与初始值

系统的初始状态是指激励将接入而没接入时，系统所处的状态。一般将激励 $f(t)$接入的时刻定义为零时刻，即 $f(t)$在 $t=0$ 时刻接入，那么 $t=0_-$时刻，系统所处的状态称

为初始状态，用 $y^{(j)}(0_-)$ 表示。

系统的初始值是指激励接入后，系统的初始响应值。若 $f(t)$ 在 $t=0$ 时刻接入系统，那么在 $t=0_+$ 时刻，系统的响应值就是初始值，用 $y^{(j)}(0_+)$ 表示。

理解

对于一个电路系统而言，它的 0_- 状态反映了该系统中储能元件的储能情况。在求解系统的响应时，首先要确定出电容的初始电压状态 $u_C(0_-)$ 和电感的初始电流状态 $i_L(0_-)$。

在解微分方程时，常需要用初始值 $y^{(j)}(0_+)$ 来确定解中的参数。对于具体的系统而言，初始状态的 $y^{(j)}(0_-)$ 容易获得。因此在分析系统时常给出的是 $y^{(j)}(0_-)$，这就需要从已知的 $y^{(j)}(0_-)$ 求出 $y^{(j)}(0_+)$。

如果微分方程式(2-1a)的右边不包含冲激函数 $\delta(t)$ 及其导数，则系统从 0_- 状态到 0_+ 状态不会发生跳变，有 $y^{(j)}(0_+)=y^{(j)}(0_-)$。如果微分方程式(2-1a)右边包含了冲激函数 $\delta(t)$ 及其导数，说明系统从 0_- 状态到 0_+ 状态会发生跳变，$y^{(j)}(0_+)\neq y^{(j)}(0_-)$。需要用冲激平衡积分法，依据 $y^{(j)}(0_-)$ 求出 $y^{(j)}(0_+)$。

【例 2.4】 描述某 LTI 系统的微分方程为 $y''(t)+5y'(t)+6y(t)=f'(t)+f(t)$，已知 $y(0_-)=1$，$y'(0_-)=1$，$f(t)=\delta(t)$，求 $y(0_+)$ 和 $y'(0_+)$。

解：将输入 $f(t)=\delta(t)$ 代入微分方程，得

$$y''(t)+5y'(t)+6y(t)=\delta'(t)+\delta(t) \tag{2-9}$$

显而易见，式(2-9)的右边包含了 $\delta(t)$ 及其导数。用冲激平衡积分法，求 $y(0_+)$ 和 $y'(0_+)$ 具体过程如下。

式(2-9)对所有的 t 均成立，故等式两端 $\delta(t)$ 及其导数的系数应分别相等。不难发现 $\delta'(t)$ 包含于 $y''(t)$ 中(若 $\delta'(t)$ 含于 $y'(t)$ 中，微分方程右边会出现 $\delta''(t)$，等式不成立)。令

$$y''(t)=a\delta'(t)+b\delta(t)+r_0(t) \tag{2-10}$$

式中 a、b 为待定系数，函数 $r_0(t)$ 不含 $\delta(t)$ 及其导数。对式(2-10)两端求原函数，即从 $-\infty$ 到 t 积分，得

$$y'(t)=a\delta(t)+r_1(t) \tag{2-11}$$

$$r_1(t)=b\varepsilon(t)+\int_{-\infty}^{t}r_0(x)\mathrm{d}x$$

对式(2-11)两端再求原函数得

$$y(t)=r_2(t) \tag{2-12}$$

$$r_2(t)=a\varepsilon(t)+\int_{-\infty}^{t}r_1(x)\mathrm{d}x$$

函数 $r_1(t)$ 和 $r_2(t)$ 也不含 $\delta(t)$ 及其导数。将式(2-10)、式(2-11)、式(2-12)代入微分方程式(2-9)，有

$$a\delta'(t)+b\delta(t)+r_0(t)+5a\delta(t)+5r_1(t)+6r_2(t)=\delta'(t)+\delta(t)$$

上式两端 $\delta(t)$ 及其导数的系数应分别相等，解得 $a=1$，$b=-4$。将 a、b 代入式(2-10)，并对等式两端从 0_- 到 0_+ 积分

$$\int_{0_-}^{0_+}y''(t)\mathrm{d}t=\int_{0_-}^{0_+}\delta'(t)\mathrm{d}t-4\int_{0_-}^{0_+}\delta(t)\mathrm{d}t+\int_{0_-}^{0_+}r_0(t)\mathrm{d}t$$

即

$$y'(0_+)-y'(0_-)=\int_{0-}^{0+}\delta'(t)\mathrm{d}t-4\int_{0-}^{0+}\delta(t)\mathrm{d}t+\int_{0-}^{0+}r_0(t)\mathrm{d}t \tag{2-13a}$$

由于$r_0(t)$不含$\delta(t)$及其导数，对$r_0(t)$积分得到的原函数[用$R(t)$表示]，在$t=0$处连续(不跳变)。有$R(0_+)=R(0_-)$，故$\int_{0-}^{0+}r_0(t)\mathrm{d}t=R(0_+)-R(0_-)=0$，而$\int_{0-}^{0+}\delta'(t)\mathrm{d}t=\delta(t)\Big|_{0-}^{0+}=0$，故

$$y'(0_+)-y'(0_-)=-4$$

已知$y'(0_-)=1$，得

$$y'(0_+)=-3$$

将a代入式(2-11)，并对等式两端从0_-到0_+积分，得

$$y(0_+)-y(0_-)=\int_{0-}^{0+}\delta(t)\mathrm{d}t+\int_{0-}^{0+}r_1(t)\mathrm{d}t=1 \tag{2-13b}$$

由$y(0_-)=1$，得

$$y(0_+)=2$$

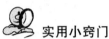

实用小窍门

根据上例不难发现，实际上$y^{(j)}(0_+)-y^{(j)}(0_-)$的值等于$y^{(j+1)}(t)$中$\delta(t)$的系数，如$y'(0_+)-y'(0_-)$的值等于$y''(t)$中$\delta(t)$的系数$-4$，$y(0_+)-y(0_-)$的值等于$y'(t)$中$\delta(t)$的系数1。注意到这个特点，就可以最大程度地简化由$y^{(j)}(0_-)$求$y^{(j)}(0_+)$的过程。

2.2.2 零状态响应

当系统的初始状态为零时，仅由输入信号引起的响应，称为零状态响应，用$y_{zs}(t)$表示。根据零状态响应的定义，求零状态响应时，初始状态$y_{zs}^{(j)}(0_-)\equiv0$。

【例2.5】 描述某LTI系统的微分方程为$y''(t)+5y'(t)+6y(t)=f(t)$，已知$f(t)=\mathrm{e}^{-t}+5\cos t$，求该系统的零状态响应。

解：系统的零状态响应方程为

$$y''_{zs}(t)+5y'_{zs}(t)+6y_{zs}(t)=f(t) \tag{2-14}$$

初始条件为$y'_{zs}(0_-)=y_{zs}(0_-)=0$。将$f(t)=\mathrm{e}^{-t}+5\cos t$代入式(2-14)，方程右边不包含$\delta(t)$及其导数，故有$y'_{zs}(0_+)=y'_{zs}(0_-)=0$，$y_{zs}(0_+)=y_{zs}(0_-)=0$。零状态响应方程的特征方程为

$$\lambda^2+5\lambda+6=0$$

特征根为$\lambda_1=-2$，$\lambda_2=-3$，故齐次解的形式为

$$y_{zsh}(t)=C_2\mathrm{e}^{-3t}+C_1\mathrm{e}^{-2t}$$

根据激励函数的形式和特征根，确定出特解的形式

$$y_{zsp}(t)=A\cos t+B\sin t+P\mathrm{e}^{-t}$$

将特解$y_{zsp}(t)$代入方程式(2-14)，有

$$P\mathrm{e}^{-t}-5P\mathrm{e}^{-t}+6P\mathrm{e}^{-t}+(5A+5B)\cos t+(5B-5A)\sin t=\mathrm{e}^{-t}+5\cos t$$

解得$P=\frac{1}{2}$，$A=\frac{1}{2}$，$B=\frac{1}{2}$，$y_{zsp}(t)=\frac{1}{2}\mathrm{e}^{-t}+\frac{1}{2}\cos t+\frac{1}{2}\sin t$。故

$$y_{zs}(t)=C_2\mathrm{e}^{-3t}+C_1\mathrm{e}^{-2t}+\frac{1}{2}\mathrm{e}^{-t}+\frac{1}{2}\cos t+\frac{1}{2}\sin t \qquad (2-15)$$

将初始值 $y'_{zs}(0_+)=0$，$y_{zs}(0_+)=0$ 代入式(2－15)，求得 $C_2=2$，$C_1=-3$。系统的零状态响应为

$$y_{zs}(t)=2\mathrm{e}^{-3t}-3\mathrm{e}^{-2t}+\frac{1}{2}\mathrm{e}^{-t}+\frac{1}{2}\cos t+\frac{1}{2}\sin t \quad t>0$$

2.2.3　零输入响应

当激励为零时，由系统初始状态所引起的响应，称为零输入响应，用 $y_{zi}(t)$表示。虽然系统在 $t\geqslant0$ 时无激励接入，但由于系统在 $t<0$ 时，其中的储能元件已蓄有能量，而这些能量不能突然消失，故在 $t\geqslant0$ 时出现了响应。零输入响应是由储能元件所蓄能量产生的响应。根据零输入响应的定义，系统的零输入响应方程右边等于零，故它的特解为零。零输入响应方程的初始状态 $y_{zi}^{(j)}(0_-)=y^{(j)}(0_-)$。

理解

根据系统的可分解性，有 $y^{(j)}(0_-)=y_{zi}^{(j)}(0_-)+y_{zs}^{(j)}(0_-)$，因 $y_{zs}^{(j)}(0_-)\equiv0$，故 $y_{zi}^{(j)}(0_-)=y^{(j)}(0_-)$。另外，零输入方程右边为零，不包含 $\delta(t)$及其导数，故有 $y_{zi}^{(j)}(0_+)=y_{zi}^{(j)}(0_-)$，即 $y_{zi}^{(j)}(0_+)=y_{zi}^{(j)}(0_-)=y^{(j)}(0_-)$。

【例 2.6】 描述某 LTI 系统的微分方程为 $y''(t)+5y'(t)+6y(t)=f(t)$，若 $y(0_-)=2$，$y'(0_-)=1$，求该系统的零输入响应。

解： 系统的零输入响应方程为

$$y''_{zi}(t)+5y'_{zi}(t)+6y_{zi}(t)=0 \qquad (2-16)$$

式(2－16)的特征方程为

$$\lambda^2+5\lambda+6=0$$

特征根为 $\lambda_1=-2$，$\lambda_2=-3$，齐次解的形式为

$$y_h(t)=C_2\mathrm{e}^{-3t}+C_1\mathrm{e}^{-2t}$$

方程式(2－16)的特解为零，故

$$y_{zi}(t)=y_h(t)=C_2\mathrm{e}^{-3t}+C_1\mathrm{e}^{-2t} \qquad (2-17)$$

初始值 $y_{zi}(0_+)=y(0_-)=2$，$y'_{zi}(0_+)=y'(0_-)=1$，将其代入式(2－17)，求得 $C_2=-5$，$C_1=7$。系统的零输入响应为

$$y_{zi}(t)=-5\mathrm{e}^{-3t}+7\mathrm{e}^{-2t} \qquad t>0$$

2.2.4　全响应

将例 2.5 与例 2.6 的结果相加，便是系统 $y''(t)+5y'(t)+6y(t)=f(t)$，输入 $f(t)=\mathrm{e}^{-t}+5\cos t$，起始值 $y(0_-)=2$，$y'(0_-)=1$ 时的全响应，即

$$y(t)=y_{zs}(t)+y_{zi}(t)=\overbrace{\left(2\mathrm{e}^{-3t}-3\mathrm{e}^{-2t}+\frac{1}{2}\mathrm{e}^{-t}+\frac{1}{2}\cos t+\frac{1}{2}\sin t\right)\varepsilon(t)}^{\text{零状态响应}}-\overbrace{(5\mathrm{e}^{-3t}+7\mathrm{e}^{-2t})\varepsilon(t)}^{\text{零输入响应}}$$

$$=\overbrace{\left(\frac{1}{2}\mathrm{e}^{-t}+\frac{1}{2}\cos t+\frac{1}{2}\sin t\right)\varepsilon(t)}^{\text{强迫响应}}+\overbrace{(-3\mathrm{e}^{-3t}+4\mathrm{e}^{-2t})\varepsilon(t)}^{\text{自由响应}}$$

从上式中不难发现，零状态响应由强迫响应和部分自由响应构成，零输入响应只是自由响应的一部分。

【例 2.7】 描述某 LTI 系统的微分方程为 $y''(t)+3y'(t)+2y(t)=f''(t)+f(t)$，已知 $y(0_-)=1$，$y'(0_-)=1$，$f(t)=\delta(t)$，求全响应。

解：将输入 $f(t)=\delta(t)$ 代入微分方程，得

$$y''(t)+3y'(t)+2y(t)=\delta''(t)+\delta(t)$$

上式右边包含了 $\delta(t)$ 及其导数，用冲激平衡积分求 $y(0_+)$ 和 $y'(0_+)$。

$$\begin{aligned}y''(t)&=a\delta''(t)+b\delta'(t)+c\delta(t)+r_0(t)\\y'(t)&=a\delta'(t)+b\delta(t)+r_1(t)\\y(t)&=a\delta(t)+r_2(t)\end{aligned}\tag{2-18}$$

根据等式两边 $\delta(t)$ 及其导数的系数应分别相等，即

$$a\delta''(t)+(b+3a)\delta'(t)+(c+3b+2a)\delta(t)+r_0(t)+3r_1(t)+2r_2(t)=\delta''(t)+\delta(t)$$

得 $a=1$，$b=-3$，$c=8$。对 $y''(t)$ 等式两端从 0_- 到 0_+ 积分得 $y'(0_+)-y'(0_-)=8$，有 $y'(0_+)=9$。对 $y'(t)$ 等式两端从 0_- 到 0_+ 积分得 $y(0_+)-y(0_-)=-3$，有 $y(0_+)=-2$。

$t>0$ 时，系统全响应方程为

$$y''(t)+3y'(t)+2y(t)=0$$

特征方程为

$$\lambda^2+3\lambda+2=0$$

特征根为 $\lambda_1=-1$，$\lambda_2=-2$，齐次解的形式为

$$y_h(t)=C_1\mathrm{e}^{-t}+C_2\mathrm{e}^{-2t}$$

特解为零，故

$$y(t)=C_1\mathrm{e}^{-t}+C_2\mathrm{e}^{-2t}$$

将 $y'(0_+)=9$，$y(0_+)=-2$ 代入上式，解得 $C_1=5$，$C_2=-7$。

根据式(2-18)可知

$$y(t)=\delta(t)+r_2(t)$$

故系统的全响应为

$$y(t)=\delta(t)+(5\mathrm{e}^{-t}-7\mathrm{e}^{-2t})\varepsilon(t)$$

2.3 冲激响应与阶跃响应

2.3.1 冲激响应

一个 LTI 连续系统，初始状态为零，输入为单位冲激信号 $\delta(t)$ 时的响应称为单位冲激响应，简称冲激响应，用 $h(t)$ 表示。

根据冲激响应和零状态响应的定义可知，冲激响应实际上就是系统输入为 $\delta(t)$ 时的零状态响应。

【例 2.8】 描述某 LTI 系统的微分方程为 $y''(t)+3y'(t)+2y(t)=f'(t)+f(t)$，求冲激响应 $h(t)$。

解：系统的冲激响应方程为

$$h''(t)+3h'(t)+2h(t)=\delta'(t)+\delta(t) \tag{2-19}$$

根据冲激响应的定义可知，初始状态 $h'(0_-)=h(0_-)=0$。

式(2-19)右边有冲激函数 $\delta(t)$ 及其导数，求解该方程时，需要用冲激平衡积分法求出初始值 $h^{(n)}(0_+)$。令

$$h''(t)=a\delta'(t)+b\delta(t)+r_0(t) \tag{2-20a}$$

则有

$$h'(t)=a\delta(t)+r_1(t) \tag{2-20b}$$

$$h(t)=r_2(t) \tag{2-20c}$$

将式(2-20a)、式(2-20b)、式(2-20c)代入式(2-19)，根据方程两端 $\delta(t)$ 及其导数的系数应分别相等，求得 $a=1$，$b=-2$。将 a、b 代入式(2-20a)，并对等式两端从 0_- 到 0_+ 积分，得

$$h'(0_+)-h'(0_-)=-2$$

所以

$$h'(0_+)=-2 \tag{2-21a}$$

将 a 代入式(2-20b)，并对等式两端从 0_- 到 0_+ 积分，得

$$h(0_+)-h(0_-)=1$$

所以

$$h(0_+)=1 \tag{2-21b}$$

由于 $\delta(t)$ 及其导数只在 $t=0$ 时发生作用，所以 $t>0$ 时，式(2-19)右边为零，即

$$h''(t)+3h'(t)+2h(t)=0 \tag{2-22}$$

方程式(2-22)只有齐次解。它的特征方程为 $\lambda^2+3\lambda+2=0$，求得特征根 $\lambda_1=-1$，$\lambda_1=-2$。系统冲激响应的形式为

$$h(t)=C_1\mathrm{e}^{-t}+C_2\mathrm{e}^{-2t} \tag{2-23}$$

将初始值式(2-21a)、式(2-21b)代入式(2-23)，有

$$h'(0_+)=-C_1-2C_2=-2$$

$$h(0_+)=C_1+C_2=1$$

解得 $C_1=0$，$C_2=1$。故 $t>0$ 时，系统的冲激响应为

$$h(t)=\mathrm{e}^{-2t} \tag{2-24}$$

综合式(2-20c)和式(2-24)，得系统的冲激响应为

$$h(t)=\mathrm{e}^{-2t}\varepsilon(t)$$

2.3.2　阶跃响应

一个 LTI 连续系统，初始状态为零，输入为单位阶跃信号 $\varepsilon(t)$ 时的响应称为单位阶跃响应，简称阶跃响应，用 $g(t)$ 表示。根据阶跃响应和零状态响应的定义可知，阶跃响应实际上是系统输入为 $\varepsilon(t)$ 时的零状态响应。

根据 LTI 连续系统的微分特性和积分特性(第 1.6 节)可知，由于

$$\delta(t)=\frac{\mathrm{d}\varepsilon(t)}{\mathrm{d}t},\ \varepsilon(t)=\int_{-\infty}^{t}\delta(x)\mathrm{d}x$$

对同一 LTI 连续系统，它的阶跃响应与冲激响应有如下关系

$$h(t)=\frac{\mathrm{d}g(t)}{\mathrm{d}t},\ g(t)=\int_{-\infty}^{t}h(x)\mathrm{d}x$$

【例 2.9】 描述某 LTI 系统的微分方程为 $y''(t)+3y'(t)+2y(t)=f(t)$，求阶跃响应 $g(t)$。

解：系统的阶跃响应方程为

$$g''(t)+3g'(t)+2g(t)=\varepsilon(t) \tag{2-25a}$$

根据阶跃响应的定义可知，初始状态 $g'(0_-)=g(0_-)=0$。

方程式(2-25a)右边不包含冲激函数 $\delta(t)$ 及其导数，故有 $g'(0_+)=g'(0_-)=0$，$g(0_+)=g(0_-)=0$。$t>0$ 时，方程式(2-25a)为

$$g''(t)+3g'(t)+2g(t)=1 \tag{2-25b}$$

它的特征方程为 $\lambda^2+3\lambda+2=0$，求得特征根 $\lambda_1=-1$，$\lambda_1=-2$。阶跃响应 $g(t)$的齐次解形式为

$$g_h(t)=C_1\mathrm{e}^{-t}+C_2\mathrm{e}^{-2t} \tag{2-26}$$

根据特征根和激励可知阶跃响应 $g(t)$的特解形式为

$$g_p(t)=P \tag{2-27}$$

将式(2-27)代入方程式(2-25b)得

$$2P=1$$

故 $P=\frac{1}{2}$，阶跃响应为

$$g(t)=C_1\mathrm{e}^{-t}+C_2\mathrm{e}^{-2t}+\frac{1}{2} \tag{2-28}$$

根据 $g'(0_+)=0$，$g(0_+)=0$，求得 $C_1=-1$，$C_2=\frac{1}{2}$。系统的阶跃响应为

$$g(t)=\left(-\mathrm{e}^{-t}+\frac{1}{2}\mathrm{e}^{-2t}+\frac{1}{2}\right)\varepsilon(t)$$

实用小窍门

求系统的零状态响应(包括冲激响应和阶跃响应)时，尽量使微分方程右边不出现冲激函数 $\delta(t)$ 及其导数形式，避免用冲激平衡积分法求初始值的计算，减少运算量，举例如下。

【例 2.10】 求例 2.7 系统 $y''(t)+3y'(t)+2y(t)=f'(t)+f(t)$ 的冲激响应 $h(t)$。

解：根据 LTI 连续系统的线性特性、微分特性和积分特性知，求此系统的冲激响应 $h(t)$，可先求系统

$$y''(t)+3y'(t)+2y(t)=f(t) \tag{2-29}$$

的阶跃响应 $g_x(t)$，然后得到原系统的阶跃响应，即 $g(t)=g'_x(t)+g_x(t)$，最后得到原系统的冲激响应，即 $h(t)=g'(t)=g''_x(t)+g'_x(t)$。

在求式(2-29)的阶跃响应 $g_x(t)$时，无须用冲激平衡积分法求起始值，见例 2.9。

$$g_x(t)=\left(-\mathrm{e}^{-t}+\frac{1}{2}\mathrm{e}^{-2t}+\frac{1}{2}\right)\varepsilon(t) \tag{2-30}$$

所以原系统的冲激响应为

$$\begin{aligned}h(t)&=g''_x(t)+g'_x(t)\\&=(-\mathrm{e}^{-t}+2\mathrm{e}^{-2t})\varepsilon(t)+(\mathrm{e}^{-t}-\mathrm{e}^{-2t})\varepsilon(t)=\mathrm{e}^{-2t}\varepsilon(t)\end{aligned}$$

结果与【例 2.8】相同。

思路整理

求解微分方程需要两个条件，一是 $f(t)$的值，二是初始值 $y^{(j)}(0_+)$。无论是求零状态响应与零输入响应，还是求冲激响应与阶跃响应，都可当成求解微分方程处理。它们的本质区别仅在于给出的 $f(t)$不同，确定初始值的途径不同。求零状态响应时，给出了 $f(t)$，初始值 $y_{zs}^{(j)}(0_+)$根据 $y_{zs}^{(j)}(0_-)\equiv 0$ 确定。求零输入响应时，$f(t)\equiv 0$，初始值 $y_{zi}^{(j)}(0_+)$根据 $y^{(j)}(0_-)$确定。求冲激响应 $h(t)$时，$f(t)=\delta(t)$，初始值 $h^{(j)}(0_+)$根据 $h^{(j)}(0_-)=0$ 确定。求阶跃响应 $g(t)$时，$f(t)=\varepsilon(t)$，初始值 $g^{(j)}(0_+)$根据 $g^{(j)}(0_-)=0$ 确定。

2.4　卷积积分

2.4.1　卷积积分的定义

两个连续信号 $f_1(t)$和 $f_2(t)$的卷积积分定义为

$$f(t)=f_1(t)*f_2(t)=\int_{-\infty}^{\infty}f_1(\tau)f_2(t-\tau)\mathrm{d}\tau \tag{2-31}$$

如果 $f(t)$是系统的激励，$h(t)$是系统的冲激响应，则有

$$y_{zs}(t)=f(t)*h(t) \tag{2-32}$$

如图 2.1 所示。

$f(t)$ → LTI系统$h(t)$ → $y_{zs}(t)=f(t)*h(t)$

图 2.1　卷积积分求零状态响应

知识理解

根据高等数学知识，任意信号 $f(t)$都可用一系列的矩形窄脉冲来代表，如图 2.2 所示。

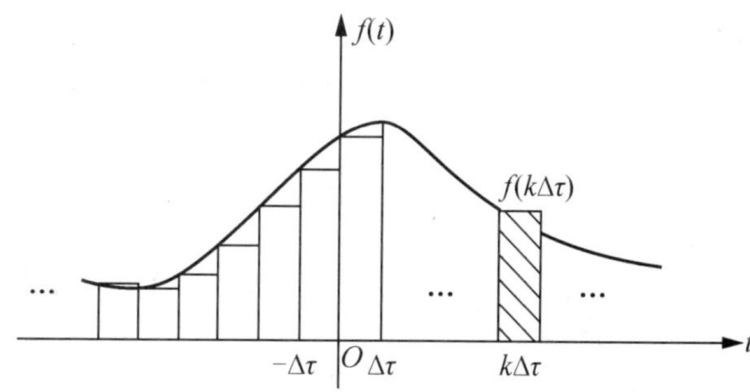

图 2.2　$f(t)$分解为矩形窄脉冲

脉冲宽度为 $\Delta\tau$，第 k 个脉冲的高度是 $f(k\Delta\tau)$。用这些脉冲描述 $f(t)$的表达式为

$$\begin{aligned} f(t) &\approx \sum_{k=-\infty}^{\infty} f(k\Delta\tau)[\varepsilon(t-k\Delta\tau)-\varepsilon(t-k\Delta\tau-\Delta\tau)] \\ &= \sum_{k=-\infty}^{\infty} f(k\Delta\tau)\frac{[\varepsilon(t-k\Delta\tau)-\varepsilon(t-k\Delta\tau-\Delta\tau)]}{\Delta\tau}\Delta\tau \end{aligned} \tag{2-33}$$

$\Delta\tau$ 越小，式(2-33)的误差越小。将脉冲$[\varepsilon(t-k\Delta\tau)-\varepsilon(t-k\Delta\tau-\Delta\tau)]/\Delta\tau$ 产生的零状态响应用表示 $h_k(t-k\Delta\tau)$，则信号 $f(t)$产生的零状态响应近似为

$$y_{zs}(t) \approx \sum_{k=-\infty}^{\infty} f(k\Delta\tau)h_k(t-k\Delta\tau)\Delta\tau \tag{2-34}$$

在 $\Delta\tau \to 0$(即 $k\to\infty$)的极限情况下，将 $k\Delta\tau$ 写作 τ，$\Delta\tau$ 写作 $\mathrm{d}\tau$，有

$$\lim_{\Delta\tau\to 0}\frac{\varepsilon(t-k\Delta\tau)-\varepsilon(t-k\Delta\tau-\Delta\tau)}{\Delta\tau}\Delta\tau=\delta(t-\tau)\mathrm{d}\tau$$

式(2-33)变为

$$f(t)=\int_{-\infty}^{\infty} f(\tau)\delta(t-\tau)\mathrm{d}\tau = f(t) * \delta(t)$$

上式便是将任意信号 $f(t)$分解为一系列冲激信号加权积分的表达式，则式(2-34)变为

$$y_{zs}(t)=\int_{-\infty}^{\infty} f(\tau)h(t-\tau)\mathrm{d}\tau = f(t) * h(t)$$

这表明LTI系统的零状态响应 $y_{zs}(t)$可用激励 $f(t)$与冲激响应 $h(t)$的卷积积分求得。

2.4.2 卷积积分的图示

为了较好地理解卷积积分，下面用图解法来说明卷积积分的计算过程，设 $f_1(t)$和 $f_2(t)$的波形如图2.3所示。

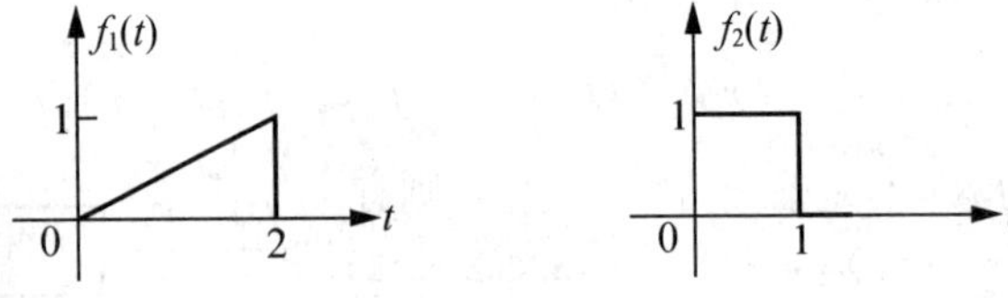

图2.3 $f_1(t)$和 $f_2(t)$的波形

根据定义求 $f_1(t) * f_2(t)$的步骤如下。

(1) 将函数 $f_1(t)$和 $f_2(t)$的自变量 t 用 τ 代换，得到函数 $f_1(\tau)$和 $f_2(\tau)$，波形如图2.4(a)和图2.4(b)所示。

(2) 将 $f_2(\tau)$的自变量 τ 先用 $-\tau$ 代替，得到 $f_2(-\tau)$，再将 $f_2(-\tau)$中的 τ 用 $\tau-t$ 代替，得到 $f_2[-(\tau-t)]$即 $f_2(t-\tau)$。对应的波形则先翻转，如图2.4(c)所示，再向右平移 t，如图2.4(d)所示。

(3) 计算 $f(t)=\int_{-\infty}^{\infty} f_1(\tau)f_2(t-\tau)\mathrm{d}\tau$，即波形曲线 $f_1(\tau)f_2(t-\tau)$下的面积。

(4) 在$(-\infty, +\infty)$区间内改变 t 值，重复以上过程，求出任意的 $f(t)$值。

按上述步骤进行的卷积积分如下。

(1) 当 $t<0$ 时，$f_1(\tau)$和 $f_2(t-\tau)$无相交部分，如图2.4(e)所示，即 $f_1(\tau)f_2(t-\tau)=0$，故

$$f(t)=\int_{-\infty}^{\infty} f_1(\tau)f_2(t-\tau)\mathrm{d}\tau=0$$

(2) 当 $0\leqslant t\leqslant 1$ 时，$f_1(\tau)$和 $f_2(t-\tau)$在 $0\sim t$ 范围内有相交部分，如图2.4(f)所示，故

$$f(t)=\int_{-\infty}^{\infty} f_1(\tau)f_2(t-\tau)\mathrm{d}\tau=\int_0^t f_1(\tau)f_2(t-\tau)\mathrm{d}\tau=\int_0^t \frac{\tau}{2}\mathrm{d}\tau=\frac{1}{4}t^2$$

(3) 当 $1<t\leqslant 2$ 时，$f_1(\tau)$和 $f_2(t-\tau)$在 $t-1\sim t$ 范围内有相交部分，如图2.4(g)所示，故

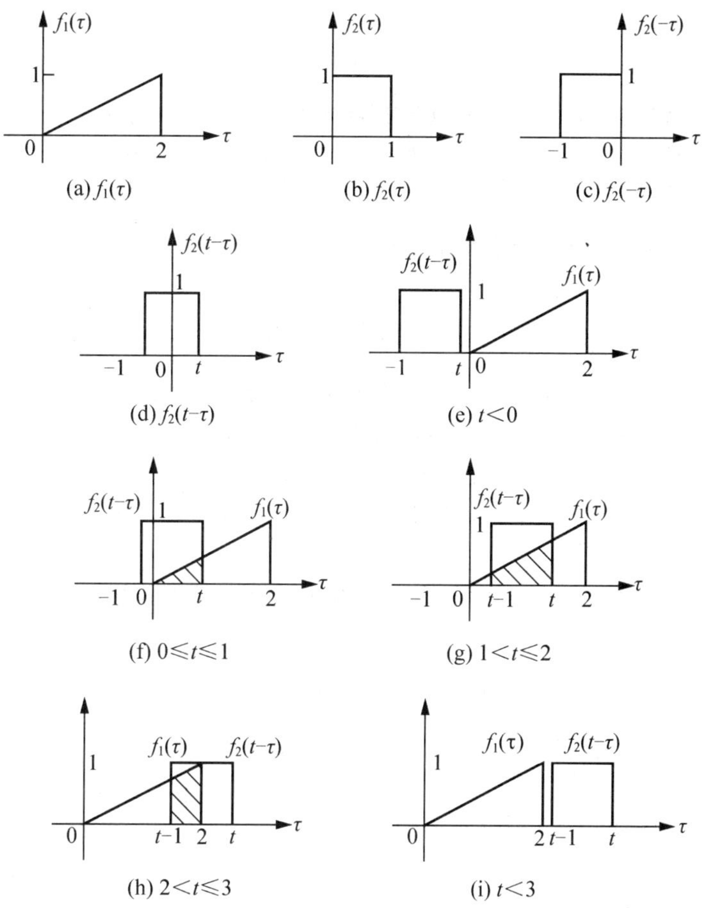

图 2.4　$f_1(t)$和$f_2(t)$的卷积积分运算过程

$$f(t)=\int_{-\infty}^{\infty} f_1(\tau)f_2(t-\tau)\mathrm{d}\tau=\int_{t-1}^{t} f_1(\tau)f_2(t-\tau)\mathrm{d}\tau=\int_{t-1}^{t}\frac{\tau}{2}\mathrm{d}\tau=\frac{1}{4}(2t-1)$$

(4) 当$2<t\leqslant 3$时，$f_1(\tau)$和在$t-1\sim 2$范围内有相交部分，如图2.4(h)所示，故

$$f(t)=\int_{-\infty}^{\infty} f_1(\tau)f_2(t-\tau)\mathrm{d}\tau=\int_{t-1}^{2} f_1(\tau)f_2(t-\tau)\mathrm{d}\tau=\int_{t-1}^{2}\frac{\tau}{2}\mathrm{d}\tau=\frac{1}{4}(3-t^2+2t)$$

(5) 当$t>3$时，$f_1(\tau)$和$f_2(t-\tau)$又无相交部分，如图2.4(i)所示，即$f_1(\tau)f_2(t-\tau)=0$，故

$$f(t)=\int_{-\infty}^{\infty} f_1(\tau)f_2(t-\tau)\mathrm{d}\tau=0$$

归纳以上结果得

$$f(t)=f_1(t)*f_2(t)=\begin{cases}0 & t<0,\ t>3\\ \dfrac{1}{4}t^2 & 0\leqslant t\leqslant 1\\ \dfrac{1}{4}(2t-1) & 1<t\leqslant 2\\ \dfrac{1}{4}(3-t^2+2t) & 2<t\leqslant 3\end{cases}$$

理解

卷积积分中的“卷”指将其中一个信号进行翻转和移位，即 $f_2(\tau)$变为 $f_2(-\tau)$，再变为 $f_2(t-\tau)$，“积”就是求信号 $f_1(\tau)$与 $f_2(t-\tau)$的乘积，“积分”就是对求积后的结果在$(-\infty, \infty)$的区间上求积分。由于图解法较复杂，求卷积积分时一般不用，而是分析后直接计算，如下例所示。

【例 2.11】 某 LTI 系统的冲激响应 $h(t)=\mathrm{e}^{-2t}\varepsilon(t)$，求激励 $f(t)=2\varepsilon(t)$时，系统的零状态响应 $y_{zs}(t)$。

解: $y_{zs}(t)=f(t)*h(t)=2\int_{-\infty}^{\infty}\mathrm{e}^{-2\tau}\varepsilon(\tau)\varepsilon(t-\tau)\mathrm{d}\tau$

上式是对变量 τ 积分，在积分号内 t 可以看成常数。虽然是在区间$(-\infty, \infty)$上积分，但在 $\mathrm{e}^{-2\tau}\varepsilon(\tau)\varepsilon(t-\tau)=0$ 的子区间，积分值为 0，所以只要在 $\mathrm{e}^{-2\tau}\varepsilon(\tau)\varepsilon(t-\tau)\neq 0$ 的子区间进行积分就行了。不难发现 $\mathrm{e}^{-2\tau}\varepsilon(\tau)\neq 0$ 的区间是 $0\leqslant\tau<\infty$，$\varepsilon(t-\tau)\neq 0$ 的区间是$-\infty<\tau\leqslant t$。所以 $\mathrm{e}^{-2\tau}\varepsilon(\tau)\varepsilon(t-\tau)\neq 0$ 的区间是 $\mathrm{e}^{-2\tau}\varepsilon(\tau)\neq 0$ 和 $\varepsilon(t-\tau)\neq 0$ 区间的交，即 $0\leqslant\tau\leqslant t$。

当 $t>0$ 时，$\mathrm{e}^{-2\tau}\varepsilon(\tau)\varepsilon(t-\tau)\neq 0$ 的区间为$(0, t)$，在此区间内 $\varepsilon(\tau)=1$，$\varepsilon(t-\tau)=1$，故

$$y_{zs}(t)=2\int_0^t \mathrm{e}^{-2\tau}\mathrm{d}\tau=1-\mathrm{e}^{-2t} \tag{2-35a}$$

当 $t\leqslant 0$ 时，无 $\mathrm{e}^{-2\tau}\varepsilon(\tau)\varepsilon(t-\tau)\neq 0$ 的区间，故

$$y_{zs}(t)=0 \tag{2-35b}$$

综合式(2-35a)和式(2-35b)，得到

$$y_{zs}(t)=(1-\mathrm{e}^{-2t})\varepsilon(t)$$

对于一些特殊的函数，如 $\delta(t)$、$\varepsilon(t)$等，其卷积结果常用到，总结见表 2-3。

表 2-3 卷积积分表

序号	$f_1(t)$	$f_2(t)$	$f_1(t)*f_2(t)$
1	$f(t)$	$\delta(t)$	$f(t)$
2	$f(t)$	$\delta'(t)$	$f'(t)$
3	$\varepsilon(t)$	$\varepsilon(t)$	$t\varepsilon(t)$
4	$t\varepsilon(t)$	$\varepsilon(t)$	$\frac{1}{2}t^2\varepsilon(t)$
5	$\mathrm{e}^{-\alpha t}\varepsilon(t)$	$\varepsilon(t)$	$\frac{1}{\alpha}(1-\mathrm{e}^{-\alpha t})\varepsilon(t)$
6	$\mathrm{e}^{-\alpha t}\varepsilon(t)$	$t\varepsilon(t)$	$\left(\frac{\alpha t-1}{\alpha^2}+\frac{1}{\alpha^2}\mathrm{e}^{-\alpha t}\right)\varepsilon(t)$
7	$\mathrm{e}^{-\alpha t}\varepsilon(t)$	$\mathrm{e}^{-\alpha t}\varepsilon(t)$	$t\mathrm{e}^{-\alpha t}\varepsilon(t)$
8	$\mathrm{e}^{-\alpha_1 t}\varepsilon(t)$	$\mathrm{e}^{-\alpha_2 t}\varepsilon(t)$	$\frac{1}{\alpha_2-\alpha_1}(\mathrm{e}^{-\alpha_1 t}-\mathrm{e}^{-\alpha_2 t})\varepsilon(t)$，$\alpha_1\neq\alpha_2$

2.5 卷积积分的性质

卷积积分有许多重要的性质，灵活运用这些性质能简化卷积积分的计算。在卷积积分存在的前提下，卷积积分有以下重要性质。

1. 交换律

$$f_1(t)*f_2(t)=f_2(t)*f_1(t) \tag{2-36}$$

证明：

$$f_1(t)*f_2(t)=\int_{-\infty}^{\infty}f_1(\tau)f_2(t-\tau)\mathrm{d}\tau$$

将变量 τ 换为 $t-\lambda$，则 $t-\tau=\lambda$，这样上式可写为

$$\begin{aligned}f_1(t)*f_2(t)&=\int_{\infty}^{-\infty}f_1(t-\lambda)f_2(\lambda)\mathrm{d}(-\lambda)\\&=\int_{-\infty}^{\infty}f_2(\lambda)f_1(t-\lambda)\mathrm{d}(\lambda)=f_2(t)*f_1(t)\end{aligned}$$

2. 分配律

$$f_1(t)*[f_2(t)+f_3(t)]=f_1(t)*f_2(t)+f_1(t)*f_3(t) \tag{2-37}$$

由卷积积分的定义可导出分配律，即

$$\begin{aligned}f_1(t)*[f_2(t)+f_3(t)]&=\int_{-\infty}^{\infty}f_1(\tau)[f_2(t-\tau)+f_3(t-\tau)]\mathrm{d}\tau\\&=\int_{-\infty}^{\infty}f_1(\tau)f_2(t-\tau)\mathrm{d}\tau+\int_{-\infty}^{\infty}f_1(\tau)f_3(t-\tau)]\mathrm{d}\tau\\&=f_1(t)*f_2(t)+f_1(t)*f_3(t)\end{aligned}$$

3. 结合律

$$[f_1(t)*f_2(t)]*f_3(t)=f_1(t)*[f_2(t)*f_3(t)] \tag{2-38}$$

证明：

$$[f_1(t)*f_2(t)]*f_3(t)=\int_{-\infty}^{\infty}[\int_{-\infty}^{\infty}f_1(\tau)f_2(\lambda-\tau)\mathrm{d}\tau]f_3(t-\lambda)\mathrm{d}\lambda$$

交换积分顺序，并将括号内的 $\lambda-\tau$ 换为 x，得

$$\begin{aligned}[f_1(t)*f_2(t)]*f_3(t)&=\int_{-\infty}^{\infty}f_1(\tau)[\int_{-\infty}^{\infty}f_2(\lambda-\tau)f_3(t-\lambda)\mathrm{d}\lambda]\mathrm{d}\tau\\&=\int_{-\infty}^{\infty}f_1(\tau)\{\int_{-\infty}^{\infty}f_2(x)f_3[(t-\tau)-x]\mathrm{d}x\}\mathrm{d}\tau\\&=\int_{-\infty}^{\infty}f_1(\tau)f_{23}(t-\tau)\mathrm{d}\tau=f_1(t)*f_{23}(t)\end{aligned}$$

式中 $f_{23}(t-\tau)=\int_{-\infty}^{\infty}f_2(x)f_3[(t-\tau)-x]\mathrm{d}x$ ，故

$$f_{23}(t)=\int_{-\infty}^{\infty}f_2(x)f_3(t-x)\mathrm{d}x=f_2(t)*f_3(t)$$

式(2-38)得证。

4. 时移性质

若 $f(t)=f_1(t)*f_2(t)$，则

$$f_1(t-t_1)*f_2(t-t_2)=f_1(t-t_1-t_0)*f_2(t-t_2+t_0)=f(t-t_1-t_2)$$

【例 2.12】 计算下列卷积分

(1) $\varepsilon(t+3)*\varepsilon(t-3)$　　　　(2) $\mathrm{e}^{-2t}\varepsilon(t-3)*2\varepsilon(t+5)$

解：

(1) 方法一：根据卷积积分定义求。

$\varepsilon(t+3)*\varepsilon(t-3)=\int_{-\infty}^{\infty}\varepsilon(\tau+3)\varepsilon(t-\tau-3)\mathrm{d}\tau$，$\varepsilon(\tau+3)\varepsilon(t-\tau-3)\neq 0$ 的区间为 $-3\leqslant\tau\leqslant t-3$。

当 $t-3>-3$，即 $t>0$ 时，有 $\int_{-\infty}^{\infty}\varepsilon(\tau+3)\varepsilon(t-\tau-3)\mathrm{d}\tau=\int_{-3}^{t-3}\mathrm{d}\tau=t$ 。

当 $t-3\leqslant-3$，即 $t\leqslant 0$ 时，有 $\int_{-\infty}^{\infty}\varepsilon(\tau+3)\varepsilon(t-\tau-3)\mathrm{d}\tau=0$，综合以上结果有 $\varepsilon(t+3)*\varepsilon(t-3)=t\varepsilon(t)$。

方法二：根据时移性质求。

$$\varepsilon(t+3)*\varepsilon(t-3)=\varepsilon(t)*\varepsilon(t)=\int_{-\infty}^{\infty}\varepsilon(\tau)\varepsilon(t-\tau)\mathrm{d}\tau=t\varepsilon(t)$$

(2) 方法一：根据卷积积分的定义求。

$$\begin{aligned}\mathrm{e}^{-2t}\varepsilon(t-3)*2\varepsilon(t+5)&=2\int_{-\infty}^{\infty}\mathrm{e}^{-2\tau}\varepsilon(\tau-3)\varepsilon(t-\tau+5)\mathrm{d}\tau\\&=2\int_{3}^{t+5}\mathrm{e}^{-2\tau}\mathrm{d}\tau=[\mathrm{e}^{-6}-\mathrm{e}^{-2(t+5)}]\varepsilon(t+2)\end{aligned}$$

方法二：根据时移性质求。

$$\mathrm{e}^{-2t}\varepsilon(t-3)*2\varepsilon(t+5)=\mathrm{e}^{-6}[\mathrm{e}^{-2(t-3)}\varepsilon(t-3)]*2\varepsilon(t+5)$$

在【例 2.11】中已求得 $\mathrm{e}^{-2t}\varepsilon(t)*2\varepsilon(t)=(1-\mathrm{e}^{-2t})\varepsilon(t)$，利用时移性质，有

$$[\mathrm{e}^{-2(t-3)}\varepsilon(t-3)]*2\varepsilon(t+5)=(1-\mathrm{e}^{-2(t+2)})\varepsilon(t+2)$$

故 $\mathrm{e}^{-2t}\varepsilon(t-3)*2\varepsilon(t+5)=\mathrm{e}^{-6}(1-\mathrm{e}^{-2(t+2)})\varepsilon(t+2)$

5. 与 $\delta(t)$ 的卷积积分

$$f(t)*\delta(t)=f(t)$$

$$f(t-t_1)*\delta(t)=f(t)*\delta(t-t_1)=f(t-t_1)$$

【例 2.13】 画出图 2.5 中 $f_1(t)$ 与 $f_2(t)$ 卷积积分后的波形。

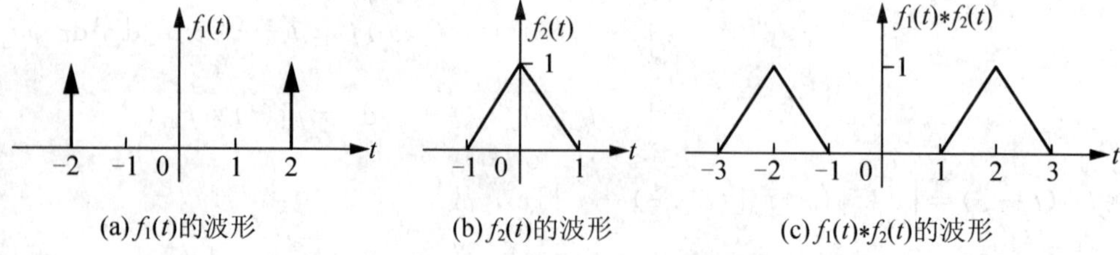

(a) $f_1(t)$的波形　(b) $f_2(t)$的波形　(c) $f_1(t)*f_2(t)$的波形

图 2.5　$f_1(t)$与 $f_2(t)$的卷积积分

解： $f_1(t)=\delta(t+2)+\delta(t-2)$

$$f_1(t)*f_2(t)=[\delta(t+2)+\delta(t-2)]*f_2(t)=f_2(t+2)+f_2(t-2)$$

$f_1(t)$与$f_2(t)$卷积积分后的波形如图2.5(c)所示。

理解

某信号$f(t)$与$\delta(t-t_1)$进行卷积积分，当$t_1>0$时，将$f(t)$波形向右移t_1，得到$f(t)*\delta(t-t_1)$的波形；当$t_1<0$时，将$f(t)$波形向左移$|t_1|$，得到$f(t)*\delta(t-t_1)$的波形。

6. 微分性质

对于任意函数$f(t)$，用$f^{(1)}(t)$表示其一阶导数，若

$$f(t)=f_1(t)*f_2(t)$$

则其导数

$$f^{(1)}(t)=f_1^{(1)}(t)*f_2(t)=f_1(t)*f_2^{(1)}(t) \tag{2-39}$$

证明：

$$f^{(1)}(t)=\frac{\mathrm{d}}{\mathrm{d}t}\int_{-\infty}^{\infty}f_1(\tau)f_2(t-\tau)\mathrm{d}\tau=\int_{-\infty}^{\infty}f_1(\tau)\frac{\mathrm{d}}{\mathrm{d}t}f_2(t-\tau)\mathrm{d}\tau=f_1(t)*f_2^{(1)}(t)$$

同理可证$f^{(1)}(t)=f_1^{(1)}(t)*f_2(t)$。

7. 积分性质

对于任意函数$f(t)$，用$f^{(-1)}(t)$表示其一次积分，若

$$f(t)=f_1(t)*f_2(t)$$

则其积分

$$f^{(-1)}(t)=f_1^{(-1)}(t)*f_2(t)=f_1(t)*f_2^{(-1)}(t) \tag{2-40}$$

证明：

$$\begin{aligned}f^{(-1)}(t)&=\int_{-\infty}^{t}\left[\int_{-\infty}^{\infty}f_1(\tau)f_2(x-\tau)\mathrm{d}\tau\right]\mathrm{d}x=\int_{-\infty}^{\infty}f_1(\tau)\left[\int_{-\infty}^{t}f_2(x-\tau)\mathrm{d}x\right]\mathrm{d}\tau\\&=\int_{-\infty}^{\infty}f_1(\tau)\left[\int_{-\infty}^{t-\tau}f_2(x-\tau)\mathrm{d}(x-\tau)\right]\mathrm{d}\tau=f_1(t)*f_2^{(-1)}(t)\end{aligned}$$

同理可证$f^{(-1)}(t)=f_1^{(-1)}(t)*f_2(t)$。

8. 微积分性质

若$f_1(t)*f_2(t)$进行一次微分、一次积分后仍能还原为$f_1(t)*f_2(t)$，则有

$$[f_1(t)*f_2(t)]^{(i-j)}=f_1^{(i)}(t)*f_2^{(-j)}(t)=f_1^{(-j)}(t)*f_2^{(i)}(t)$$

【例2.14】 画出图2.6中$f_1(t)$与$f_2(t)$卷积积分后的波形。

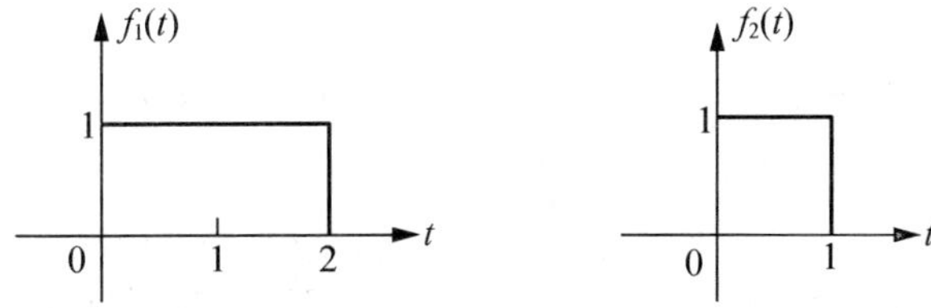

图2.6　$f_1(t)$与$f_2(t)$的波形

解：根据微积分性质有 $f_1(t)*f_2(t)=f_1^{(1)}(t)*f_2^{(-1)}(t)$。

$f_1^{(1)}(t)=\delta(t)-\delta(t-2)$，其波形如图 2.7(a)所示。$f_2^{(-1)}(t)=\int_{-\infty}^{t}f_2(x)\mathrm{d}x$，当 $t\leqslant 0$ 时，$\int_{-\infty}^{t}f_2(x)\mathrm{d}x=0$。当 $0<t\leqslant 1$ 时，$\int_{-\infty}^{t}f_2(x)\mathrm{d}x=\int_{0}^{t}\mathrm{d}x=t$。当 $t>1$ 时，$\int_{-\infty}^{t}f_2(x)\mathrm{d}x=\int_{0}^{1}\mathrm{d}x=1$。$f_2^{(-1)}(t)$的波形如图 2.7(b)所示。

$f_1(t)*f_2(t)=[\delta(t)-\delta(t-2)]*f_2^{(-1)}(t)=f_2^{(-1)}(t)-f_2^{(-1)}(t-2)$，$-f_2^{(-1)}(t-2)$ 的波形如图 2.7(c)所示，将其与图 2.7(b)相加得到 $f_1(t)*f_2(t)$的波形，其波形如图 2.7(d)所示。

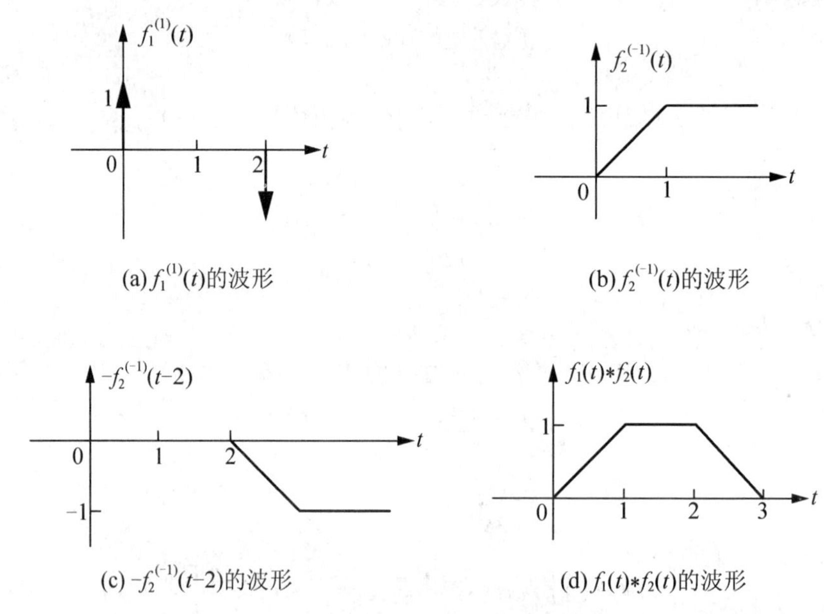

图 2.7 $f_1(t)$与 $f_2(t)$的卷积运算

9. 相关函数

如果实信号 $f_1(t)$与 $f_2(t)$均为能量信号，它们之间的互相关函数定义为

$$R_{12}(t)=\int_{-\infty}^{\infty}f_1(\tau)f_2(\tau-t)\mathrm{d}\tau=\int_{-\infty}^{\infty}f_1(\tau+t)f_2(\tau)\mathrm{d}\tau \tag{2-41}$$

$$R_{21}(t)=\int_{-\infty}^{\infty}f_2(\tau)f_1(\tau-t)\mathrm{d}\tau=\int_{-\infty}^{\infty}f_2(\tau+t)f_1(\tau)\mathrm{d}\tau \tag{2-42}$$

根据卷积积分的定义有

$$R_{12}(t)=\int_{-\infty}^{\infty}f_1(\tau)f_2[-(t-\tau)]\mathrm{d}\tau=f_1(t)*f_2(-t)$$

不难发现

$$R_{12}(t)=R_{21}(-t),\ R_{12}(-t)=R_{21}(t)$$

如果 $f_1(t)$与 $f_2(t)$是同一个信号，即 $f_1(t)=f_2(t)=f(t)$，这时有 $R_{12}(t)=R_{21}(t)$，用 $R(t)$ 表示，称为自相关函数。

$$R(t)=f(t)*f(-t)$$

自相关函数是偶函数，即

$$R(t)=R(-t)$$

【例 2.15】 计算 $2e^{-2t}\varepsilon(t)$ 与 $e^{-t}\varepsilon(t)$ 的相关函数 $R_{12}(t)$ 和 $R_{21}(t)$。

解：

$$R_{12}(t)=2e^{-2t}\varepsilon(t)*e^{t}\varepsilon(-t)=2\int_{-\infty}^{\infty}e^{-2\tau}\varepsilon(\tau)e^{t-\tau}\varepsilon[-(t-\tau)]d\tau=2e^{t}\int_{-\infty}^{\infty}e^{-3\tau}\varepsilon(\tau)\varepsilon(\tau-t)d\tau$$

当 $t>0$ 时，

$$2e^{t}\int_{-\infty}^{\infty}e^{-3\tau}\varepsilon(\tau)\varepsilon(\tau-t)d\tau=2e^{t}\int_{t}^{\infty}e^{-3\tau}d\tau=\frac{2}{3}e^{-2t}$$

当 $t<0$ 时，

$$2e^{t}\int_{-\infty}^{\infty}e^{-3\tau}\varepsilon(\tau)\varepsilon(\tau-t)d\tau=2e^{t}\int_{0}^{\infty}e^{-3\tau}d\tau=\frac{2}{3}e^{t}$$

故

$$R_{12}(t)=\frac{2}{3}e^{-2t}\varepsilon(t)+\frac{2}{3}e^{t}\varepsilon(-t)$$

因 $R_{21}(t)=R_{12}(-t)$，故

$$R_{21}(t)=\frac{2}{3}e^{2t}\varepsilon(-t)+\frac{2}{3}e^{-t}\varepsilon(t)$$

综上所述，卷积积分的性质总结见表 2-4。

表 2-4　卷积积分性质表

交换律	$f_1(t)*f_2(t)=f_2(t)*f_1(t)$
分配律	$f_1(t)*[f_2(t)+f_3(t)]=f_1(t)*f_2(t)+f_1(t)*f_3(t)$
结合律	$[f_1(t)*f_2(t)]*f_3(t)=f_1(t)*[f_2(t)*f_3(t)]$
时移性质	$f_1(t-t_1)*f_2(t-t_2)=f_1(t-t_1-t_0)*f_2(t-t_2+t_0)=f(t-t_1-t_2)$
与 $\delta(t)$ 的卷积积分	$f(t)*\delta(t)=f(t)$
	$f(t-t_1)*\delta(t)=f(t)*\delta(t-t_1)=f(t-t_1)$
微分性质	$f_1^{(1)}(t)*f_2(t)=f_1(t)*f_2^{(1)}(t)$
积分性质	$f_1^{(-1)}(t)*f_2(t)=f_1(t)*f_2^{(-1)}(t)$
微积分性质	$[f_1(t)*f_2(t)]^{(i-j)}=f_1^{(i)}(t)*f_2^{(-j)}(t)=f_1^{(-j)}(t)*f_2^{(i)}(t)$
相关函数	$R_{12}(t)=f_1(t)*f_2(-t)$，$R_{12}(t)=R_{21}(-t)$

2.6　连续系统特性分析

2.6.1　连续系统的级联与并联

若两个连续系统的冲激响应分别为 $h_1(t)$ 和 $h_2(t)$，级联后系统的冲激响应为

$$h(t)=h_1(t)*h_2(t) \tag{2-43}$$

如图 2.8(a)所示。

证明：设子系统 $h_1(t)$在激励 $f(t)$下的零状态响应是 $x_{zs}(t)$，则有

$$x_{zs}(t)=f(t)*h_1(t) \tag{2-44}$$

设子系统 $h_2(t)$在激励 $x_{zs}(t)$下的零状态响应是 $y_{zs}(t)$，则有

$$y_{zs}(t)=x_{zs}(t)*h_2(t) \tag{2-45}$$

将式(2-44)代入式(2-45)得

$$y_{zs}(t)=f(t)*h_1(t)*h_2(t)=f(t)*[h_1(t)*h_2(t)]$$

故系统 $h_1(t)$和 $h_2(t)$级联后，整个系统的冲激响应为 $h_1(t)*h_2(t)$。

若两个连续系统的冲激响应分别为 $h_1(t)$和 $h_2(t)$，并联后系统的冲激响应为

$$h(t)=h_1(t)+h_2(t) \tag{2-46}$$

如图 2.8(b)所示。

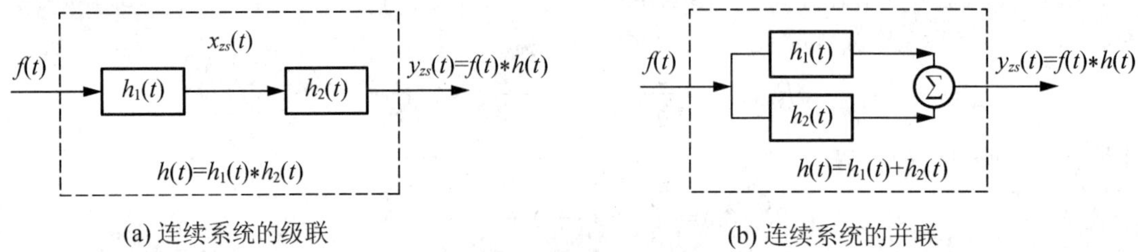

(a) 连续系统的级联　　(b) 连续系统的并联

图 2.8　连续系统的级联与并联

2.6.2　连续系统的特性

1. 因果性

零状态响应不出现于激励之前的系统，称为因果系统，这是因果系统的原始定义(见 1.6 节)。一个 LTI 连续系统是因果系统的充要条件为，它的冲激响应

$$h(t)=0,\quad t<0 \tag{2-47}$$

证明：一个 LTI 连续系统的零状态响应为

$$y_{zs}(t)=h(t)*f(t)=\int_{-\infty}^{\infty}h(\tau)f(t-\tau)\mathrm{d}\tau \tag{2-48}$$

1) 充分性

假设 $f(t)=0$，$t<0$。如果 $h(t)=0$，$t<0$。那么当 $t<0$，$\tau>0$ 时，有 $t-\tau<0$，则 $f(t-\tau)=0$，式(2-48)等于零。当 $t<0$，$\tau<0$ 时，有 $h(\tau)=0$，式(2-48)也等于零。

综合上述结论，当 $t<0$ 时，$y_{zs}(t)=0$，充分性得证。

2) 必要性

假设 $t<0$ 时，有 $f(t)=0$，$y_{zs}(t)=0$。若 $\tau<0$ 时，$h(\tau)\neq0$，则当 $\tau<t<0$ 时，有 $f(t-\tau)\neq0$。式(2-48)不恒等于零，这与假设的 $y_{zs}(t)=0$ 相矛盾。故有 $\tau<0$ 时，$h(\tau)=0$，必要性得证。

2. 稳定性

对于一个系统，如果任意有界的激励 $f(\cdot)$所产生的零状态响应 $y_{zs}(\cdot)$都是有界的，称该系统稳定。这是因果系统的原始定义(见 1.6 节)。一个 LTI 连续系统是稳定系统的充

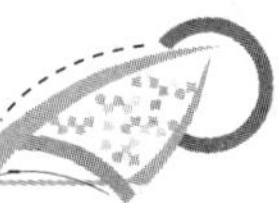

要条件是，它的冲激响应在区间$(-\infty, +\infty)$上绝对可积，即

$$\int_{-\infty}^{\infty} |h(t)| \mathrm{d}t \leqslant M \tag{2-49}$$

证明：一个LTI连续系统零状态响应的绝对值为

$$|y_{zs}(t)| = \left|\int_{-\infty}^{\infty} h(\tau) f(t-\tau) \mathrm{d}\tau\right| \tag{2-50}$$

1）充分性

假设激励有界，即$|f(t)| \leqslant N$，则有

$$|y_{zs}(t)| = \left|\int_{-\infty}^{\infty} h(\tau) f(t-\tau) \mathrm{d}\tau\right| \leqslant N \int_{-\infty}^{\infty} |h(\tau)| \mathrm{d}\tau$$

如果有式(2-49)成立，则

$$|y_{zs}(t)| \leqslant NM$$

充分性得证。

2）必要性

假设有界的激励$f(t)$产生的零状态响应$y_{zs}(t)$有界。如果$\int_{-\infty}^{\infty} |h(t)| \mathrm{d}t$无界，选择激励

$$f(-t) = \begin{cases} -1 & \text{当}\ h(t) < 0 \\ 0 & \text{当}\ h(t) = 0 \\ 1 & \text{当}\ h(t) > 0 \end{cases}$$

有

$$y_{zs}(0) = \int_{-\infty}^{\infty} h(\tau) f(-\tau) \mathrm{d}\tau = \int_{-\infty}^{\infty} |h(\tau)| \mathrm{d}t$$

因$\int_{-\infty}^{\infty} |h(t)| \mathrm{d}t$无界，有$y_{zs}(0)$无界，这与假设矛盾，故$\int_{-\infty}^{\infty} |h(t)| \mathrm{d}t$必然有界，必要性得证。

注意

1.6节中给出的系统因果性与稳定性的定义，对连续系统与离散系统、LTI系统与非LTI系统都适用，是系统因果性与稳定性的一般定义。本节所给出的是时域里，判断LTI连续系统具有因果性与稳定性的条件。

【例2.16】 根据LTI连续系统的冲激响应，判断系统是否为因果系统和稳定系统。

(1) $h_1(t) = \mathrm{e}^{-2t}\varepsilon(t)$　　　　(2) $h_2(t) = \mathrm{e}^{2t}\varepsilon(-t)$

解：

(1) 当$t<0$时，有$h_1(t)=0$，故此系统是因果系统。

$\int_{-\infty}^{\infty} |h_1(t)| \mathrm{d}t = \int_{-\infty}^{\infty} \mathrm{e}^{-2t}\varepsilon(t) \mathrm{d}t = \int_{0}^{\infty} \mathrm{e}^{-2t} \mathrm{d}t = \frac{1}{2}$ 有界，故此系统是稳定系统。

(2) 当$t<0$时，有$h_2(t) \neq 0$，故此系统不是因果系统。

$\int_{-\infty}^{\infty} |h_2(t)| \mathrm{d}t = \int_{-\infty}^{\infty} \mathrm{e}^{2t}\varepsilon(-t) \mathrm{d}t = \int_{-\infty}^{0} \mathrm{e}^{2t} \mathrm{d}t = \frac{1}{2}$ 有界，故此系统是稳定系统。

拓展阅读

本章介绍的连续系统时域分析法，属于经典线性系统时域分析理论，对单输入单输出系统的时域响应和稳定性的分析比较方便。20世纪60年代后，随着状态和状态空间的概念和方法引入，才使线性系统时域分析理论变得更加完整。

对卷积积分的研究，源于19世纪初期的数学家欧拉(Euler)、泊松(Poisson)等人。迄今为止，卷积积分方法已得到了广泛的应用，如统计学中，加权的滑动平均是一种卷积；概率论中，两个统计独立变量X与Y和的概率密度函数是X与Y的概率密度函数的卷积；声学中，回声可用原声与一个反映各种反射效应的函数的卷积表示等。

本章小结

本章主要介绍了LTI连续系统的时域分析方法以及信号的卷积积分运算。

本章在介绍常系数微分方程经典解法的基础上，讨论了求LTI连续系统零状态响应、零输入响应、冲激响应和阶跃响应的方法。

本章在引入了冲激响应的概念之后，又介绍了卷积积分的定义和性质，用冲激响应与激励的卷积积分求零状态响应的方法；讨论了时域里根据冲激响应来判断LTI连续系统因果性和稳定性的方法。

【习题2】

2.1 填空题。

(1) 常系数微分方程的全解由________和________组成。

(2) 系统的全响应可以分为________和________；也可以分为________和________；还可以分为________和________。

(3) 当系统的初始状态为零时，仅由输入信号引起的响应，称为________。

(4) 一个LTI连续系统，________为零，输入为单位冲激信号$\delta(t)$时的响应称为冲激响应，用________表示。

(5) 两连续系统的冲激响应分别为$h_1(t)$和$h_2(t)$，它们级联构成系统的冲激响应为________。

(6) 时域里，一个LTI连续系统是因果系统的充要条件为________。

(7) 时域里，一个LTI连续系统是稳定系统的充要条件为，它的冲激响应在区间$(-\infty, +\infty)$上________，即________。

2.2 判断题，正确的打“√”，错误的打“×”。

(1) 齐次解的函数形式仅依赖于系统本身的特性，且齐次解的系数与激励无关，称为系统的自由响应。(　　)

(2) 系统的自由响应等于它的瞬态响应。(　　)

(3) 系统的初始状态是指激励将接入而没接入时，系统所处的状态。(　　)

(4) 自由响应包含了零输入响应和零状态响应的一部分。(　　)

(5) 对同一个LTI连续系统，它的冲激响应是阶跃响应的导数。(　　)

(6) 阶跃响应实际上是系统输入为$\varepsilon(t)$时的零输入响应。(　　)

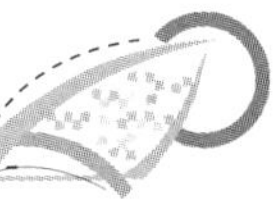

(7) LTI连续系统零状态响应等于冲激响应与激励的卷积积分。(　　)

(8) 一个实的能量信号，它的自相关函数是奇函数。(　　)

(9) 冲激响应 $h(t)=e^{2t}\varepsilon(t)$ 的系统是稳定系统。(　　)

(10) 冲激响应 $h(t)=e^{-t}\varepsilon(-t)$ 的系统是稳定系统。(　　)

2.3 已知描述系统的微分方程和初始值如下，试求系统的全响应。

(1) $y''(t)+4y'(t)+3y(t)=f(t)$，$y(0_+)=1$，$y'(0_+)=1$，$f(t)=\varepsilon(t)$。

(2) $y''(t)+4y'(t)+4y(t)=f'(t)+3f'(t)$，$y(0_+)=1$，$y'(0_+)=3$，$f(t)=e^{-t}\varepsilon(t)$。

(3) $y''(t)+5y'(t)+6y(t)=f(t)$，$y(0_+)=2$，$y'(0_+)=0$，$f(t)=(10\cos t)\varepsilon(t)$。

2.4 已知描述系统的微分方程和初始状态如下，试求初始值 $y(0_+)$ 和 $y'(0_+)$。

(1) $y''(t)+2y'(t)+y(t)=f''(t)+2f(t)$，$y(0_-)=1$，$y'(0_-)=-1$，$f(t)=\delta(t)$。

(2) $y''(t)+3y'(t)+2y(t)=f(t)$，$y(0_-)=2$，$y'(0_-)=-1$，$f(t)=\delta(t)$。

(3) $y''(t)+4y'(t)+3y(t)=2f(t)$，$y(0_-)=1$，$y'(0_-)=1$，$f(t)=\varepsilon(t)$。

(4) $y''(t)+4y'(t)+5y(t)=f'(t)$，$y(0_-)=1$，$y'(0_-)=2$，$f(t)=e^{-2t}\varepsilon(t)$。

2.5 已知描述系统的微分方程和初始状态如下，试求系统的零状态响应、零输入响应和全响应。

(1) $y''(t)+3y'(t)+2y(t)=f'(t)+4f(t)$，$y(0_-)=1$，$y'(0_-)=2$，$f(t)=e^{-3t}\varepsilon(t)$。

(2) $y''(t)+3y'(t)+2y(t)=2f'(t)+6f(t)$，$y(0_-)=2$，$y'(0_-)=1$，$f(t)=\varepsilon(t)$。

(3) $y''(t)+3y'(t)+2y(t)=f'(t)+3f(t)$，$y(0_-)=1$，$y'(0_-)=2$，$f(t)=\varepsilon(t)$。

(4) $y''(t)+2y'(t)+2y(t)=f'(t)$，$y(0_-)=0$，$y'(0_-)=1$，$f(t)=\varepsilon(t)$。

2.6 如题2.6图所示电路，已知 $u(t)=e^{-3t}\varepsilon(t)$V，$i(0_-)=0$A，$i'(0_-)=1$A，$L=1$H，$R=2\Omega$，$C=1$F，若以 $i(t)$ 为输出，试求零状态响应与零输入响应。

2.7 如题2.7图所示电路，$t<0$ 时，开关S处于1的位置，而且已达稳定；当 $t=0$ 时，S由1转向2。已知 $u_1(t)=4$V，$u_2(t)=2$V，$L=\frac{1}{4}$H，$R_1=1\Omega$，$R_2=\frac{3}{2}\Omega$，$C=1$F。把 $t<0$ 电路看作起始状态，分别求 $t>0$ 时 $i(t)$ 的零输入响应和零状态响应。

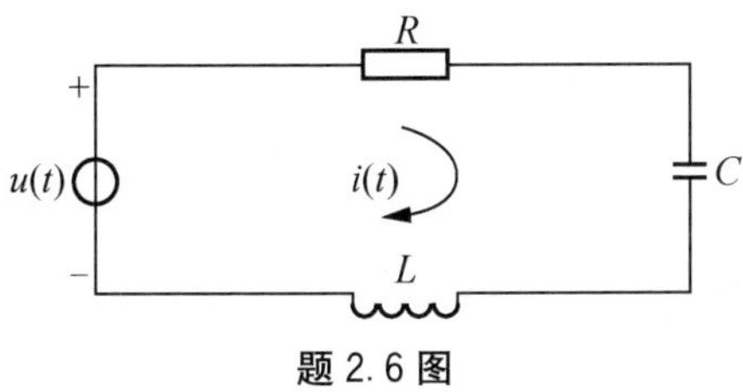

题2.6图

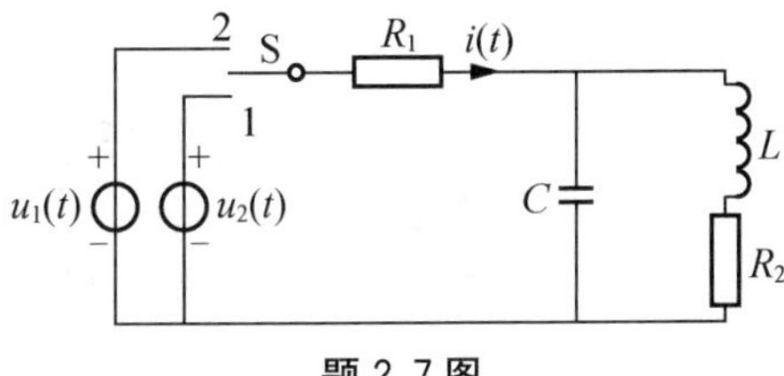

题2.7图

2.8 已知描述系统的微分方程如下，试求系统的冲激响应。

(1) $y'(t)+2y(t)=2f'(t)$

(2) $y''(t)+5y'(t)+6y(t)=f(t)$

(3) $y''(t)+y'(t)+y(t)=f'(t)+f(t)$

2.9 已知描述系统的微分方程如下，试求系统的阶跃响应。

(1) $y''(t)+3y'(t)+2y(t)=-f'(t)+2f(t)$

(2) $y''(t)+6y'(t)+25y(t)=25f(t)$

(3) $y''(t)+7y'(t)+10y(t)=f''(t)+6f'(t)+4f(t)$

2.10 如题 2.10 图所示电路，已知 $L=\frac{1}{2}\text{H}$，$R=\frac{1}{3}\Omega$，$C=1\text{F}$。以 $u(t)$ 为输入电压，电容上的电压 $u_C(t)$ 为响应，试求冲激响应和阶跃响应。

2.11 如题 2.11 图所示电路，已知 $L=\frac{1}{5}\text{H}$，$R=\frac{1}{2}\Omega$，$C=1\text{F}$。以 $i(t)$ 为输入电流，电感上的电流 $i_L(t)$ 为响应，试求冲激响应和阶跃响应。

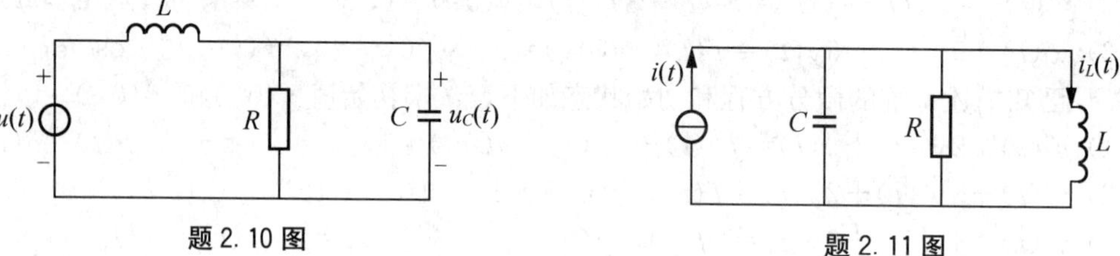

题 2.10 图　　　　题 2.11 图

2.12 某 LTI 系统，其输入与输出的关系由以下微分积分方程表示。

$$y'(t)+y(t)=\int_{-\infty}^{\infty} f(t)x(t-\tau)\mathrm{d}\tau - f(t)$$

其中 $x(t)=3\delta(t)+\mathrm{e}^{-t}\varepsilon(t)$，求系统的冲激响应 $h(t)$。

2.13 某 LTI 系统，当输入 $f(t)=2\mathrm{e}^{-3t}\varepsilon(t)$ 时，其零状态响应为 $y_{zs}(t)$；又已知当输入为 $f'(t)$ 时，其零状态响应为 $\mathrm{e}^{2t}\varepsilon(t)-3y_{zs}(t)$。试求系统的冲激响应 $h(t)$。

2.14 某 LTI 系统，当输入 $f_1(t)=\varepsilon(t)$ 时，全响应为 $y_1(t)=2\mathrm{e}^{-t}\varepsilon(t)$；又已知当输入为 $f_2(t)=\delta(t)$ 时，全响应为 $y_2(t)=\delta(t)$。

(1) 求系统的零输入响应 $y_{zi}(t)$；

(2) 保持系统起始状态不变，求 $f_3(t)=\mathrm{e}^{-t}\varepsilon(t)$ 时的全响应 $y_3(t)$。

2.15 求一列函数的卷积积分 $f_1(t)*f_2(t)$。

(1) $f_1(t)=2\varepsilon(t)$，$f_2(t)=\mathrm{e}^{-\alpha t}\varepsilon(t)$

(2) $f_1(t)=f_2(t)=\mathrm{e}^{-2t}\varepsilon(t)$

(3) $f_1(t)=t\varepsilon(t)$，$f_2(t)=\mathrm{e}^{-2t}\varepsilon(t)$

(4) $f_1(t)=\varepsilon(t+2)$，$f_2(t)=\varepsilon(t-3)$

(5) $f_1(t)=(t+1)[\varepsilon(t)-\varepsilon(t-1)]$，$f_2(t)=\varepsilon(t-1)-\varepsilon(t-2)$

(6) $f_1(t)=[\varepsilon(t)-\varepsilon(t-4)]$，$f_2(t)=\sin(\pi t)\varepsilon(t)$

2.16 各函数的波形如题 2.16 图所示，求下列卷积，并画出波形图。

(1) $f_1(t)*f_2(t)$　　(2) $f_3(t)*f_4(t)$　　(3) $f_5(t)*f_6(t)$

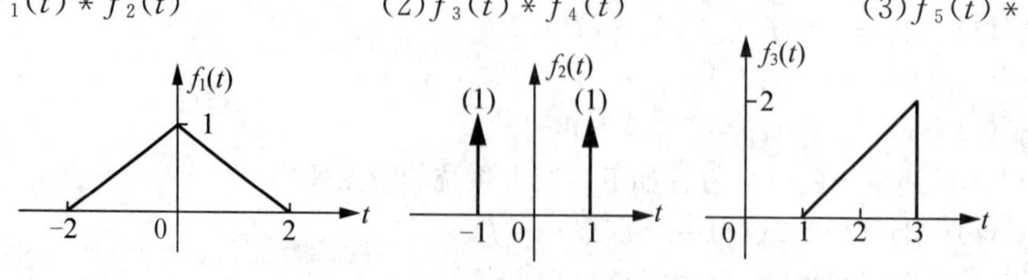

题 2.16 图

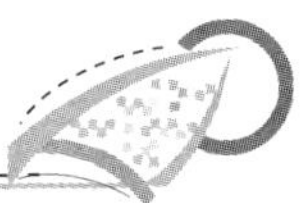

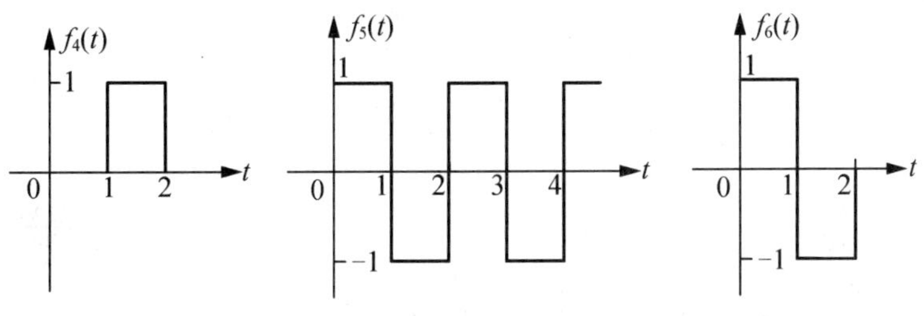

题 2.16 图(续)

2.17 题 2.17 图所示系统中，$h_1(t)=\varepsilon(t-2)-\varepsilon(t-6)$，$h_2(t)=\delta(t-2)$，$h_3(t)=\delta(t-8)$，求整个系统的冲激响应 $h(t)$。

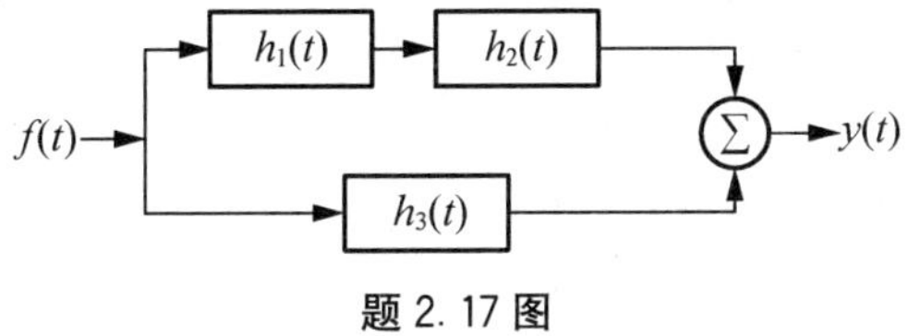

题 2.17 图

2.18 题 2.18 图所示系统中，$h_1(t)=\delta(t-1)$，$h_2(t)=\varepsilon(t)-\varepsilon(t-3)$，$h_3(t)=\delta(t-8)$，当激励 $f(t)=\varepsilon(t)-\varepsilon(t-1)$时，求整个系统的零状态响应。

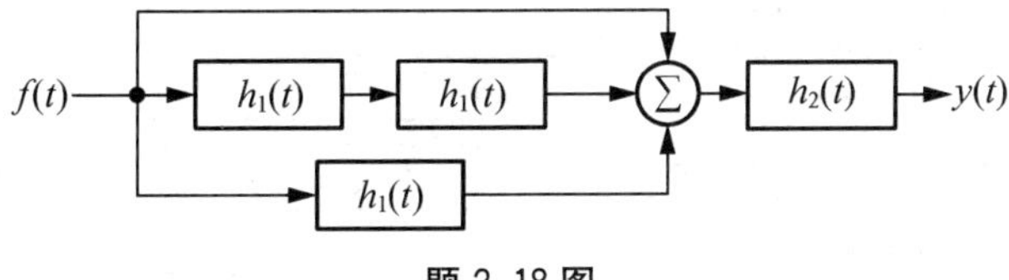

题 2.18 图

2.19 函数 $f_1(t)=e^{-\alpha t}\varepsilon(t)$，$f_2(t)=e^{-\beta t}\varepsilon(t)$，$(\alpha>0，\beta>0)$，求互相关函数 $R_{12}(t)$ 和 $R_{21}(t)$。

2.20 求函数 $f(t)=t[\varepsilon(t)-\varepsilon(t-1)]$的自相关函数 $R(t)$。

第3章

离散系统的时域分析

本章知识架构

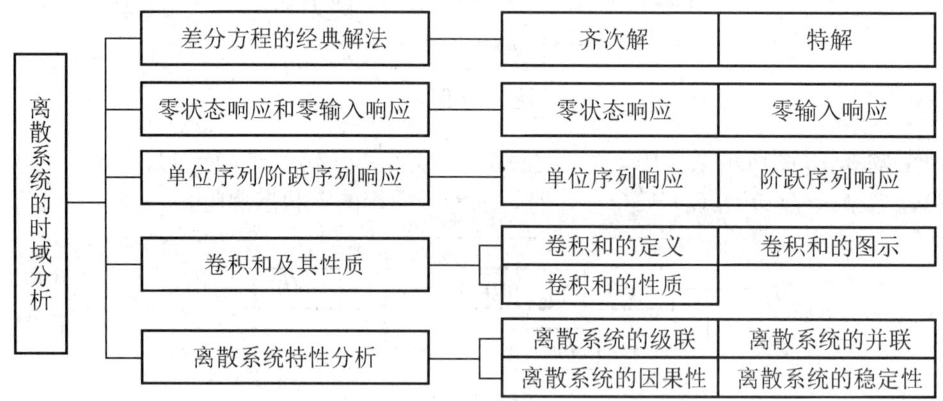

本章教学目标与要求

- 掌握差分方程的经典解法、离散系统零状态响应和零输入响应的时域解法。
- 掌握单位序列响应和阶跃序列响应的和时域解法。
- 掌握卷积和的定义并理解其性质。
- 理解并掌握时域里分析离散系统因果性和稳定性的方法。

用输入输出法描述离散系统的方程是差分方程，离散系统时域分析法，就是在给定离散系统的激励和初始状态的前提下，运用差分方程的经典解法，求解离散系统的响应。

案例一：

离散系统的时域分析法与连续系统的时域分析法具有很大的相似性。例如：差分方程的经典解法也是先确定齐次解的形式，再确定特解的形式并求出特解，最后确定全解中的参数，获得全解。求离散系统的零状态响应和零输入响应的思路也与连续系统的一样，卷积和与卷积积分算法类似，时域里分析离散系统因果性和稳定性的方法与连续系统的相互对应。这些使得读者在学习本章知识时，有种似曾相识之感。

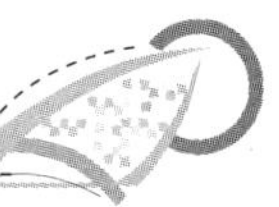

案例二：

与连续系统相比，离散系统的时域分析又有其自身的特点。求解差分方程时，齐次解和特解的形式与微分方程的有本质的不同。卷积和是定义在两离散信号之间的运算，当两离散信号均为有限长序列时，求卷积和有其独特的简便算法。下面从差分方程的经典解法开始，讲述 LTI 离散系统的时域分析。

3.1　差分方程的经典解法

一个 n 阶的 LTI 单输入—单输出离散系统，用输入输出法描述激励 $f(k)$ 和响应为 $y(k)$ 关系的数学模型是 n 阶的常系数线性差分方程，可写为

$$\begin{aligned} &y(k)+a_{n-1}y(k-1)+\cdots+a_0y(k-n) \\ &=b_mf(k)+b_{m-1}f(k-1)+\cdots+b_0f(k-m) \end{aligned} \tag{3-1a}$$

常缩写为

$$\sum_{j=0}^{n}a_{n-j}y(k-j)=\sum_{i=0}^{m}b_{m-i}f(k-i) \tag{3-1b}$$

式中 $a_{n-j}(j=0, 1, \cdots, n)$ 与 $b_{m-i}(i=0, 1, \cdots, m)$ 均为常数，$a_n=1$。此方程的全解也由齐次解 $y_h(k)$ 和特解 $y_p(k)$ 组成，即

$$y(k)=y_h(k)+y_p(k) \tag{3-2}$$

3.1.1　确定齐次解形式

对于常系数线性微分方程式(3-1a)，若 $f(k)\equiv 0$，则有

$$y(k)+a_{n-1}y(k-1)+\cdots+a_0y(k-n)=0 \tag{3-3}$$

方程式(3-3)被称为 n 阶常系数齐次线性差分方程，对应的解称为齐次解 $y_h(k)$。

代数方程

$$1+a_{n-1}\lambda^{-1}+\cdots+a_0\lambda^{-n}=0 \tag{3-4a}$$

或

$$\lambda^n+a_{n-1}\lambda^{n-1}+\cdots+a_1\lambda+a_0=0 \tag{3-4b}$$

称为差分方程式(3-3)的特征方程，它的根称为特征根。根据差分方程理论，$y_h(k)$ 的具体形式与特征根有关。

1. 单根

如果 λ_j 是实数单根，对应的齐次解形式为

$$y_h(k)=C_j\lambda_j^k$$

$C_j(j=1, \cdots, n)$ 为待定常数，由初始条件确定。

如果 $\lambda_1=\alpha+\beta\mathrm{j}$，$\lambda_2=\alpha-\beta\mathrm{j}$ 是一对共轭复数单根，对应的齐次解形式为

$$y_h(k)=\rho^k[A\cos(\theta k)+B\sin(\theta k)]$$

这里 $\rho=|\lambda_1|=|\lambda_2|$，$\theta=\arctan\dfrac{\beta}{\alpha}$。

2. 重根

如果 λ 是 r 重实根，对应的齐次解形式为

$$y_h(k)=(C_{r-1}k^{r-1}+C_{r-2}k^{r-2}+\cdots+C_0)\lambda^k$$

如果 $\lambda_1=\alpha+\beta\mathrm{j}$，$\lambda_2=\alpha-\beta\mathrm{j}$ 是 r 重的共轭复数根，对应的齐次解形式为

$$y_h(t)=\rho^k[(A_{r-1}k^{r-1}+A_{r-2}k^{r-2}+\cdots+A_0)\cos(\theta k)+(B_{r-1}k^{r-1}+B_{r-2}k^{r-2}+\cdots+B_0)\sin(\theta k)]$$

同样 $\rho=|\lambda_1|=|\lambda_2|$，$\theta=\arctan\dfrac{\beta}{\alpha}$。

综上所述，不同特征根对应的齐次解形式总结见表 3-1。

表 3-1 不同特征根所对应的齐次解形式

特征根		齐次解 $y_h(t)$
单根	实数根 λ_j	$C_j\lambda_j^k$
	共轭复数根 $\lambda_{1,2}=\alpha\pm\beta j$	$\rho^k[A\cos(\theta k)+B\sin(\theta k)]$
r 重根	实数根 λ_j	$(C_{r-1}k^{r-1}+C_{r-2}k^{r-2}+\cdots+C_0)\lambda^k$
	共轭复数根 $\lambda_{1,2}=\alpha\pm\beta j$	$\rho^k[(A_{r-1}k^{r-1}+A_{r-2}k^{r-2}+\cdots+A_0)\cos(\theta k)+(B_{r-1}k^{r-1}+B_{r-2}k^{r-2}+\cdots+B_0)\sin(\theta k)]$

【例 3.1】 确定差分方程 $y(k)+\dfrac{5}{6}y(k-1)+\dfrac{1}{6}y(k-2)=f(k)$的齐次解形式。

解： 特征方程为

$$\lambda^2+\frac{5}{6}\lambda+\frac{1}{6}=0$$

特征根为

$$\lambda_1=-\frac{1}{3},\qquad \lambda_2=-\frac{1}{2}$$

λ_1 对应的齐次解形式为 $y_{h1}(k)=C_1\left(-\dfrac{1}{3}\right)^k$，$\lambda_2$ 对应的齐次解形式为 $y_{h2}(k)=C_2\left(-\dfrac{1}{2}\right)^k$。差分方程的齐次解形式为

$$y_h(k)=C_1\left(-\frac{1}{3}\right)^k+C_2\left(-\frac{1}{2}\right)^k$$

3.1.2 求特解

根据差分方程理论，特解 $y_p(k)$的函数形式与激励函数 $f(k)$的形式和特征根有关。

1. 多项式函数

如果激励函数是多项式函数 $D_mk^m+D_{m-1}k^{m-1}+\cdots+D_1k+D_0$ 的形式，该多项式可以缺项，不同特征根对应的特解形式如下。

(1) 当所有的特征根均不等于 1 时，$y_p(k)$的函数形式为

$$y_p(k)=P_mk^m+P_{m-1}k^{m-1}+\cdots+Pk+P_0$$

(2) 当有 r 重等于 1 的特征根时，$y_p(k)$的函数形式为

$$y_p(k)=k^r[P_mk^m+P_{m-1}k^{m-1}+\cdots+P_1k+P_0]$$

2. 指数函数

如果激励函数是指数函数 $D\alpha^k$ 的形式，不同特征根对应的特解形式如下。

(1) 当 α 不是特征根时，$y_p(k)$的函数形式为

$$y_p(k)=P\alpha^k$$

(2) 当 α 是特征单根时，$y_p(k)$的函数形式为

$$y_p(k)=(P_1k+P_0)\alpha^k$$

(3) 当 α 是 r 重特征根时，$y_p(k)$的函数形式为

$$y_p(k)=(P_rk^r+P_{r-1}k^{r-1}+\cdots+P_1k+P_0)\alpha^k$$

3. 正弦函数

如果激励函数是 $\cos(\theta k)$或 $\sin(\theta k)$的形式，$e^{\pm\theta j}$不是特征根，$y_p(k)$的函数形式为

$$y_p(k)=P\cos(\theta k)+Q\sin(\theta k)$$

综上所述，不同激励对应的特解形式总结见表 3-2。

表 3-2　不同激励所对应的特解形式

激励 $f(t)$		特解 $y_p(t)$
多项式函数 $D_mk^m+D_{m-1}k^{m-1}+\cdots+D_1k+D_0$	特征根均不等 1	$P_mk^m+P_{m-1}k^{m-1}+\cdots+Pk+P_0$
	r 重等于 1 的特征根	$k^r[P_mk^m+P_{m-1}k^{m-1}+\cdots+P_1k+P_0]$
指数函数 $D\alpha^k$	α 不是特征根	$P\alpha^k$
	α 是特征单根	$(P_1k+P_0)\alpha^k$
	α 是 r 重特征根	$(P_rk^r+P_{r-1}k^{r-1}+\cdots+P_1k+P_0)\alpha^k$
正弦函数 $\cos(\theta k)$或 $\sin(\theta k)$	$e^{\pm\theta j}$不是特征根	$P\cos(\theta k)+Q\sin(\theta k)$

【例 3.2】 已知差分方程 $y(k)+\frac{5}{6}y(k-1)+\frac{1}{6}y(k-2)=f(k)$，激励 $f(k)=\sin\left(\frac{1}{2}\pi k\right)+\left(\frac{1}{3}\right)^k$，求特解。

解：特征方程为

$$\lambda^2+\frac{5}{6}\lambda+\frac{1}{6}=0$$

特征根为 $\lambda_1=-\frac{1}{3}$，$\lambda_2=-\frac{1}{2}$。激励函数是指数函数与正弦函数相加的形式，根据表 3-2 知特解的形式为

$$y_p(k)=P\cos\left(\frac{1}{2}\pi k\right)+Q\sin\left(\frac{1}{2}\pi k\right)+P_0\left(\frac{1}{3}\right)^k \tag{3-5}$$

将特解式(3-5)代入差分方程，得

$$P\cos\left(\frac{1}{2}\pi k\right)+Q\sin\left(\frac{1}{2}\pi k\right)+P_0\left(\frac{1}{3}\right)^k+\frac{5}{6}\left\{P\cos\left[\frac{1}{2}\pi(k-1)\right]+Q\sin\left[\frac{1}{2}\pi(k-1)\right]+P_0\left(\frac{1}{3}\right)^{k-1}\right\}$$
$$+\frac{1}{6}\left\{P\cos\left[\frac{1}{2}\pi(k-2)\right]+Q\sin\left[\frac{1}{2}\pi(k-2)\right]+P_0\left(\frac{1}{3}\right)^{k-2}\right\}=\sin\left(\frac{1}{2}\pi k\right)+\left(\frac{1}{3}\right)^k$$

整理，得

$$(5P-5Q)\cos\left(\frac{1}{2}\pi k\right)+(5Q+5P)\sin\left(\frac{1}{2}\pi k\right)+\frac{10}{3}P_0\left(\frac{1}{3}\right)^{k-2}=6\sin\left(\frac{1}{2}\pi k\right)+\frac{2}{3}\left(\frac{1}{3}\right)^{k-2}$$

解得 $P=Q=\frac{3}{5}$，$P_0=\frac{1}{5}$，故特解为

$$y_p(k)=\frac{3}{5}\cos\left(\frac{1}{2}\pi k\right)+\frac{3}{5}\sin\left(\frac{1}{2}\pi k\right)+\frac{1}{5}\left(\frac{1}{3}\right)^k$$

3.1.3 求全解

求差分方程全解的过程包括以下 5 个步骤(与解微分方程相似)。

(1) 根据特征方程的根，确定齐次解 $y_h(k)$的形式。

(2) 根据激励函数的形式和特征根，确定特解 $y_p(k)$的形式。

(3) 将特解 $y_p(k)$代入差分方程，求出其中的参数。

(4) 齐次解 $y_h(k)$加特解 $y_p(k)$，得差分方程的全解。

(5) 用初始值求出齐次解中的参数。

【例 3.3】 若描述系统的差分方程为 $y(k)+\frac{5}{6}y(k-1)+\frac{1}{6}y(k-2)=f(k)$，已知初始条件 $y(0)=0$，$y(1)=1$，激励 $f(k)=\left[\sin\left(\frac{1}{2}\pi k\right)+\left(\frac{1}{3}\right)^k\right]\varepsilon(k)$，求差分方程的全解。

解：

(1) 根据特征方程的根，确定齐次解 $y_h(k)$的形式。见【例 3.1】。

$$y_h(k)=C_1\left(-\frac{1}{3}\right)^k+C_2\left(-\frac{1}{2}\right)^k$$

(2) 根据激励函数的形式和特征根，确定特解 $y_p(k)$的形式。见【例 3.2】。

$$y_p(k)=P\cos\left(\frac{1}{2}\pi k\right)+Q\sin\left(\frac{1}{2}\pi k\right)+P_0\left(\frac{1}{3}\right)^k$$

(3) 将特解 $y_p(k)$代入差分方程，求出其中的参数。见【例 3.2】。

$$y_p(k)=\frac{3}{5}\cos\left(\frac{1}{2}\pi k\right)+\frac{3}{5}\sin\left(\frac{1}{2}\pi k\right)+\frac{1}{5}\left(\frac{1}{3}\right)^k \quad k\geqslant 0$$

(4) 齐次解 $y_h(k)$加特解 $y_p(k)$，得差分方程的全解。

$$y(k)=C_1\left(-\frac{1}{3}\right)^k+C_2\left(-\frac{1}{2}\right)^k+\frac{3}{5}\cos\left(\frac{1}{2}\pi k\right)+\frac{3}{5}\sin\left(\frac{1}{2}\pi k\right)+\frac{1}{5}\left(\frac{1}{3}\right)^k \quad k\geqslant 0$$

(5) 用初始值求出齐次解中的参数。

$$y(0)=C_1+C_2+\frac{4}{5}=0 \tag{3-6a}$$

$$y(1)=-\frac{1}{3}C_1-\frac{1}{2}C_2+\frac{2}{3}=1 \tag{3-6b}$$

由式(3-6a)和式(3-6b)解得 $C_1=-\frac{2}{5}$，$C_2=-\frac{2}{5}$。系统的全响应为

$$y(k)=\left[-\frac{2}{5}\left(-\frac{1}{3}\right)^k-\frac{2}{5}\left(-\frac{1}{2}\right)^k+\frac{3}{5}\cos\left(\frac{1}{2}\pi k\right)+\frac{3}{5}\sin\left(\frac{1}{2}\pi k\right)+\frac{1}{5}\left(\frac{1}{3}\right)^k\right]\varepsilon(k)$$

其中自由响应分量为

$$y_{自由}(k)=\left[-\frac{2}{5}\left(-\frac{1}{3}\right)^k-\frac{2}{5}\left(-\frac{1}{2}\right)^k\right]\varepsilon(k)$$

强迫响应分量为

$$y_{强迫}(k)=\left[\frac{3}{5}\cos\left(\frac{1}{2}\pi k\right)+\frac{3}{5}\sin\left(\frac{1}{2}\pi k\right)+\frac{1}{5}\left(\frac{1}{3}\right)^{k}\right]\varepsilon(k)$$

瞬态响应分量为

$$y_{瞬态}(k)=\left[-\frac{2}{5}\left(-\frac{1}{3}\right)^{k}-\frac{2}{5}\left(-\frac{1}{2}\right)^{k}+\frac{1}{5}\left(\frac{1}{3}\right)^{k}\right]\varepsilon(k)$$

稳态响应分量为

$$y_{稳态}(k)=\left[\frac{3}{5}\cos\left(\frac{1}{2}\pi k\right)+\frac{3}{5}\sin\left(\frac{1}{2}\pi k\right)\right]\varepsilon(k)$$

3.2 零状态响应和零输入响应

3.2.1 初始状态与初始值

这里的初始状态是指激励将接入而没接入时，离散系统所处的状态。一般将激励 $f(k)$ 接入的时刻定义为零时刻，即 $f(k)$在 $k=0$ 时刻接入，那么 $k<0$ 时刻，系统所处的状态称为初始状态，用 $y(k)$表示($k<0$)。

这里的初始值是指激励接入后，系统的初始响应值。若 $f(k)$在 $k=0$ 时刻接入系统，那么在 $k\geqslant0$ 时刻，系统的响应值就是初始值，用 $y(k)$表示($k\geqslant0$)。

在解差分方程时，常需要用一系列 $k\geqslant0$ 时的初始值 $y(k)$来确定解中的参数。对于具体的系统而言，常给出的是 $k<0$ 时的初始状态 $y(k)$，这就需要从 $k<0$ 时的 $y(k)$求 $k\geqslant0$ 时的 $y(k)$。但如果差分方程式(3-1)右边不包含 $\delta(k-k_0)$，(k_0 为整数)，则可以直接用 $k<0$ 时的初始状态 $y(k)$，来确定全解中的系数 C_r。

3.2.2 零状态响应

当系统的初始状态为零时，仅由输入信号 $f(k)$引起的响应，称为零状态响应，用 $y_{zs}(k)$表示。求零状态响应时，初始状态 $y_{zs}(-1)=y_{zs}(-2)=\cdots=y_{zs}(-n)\equiv0$。

【例 3.4】 若描述系统的差分方程为 $y(k)-3y(k-1)+2y(k-2)=f(k)$，已知激励 $f(k)=(-2)^k\varepsilon(k)$，求该系统的零状态响应。

解：根据定义可知，系统的零状态响应方程为

$$y_{zs}(k)-3y_{zs}(k-1)+2y_{zs}(k-2)=f(k) \tag{3-7}$$

初始状态为 $y_{zs}(-1)=y_{zs}(-2)=0$。首先要求出初始值 $y_{zs}(0)$、$y_{zs}(1)$，根据式(3-6)有

$$y_{zs}(k)=3y_{zs}(k-1)-2y_{zs}(k-2)+f(k) \tag{3-8}$$

令 $k=0$，k=1，代入式(3-8)得

$$y_{zs}(0)=3y_{zs}(-1)-2y_{zs}(-2)+f(0)=1$$
$$y_{zs}(1)=3y_{zs}(0)-2y_{zs}(-1)+f(1)=1$$

当 $k\geqslant0$ 时，差分方程式(3-7)的特征方程为

$$\lambda^2-3\lambda+2=0$$

求得特征根 $\lambda_1=1$，$\lambda_2=2$，齐次解的形式为

$$y_{zsh}(k)=C_1+C_2 2^k \tag{3-9}$$

特解的形式为

$$y_{zsp}(k)=P(-2)^k \tag{3-10}$$

将式(3-10)代入式(3-7)后，求得 $P=\frac{1}{3}$，故

$$y_{zsp}(k)=\frac{1}{3}(-2)^k$$

零状态响应为

$$y_{zs}(k)=\left[C_1+C_2 2^k+\frac{1}{3}(-2)^k\right]\varepsilon(k) \tag{3-11}$$

将起始值 $y_{zs}(0)=1$、$y_{zs}(1)=1$，代入式(3-11)，有

$$y_{zs}(0)=C_1+C_2+\frac{1}{3}=1$$

$$y_{zs}(1)=C_1+2C_2+\frac{-2}{3}=1$$

解得 $C_1=-\frac{1}{3}$、$C_2=1$。该系统的零状态响应为

$$y_{zs}(k)=\left[-\frac{1}{3}+2^k+\frac{1}{3}(-2)^k\right]\varepsilon(k)$$

实用小窍门

零状态响应方程式(3-7)右边不包含 $\delta(k-k_0)$，可用 $y_{zs}(-1)=y_{zs}(-2)=0$ 直接确定系数 C_1 和 C_2。例如：根据

$$y_{zs}(-1)=C_1+\frac{C_2}{2}-\frac{1}{6}=0$$

$$y_{zs}(-2)=C_1+\frac{C_2}{4}+\frac{1}{12}=0$$

也可确定出 $C_1=-\frac{1}{3}$，$C_2=1$。

3.2.3 零输入响应

当激励为零时，由系统初始状态所引起的响应，称为零输入响应，用 $y_{zi}(k)$表示。系统的零输入响应方程是齐次方程，特解为零。初始状态 $y_{zi}(-n)=y(-n)$，$n>0$。

理解

根据系统的可分解性，有 $y(-n)=y_{zi}(-n)+y_{zs}(-n)$，因 $y_{zs}(-n)\equiv 0$，故 $y_{zi}(-n)=y(-n)(n>0)$。

【例 3.5】 若描述系统的差分方程为 $y(k)-3y(k-1)+2y(k-2)=f(k)$，已知初始状态 $y(-1)=0$、$y(-2)=1$，求该系统的零输入响应。

解：根据定义可知，系统的零输入响应方程为

$$y_{zi}(k)-3y_{zi}(k-1)+2y_{zi}(k-2)=0 \tag{3-12}$$

差分方程式(3-12)的特征方程为

$$\lambda^2-3\lambda+2=0$$

解得特征根为 $\lambda_1=1$，$\lambda_2=2$。该系统的零输入响应的形式为

$$y_{zi}(k)=C_1+C_2 2^k$$

求零输入响应有 $y_{zi}(-1)=y(-1)=0$、$y_{zs}(-2)=y(-2)=1$。差分方程式(3-12)右边不包含 $\delta(k-k_0)$，可用初始状态 $y(-1)=0$、$y(-2)=1$ 确定系数 C_1 和 C_2。

$$y_{zi}(-1)=C_1+\frac{C_2}{2}=0$$

$$y_{zi}(-2)=C_1+\frac{C_2}{4}=1$$

解得 $C_1=2$、$C_2=-4$。该系统的零输入响应为

$$y_{zi}(k)=(2-2^{k+2})\varepsilon(k)$$

3.3　单位序列响应与阶跃序列响应

3.3.1　单位序列响应

一个 LTI 离散系统，初始状态为零，输入为单位序列 $\delta(k)$时的响应，称为单位序列响应，用 $h(k)$表示。

根据单位序列响应和零状态响应的定义可知，单位序列响应实际上就是系统输入为 $\delta(k)$ 时的零状态的响应。

【例 3.6】 若描述系统的差分方程为 $y(k)+3y(k-1)+2y(k-2)=f(k)$，求该系统的单位序列响应。

解：系统的单位序列响应方程为

$$h(k)+3h(k-1)+2h(k-2)=\delta(k) \tag{3-13}$$

根据单位序列响应的定义，有初始状态 $h(-1)=h(-2)=0$。式(3-13)右边包含有 $\delta(k)$，需要求出初始值 $h(0)$、$h(1)$，可根据式(3-13)递推求得。

$$h(0)=-3h(-1)-2h(-2)+\delta(0)=1$$
$$h(1)=-3h(0)-2h(-1)+\delta(1)=-3$$

(1) 当 $k>0$ 时，式(3-13)变为

$$h(k)+3h(k-1)+2h(k-2)=0$$

其特征方程为

$$\lambda^2+3\lambda+2=0$$

特征根为 $\lambda_1=-1$，$\lambda_2=-2$。该系统单位序列响应的形式为

$$h(k)=C_1(-1)^k+C_2(-2)^k \tag{3-14}$$

将初始值 $h(0)$、$h(1)$代入式(3-14)，解得 $C_1=-1$、$C_2=2$。

$$h(k)=(-1)^{k+1}+2(-2)^k$$

(2) 当 $k=0$ 时，由初始值知 $h(0)=1$。

综合(1)和(2)的结果，得系统的单位序列响应为

$$h(k)=(-1)^{k+1}+2(-2)^k,\ k\geqslant 0$$

即

$$h(k)=[(-1)^{k+1}+2(-2)^k]\varepsilon(k)$$

3.3.2 阶跃序列响应

一个 LTI 离散系统，初始状态为零，输入为阶跃序列 $\varepsilon(k)$时的响应，称为阶跃序列响应，用 $g(k)$表示。系统的阶跃序列响应实际上就是系统输入为 $\varepsilon(k)$时的零状态响应。

由于

$$\delta(k)=\varepsilon(k)-\varepsilon(k-1),\ \varepsilon(k)=\sum_{j=-\infty}^{k}\delta(j)$$

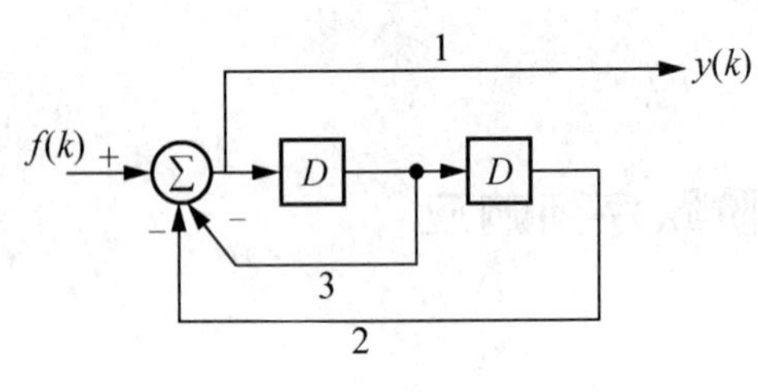

图 3.1 例 3.7 图

对同一个 LTI 离散系统，它的单位序列响应和阶跃序列响应有如下关系：

$$h(k)=g(k)-g(k-1),\ g(k)=\sum_{j=-\infty}^{k}h(j)$$

【例 3.7】 求图 3.1 所示离散系统的阶跃序列响应。

解：(1) 用待定系数法列出差分方程(参看 1.5 节)

图 3.1 为二阶离散系统，二阶离散系统的标准方程式为

$$y(k)+a_1y(k-1)+a_0y(k-2)=b_2f(k)+b_1f(k-1)+b_0f(k-2)$$

与二阶离散系统的标准框图比较可知，$a_0=2$，$a_1=3$，$b_0=b_1=0$，$b_2=1$，得图 3.1 所示系统的差分方程为

$$y(k)+3y(k-1)+2y(k-2)=f(k)$$

(2) 求 $g(k)$。

系统的阶跃序列响应方程为

$$g(k)+3g(k-1)+2g(k-2)=\varepsilon(k) \tag{3-15}$$

根据阶跃序列响应的定义，有初始值 $g(-1)=g(-2)=0$。式(3-15)右边不包含 $\delta(k-k_0)$，可直接用初始值 $g(-1)=g(-2)=0$ 求系数。

$k\geqslant0$ 时，式(3-15)可写为

$$g(k)+3g(k-1)+2g(k-2)=1 \tag{3-16}$$

它的特征方程为

$$\lambda^2+3\lambda+2=0$$

特征根为 $\lambda_1=-1$，$\lambda_2=-2$。阶跃序列响应的齐次解的形式为

$$g_h(k)=C_1(-1)^k+C_2(-2)^k$$

设特解的形式为 $g_p(k)=P$，将其代入式(3-16)求得 $P=\frac{1}{6}$。系统的阶跃序列响应为

$$g(k)=C_1(-1)^k+C_2(-2)^k+\frac{1}{6}$$

由 $g(-1)=g(-2)=0$，解得 $C_1=-\frac{1}{2}$、$C_2=\frac{4}{3}$。该系统的阶跃序列响应为

$$g(k)=\left[-\frac{1}{2}(-1)^k+\frac{4}{3}(-2)^k+\frac{1}{6}\right]\varepsilon(k) \tag{3-17}$$

理解

$g_p(k)=P$ 就是对于任意的 $k\geqslant 0$ 时，其特解的值都为 P。所以代到式(3-16)就是 $P+3P+2P=1$，故 $P=\frac{1}{6}$。

对于【例 3.7】还可用 $h(k)$ 与 $g(k)$ 的关系求 $g(k)$，求解过程如下。

解：在【例 3.6】中已求得

$$h(k)=[(-1)^{k+1}+2(-2)^k]\varepsilon(k)$$

因 $g(k)=\sum\limits_{j=-\infty}^{k}h(j)$，故有

$$g(k)=\sum_{j=-\infty}^{k}[(-1)^{j+1}+2(-2)^j]\varepsilon(j)$$

因为当 $j<0$ 时，$\varepsilon(j)=0$，所以只需要在 $0\leqslant j\leqslant k$ 范围内求和。有

$$\begin{aligned}g(k)&=\sum_{j=0}^{k}[(-1)^{j+1}+2(-2)^j]=\frac{(-1)-(-1)^{k+2}}{1-(-1)}+2\cdot\frac{1-(-2)^{k+1}}{1-(-2)}\\&=\left[-\frac{1}{2}-\frac{1}{2}(-1)^k\right]+\left[\frac{2}{3}+\frac{4}{3}(-2)^k\right]=-\frac{1}{2}(-1)^k+\frac{4}{3}(-2)^k+\frac{1}{6},\quad k\geqslant 0\end{aligned}$$

与式(3-17)结果相同。

思路整理

从数学的角度来看，求 LTI 离散系统的零状态响应、零输入响应、单位序列响应、阶跃序列响应，均是解差分方程(与第 2 章相似)。不同点在于：求零状态响应是在给定 $f(k)$ 和初始状态为零时，解差分方程；求零输入响应是在 $f(k)=0$ 和给定初始状态时，解差分方程；求单位序列响应是在 $f(k)=\delta(k)$ 和初始状态为零时，解差分方程；求阶跃序列响应是在 $f(k)=\varepsilon(k)$ 和初始状态为零时，解差分方程。

3.4　卷积和及其性质

3.4.1　卷积和的定义

两离散信号 $f_1(k)$ 和 $f_2(k)$ 卷积和定义为

$$f(k)=f_1(k)*f_2(k)=\sum_{i=-\infty}^{\infty}f_1(i)f_2(k-i)$$

如果 $f(k)$ 是系统的激励，$h(k)$ 是系统的单位序列响应，则有

$$y_{zs}(k)=f(k)*h(k)$$

如图 3.2 所示。

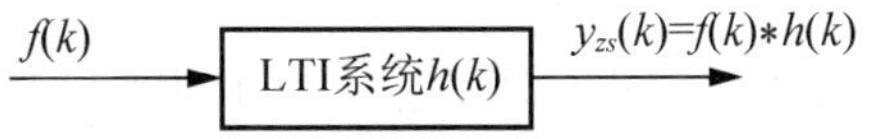

$f(k)$ → LTI系统$h(k)$ → $y_{zs}(k)=f(k)*h(k)$

图 3.2　卷积和求零状态响应

理解

任意离散信号 $f(k)$都可以分解为一系列 $\delta(k-k_0)$的加权和，这个加权和可用卷积和表示。

离散信号 $f(k)(k=\cdots,-1,0,1,\cdots)$可分解为

$$f(k)=\cdots+f(-1)\delta(k+1)+f(0)\delta(k)+f(1)\delta(k-1)+\cdots$$

$$=\sum_{i=-\infty}^{\infty}f(i)\delta(k-i)=f(k)*\delta(k)$$

根据单位序列响应的定义可知，…，$f(-1)\delta(k+1)$，$f(0)\delta(k)$，$f(1)\delta(k-1)$，…的零状态响应分别为…，$f(-1)h(k+1)$，$f(0)h(k)$，$f(1)h(k-1)$，…，故输入离散信号 $f(k)$的零状态响应为

$$y_{zs}(k)=\cdots+f(-1)h(k+1)+f(0)h(k)+f(1)h(k-1)+\cdots$$

$$=\sum_{i=-\infty}^{\infty}f(i)h(k-i)=f(k)*h(k)$$

3.4.2 卷积和的图示

根据定义求 $f_1(k)*f_2(k)$的步骤如下。

(1) 将信号 $f_1(k)$和 $f_2(k)$的自变量 k 用 i 代换，得到 $f_1(i)$和 $f_2(i)$。

(2) 将 $f_2(i)$的自变量 i 先用 $-i$ 代替，得到 $f_2(-i)$，再将 $f_2(-i)$中的 i 用 $i-k$ 代替，得到 $f_2[-(i-k)]$，即 $f_2(k-i)$。对应的波形则先翻转，再向右平移 k。

(3) 计算 $f(k)=\sum_{i=-\infty}^{\infty}f_1(i)f_2(k-i)$，即序列 $f_1(i)$与 $f_2(k-i)$作乘积后，再求各离散值的和。

(4) 在$(-\infty,+\infty)$区间内改变 k 值，重复以上过程，求出所有的 $f(k)$值。

为了较好地理解求卷积和的这 4 个步骤，下面举例用图解法来求卷积和。

【例 3.8】 设 $f_1(k)=\{\underset{\uparrow}{1},2,3,4\}$，$f_2(k)=\{2,\underset{\uparrow}{2},2\}$，箭头指示 $k=0$ 时刻的值，求 $f(k)=f_1(k)*f_2(k)$。

解： $f_1(k)$和 $f_2(k)$的图形如图 3.3 所示，$f_1(i)$和 $f_2(-i)$的图形如图 3.4(a)和图 3.4(b)所示。

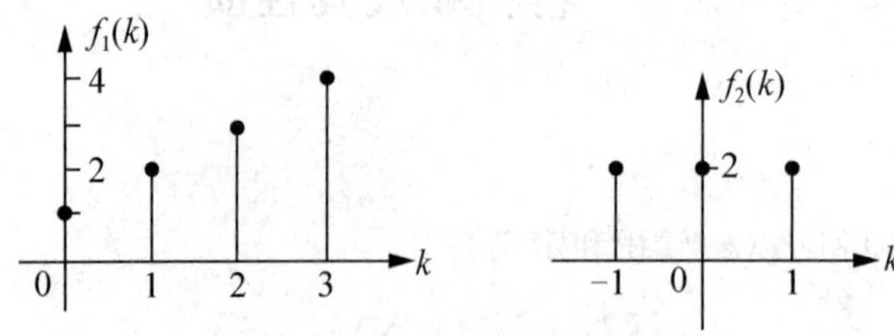

图 3.3 $f_1(k)$和 $f_2(k)$的图形

(1) 当 $k=-2$ 时，$f_2(-2-i)$的图形如图 3.4(c)所示。不难发现当 $k\leqslant-2$ 时，有

$$f(k)=\sum_{i=-\infty}^{\infty}f_1(i)f_2(k-i)=0$$

(2) 当 $k=-1$ 时，$f_2(-1-i)$的图形如图 3.4(d)所示，有

$$f(-1)=\sum_{i=-\infty}^{\infty}f_1(i)f_2(-1-i)=1\times 2=2$$

(3) 当 $k=0$ 时，有

$$f(-1)=\sum_{i=-\infty}^{\infty} f_1(i)f_2(-i)=1\times 2+2\times 2=6$$

(4) 当 $k=1$ 时，$f_2(1-i)$的图形如图 3.4(e)所示。

$$f(1)=\sum_{i=-\infty}^{\infty} f_1(i)f_2(1-i)=1\times 2+2\times 2+3\times 2=12$$

继续向右移动 $f_2(-i)$，依次得到

$$f(2)=\sum_{i=-\infty}^{\infty} f_1(i)f_2(2-i)=2\times 2+3\times 2+4\times 2=18$$

$$f(3)=\sum_{i=-\infty}^{\infty} f_1(i)f_2(2-i)=3\times 2+4\times 2=14$$

$$f(4)=\sum_{i=-\infty}^{\infty} f_1(i)f_2(2-i)=4\times 2=8$$

(5) 当 $k=5$ 时，$f_2(5-i)$的图形如图 3.4(f)所示。不难发现当 $k\geqslant 5$ 时，有

$$f(k)=\sum_{i=-\infty}^{\infty} f_1(i)f_2(k-i)=0$$

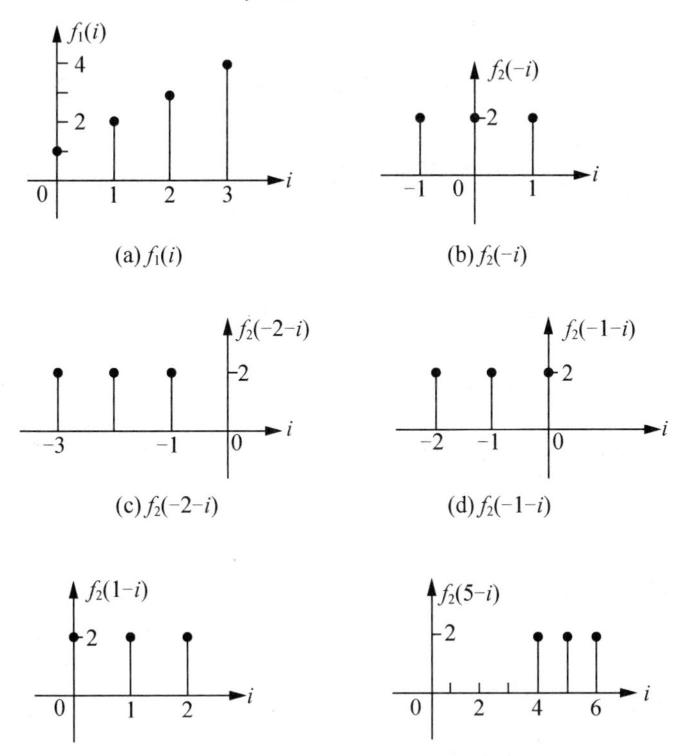

图 3.4　$f_1(k)$和 $f_2(k)$的卷积和运算过程

综合以上结果，得 $f(k)=\{2,\ \underset{\uparrow}{6},\ 12,\ 18,\ 14,\ 8\}$。

图解法步骤繁多，计算过程繁杂。在实际计算卷积和时，通常都不采用。若求两个有限

长序列的卷积和，可用竖式乘法来计算。设 $f_1(k)$的长度为 N_1，$f_2(k)$的长度为 N_2，则 $f(k)=f_1(k)*f_2(k)$的长度为 $N=N_1+N_2-1$。若卷积和运算的序列中有无限长序列，则可先用定义式，再通过分析式中的变量直接得到卷积和结果(与卷积积分方法相似)。

【例 3.9】 设 $f_1(k)=\{\underset{\uparrow}{1},2,3,4\}$，$f_2(k)=\{2,\underset{\uparrow}{2},2\}$，箭头指示 $k=0$ 时刻的值，求 $f(k)=f_1(k)*f_2(k)$。

解：$f_1(k)$和 $f_2(k)$均为有限长序列，可用竖式乘法计算。

$$
\begin{array}{rrrrrr}
 & & 1 & 2 & 3 & 4 \\
 & & & 2 & 2 & 2 \\
\hline
 & & 2 & 4 & 6 & 8 \\
 & 2 & 4 & 6 & 8 & \\
2 & 4 & 6 & 8 & & \\
\hline
2 & \underset{\uparrow}{6} & 12 & 18 & 14 & 8
\end{array}
$$

用竖式乘法求卷积和与数学上的竖式乘法相似，也是先作乘法再求和，不同之处在于，求卷积和时，各列的和均不能进位。从左向右(或从右向左)数，若 $f_1(k)$中箭头指示的位置为 L_1，$f_2(k)$中箭头指示的位置为 L_2，则结果中箭头指示的位置为 $L=L_1+L_2-1$。在本例中，从左向右 $L_1=1$，$L_2=2$，$L=1+2-1=2$，结果中的箭头应指示第二个数的位置，即 $f(k)=\{2,\underset{\uparrow}{6},12,18,14,8\}$。

【例 3.10】 某 LTI 系统的单位序列响应 $h(k)=\left(\frac{1}{2}\right)^k\varepsilon(k)$，求激励 $f(k)=\varepsilon(k)$时，系统的零状态响应 $y_{zs}(k)$。

解：$f_1(k)$和 $f_2(k)$均为无限长序列，用定义法计算。根据卷积和的定义

$$y_{zs}(k)=h(k)*f(k)=\sum_{i=-\infty}^{\infty}\left(\frac{1}{2}\right)^i\varepsilon(i)\varepsilon(k-i)$$

在上式求和符号内，i 是变量，k 可以看成常数。当$\left(\frac{1}{2}\right)^i\varepsilon(i)$或 $\varepsilon(k-i)$等于零时，$\left(\frac{1}{2}\right)^i\varepsilon(i)\varepsilon(k-i)=0$。因此上式的求和，只需将$\left(\frac{1}{2}\right)^i\varepsilon(i)\varepsilon(k-i)\neq0$ 的项相加即可。不难发现 $i\geqslant0$ 时，$\left(\frac{1}{2}\right)^i\varepsilon(i)\neq0$；$i\leqslant k$ 时，$\varepsilon(k-i)\neq0$。若 $k\geqslant0$，有 $0\leqslant i\leqslant k$ 时，$\left(\frac{1}{2}\right)^i\varepsilon(i)\varepsilon(k-i)\neq0$，得

$$y_{zs}(k)=\sum_{i=-\infty}^{\infty}\left(\frac{1}{2}\right)^i\varepsilon(i)\varepsilon(k-i)=\sum_{i=0}^{k}\left(\frac{1}{2}\right)^i=\frac{1-\left(\frac{1}{2}\right)^{k+1}}{1-\frac{1}{2}}=2\left[1-\left(\frac{1}{2}\right)^{k+1}\right]$$

若 $k<0$，有$\left(\frac{1}{2}\right)^i\varepsilon(i)\varepsilon(k-i)=0$，得 $y_{zs}(k)=0$。

综合以上结果，得系统的零状态响应

$$y_{zs}(k)=2\left[1-\left(\frac{1}{2}\right)^{k+1}\right]\varepsilon(k)$$

3.4.3 卷积和的性质

灵活运用卷积和的性质，能简化卷积和的计算量，下面介绍卷积和的常用性质。

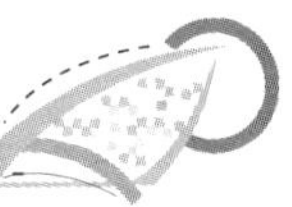

1. 交换律

$$f_1(k)*f_2(k)=f_2(k)*f_1(k)$$

2. 分配律

$$f_1(k)*[f_2(k)+f_3(k)]=f_1(k)*f_2(k)+f_1(k)*f_3(k)$$

3. 结合律

$$[f_1(k)*f_2(k)]*f_3(k)=f_1(k)*[f_2(k)*f_3(k)]$$

4. 时移性质

若 $f(k)=f_1(k)*f_2(k)$，则

$$f_1(k-k_1)*f_2(k-k_2)=f_1(k-k_1-k_0)*f_2(k-k_2+k_0)=f(k-k_1-k_2)$$

【例 3.11】 计算 $\varepsilon(k+3)*\varepsilon(k-3)$

解： 根据时移性质

$$\varepsilon(k+3)*\varepsilon(k-3)=\varepsilon(k)*\varepsilon(k)=\sum_{i=-\infty}^{\infty}\varepsilon(i)\varepsilon(k-i)=\sum_{i=0}^{k}\varepsilon(k)=(k+1)\varepsilon(k)$$

5. 与 $\delta(k)$ 的卷积和

$$f(k)*\delta(k)=f(k)$$

$$f(k-k_1)*\delta(k)=f(k)*\delta(k-k_1)=f(k-k_1)$$

常用的卷积和总结见表 3-3。

表 3-3　卷积和表

序号	$f_1(k)$	$f_2(k)$	$f_1(k)*f_2(k)$
1	$f(k)$	$\delta(k)$	$f(k)$
2	$f(k)$	$\varepsilon(k)$	$\sum_{i=-\infty}^{k}f(i)$
3	$\varepsilon(k)$	$\varepsilon(k)$	$(k+1)\varepsilon(k)$
4	$k\varepsilon(k)$	$\varepsilon(k)$	$\frac{k}{2}(k+1)\varepsilon(k)$
5	$a^k\varepsilon(k)$	$\varepsilon(k)$	$\frac{1-a^{k+1}}{1-a}\varepsilon(k)$
6	$a^k\varepsilon(k)$	$k\varepsilon(k)$	$\frac{k}{1-a}\varepsilon(k)+\frac{a(a^k-1)}{(1-a)^2}\varepsilon(k)$
7	$a^k\varepsilon(k)$	$a^k\varepsilon(k)$	$(k+1)a^k\varepsilon(k)$
8	$a_1^k\varepsilon(k)$	$a_2^k\varepsilon(k)$	$\frac{a_1^{k+1}-a_2^{k+1}}{a_1-a_2}\varepsilon(k)$，$a_1\neq a_2$

卷积和的性质总结见表 3-4。

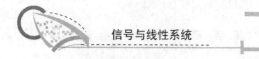

表 3-4 卷积和性质表

交换律	$f_1(k)*f_2(k)=f_2(k)*f_1(k)$
分配律	$f_1(k)*[f_2(k)+f_3(k)]=f_1(k)*f_2(k)+f_1(k)*f_3(k)$
结合律	$[f_1(k)*f_2(k)]*f_3(k)=f_1(k)*[f_2(k)*f_3(k)]$
时移性质	$f_1(k-k_1)*f_2(k-k_2)=f_1(k-k_1-k_0)*f_2(k-k_2+k_0)=f(k-k_1-k_2)$
与 $\delta(k)$ 的卷积和	$f(k)*\delta(k)=f(k)$
	$f(k-k_1)*\delta(k)=f(k)*\delta(k-k_1)=f(k-k_1)$

3.5 离散系统特性分析

3.5.1 离散系统的级联与并联

若两个离散系统的单位序列响应分别为 $h_1(k)$ 和 $h_2(k)$，级联后整个系统的单位序列响应为

$$h(k)=h_1(k)*h_2(k)$$

如图 3.5(a)所示。

若两个离散系统的单位序列响应分别为 $h_1(k)$ 和 $h_2(k)$，并联后整个系统的单位序列响应为

$$h(k)=h_1(k)+h_2(k)$$

如图 3.5(b)所示。

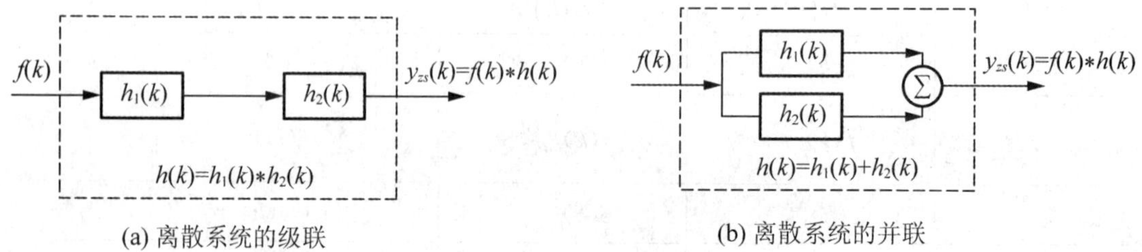

(a) 离散系统的级联　　(b) 离散系统的并联

图 3.5 离散系统的级联与并联

3.5.2 离散系统的因果性

一个 LTI 离散系统是因果系统的充要条件是，它的单位序列响应满足

$$h(k)=0,\quad k<0 \tag{3-18}$$

证明：一个 LTI 离散系统的零状态响应

$$y_{zs}(k)=h(k)*f(k)=\sum_{i=-\infty}^{\infty}h(i)f(k-i) \tag{3-19}$$

1) 充分性

假设 $f(k)=0$，$k<0$。如果有 $h(k)=0$，$k<0$。那么当 $k<0$，$i>0$ 时，有 $k-i<0$，

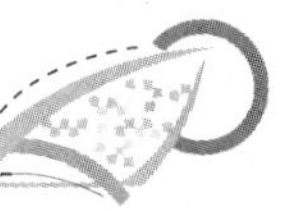

则 $f(k-i)=0$，式(3-19)等于零。当 $k<0$，$i<0$ 时，有 $h(i)=0$，式(3-19)也等于零。综合 $i>0$ 和 $i<0$ 的情况，有 $k<0$ 时，$y_{zs}(k)=0$。充分性得证。

2）必要性

假设 $k<0$ 时，有 $f(k)=0$，$y_{zs}(k)=0$。如果 $i<0$ 时，$h(i)\neq 0$。则当 $i<k<0$ 时，有 $f(k-i)\neq 0$，式(3-19)不恒等于零，这与假设的 $y_{zs}(t)=0$ 相矛盾。故有 $i<0$ 时，$h(i)=0$。必要性得证。

3.5.3　离散系统的稳定性

一个 LTI 离散系统是稳定系统的充要条件是，它的单位序列响应在$(-\infty,+\infty)$上绝对可和，即

$$\sum_{k=-\infty}^{\infty}|h(k)|\leqslant M \tag{3-20}$$

证明：一个 LTI 离散系统零状态响应的绝对值为

$$|y_{zs}(k)|=\left|\sum_{i=-\infty}^{\infty}h(i)f(k-i)\right|$$

1）充分性

假设激励有界，即$|f(k)|\leqslant N$，则有

$$|y_{zs}(k)|=\left|\sum_{i=-\infty}^{\infty}h(i)f(k-i)\right|\leqslant N\sum_{k=-\infty}^{\infty}|h(k)|$$

如果有式(3-20)成立，则

$$|y_{zs}(k)|\leqslant NM$$

充分性得证。

2）必要性

假设有界的激励 $f(k)$ 产生的零状态响应 $y_{zs}(k)$ 也界。如果 $\sum_{k=-\infty}^{\infty}|h(k)|$ 无界，选择激励

$$f(-k)=\begin{cases}-1 & \text{当 } h(k)<0\\ 0 & \text{当 } h(k)=0\\ 1 & \text{当 } h(k)>0\end{cases}$$

则有

$$y_{zs}(0)=\sum_{i=-\infty}^{\infty}h(i)f(-i)=\sum_{i=-\infty}^{\infty}|h(i)|$$

因 $\sum_{k=-\infty}^{\infty}|h(k)|$ 无界，有 $y_{zs}(0)$ 无界。这与假设矛盾，故 $\sum_{k=-\infty}^{\infty}|h(k)|$ 无界，必然有界。必要性得证。

【例 3.12】 根据 LTI 离散系统的单位序列响应，判断系统是否为因果系统和稳定系统。

(1) $h_1(k)=\left(\frac{1}{2}\right)^k\varepsilon(k)$　　　　(2) $h_2(k)=2^k\varepsilon(-k)$

解：

(1) 当 $k<0$ 时，有 $h_1(k)=0$，故此系统是因果系统。

$$\sum_{k=-\infty}^{\infty}|h_1(k)|=\sum_{k=0}^{\infty}\left(\frac{1}{2}\right)^k=\frac{1}{1-\frac{1}{2}}=2 \text{ 有界，故此系统是稳定系统。}$$

(2) 当 $k<0$ 时，有 $h_2(k)\neq 0$，故此系统不是因果系统。

$$\sum_{k=-\infty}^{\infty}|h_2(k)|=\sum_{k=-\infty}^{-1}2^k=\frac{0-2^0}{1-2}=1 \text{ 有界，故此系统是稳定系统。}$$

拓展阅读

由于数字信号处理具有精度高、灵活性强、可靠性强的优点，人们很早就开始了对离散时间系统的研究。从20世纪40年代开始，特别是随着计算机科学和技术的发展，针对离散时间系统的研究开始进入一个快速发展的阶段。时至今日，分析离散时间系统和处理数字信号的方法，已经形成了较为完善的理论体系。

目前，离散时间系统在通信、工业控制与自动化、语音处理、航空航天、图像图形处理、消费电子、导航、全球定位、医疗等诸多领域，都得到了非常广泛的应用。未来处理数字信号的产品将向着高性能、低功耗、易融合、易扩展的趋势发展，并在远程会议系统、融合网络系统、个人信息终端、图文信息检索业务中得到很好的应用。

本 章 小 结

本章主要介绍了LTI离散系统的时域分析方法，以及离散信号的卷积和运算。

本章在介绍常系数差分方程经典解法的基础上，讨论了求LTI离散系统零状态响应、零输入响应、单位序列响应和阶跃序列响应的方法。

本章在定义了卷积和运算后，介绍了用激励与单位序列响应的卷积和求离散系统零状态响应的方法及卷积和的性质；讨论了时域里根据单位序列响应判断LTI离散连续系统因果性和稳定性的方法。

【习题3】

3.1 填空题

(1) 对离散系统，若 $f(k)$ 在 $k=0$ 时刻接入，那么 $k<0$ 时刻，系统所处的状态称为________。

(2) 对同一个LTI离散系统，它的单位序列响应 $h(k)$ 和阶跃序列响应 $g(k)$ 的关系为 $h(k)=$________；$g(k)=$________。

(3) 如果 $f(k)$ 是LTI离散系统的激励，$h(k)$ 是它的单位序列响应，则有 $y_{zs}(k)=$________。

(4) 一个LTI离散系统的单位序列响应满足 $h(k)=0$，$k<0$，则该系统是________系统。

(5) 一个LTI离散系统的单位序列响应在 $(-\infty, +\infty)$ 上绝对可和，则该系统是________系统。

3.2 判断题，正确的打“√”，错误的打“×”。

(1) 经典法求解差分方程，需先确定齐次解中的参数值，再确定特解中的参数值。(　　)

(2) 一个LTI离散系统，输入为单位序列$\delta(k)$时的响应，称为单位序列响应，用$h(k)$表示。(　　)

(3) 一个LTI离散系统，激励为$\varepsilon(k)$的零状态响应，等于它的阶跃序列响应$g(k)$。(　　)

(4) 任意离散信号$f(k)$，都可以分解为一系列$\delta(k-k_0)$的加权和。(　　)

(5) 若两个离散系统的单位序列响应分别为$h_1(k)$和$h_2(k)$，级联后整个系统的单位序列响应为$h(k)=h_1(k)h_2(k)$。(　　)

(6) 对一个LTI离散系统，若有$\sum\limits_{k=-\infty}^{\infty}h(k)\leqslant M$，则该系统必是稳定系统。(　　)

3.3 求下列差分程的解。

(1) $y(k)+2y(k-1)+y(k-2)=0$，$y(0)=1$，$y(1)=-3$。

(2) $y(k)-y(k-1)-2y(k-2)=f(k)$，$y(0)=0$，$y(1)=1$，$f(k)=\varepsilon(k)$。

(3) $y(k)+3y(k-1)+2y(k-2)=f(k)$，$y(0)=-2$，$y(1)=5$，$f(k)=\varepsilon(k)$。

3.4 已知描述系统的差分方程和初始状态如下，试求系统的零状态响应、零输入响应和全响应。

(1) $y(k)-0.9y(k-1)=f(k)$，$y(-1)=1$，$f(k)=0.05\varepsilon(k)$。

(2) $y(k)+3y(k-1)+2y(k-2)=f(k)$，$y(-1)=0$，$y(-2)=\dfrac{1}{2}$，$f(k)=2^k\varepsilon(k)$。

(3) $y(k)+2y(k-1)+y(k-2)=f(k)$，$y(-1)=3$，$y(-2)=-5$，$f(k)=3\times0.5^k\varepsilon(k)$。

3.5 已知描述系统的差分方程如下，试求系统的单位序列响应。

(1) $y(k)+3y(k-1)+2y(k-2)=f(k)$

(2) $y(k)-0.6y(k-1)-0.16y(k-2)=f(k)$

(3) $y(k)+2y(k-1)+2y(k-2)=f(k-1)+2f(k-2)$

3.6 LTI离散系统的框图如题3.6图所示，求阶跃序列响应。

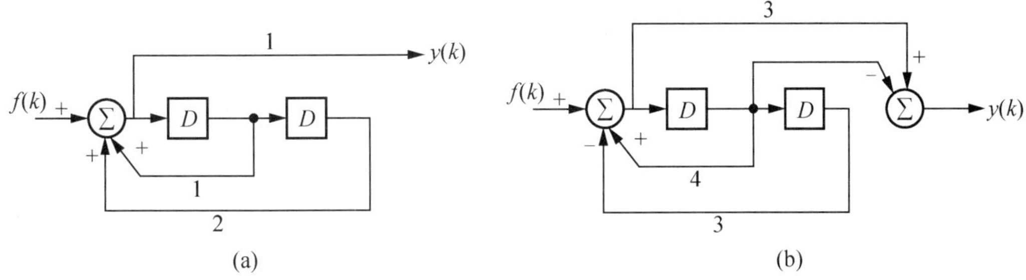

题3.6图

3.7 已知系统的激励$f(k)$和单位序列响应$h(k)$，求系统的零状态响应$y_{zs}(k)$。

(1) $f(k)=h(k)=\varepsilon(k)$

(2) $f(k)=h(k)=\varepsilon(k)-\varepsilon(k-4)$

(3) $f(k)=\left(\frac{1}{2}\right)^k\varepsilon(k)$，$h(k)=\delta(k-1)+2\delta(k)$

3.8 在题3.8图所示的系统中，各子系统的单位序列响应分别为 $h_1(k)=\left(\frac{1}{3}\right)^k\varepsilon(k)$，$h_2(k)=\left(\frac{1}{2}\right)^k\varepsilon(k)$，$h_3(k)=\delta(k-1)$，$h_4(k)=\left(\frac{1}{4}\right)^k\varepsilon(k)$，求整个系统的单位序列响应 $h(k)$。

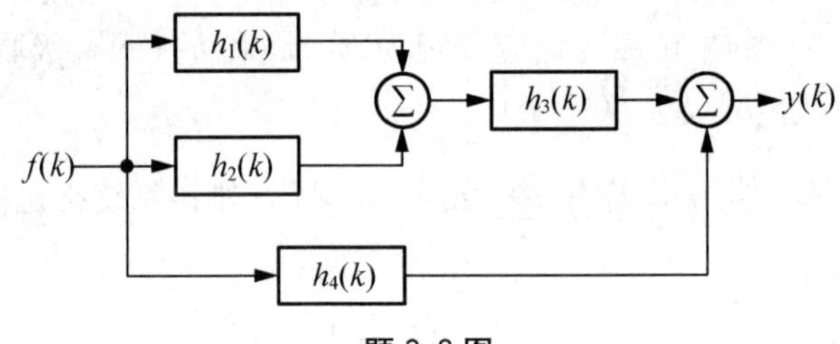

题3.8图

3.9 某LTI离散系统，当激励 $f_1(k)=\varepsilon(k)$ 时，系统的零状态响应为 $y_{zs1}(k)=2(1-0.5^k)\varepsilon(k)$，求当激励 $f_2(k)=0.5^k\varepsilon(k)$ 时，系统的零状态响应 $y_{zs2}(k)$。

3.10 某LTI离散系统，具有一定的初始状态，当激励 $f(k)$ 时，系统的响应为 $y_1(k)=\left[\left(\frac{1}{2}\right)^k+1\right]\varepsilon(k)$，当激励为 $-f(k)$ 时，系统的响应为 $y_2(k)=\left[\left(-\frac{1}{2}\right)^k-1\right]\varepsilon(k)$。

(1) 求系统的零输入响应；

(2) 在同样的初始状态下，求激励为 $2f(k)$ 时的响应。

3.11 已知LTI离散系统的阶跃序列响应 $g(k)=(2^k+3\times5^k+10)\varepsilon(k)$。

(1) 求单位序列响应；

(2) 求激励 $f(k)=\varepsilon(k)+3^k\varepsilon(k)$ 时的零状态响应。

3.12 判断下列离散系统是否是因果、稳定系统。

(1) $h(k)=\delta(k+1)+\delta(k-1)$

(2) $h(k)=a^k\varepsilon(k)$，$a\geqslant1$

(3) $h(k)=a^k\varepsilon(-k)$，$a\geqslant1$

(4) $h(k)=\cos\left(\frac{k\pi}{2}\right)\varepsilon(k)$

第4章

连续信号与系统的频域分析

本章知识架构

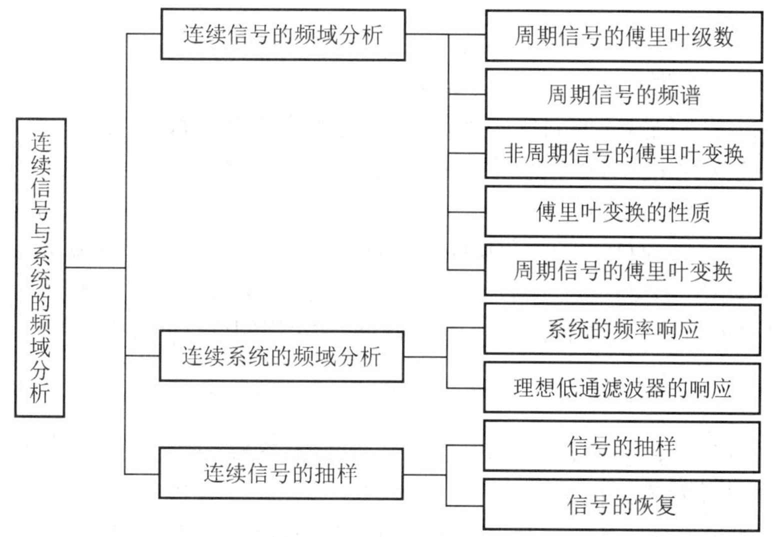

本章教学目标与要求

- 掌握分析周期信号和非周期信号频谱的方法。
- 理解傅里叶变换的性质。
- 掌握用频域分析法求系统响应的方法。
- 掌握抽样定理，理解信号恢复的物理过程。

引例

在连续系统的时域分析中，任意信号都可以分解成一系列冲激信号的加权积分。在本章连续信号的频域分析方法中，则将任意信号分解为一系列正弦信号或虚指数信号($e^{j\omega t}$)的加权和(对于周期信号)或积分(对于非周期信号)。

引例一：

1822年，法国数学家傅里叶(J. Fourier，1768—1830)在“热的分析理论”著作中，提出并证明了将周期函数展开为正弦级数的原理，奠定了傅里叶级数的理论基础。进入20世纪以后，随着谐振电路、滤波器、正弦振荡器等一系列具体问题的解决，人们不断地认识了频域分析法的许多突出优点。频域分析法将时间变量变换成频率变量，揭示了信号内在的频率特性以及信号时间特性与其频率特性之间的密切关系。现在，频域分析法已成了信号分析与系统设计不可缺少的重要工具。

从现代数学的眼光来看，傅里叶变换是一种特殊的积分变换。它能将满足一定条件的某个函数表示成一系列正弦函数或虚指数函数的加权和或积分，这使系统对复杂激励的响应就可以通过组合这一系列正弦信号或虚指数信号的响应来获取。

引例二：

由于数字信号相对于连续信号，具有抗干扰能力强、处理方便的特点，到目前为止，许多的连续系统都已被数字信号处理系统所取代，如照相机、音频视频播放机等。要将连续信号转变成数字信号，就需要对连续信号进行抽样。那如何抽样才能保证不丢失连续信号中的信息呢？本章将会用频域分析方法分析这个问题，并得出相关结论。

4.1 周期信号的傅里叶级数

根据线性代数的知识，某向量空间中的任意向量，都可以在该空间的完备正交向量集上进行唯一的分解。如对于任意的 $\boldsymbol{A}\in\boldsymbol{R}^2$，有 $\boldsymbol{A}=\alpha_1\boldsymbol{v}_x+\alpha_2\boldsymbol{v}_y$。这里向量 $\boldsymbol{A}$ 是二维向量，向量集 $\{\boldsymbol{v}_x, \boldsymbol{v}_y\}$ 是二维空间的完备正交向量集(常称为正交基)，α_1 和 α_2 都是标量，可称为加权系数。将这种正交分解思想推广到函数空间，则任意函数都可以在函数空间的完备正交函数集上进行唯一的分解。

三角函数集 $\{1, \cos(\Omega t), \cos(2\Omega t), \cdots, \cos(m\Omega t)\cdots\sin(\Omega t), \sin(2\Omega t), \cdots\sin(n\Omega t), \cdots\}$ 在一个周期内($T=2\pi/\Omega$)是完备的正交函数集。关于函数正交的定义，以及此函数集是完备正交函数集的证明，均不作讲解，有兴趣的同学可以阅读泛函分析的相关理论。

4.1.1 三角形式的傅里叶级数

傅里叶在提出傅里叶级数时认为，任何一个周期信号都可以展开成傅里叶级数。直到1829年，狄里赫利发现只有在满足一定条件时，周期信号才能展开成傅里叶级数。这个条件后来被称为狄里赫利条件，其内容为①函数在任意有限区间内连续，或只有有限个第一类间断点(当 t 从左或右趋于这个间断点时，函数有有限的左极限和右极限)；②在一个周期内，函数有有限个极大值或极小值。通常遇到的周期信号都满足该条件，因此以后不再作特别说明。

设周期信号 $f_T(t)$ 的周期为 T，角频率 $\Omega=2\pi/T$，它总可以分解为

$$\begin{aligned} f_T(t) &= \frac{a_0}{2}+a_1\cos(\Omega t)+a_2\cos(2\Omega t)+\cdots+b_1\sin(\Omega t)+b_2\sin(2\Omega t)+\cdots \\ &= \frac{a_0}{2}+\sum_{n=1}^{\infty}a_n\cos(n\Omega t)+\sum_{n=1}^{\infty}b_n\sin(n\Omega t) \end{aligned} \tag{4-1}$$

式(4-1)中的系数 a_n、b_n 称为傅里叶系数，其值可由下式确定

$$a_n=\frac{2}{T}\int_{-\frac{T}{2}}^{\frac{T}{2}}f_T(t)\cos(n\Omega t)\mathrm{d}t,\ n=0,1,2,\cdots \tag{4-2}$$

$$b_n=\frac{2}{T}\int_{-\frac{T}{2}}^{\frac{T}{2}}f_T(t)\sin(n\Omega t)\mathrm{d}t,\ n=1,2,\cdots \tag{4-3}$$

将式(4-1)中同频率的项合并，可写成如下形式

$$
\begin{aligned}
f_T(t) &= \frac{a_0}{2} + \sum_{n=1}^{\infty} \sqrt{a_n^2 + b_n^2} \left[\frac{a_n}{\sqrt{a_n^2 + b_n^2}} \cos(n\Omega t) - \frac{-b_n}{\sqrt{a_n^2 + b_n^2}} \sin(n\Omega t) \right] \\
&= \frac{a_0}{2} + \sum_{n=1}^{\infty} \sqrt{a_n^2 + b_n^2} \left[\cos\varphi_n \cos(n\Omega t) - \sin\varphi_n \sin(n\Omega t) \right] \\
&= \frac{A_0}{2} + \sum_{n=1}^{\infty} A_n \cos(n\Omega t + \varphi_n)
\end{aligned}
\qquad (4-4)
$$

式(4－4)中

$$
\left.
\begin{aligned}
A_0 &= a_0 \\
A_n &= \sqrt{a_n^2 + b_n^2} \\
\varphi_n &= -\arctan\left(\frac{b_n}{a_n}\right)
\end{aligned}
\right\}
\qquad (4-5)
$$

根据式(4－2)不难发现 a_n 是 n 和 Ω 的偶函数，b_n 是 n 和 Ω 的奇函数。根据式(4－5)可知，A_n 是 n 和 Ω 的偶函数，φ_n 是 n 和 Ω 的奇函数。

式(4－4)中常数项 $A_0/2$ 是周期信号中的直流分量，$A_n\cos(n\Omega t+\varphi_n)$ 是周期信号的第 n 次谐波，A_n 是第 n 次谐波分量的幅度，$n\Omega$ 是第 n 次谐波分量的角频率，φ_n 是第 n 次谐波分量的相位。其中 $A_1\cos(\Omega t+\varphi_1)$ 也称为基波，Ω 也称为基波信号的角频率(简称基频)。

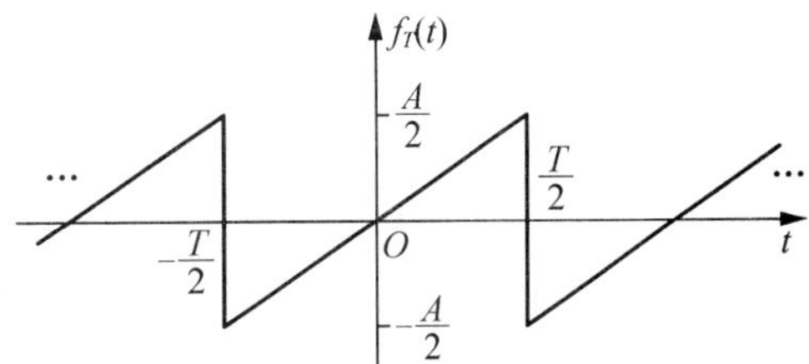

图 4.1 例 4.1 的信号波形图

【例 4.1】 将图 4.1 所示的锯齿波信号 $f_T(t)$ 展开为三角函数形式的傅里叶级数。

解：

$$
f_T(t) = \frac{A}{T}t \quad \left(-\frac{T}{2} < t < \frac{T}{2}\right)
$$

由式(4－2)和式(4－3)有

$$
\begin{aligned}
a_n &= \frac{2}{T}\int_{-\frac{T}{2}}^{\frac{T}{2}} \frac{A}{T} t\cos(n\Omega t)\,\mathrm{d}t = \frac{2A}{T^2}\left[\frac{t}{n\Omega}\sin n\Omega t \Big|_{-\frac{T}{2}}^{\frac{T}{2}} \frac{1}{n\Omega}\sin n\Omega t\,\mathrm{d}t\right] \\
&= \frac{2A}{T^2}\,\frac{1}{(n\Omega)^2}\cos n\Omega t \Big|_{-\frac{T}{2}}^{\frac{T}{2}} = 0 \quad n=0,\ 1,\ 2,\ \cdots
\end{aligned}
\qquad (4-6)
$$

$$
\begin{aligned}
b_n &= \frac{2}{T}\int_{-\frac{T}{2}}^{\frac{T}{2}} \frac{A}{T} t\sin(n\Omega t)\,\mathrm{d}t = \frac{2A}{T^2}\left[\frac{-t}{n\Omega}\cos n\Omega t \Big|_{-\frac{T}{2}}^{\frac{T}{2}} - \int_{-\frac{T}{2}}^{\frac{T}{2}} \frac{-1}{n\Omega}\cos n\Omega t\,\mathrm{d}t\right] \\
&= \frac{-At}{n\pi t}\cos n\Omega t \Big|_{-\frac{T}{2}}^{\frac{T}{2}} = \frac{A}{n\pi}(-1)^{n+1} \quad n=1,\ 2,\ 3\cdots
\end{aligned}
$$

得 $f_T(t)$ 三角形式的傅里叶展开式

$$
f_T(t) = \frac{A}{\pi}\sin(\Omega t) - \frac{A}{2\pi}\sin(2\Omega t) - \cdots
$$

在上面的傅里叶级数展开式中，系数 $a_n=0$。那么是否可以不经过式(4－6)的计算，直接根据信号 $f_T(t)$ 的特点，预先得知 $a_n=0$ 呢？下面就来分析这个问题。

4.1.2 波形对称性与谐波特性

(1) $f_T(t)$ 为偶函数

如果 $f_T(t)$ 满足 $f_T(t)=f_T(-t)$，称 $f_T(t)$ 为 t 的偶函数。偶函数 $f_T(t)$ 的波形关于

纵轴对称，如图 4.2 所示。

当 $f_T(t)$为 t 的偶函数时，$f_T(t)\cos(n\Omega t)$也是 t 的偶函数，在对称区间$(-T/2，T/2)$内，对 $f_T(t)\cos(n\Omega t)$的积分等于它在区间$(0，T/2)$内积分的两倍。$f_T(t)\sin(n\Omega t)$是 t 的奇函数，在对称区间$(-T/2，T/2)$的积分为零。有

$$\left.\begin{aligned} a_n &= \frac{4}{T}\int_0^{\frac{T}{2}} f_T(t)\cos(n\Omega t)\mathrm{d}t, \quad && n=0，1，2\cdots \\ b_n &= 0, && n=1，2\cdots \end{aligned}\right\}$$

(2) $f_T(t)$为奇函数

如果 $f_T(t)$满足 $f_T(t)=-f_T(-t)$，称 $f_T(t)$为 t 的奇函数。奇函数 $f_T(t)$的波形关于原点对称，如图 4.3 所示。

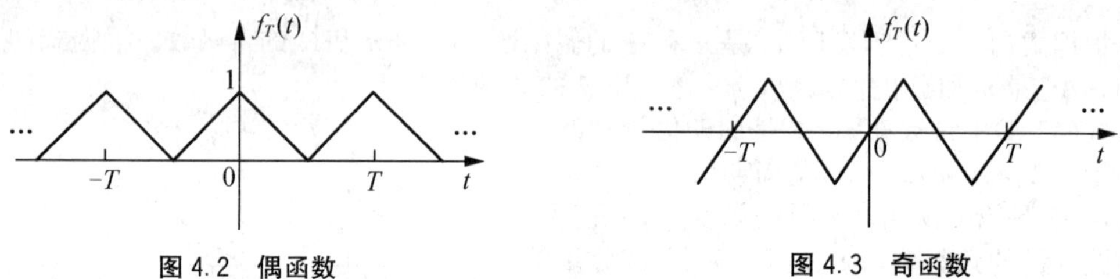

图 4.2　偶函数　　　　图 4.3　奇函数

当 $f_T(t)$为奇函数时，$f_T(t)\cos(n\Omega t)$也是 t 的奇函数，在对称区间$(-T/2，T/2)$内，对 $f_T(t)\cos(n\Omega t)$的积分为零。$f(t)\sin(n\Omega t)$是 t 的偶函数，它在对称区间$(-T/2，T/2)$的积分等于它在区间$(0，T/2)$内积分的两倍。有

$$\left.\begin{aligned} a_n &= 0, && n=0，1，2\cdots \\ b_n &= \frac{4}{T}\int_0^{\frac{T}{2}} f_T(t)\sin(n\Omega t)\mathrm{d}t, \quad && n=1，2\cdots \end{aligned}\right\}$$

理解

任何函数都可以分解为偶函数与奇函数之和，周期信号的三角傅里叶级数展开式也可看成是这种分解。当 $f_T(t)$为 t 的偶函数时，对它进行奇偶分解，只有偶分量，故 $\sin(n\Omega t)$的系数 $b_n=0$。当 $f_T(t)$为 t 的奇函数时，对它进行奇偶分解，只有奇分量，故 $\cos(n\Omega t)$的系数 $a_n=0$。

(3) $f_T(t)$为偶谐函数

如果 $f_T(t)$满足 $f_T(t)=f_T\left(t\pm\frac{T}{2}\right)$，称 $f_T(t)$为 t 的偶谐函数。其波形平移$\pm\frac{T}{2}$后，与原信号的波形相同，如图 4.4 所示。

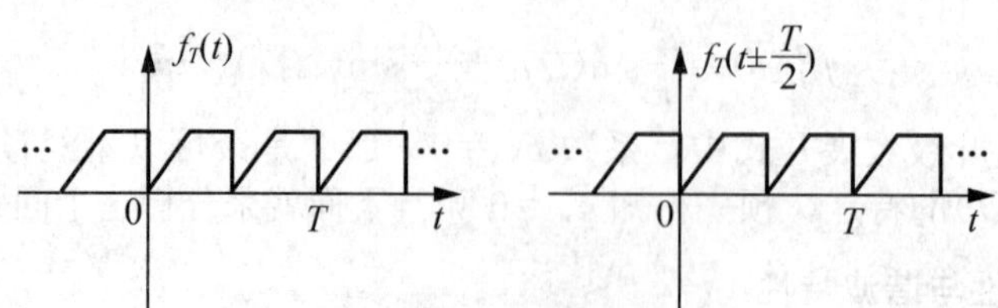

图 4.4　偶谐函数

偶谐函数的傅里叶级数中只含偶次谐波分量，而不含奇次谐波分量，即有

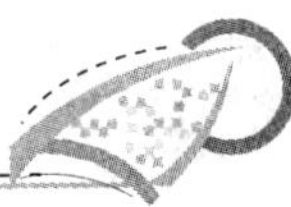

$$a_1=a_3=a_5=\cdots=b_1=b_3=b_5=\cdots=0$$

(4) $f_T(t)$为奇谐函数

如果 $f_T(t)$满足 $f_T(t)=-f_T\left(t\pm\frac{T}{2}\right)$，称 $f_T(t)$为 t 的奇谐函数。其波形平移$\pm\frac{T}{2}$后，与原信号的波形关于横轴(t 轴)对称，如图 4.5 所示。

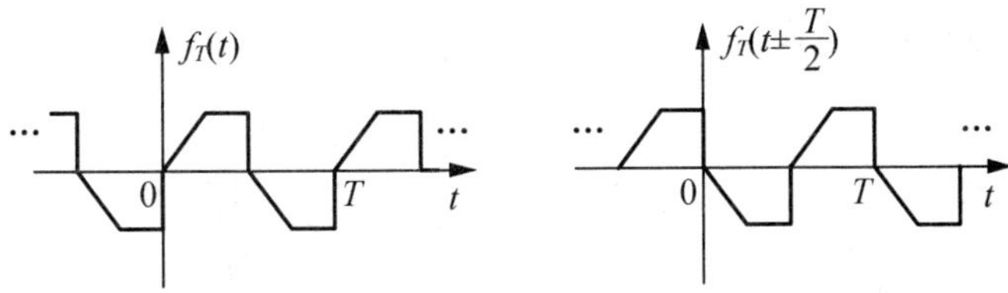

图 4.5　奇谐函数

奇谐函数的傅里叶级数中只含奇次谐波分量，而不含偶次谐波分量，即有

$$a_0=a_2=a_4=\cdots=b_2=b_4=\cdots=0$$

理解

对于奇谐函数，有 $f_T(t)=-f_T\left(t\pm\frac{T}{2}\right)$

$$\begin{aligned}a_{2k}&=\frac{2}{T}\int_{-\frac{T}{2}}^{\frac{T}{2}}f_T(t)\cos(2k\Omega t)\mathrm{d}t，k=0，1，2，\cdots\\&=\frac{2}{T}\left[\int_0^{\frac{T}{2}}f_T(t)\cos(2k\Omega t)\mathrm{d}t+\int_{-\frac{T}{2}}^{0}f_T(t)\cos(2k\Omega t)\mathrm{d}t\right]\\&=\frac{2}{T}\left[\int_0^{\frac{T}{2}}f_T(t)\cos(2k\Omega t)\mathrm{d}t-\int_{-\frac{T}{2}}^{0}f_T\left(t\pm\frac{T}{2}\right)\cos(2k\Omega t)\mathrm{d}t\right]\\&=\frac{2}{T}\left\{\int_0^{\frac{T}{2}}f_T(t)\cos(2k\Omega t)\mathrm{d}t-\int_0^{\frac{T}{2}}f_T(u)\cos\left[2k\Omega\left(u\mp\frac{T}{2}\right)\right]\mathrm{d}u\right\}\\&=\frac{2}{T}\left[\int_0^{\frac{T}{2}}f_T(t)\cos(2k\Omega t)\mathrm{d}t-\int_0^{\frac{T}{2}}f_T(u)\cos(2k\Omega u\mp 2k\pi)\mathrm{d}u\right]\\&=0\end{aligned}$$

同理，不难推得奇谐函数的 $b_{2k}=0$，偶谐函数的 $a_{2k-1}=b_{2k-1}=0(k=1，2，\cdots)$。

【例 4.2】 求图 4.6 所示的方波信号 $f_T(t)$三角函数形式的傅里叶级数。

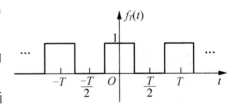

图 4.6　例 4.2 的信号波形图

解：由信号的波形图可知，$f_T(t)$为偶函数，有

$$a_0=\frac{4}{T}\int_0^{\frac{T}{4}}1\mathrm{d}t=1$$

$$a_n=\frac{4}{T}\int_0^{\frac{T}{4}}\cos(n\Omega t)\mathrm{d}t=\frac{4}{T}\cdot\frac{1}{n\Omega}\sin(n\Omega t)\Big|_0^{\frac{T}{4}}=\frac{2}{n\pi}\sin\frac{n\pi}{2}(n=1，2，3，\cdots)$$

$$b_n=0$$

得到 $f_T(t)$三角形式的傅里叶展开式为

$$f_T(t)=\frac{1}{2}+\frac{2}{\pi}\left[\cos(\Omega t)-\frac{1}{3}\cos(3\Omega t)+\frac{1}{5}\cos(5\Omega t)+\cdots\right]$$

4.1.3 指数形式的傅里叶级数

运用欧拉公式可将三角形式的傅里叶级数转化为指数形式的傅里叶级数，指数形式的傅里叶级数，运算起来比较方便。

由式(4-4)有

$$\begin{aligned}f_T(t)&=\frac{A_0}{2}+\sum_{n=1}^{\infty}A_n\cos(n\Omega t+\varphi_n)=\frac{A_0}{2}+\sum_{n=1}^{\infty}\frac{A_n}{2}\left[e^{(n\Omega t+\varphi_n)j}+e^{-(n\Omega t+\varphi_n)j}\right]\\&=\frac{A_0}{2}+\frac{1}{2}\sum_{n=1}^{\infty}A_n e^{\varphi_n j}e^{n\Omega tj}+\frac{1}{2}\sum_{n=1}^{\infty}A_n e^{-\varphi_n j}e^{-n\Omega tj}\end{aligned}$$

将上式第三项的 n 用 $-n$ 代换，由于 A_n 是 n 的偶函数，即 $A_{-n}=A_n$；φ_n 是 n 的奇函数，即 $\varphi_{-n}=-\varphi_n$；将 A_0 写成 $A_0 e^{\varphi_0 j}e^{0\Omega tj}$，其中 $\varphi_0=0$，则上式可写为

$$\begin{aligned}f_T(t)&=\frac{1}{2}A_0 e^{\varphi_0 j}e^{0\Omega tj}+\frac{1}{2}\sum_{n=1}^{\infty}A_n e^{\varphi_n j}e^{n\Omega tj}+\frac{1}{2}\sum_{n=-1}^{-\infty}A_{-n}e^{-\varphi_{-n}j}e^{n\Omega tj}\\&=\frac{1}{2}A_0 e^{\varphi_0 j}e^{0\Omega tj}+\frac{1}{2}\sum_{n=1}^{\infty}A_n e^{\varphi_n j}e^{n\Omega tj}+\frac{1}{2}\sum_{n=-1}^{-\infty}A_n e^{\varphi_n j}e^{n\Omega tj}\\&=\sum_{n=-\infty}^{\infty}\frac{1}{2}A_n e^{\varphi_n j}e^{n\Omega tj}\end{aligned}$$

令 $F_n=\frac{1}{2}A_n e^{\varphi_n j}$，则有

$$f_T(t)=\sum_{-\infty}^{\infty}F_n e^{jn\Omega t} \tag{4-7}$$

式(4-7)为指数形式傅里叶级数展开式，系数 F_n 既可由 a_n 和 b_n 确定，也可以直接确定。具体的确定公式如下

$$F_n=\frac{1}{2}A_n e^{\varphi_n j}=\frac{1}{2}(A_n\cos\varphi_n+jA_n\sin\varphi_n)=\frac{1}{2}(a_n-jb_n) \tag{4-8}$$

$$F_n=\frac{1}{T}\int_{-\frac{T}{2}}^{\frac{T}{2}}f_T(t)e^{-jn\Omega t}dt \tag{4-9}$$

【例 4.3】 求图 4.6 所示的方波信号 $f_T(t)$指数形式的傅里叶级数。

解： 由式(4-9)有

$$\begin{aligned}F_n&=\frac{1}{T}\int_{-\frac{T}{2}}^{\frac{T}{2}}f_T(t)e^{-jn\Omega t}dt=\frac{1}{T}\int_{-\frac{T}{4}}^{\frac{T}{4}}e^{-jn\Omega t}dt\\&=\frac{1}{T}\cdot\frac{1}{-jn\Omega}e^{-jn\Omega t}\Big|_{-\frac{T}{4}}^{\frac{T}{4}}=\frac{1}{-j2\pi n}\left[e^{-\frac{n\pi j}{2}}-e^{\frac{n\pi j}{2}}\right]=\frac{1}{n\pi}\sin\left(\frac{n\pi}{2}\right)\end{aligned}$$

故

$$f_T(t)=\sum_{n=-\infty}^{\infty}\frac{1}{n\pi}\sin\left(\frac{n\pi}{2}\right)e^{j\Omega nt}$$

各种形式傅里叶级数见表 4-1。

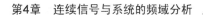

表 4 - 1　傅里叶级数表

形式	展开式	傅里叶系数公式	系数特性
三角形式	$f_T(t)=\frac{a_0}{2}+\sum_{n=1}^{\infty}a_n\cos(n\Omega t)+\sum_{n=1}^{\infty}b_n\sin(n\Omega t)$ $=\frac{A_0}{2}+\sum_{n=1}^{\infty}A_n\cos(n\Omega t+\varphi_n)$	$a_n=\frac{2}{T}\int_{-\frac{T}{2}}^{\frac{T}{2}}f_T(t)\cos(n\Omega t)\mathrm{d}t$ $n=0,\ 1,\ 2,\ \cdots$ $b_n=\frac{2}{T}\int_{-\frac{T}{2}}^{\frac{T}{2}}f_T(t)\sin(n\Omega t)\mathrm{d}t$ $n=1,\ 2,\ \cdots$ $\left.\begin{aligned}A_0&=a_0\\A_n&=\sqrt{a_n^2+b_n^2}\\\varphi_n&=-\arctan\left(\frac{b_n}{a_n}\right)\end{aligned}\right\}$	$f_T(t)$为偶函数 $a_n=\frac{4}{T}\int_0^{\frac{T}{2}}f_T(t)\cos(n\Omega t)\mathrm{d}t$ $n=0,\ 1,\ 2,\ \cdots$ $b_1=b_2=\cdots=0$
			$f_T(t)$为奇函数 $a_0=a_1=a_2\cdots=0$ $b_n=\frac{4}{T}\int_0^{\frac{T}{2}}f_T(t)\sin(n\Omega t)\mathrm{d}t$ $n=1,\ 2,\ \cdots$
			$f_T(t)$为偶谐函数 $a_{2k-1}=b_{2k-1}=0$ $k=1,\ 2,\ \cdots$
			$f_T(t)$为奇谐函数 $a_{2k}=0,\ k=0,\ 1,\ 2,\ \cdots$ $b_{2k}=0,\ k=1,\ 2,\ \cdots$
指数形式	$f_T(t)=\sum_{-\infty}^{\infty}F_n\mathrm{e}^{\mathrm{j}n\Omega t}$	$F_n=\frac{1}{T}\int_{-\frac{T}{2}}^{\frac{T}{2}}f_T(t)\mathrm{e}^{-\mathrm{j}n\Omega t}\mathrm{d}t$	$F_n=\frac{1}{2}(a_n-\mathrm{j}b_n)$ $\lvert F_n\rvert=\frac{1}{2}\sqrt{a_n^2+b_n^2}=\frac{1}{2}A_n$

常用周期信号的傅里叶系数见表 4 - 2。

表 4 - 2　常用周期信号的傅里叶系数表

名称	信号波形	傅里叶系数
矩形脉冲	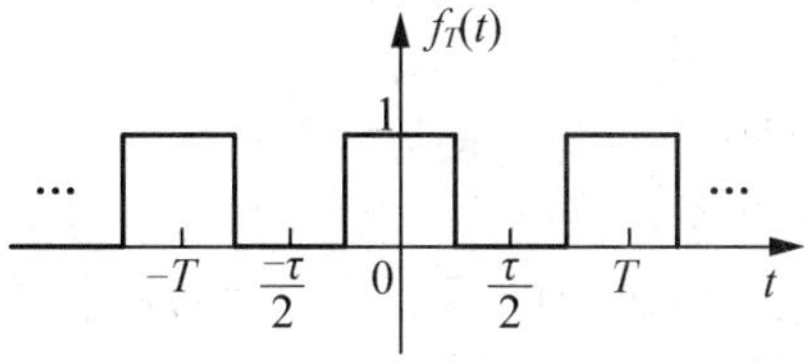 $f_T(t)$；1；…；$-T$；$-\frac{\tau}{2}$；0；$\frac{\tau}{2}$；T；t	$\frac{a_0}{2}=\frac{\tau}{T}$ $a_n=\frac{2\sin\left(\frac{n\Omega\tau}{2}\right)}{n\pi}$ $b_n=0,\ n=1,\ 2,\ 3,\ \cdots$
方波	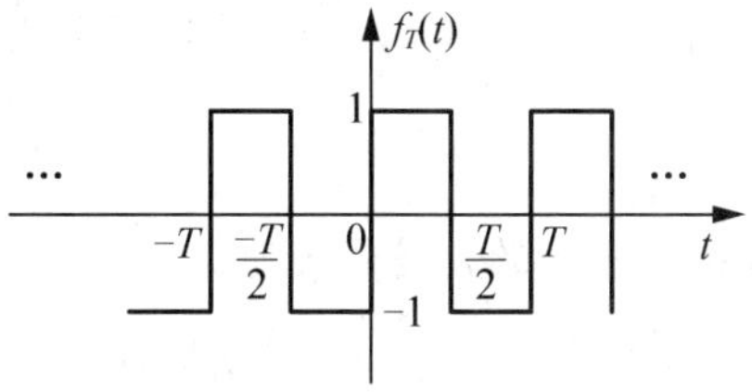 $f_T(t)$；1；…；$-T$；$-\frac{T}{2}$；0；$\frac{T}{2}$；T；t；-1	$a_n=0$, $b_n=\frac{4}{n\pi}\sin^2\left(\frac{n\pi}{2}\right)$

续表

名称	信号波形	傅里叶系数
锯齿波	$f_T(t)$; 1; −1; $-\frac{T}{2}$; 0; $\frac{T}{2}$; t; …	$a_n=0$， $b_n=(-1)^{n+1}\frac{2}{n\pi}$
	$f_T(t)$; 1; $-T$; 0; T; t; …	$\frac{a_0}{2}=\frac{1}{2}$ $a_n=0$ $b_n=\frac{1}{n\pi}$，$n=1$，2，3，…
三角波	$f_T(t)$; $-T$; $-\frac{T}{2}$; 0; $\frac{T}{2}$; T; t; …	$a_n=0$， $b_n=\frac{8}{(n\pi)^2}\sin\left(\frac{n\pi}{2}\right)$
	$f_T(t)$; 1; $-T$; 0; T; t; …	$\frac{a_0}{2}=\frac{1}{2}$ $a_n=\frac{2[1-\cos(n\pi)]}{(n\pi)^2}$ $b_n=0$

4.2 周期信号的频谱

从广义上说，信号的频谱是指信号的某种特征量与信号频率的变化关系，它包括两方面的内容：一是信号幅度与频率的变化关系，所画出的图形称为信号的幅度频谱(简称幅度谱)；二是信号相位与频率的变化关系，所画出的图形称为信号的相位频谱(简称相位谱)。对于周期信号，根据三角形式傅里叶级数画出的频谱图 $\omega\in[0,\infty)$，称为单边频谱(简称单边谱)；根据指数形式傅里叶级数画出的频谱图 $\omega\in(-\infty,\infty)$，称为双边频谱(简称双边谱)。

4.2.1 周期信号的频谱

【例 4.4】 设某周期信号 $f_T(t)$的傅里叶级数展开式为

$$f_T(t)=3+2\cos\left(\Omega t+\frac{\pi}{4}\right)+1.5\cos\left(2\Omega t+\frac{\pi}{3}\right)+\cos\left(3\Omega t+\frac{\pi}{2}\right)$$

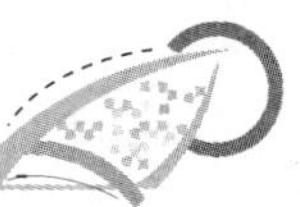

(1) 画出该信号的单边谱，(2)画出信号的双边谱。

解：(1)直流分量($\omega=0$)的幅度为$A_0=3$，相位$\varphi_0=0$；频率$\omega=\Omega$的谐波分量，幅度$A_1=2$，相位$\varphi_1=\frac{\pi}{4}$；频率$\omega=2\Omega$的谐波分量，幅度$A_2=1.5$，相位$\varphi_2=\frac{\pi}{3}$；频率$\omega=3\Omega$的谐波分量，幅度$A_3=1$，相位$\varphi_3=\frac{\pi}{2}$。其单边谱如图4.7所示。

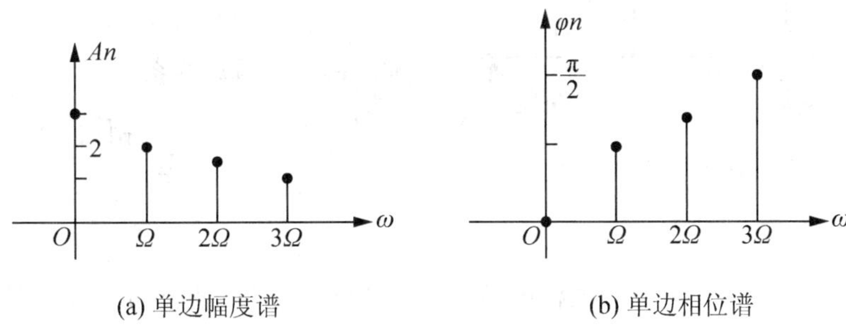

(a) 单边幅度谱　　(b) 单边相位谱

图4.7　单边谱

(2) 将$f_T(t)$变换为指数形式的傅里叶级数展开式

$$f_T(t)=3+e^{(\Omega t+\frac{\pi}{4})j}+e^{(-\Omega t-\frac{\pi}{4})j}+0.75e^{(2\Omega t+\frac{\pi}{3})j}+0.75e^{(-2\Omega t-\frac{\pi}{3})j}+0.5e^{(3\Omega t+\frac{\pi}{2})j}+0.5e^{(-3\Omega t-\frac{\pi}{2})j}$$

频率	$\omega=-3\Omega$	$\omega=-2\Omega$	$\omega=-\Omega$	$\omega=0$	$\omega=\Omega$	$\omega=2\Omega$	$\omega=3\Omega$
幅度	0.5	0.75	1	3	1	0.75	0.5
相位	$-\pi/2$	$-\pi/3$	$-\pi/4$	0	$\pi/4$	$\pi/3$	$\pi/2$

$f_T(t)$的双边谱如图4.8所示。

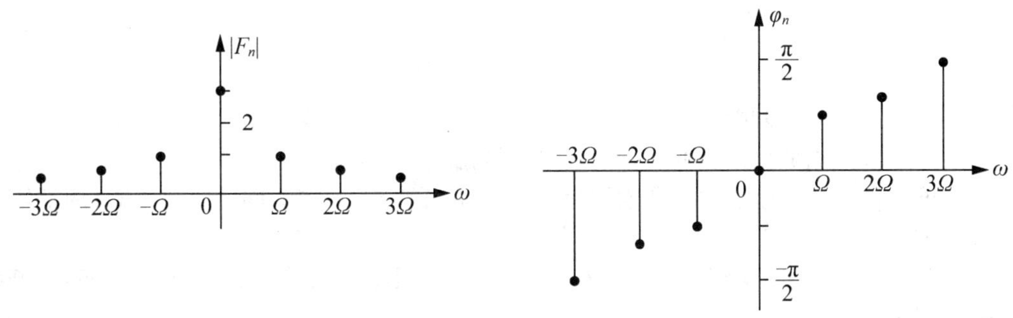

(a) 双边幅度谱　　(b) 双边相位谱

图4.8　双边谱

知识要点提醒

单双边幅度谱的关系，$A_n=|F_n|+|F_{-n}|=2|F_n|$，$|F_n|=|F_{-n}|=\frac{1}{2}A_n$；单双边相位谱的关系，$\varphi_{F_n}=\varphi_{A_n}$，$\varphi_{F_{-n}}=-\varphi_{A_n}$。

4.2.2 周期矩形脉冲的频谱

周期为 T，幅度为 A，脉冲宽度为 τ 的周期矩形脉冲 $f_T(t)$ 如图 4.9 所示，它在一个周期内表达式为

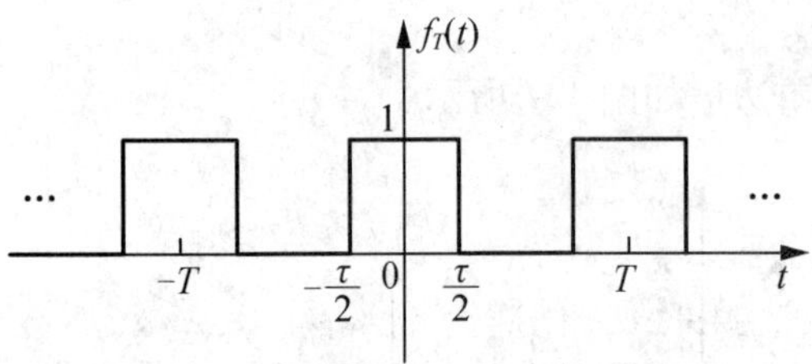

图 4.9 周期矩形脉冲信号

$$f_T(t)=\begin{cases}1 & |T|<\frac{\tau}{2}\\ 0 & -T/2<t<-\tau/2,\ \tau/2<t<T/2\end{cases}$$

不难求得它的傅里叶系数

$$F_n=\frac{\tau}{T}\frac{\sin\left(\frac{n\pi\tau}{T}\right)}{\frac{n\pi\tau}{T}}$$

令 $Sa(x)=\frac{\sin x}{x}$，该函数常称为取样函数。图 4.9 所示周期信号的指数形式傅里叶级数展开式为

$$f_T(t)=\sum_{n=-\infty}^{\infty}F_n e^{jn\Omega t}=\frac{\tau}{T}\sum_{n=-\infty}^{\infty}Sa\left(\frac{n\pi\tau}{T}\right)e^{jn\Omega t} \tag{4-10}$$

$T=5\tau$ 时，幅度谱如图 4.10 所示

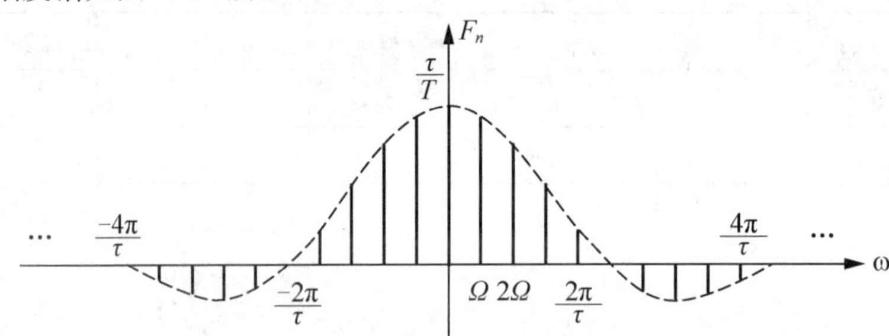

图 4.10 周期矩形脉冲的幅度谱

从图 4.10 中可以发现，周期矩形脉冲的幅度谱具有 3 个特点。

(1) 离散性。周期矩形脉冲的幅度谱是离散谱，而不是连续谱。

(2) 谐波性。在幅度谱中，各谱线只出现在 $n\Omega$ 的位置，谱线间的距离为 Ω(周期矩形脉冲的角频率)。

(3) 收敛性。谱线的幅度随着 n 的增大，呈现出减小的大趋势，即当 $n\to\infty$ 时，谱线的幅度收敛到零。

由周期矩形脉冲的 $F_n=\frac{\tau}{T}Sa\left(\frac{n\pi\tau}{T}\right)=\frac{\tau}{T}Sa\left(\frac{n\Omega\tau}{2}\right)$ 可知，幅度谱包络线的函数为 $\frac{\tau}{T}Sa\left(\frac{\omega\tau}{2}\right)$。在 $\frac{\omega\tau}{2}=m\pi(m=\pm1,\ \pm2,\ \cdots)$ 处，即在 $\omega=\frac{2m\pi}{\tau}$ 处，包络线的幅度为零。实际上周期矩形脉冲信号的能量主要集中在第一个零点以内，通常把 $0\leqslant\omega\leqslant\frac{2\pi}{\tau}$ 这段频率范围称为它的频带宽度，记为

$$B_\omega=\frac{2\pi}{\tau}\quad 或\ B_f=\frac{1}{\tau}$$

下面分析周期矩形脉冲的幅度谱，随周期 T 和脉冲宽度 τ 的变化情况。

(1) 由于各谱线间的距离 Ω 与矩形脉冲的周期 T 成反比($\Omega=2\pi/T$)，故当周期 T 增大时，各谱线间的距离变小，谱线变密；反之则谱线变稀。当 $T\rightarrow\infty$时，周期信号转变为非周期信号，此时 $\Omega\rightarrow 0$，离散幅度谱变为连续的幅度谱。

(2) 由于频带宽度 B_ω(或 B_f)与矩形脉冲的宽度 τ 成反比，故当矩形脉冲的宽度 τ 变大时，频带变窄；反之则频带变宽。

4.2.3 周期信号的功率

周期信号是功率信号，它在 1Ω 电阻上消耗的平均功率，称为归一化平均功率。如果周期信号 $f_T(t)$是实信号，则在时域里，求归一化平均功率的公式为

$$P=\frac{1}{T}\int_{-\frac{T}{2}}^{\frac{T}{2}} f_T^2(t)\mathrm{d}t \tag{4-11}$$

根据 $f_T(t)$三角形式傅里叶级数，求归一化平均功率的公式为

$$P=\left(\frac{A_0}{2}\right)^2+\sum_{n=1}^{\infty}\frac{1}{2}A_n^2 \tag{4-12}$$

下面是式(4-12)的推导。由式(4-11)有

$$\begin{aligned}
P &=\frac{1}{T}\int_{-\frac{T}{2}}^{\frac{T}{2}}\left[\frac{A_0}{2}+\sum_{n=1}^{\infty}A_n\cos(n\Omega t+\varphi_n)\right]^2\mathrm{d}t\\
&=\frac{1}{T}\int_{-\frac{T}{2}}^{\frac{T}{2}}\{\left(\frac{A_0}{2}\right)^2+\sum_{n=1}^{\infty}[A_n^2\cos^2(n\Omega t+\varphi_n)]+\\
&\quad+\sum_{m\neq n,\ n=1}^{\infty}[A_0A_n\cos(n\Omega t+\varphi_n)+2A_m\cos(m\Omega t+\varphi_m)A_n\cos(n\Omega t+\varphi_n)]\}\mathrm{d}t\\
&=\left(\frac{A_0}{2}\right)^2+\sum_{n=1}^{\infty}\frac{1}{T}\int_{-\frac{T}{2}}^{\frac{T}{2}}A_n^2\cos^2(n\Omega t+\varphi_n)\mathrm{d}t\\
&=\left(\frac{A_0}{2}\right)^2+\sum_{n=1}^{\infty}\frac{1}{T}\int_{-\frac{T}{2}}^{\frac{T}{2}}\left[\frac{A_n^2}{2}+\frac{A_n^2\cos(2n\Omega t+2\varphi_n)}{2}\right]\mathrm{d}t\\
&=\left(\frac{A_0}{2}\right)^2+\sum_{n=1}^{\infty}\frac{1}{2}A_n^2
\end{aligned}$$

对于 $m\neq n$，$\cos(m\Omega t+\varphi_m)\cos(n\Omega t+\varphi_n)$在一个周期内的积分为零；$\cos(2n\Omega t+2\varphi_n)$在一个周期内的积分也为零。

根据 $f_T(t)$指数形式傅里叶级数，求归一化平均功率的公式为

$$P=\sum_{n=-\infty}^{\infty}|F_n|^2 \tag{4-13}$$

下面是式(4-13)的推导。由式(4-12)有

$$\begin{aligned}
P &=\left(\frac{A_0}{2}\right)^2+\sum_{n=1}^{\infty}\frac{1}{2}A_n^2=|F_0|^2+\sum_{n=1}^{\infty}2|F_n|^2\\
&=|F_0|^2+\sum_{n=1}^{\infty}|F_n|^2+\sum_{n=1}^{\infty}|F_n|^2=|F_0|^2+\sum_{n=1}^{\infty}|F_n|^2+\sum_{n=-\infty}^{1}|F_{-n}|^2\\
&=\sum_{n=-\infty}^{\infty}|F_n|^2
\end{aligned}$$

理解

式(4-12)和式(4-13)分别是根据三角形式傅里叶级数和指数形式傅里叶级数求平均功率的公式。有了这两个公式，就能在频域里直接计算周期信号的平均功率。

【例 4.5】 计算图 4.11 所示信号在频带宽度以内各频率分量的功率，以及占总功率的百分比。

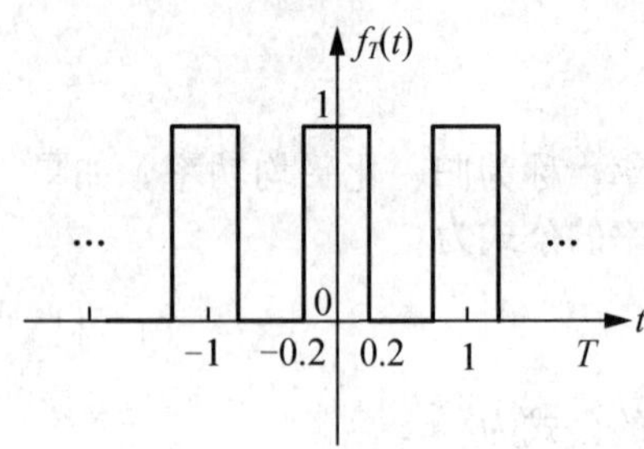

图 4.11 例 4.5 图

解：根据式(4-11)，可求得信号 $f_T(t)$ 的归一化平均功率

$$P=\frac{1}{T}\int_{-\frac{T}{2}}^{\frac{T}{2}}f_T^2(t)\mathrm{d}t=\frac{1}{1}\int_{-0.2}^{0.2}(1)^2\mathrm{d}t=0.4$$

将 $f_T(t)$ 展开为指数形式的傅里叶级数

$$f_T(t)=\sum_{-\infty}^{\infty}F_n\mathrm{e}^{\mathrm{j}n\Omega t}$$

由式(4-9)，可求得其傅里叶系数

$$F_n=\frac{1}{T}\int_{-\frac{T}{2}}^{\frac{T}{2}}f_T(t)\mathrm{e}^{-\mathrm{j}n\Omega t}\mathrm{d}t=\frac{1}{1}\int_{-0.2}^{0.2}\mathrm{e}^{-\mathrm{j}n2\pi t}\mathrm{d}t=0.4Sa(0.4n\pi)$$

可求得该信号的频带宽度为

$$B_\omega=\frac{2\pi}{\tau}=\frac{2\pi}{0.4}=5\pi$$

由于 $\Omega=\frac{2\pi}{T}=2\pi$，因此直流分量、一次谐波分量、二次谐波分量均在频带宽度内。故频带宽度内，各频率分量的总功率为

$$\begin{aligned}P_{4\pi}&=\sum_{n=-2}^{2}|F_n|^2=(0.4)^2+2(0.4)^2[Sa^2(0.4\pi)+Sa^2(0.8\pi)]\\&\approx0.160+0.32\times(0.573+0.055)\\&\approx0.361\end{aligned}$$

所占总功率的百分比为

$$\frac{P_{4\pi}}{P}=\frac{0.361}{0.4}\approx90.3\%$$

4.3 非周期信号的傅里叶变换

4.3.1 傅里叶变换的定义

既然非周期信号可以看成是周期 T 趋于无穷大的周期信号，那么能否利用傅里叶级数来分析非周期信号的频谱呢？指数形式傅里叶级数的系数公式为

$$F_n=\frac{1}{T}\int_{-\frac{T}{2}}^{\frac{T}{2}}f_T(t)\mathrm{e}^{-\mathrm{j}n\Omega t}\mathrm{d}t \tag{4-14a}$$

$f_T(t)$ 的指数形式傅里叶级数展开式为

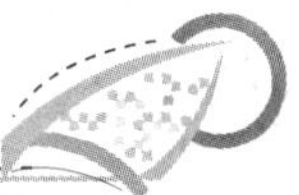

$$f_T(t)=\sum_{-\infty}^{\infty}F_n e^{jn\Omega t} \tag{4-14b}$$

在式(4－14a)中，一个周期内的积分是有界的，故当 $T\to\infty$ 时，$F_n\to 0$。这表明用傅里叶级数来分析非周期信号的频谱，失去了意义。基于此，为了分析非周期信号的频谱特性，就引入了频谱密度的概念。令

$$F(j\omega)=\lim_{T\to\infty}\frac{F_n}{f}=\lim_{T\to\infty}F_nT \tag{4-15}$$

称 $F(j\omega)$ 为频谱密度函数，可以看成是单位频率内的频谱值。

当 $T\to\infty$ 时，Ω 趋于无穷小，表示为 $d\omega$。式(4－15)变为

$$F(j\omega)=\int_{-\infty}^{\infty}f(t)e^{-j\omega t}dt \tag{4-16a}$$

当 $T\to\infty$ 时，Ω 趋于无穷小，$n\Omega$ 变成了连续的变量，表示为 ω，求和变为积分。式(4－14b)变为

$$f(t)=\sum_{-\infty}^{\infty}F_n e^{jn\Omega t}=\frac{1}{T}\sum_{-\infty}^{\infty}F_nTe^{jn\Omega t}=\frac{1}{2\pi}\sum_{-\infty}^{\infty}(F_nT)e^{jn\Omega t}\Omega$$

即

$$f(t)=\frac{1}{2\pi}\int_{-\infty}^{\infty}F(j\omega)e^{j\omega t}d\omega \tag{4-16b}$$

式(4－16a)称为 $f(t)$ 的傅里叶正变换，式(4－16b)称为 $F(j\omega)$ 的傅里叶逆变换，可用符号简记为

$$F(j\omega)=\mathscr{F}[f(t)]$$
$$f(t)=\mathscr{F}^{-1}[F(j\omega)]$$

或

$$f(t)\leftrightarrow F(j\omega)$$

需要指出的是，并不是所有信号都存在傅里叶变换。$f(t)$ 存在傅里叶变换的充分条件是 $f(t)$ 绝对可积，即

$$\int_{-\infty}^{\infty}|f(t)|dt<\infty \tag{4-17}$$

但它不是必要条件，引入了冲激函数 $\delta(\omega)$ 后，许多不满足绝对可积条件的函数也能进行傅里叶变换。

【例 4.6】 求单边指数函数 $f(t)=e^{-\alpha t}\varepsilon(t)$，$\alpha>0$ 的傅里叶变换(或称频谱函数)。

解： 由傅里叶变换的定义有

$$F(j\omega)=\int_{-\infty}^{\infty}e^{-\alpha t}\varepsilon(t)e^{-j\omega t}dt=\int_{0}^{\infty}e^{-\alpha t}e^{-j\omega t}dt=\frac{1}{\alpha+j\omega},\ \alpha>0$$

根据 $F(j\omega)$，可画出单边指数函数的频谱，如图 4.12 所示。

【例 4.7】 求门函数

$$g_\tau(t)=\begin{cases}1 & |t|<\dfrac{\tau}{2}\\ 0 & |t|>\dfrac{\tau}{2}\end{cases}$$

的傅里叶变换。

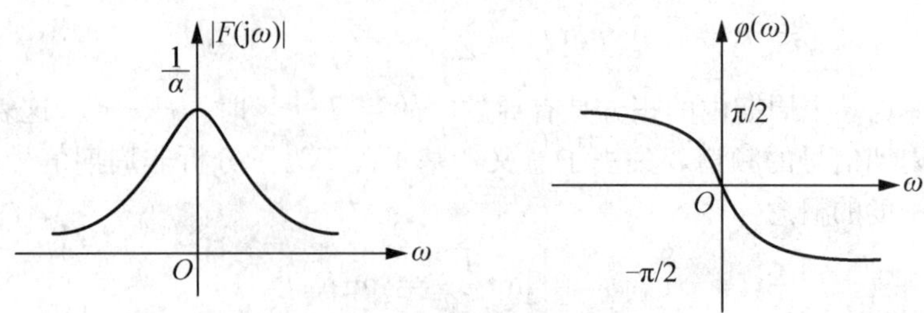

图 4.12　单边指数函数的频谱

解：由傅里叶变换的定义有

$$F(\mathrm{j}\omega)=\int_{-\infty}^{\infty}g_{\tau}(t)\mathrm{e}^{-\mathrm{j}\omega t}\mathrm{d}t=\int_{-\frac{\tau}{2}}^{\frac{\tau}{2}}\mathrm{e}^{-\mathrm{j}\omega t}\mathrm{d}t=\frac{\mathrm{e}^{-\mathrm{j}\frac{\omega\tau}{2}}-\mathrm{e}^{\mathrm{j}\frac{\omega\tau}{2}}}{-\mathrm{j}\omega}$$

$$=\frac{2\sin\left(\frac{\omega\tau}{2}\right)}{\omega}=\tau Sa\left(\frac{\omega\tau}{2}\right)$$

门函数的频谱如图 4.13 所示。

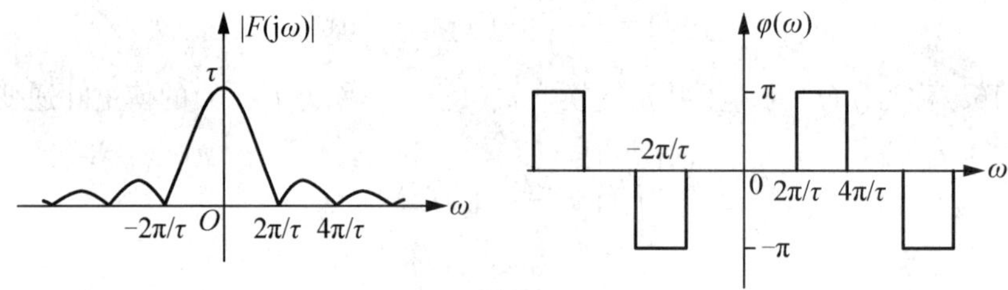

图 4.13　门函数的频谱

4.3.2　常用信号的频谱

1. 单位冲激函数 $\delta(t)$ 的频谱

$$F(\mathrm{j}\omega)=\int_{-\infty}^{\infty}\delta(t)\mathrm{e}^{-\mathrm{j}\omega t}\mathrm{d}t=\int_{-\infty}^{\infty}\delta(t)\mathrm{d}t=1$$

即

$$\mathscr{F}[\delta(t)]=1$$

其频谱密度在 $-\infty<\omega<\infty$ 的范围内处处相等，常称为“均匀谱”或“白色频谱”。单位冲激函数及其频谱如图 4.14 所示。

2. 单位直流信号 $f(t)=1$ 的频谱

由于该信号不满足绝对可积的条件，不能用傅里叶变换的定义直接计算。这里只介绍一种间接计算方法。

信号存在傅里叶变换时，该信号与它的傅里变换必然是一对一的映射关系。假如某函数的傅里叶反变换是 $f(t)=1$，那么 $f(t)=1$ 的傅里叶变换就是该函数，这种是一种逆向思维。下面求 $2\pi\delta(\omega)$ 的傅里叶反变换

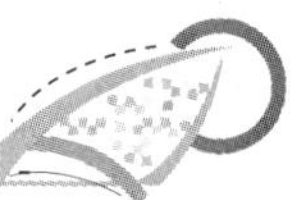

$$\mathscr{F}^{-1}[2\pi\delta(\omega)]=\frac{1}{2\pi}\int_{-\infty}^{\infty}2\pi\delta(\omega)\mathrm{e}^{\mathrm{j}\omega t}\,\mathrm{d}\omega=1$$

据此可知

$$\mathscr{F}[1]=2\pi\delta(\omega)$$

直流信号及其频谱如图 4.15 所示。

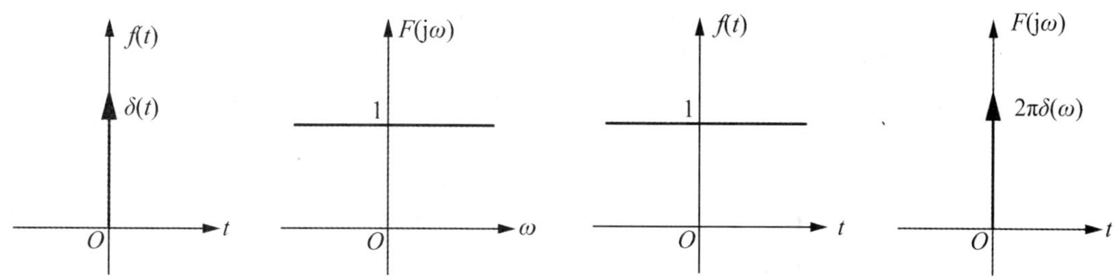

图 4.14　单位冲激函数及其频谱　　　　图 4.15　直流信号及其频谱

3. 符号函数的频谱

符号函数记作 sgn(t)，它的定义为

$$\operatorname{sgn}(t)=\begin{cases}-1, & t<0\\ 1, & t>0\end{cases}$$

sgn(t)也不满足绝对可积的条件，也不能用傅里叶变换的定义直接计算。将函数 sgn(t)看成

$$f_1(t)=\begin{cases}-\mathrm{e}^{\alpha t}, & t<0\\ \mathrm{e}^{-\alpha t}, & t>0\end{cases}\qquad(\alpha>0)$$

当 $\alpha\to0$ 的极限。因此 sgn(t)频谱函数也是 $f_1(t)$频谱函数 $F_1(\mathrm{j}\omega)$当 $\alpha\to0$ 的极限。下面求 $f_1(t)$频谱函数。

$$\begin{aligned}F_1(\mathrm{j}\omega)&=\int_{-\infty}^{\infty}f_1(t)\mathrm{e}^{-\mathrm{j}\omega t}\,\mathrm{d}t=-\int_{-\infty}^{0}\mathrm{e}^{\alpha t}\mathrm{e}^{-\mathrm{j}\omega t}\,\mathrm{d}t+\int_{0}^{\infty}\mathrm{e}^{-\alpha t}\mathrm{e}^{-\mathrm{j}\omega t}\,\mathrm{d}t\\&=-\frac{1}{\alpha-\mathrm{j}\omega}+\frac{1}{\alpha+\mathrm{j}\omega}=\frac{-2\omega\mathrm{j}}{\alpha^2+\omega^2}\end{aligned}$$

于是有

$$\mathscr{F}[\operatorname{sgn}(t)]=\lim_{\alpha\to0}\left[\frac{-2\omega\mathrm{j}}{\alpha^2+\omega^2}\right]=\frac{2}{\mathrm{j}\omega}$$

sgn(t)及其频谱如图 4.16 所示。

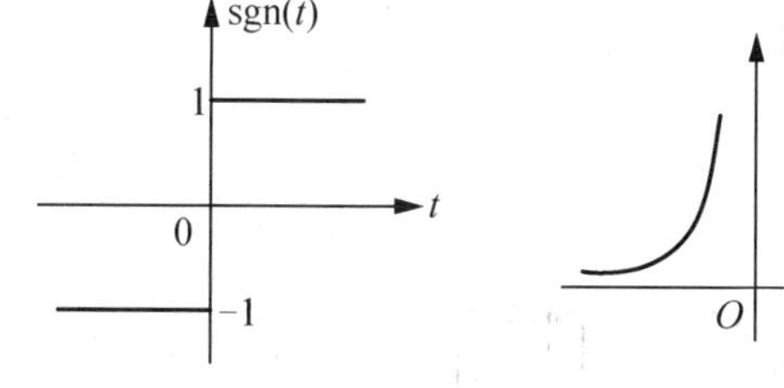

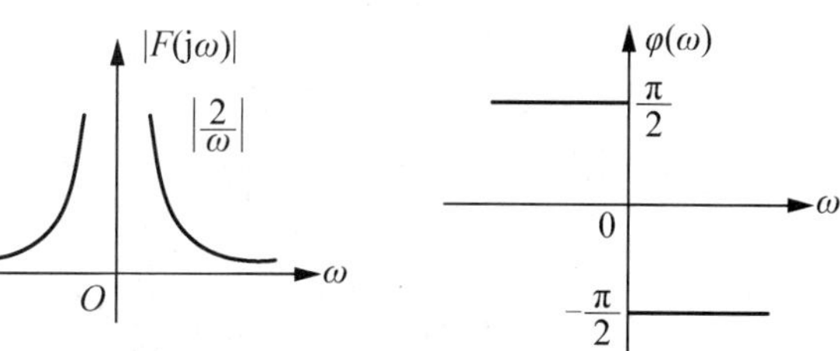

图 4.16　符号函数及其频谱

4. 阶跃函数 $\varepsilon(t)$ 的频谱

由于 $\varepsilon(t)$ 也不满足绝对可积条件，利用直流信号和 $\mathrm{sgn}(t)$ 间接求它的傅里叶变换。

$$\varepsilon(t)=\frac{1}{2}+\frac{1}{2}\mathrm{sgn}(t) \tag{4-18}$$

对式(4-18)两边求傅里叶变换，有

$$\mathscr{F}[\varepsilon(t)]=\mathscr{F}\left[\frac{1}{2}+\frac{1}{2}\mathrm{sgn}(t)\right]=\pi\delta(\omega)+\frac{1}{\mathrm{j}\omega}$$

$\varepsilon(t)$ 的频谱如图 4.17 所示。

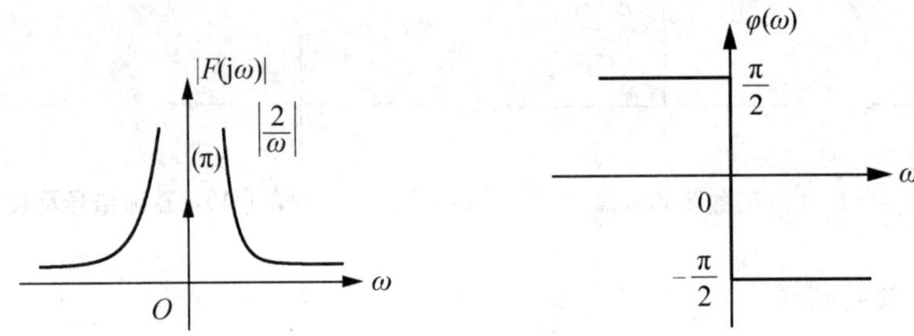

图 4.17 阶跃函数的频谱

4.3.3 傅里叶系数与傅里叶变换

数学上周期信号与非周期信号是相通的，非周期信号 $f(t)$ 以 T 为周期进行拓展就变成了周期信号 $f_T(t)$，周期信号 $f_T(t)$ 只取其主周期就变成了非周期信号 $f(t)$，如图 4.18 所示。那么 $f_T(t)$ 的傅里叶系数与 $f(t)$ 的傅里叶变换，存在什么联系呢？

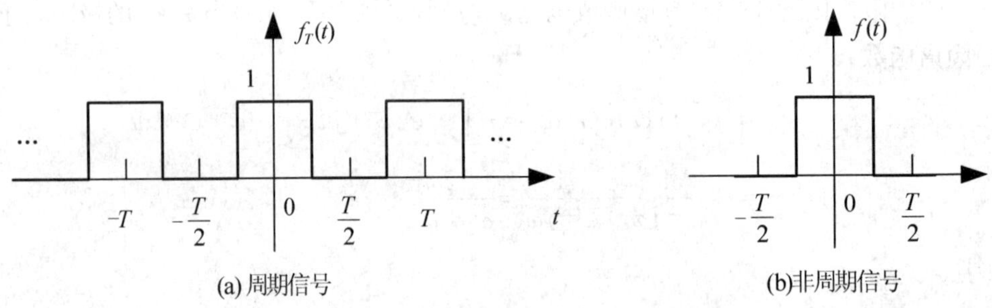

图 4.18 周期信号与非周期信号

周期信号 $f_T(t)$ 傅里叶系数的定义式为

$$F_n=\frac{1}{T}\int_{-\frac{T}{2}}^{\frac{T}{2}}f_T(t)\mathrm{e}^{-\mathrm{j}n\Omega t}\mathrm{d}t$$

在区间 $\left(-\frac{T}{2},\ \frac{T}{2}\right)$ 内，$f_T(t)=f(t)$，故

$$F_n=\frac{1}{T}\int_{-\frac{T}{2}}^{\frac{T}{2}}f(t)\mathrm{e}^{-\mathrm{j}n\Omega t}\mathrm{d}t \tag{4-19}$$

非周期信号 $f(t)$ 傅里叶变换的定义式为

$$F(\mathrm{j}\omega)=\int_{-\infty}^{\infty}f(t)\mathrm{e}^{-\mathrm{j}\omega t}\mathrm{d}t$$

在区间$\left(-\frac{T}{2},\ \frac{T}{2}\right)$以外，$f(t)=0$，故

$$F(\mathrm{j}\omega)=\int_{-\frac{T}{2}}^{\frac{T}{2}}f(t)\mathrm{e}^{-\mathrm{j}\omega t}\mathrm{d}t \tag{4-20}$$

比较式(4-19)和式(4-20)，不难发现

$$F_n=\frac{1}{T}F(\mathrm{j}\omega)\big|_{\omega=n\Omega},\quad F(\mathrm{j}\omega)=TF_n\big|_{n\Omega=\omega}$$

知识要点提醒

掌握了傅里叶系数与傅里叶变换的关系，就能根据周期信号$f_T(t)$的傅里叶系数，求$f(t)$的傅里叶变换；或根据$f(t)$的傅里叶变换，求$f_T(t)$的傅里叶系数。这是一种间接求傅里叶变换或傅里叶系数的方法。

【例4.8】 求图4.18所示周期信号$f_T(t)$的傅里叶系数F_n和非周期信号$f(t)$的傅里叶变换$F(\mathrm{j}\omega)$。

解：

$$F_n=\frac{1}{T}\int_{-\frac{T}{2}}^{\frac{T}{2}}f_T(t)\mathrm{e}^{-\mathrm{j}n\Omega t}\mathrm{d}t=\frac{1}{T}\int_{-\frac{T}{4}}^{\frac{T}{4}}\mathrm{e}^{-\mathrm{j}n\Omega t}\mathrm{d}t=\frac{2}{n\Omega T}\sin\left(\frac{n\Omega T}{4}\right)=n\pi\sin\left(\frac{n\pi}{2}\right)$$

根据傅里叶系数与傅里叶变换的关系，有

$$F(\mathrm{j}\omega)=TF_n\big|_{n\Omega=\omega}=\frac{2}{n\Omega}\sin\left(\frac{n\Omega T}{4}\right)\Big|_{n\Omega=\omega}=\frac{2}{\omega}\sin\left(\frac{\omega T}{4}\right)$$

4.4 傅里叶变换的性质

信号的特性可以在时域里分析，也可以通过傅里叶变换后，在频域里分析。当信号在时域里发生某种变化(或经过某种运算)时，频域里会有哪些相应变化。通过讨论傅里叶变换的性质，便可直接建立信号在时域和频域里的变化关系。

1. 线性

若

$$f_1(t)\leftrightarrow F_1(\mathrm{j}\omega),\quad f_2(t)\leftrightarrow F_2(\mathrm{j}\omega)$$

则对任意常数α和β，有

$$\alpha f_1(t)+\beta f_2(t)\leftrightarrow \alpha F_1(\mathrm{j}\omega)+\beta F_2(\mathrm{j}\omega)$$

在前面求阶跃函数$\varepsilon(t)$的频谱时，就利用了线性性质。

2. 对称性

若

$$f(t)\leftrightarrow F(\mathrm{j}\omega)$$

则

$$F(\mathrm{j}t)\leftrightarrow 2\pi f(-\omega)$$

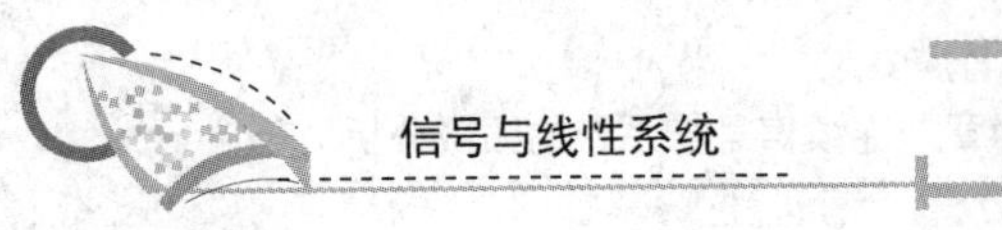

理解

如果函数 $f(t)$的傅里叶变换为 $F(\mathrm{j}\omega)$，则形式与 $F(\mathrm{j}\omega)$相同的时间函数 $F(\mathrm{j}t)$，它的傅里叶变换就等于 $2\pi f(-\omega)$，如图 4.19 所示。

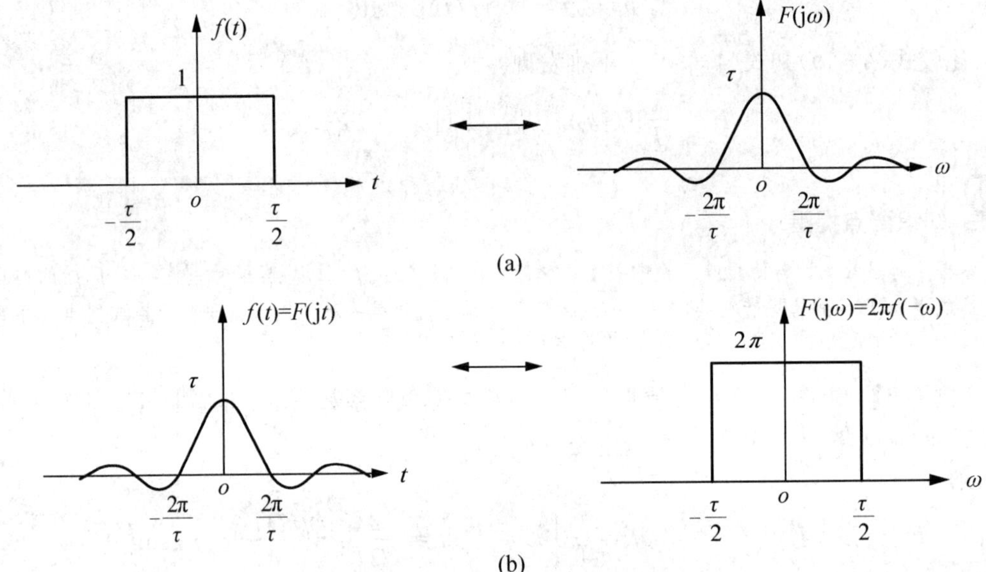

图 4.19　对称性

根据对称性，很容易求得直流信号 $f(t)=1$ 的傅里叶变换。因

$$\delta(t)\leftrightarrow 1$$

有

$$1\leftrightarrow 2\pi\delta(-\omega)=2\pi\delta(\omega)$$

【例 4.9】 求函数$\frac{1}{t}$的傅里叶变换。

解： 由

$$\mathrm{sgn}(t)\leftrightarrow\frac{2}{\mathrm{j}\omega}$$

运用对称性有

$$\frac{2}{\mathrm{j}t}\leftrightarrow 2\pi\mathrm{sgn}(-\omega)=-2\pi\mathrm{sgn}(\omega)$$

根据线性得

$$\frac{1}{t}\leftrightarrow -\mathrm{j}\pi\mathrm{sgn}(\omega)$$

3. 尺度变换

若

$$f(t)\leftrightarrow F(\mathrm{j}\omega)$$

对于任意非零实常数 a，有

$$f(at)\leftrightarrow\frac{1}{|a|}F\left(\mathrm{j}\,\frac{\omega}{a}\right)$$

这表明，信号在时域里波形压缩为原来的 $1/a$，其频域里的波形就扩展为原来的 a 倍，幅度压缩为原来的 $1/|a|$，如图 4.20 所示。取 $a=-1$，也可得到

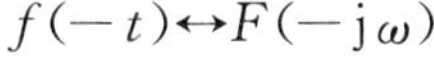

$$f(-t)\leftrightarrow F(-\mathrm{j}\omega)$$

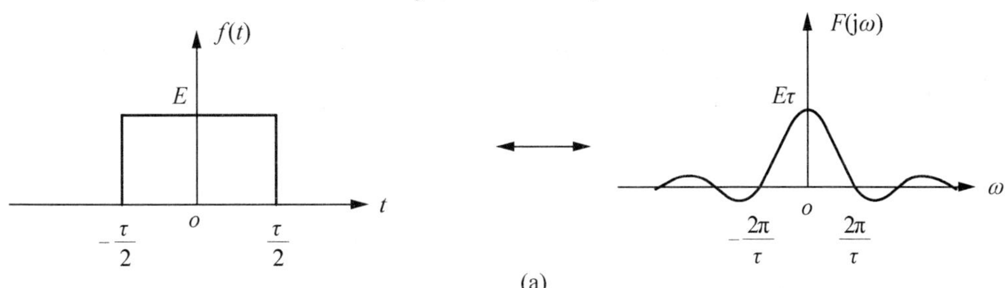

(a)

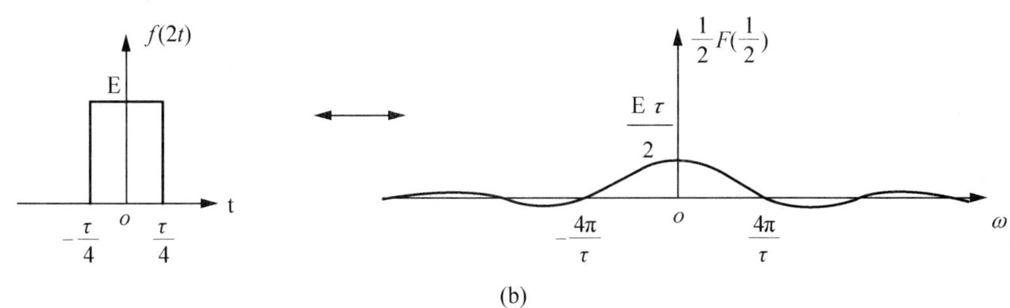

(b)

图 4.20　尺度变换

4. 共轭特性

若

$$f(t)\leftrightarrow F(\mathrm{j}\omega)$$

则有

$$f^*(t)\leftrightarrow F^*(-\mathrm{j}\omega) \tag{4-21a}$$

$$f^*(-t)\leftrightarrow F^*(\mathrm{j}\omega) \tag{4-21b}$$

证明：令 $f(t)=R(t)+\mathrm{j}I(t)$，则

$$\begin{aligned}\mathscr{F}[f^*(t)] &= \int_{-\infty}^{\infty}[R(t)-\mathrm{j}I(t)]\mathrm{e}^{-\mathrm{j}\omega t}\mathrm{d}t = \int_{-\infty}^{\infty}[R(t)-\mathrm{j}I(t)][\cos(\omega t)-\mathrm{j}\sin(\omega t)]\mathrm{d}t \\ &= \int_{-\infty}^{\infty}[R(t)\cos(\omega t)-I(t)\sin(\omega t)-R(t)\mathrm{j}\sin(\omega t)-I(t)\mathrm{j}\cos(\omega t)]\mathrm{d}t\end{aligned}$$

$$\begin{aligned}F(\mathrm{j}\omega) &= \mathscr{F}[f(t)] = \int_{-\infty}^{\infty}[R(t)+\mathrm{j}I(t)]\mathrm{e}^{-\mathrm{j}\omega t}\mathrm{d}t = \int_{-\infty}^{\infty}[R(t)+\mathrm{j}I(t)][\cos(\omega t)-\mathrm{j}\sin(\omega t)]\mathrm{d}t \\ &= \int_{-\infty}^{\infty}[R(t)\cos(\omega t)+I(t)\sin(\omega t)-\mathrm{j}R(t)\sin(\omega t)+\mathrm{j}I(t)\cos(\omega t)]\mathrm{d}t\end{aligned}$$

$$\begin{aligned}F^*(-\mathrm{j}\omega) &= \int_{-\infty}^{\infty}[R(t)\cos(-\omega t)+I(t)\sin(-\omega t)+\mathrm{j}R(t)\sin(-\omega t)-\mathrm{j}I(t)\cos(-\omega t)]\mathrm{d}t \\ &= \int_{-\infty}^{\infty}[R(t)\cos(\omega t)-I(t)\sin(\omega t)-\mathrm{j}R(t)\sin(\omega t)-\mathrm{j}I(t)\cos(\omega t)]\mathrm{d}t \\ &= \mathscr{F}[f^*(t)]\end{aligned}$$

式(4－22a)得证。根据式(4－21)和式(4－22a)很容易证明式(4－22b)，这里不再赘述。

5. 时移特性

若

$$f(t)\leftrightarrow F(\mathrm{j}\omega)$$

则

$$f(t\pm t_0)\leftrightarrow \mathrm{e}^{\pm \mathrm{j}\omega t_0}F(\mathrm{j}\omega)$$

如果信号既有时移又有尺度变换 $a\neq 0$，则有

$$f(at\pm b)\leftrightarrow \frac{1}{|a|}\mathrm{e}^{\pm \mathrm{j}\omega \frac{b}{a}}F\left(\mathrm{j}\,\frac{\omega}{a}\right)$$

6. 频移特性

若

$$f(t)\leftrightarrow F(\mathrm{j}\omega)$$

则

$$f(t)\mathrm{e}^{\pm \mathrm{j}\omega_0 t}\leftrightarrow F[\mathrm{j}(\omega\mp\omega_0)]$$

【例 4.10】 如果已知信号 $f(t)$ 的傅里叶变换为 $F(\mathrm{j}\omega)$，求信号 $f(t)\cos(\omega_0 t)$ 和 $f(t)\sin(\omega_0 t)$ 的傅里叶变换。

解：

$$\begin{aligned}\mathscr{F}[f(t)\cos(\omega_0 t)]&=\frac{1}{2}\mathscr{F}[f(t)\mathrm{e}^{\mathrm{j}\omega_0 t}+f(t)\mathrm{e}^{-\mathrm{j}\omega_0 t}]=\frac{1}{2}F[\mathrm{j}(\omega-\omega_0)]+\frac{1}{2}F[\mathrm{j}(\omega+\omega_0)]\\&=\frac{1}{2}F[\mathrm{j}(\omega+\omega_0)]+\frac{1}{2}F[\mathrm{j}(\omega-\omega_0)]\end{aligned}$$

$$\begin{aligned}\mathscr{F}[f(t)\sin(\omega_0 t)]&=\frac{1}{2\mathrm{j}}\mathscr{F}[f(t)\mathrm{e}^{\mathrm{j}\omega_0 t}-f(t)\mathrm{e}^{-\mathrm{j}\omega_0 t}]=\frac{1}{2\mathrm{j}}F[\mathrm{j}(\omega-\omega_0)]-\frac{1}{2\mathrm{j}}F[\mathrm{j}(\omega+\omega_0)]\\&=\frac{1}{2}\mathrm{j}F[\mathrm{j}(\omega+\omega_0)]-\frac{1}{2}\mathrm{j}F[\mathrm{j}(\omega-\omega_0)]\end{aligned}$$

不难发现，将信号 $f(t)$ 乘以信号 $\cos\omega_0 t$ 或 $\sin\omega_0 t$ 实现了频率的搬移，$\cos\omega_0 t$ 或 $\sin\omega_0 t$ 通常被称为载波信号。电子系统中的调幅与同频解调，就是频移特性在实际中的应用。

7. 卷积定理

1) 时域卷积定理

若

$$f_1(t)\leftrightarrow F_1(\mathrm{j}\omega),\ f_2(t)\leftrightarrow F_2(\mathrm{j}\omega)$$

则

$$f_1(t)*f_2(t)\leftrightarrow F_1(\mathrm{j}\omega)F_2(\mathrm{j}\omega)$$

上式表明，时域中两个函数的卷积积分，对应于这两个函数在频域里的乘积。当求两函数的卷积积分比较复杂时，可以通过傅里叶变换和反傅里叶变换，简化该卷积积分运算。

【例 4.11】 已知信号 $f_1(t)=\mathrm{e}^{-3t}\varepsilon(t)$，$f_2(t)=\mathrm{e}^{-5t}\varepsilon(t)$，求 $\mathscr{F}[f_1(t)*f_2(t)]$ 与 $f_1(t)*f_2(t)$。

解： 根据【例 4.6】可知

$$\mathscr{F}[f_1(t)]=\frac{1}{\mathrm{j}\omega+3},\ \mathscr{F}[f_2(t)]=\frac{1}{\mathrm{j}\omega+5}$$

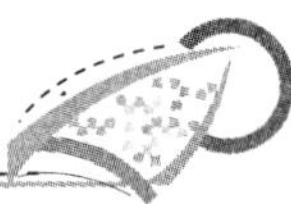

利用傅里叶变换的时域卷积定理，有

$$\mathscr{F}[f_1(t)*f_2(t)]=\frac{1}{\mathrm{j}\omega+3}\cdot\frac{1}{\mathrm{j}\omega+5}$$

$$f_1(t)*f_2(t)=\mathscr{F}^{-1}\left[\frac{1}{\mathrm{j}\omega+3}\cdot\frac{1}{\mathrm{j}\omega+5}\right]=\mathscr{F}^{-1}\left[\frac{1}{2}\left(\frac{1}{\mathrm{j}\omega+3}-\frac{1}{\mathrm{j}\omega+5}\right)\right]=\frac{1}{2}(\mathrm{e}^{-3t}-\mathrm{e}^{-5t})\varepsilon(t)$$

2）频域卷积定理

若

$$f_1(t)\leftrightarrow F_1(\mathrm{j}\omega),\ f_2(t)\leftrightarrow F_2(\mathrm{j}\omega)$$

则

$$f_1(t)\cdot f_2(t)\leftrightarrow\frac{1}{2\pi}F_1(\mathrm{j}\omega)*F_2(\mathrm{j}\omega)$$

上式表明，时域中两个函数的乘积，对应于这两个函数在频域里的卷积积分除以 2π。

8. 时域微分和积分特性

1）时域微分特性

若

$$f(t)\leftrightarrow F(\mathrm{j}\omega)$$

则

$$f^{(n)}(t)\leftrightarrow(\mathrm{j}\omega)^nF(\mathrm{j}\omega)$$

根据时时域微分特性，很容易求得 $f(t)=\delta^{(n)}(t)$的傅里叶变换。因为

$$\delta(t)\leftrightarrow 1$$

有

$$\delta'(t)\leftrightarrow\mathrm{j}\omega,\ \delta^{(n)}(t)\leftrightarrow(\mathrm{j}\omega)^n$$

2）时域积分特性

若

$$f(t)\leftrightarrow F(\mathrm{j}\omega)$$

则

$$f^{(-1)}(t)\leftrightarrow\pi F(0)\delta(\omega)+\frac{F(\mathrm{j}\omega)}{\mathrm{j}\omega}$$

应用时域积分特性，根据 $\delta(t)$的傅里叶变换，不难求得 $\varepsilon(t)$的傅里叶变换。因

$$F(\mathrm{j}\omega)=\mathscr{F}[\delta(t)]=1,\ \varepsilon(t)=\delta^{(-1)}(t)$$

有

$$\mathscr{F}[\varepsilon(t)]=\mathscr{F}[\delta^{(-1)}(t)]=\pi F(0)\delta(\omega)+\frac{F(\mathrm{j}\omega)}{\mathrm{j}\omega}=\pi\delta(\omega)+\frac{1}{\mathrm{j}\omega}$$

9. 频域微分和积分特性

1）频域微分特性

若

$$f(t)\leftrightarrow F(\mathrm{j}\omega)$$

则

$$t^nf(t)\leftrightarrow\mathrm{j}^nF^{(n)}(\mathrm{j}\omega)$$

【例 4.12】 求 $t\varepsilon(t)$ 的傅里叶变换。

解： 由

$$\varepsilon(t)\leftrightarrow\pi\delta(\omega)+\frac{1}{\mathrm{j}\omega}$$

有

$$t\varepsilon(t)\leftrightarrow\mathrm{j}\frac{\mathrm{d}}{\mathrm{d}\omega}\left[\pi\delta(\omega)+\frac{1}{\mathrm{j}\omega}\right]=\mathrm{j}\pi\delta'(\omega)-\frac{1}{\omega^2}$$

2）频域积分特性

若

$$f(t)\leftrightarrow F(\mathrm{j}\omega)$$

则

$$\pi f(0)\delta(t)+\frac{f(t)}{-\mathrm{j}t}\leftrightarrow F^{(-1)}(\mathrm{j}\omega)$$

【例 4.13】 求 $\frac{1}{t}$ 的傅里叶变换。

解： 由

$$1\leftrightarrow 2\pi\delta(\omega)$$

有

$$\pi\delta(t)+\frac{1}{-\mathrm{j}t}\leftrightarrow\int_{-\infty}^{\omega}2\pi\delta(\omega)\mathrm{d}\omega=2\pi\varepsilon(\omega)$$

$$\mathscr{F}\left[\pi\delta(t)+\frac{1}{-\mathrm{j}t}\right]=\mathscr{F}[\pi\delta(t)]+\frac{1}{-\mathrm{j}}\mathscr{F}\left[\frac{1}{t}\right]=2\pi\varepsilon(\omega)$$

$$\mathscr{F}\left[\frac{1}{t}\right]=-\mathrm{j}\{2\pi\varepsilon(\omega)-\mathscr{F}[\pi\delta(t)]\}=-\mathrm{j}\pi[2\varepsilon(\omega)-1]=-\mathrm{j}\pi\mathrm{sgn}(\omega)$$

所得结果与【例 4.9】相同。

10. 相关定理

对于实信号 $f_1(t)$ 和 $f_2(t)$，若

$$f_1(t)\leftrightarrow F_1(\mathrm{j}\omega)\qquad f_2(t)\leftrightarrow F_2(\mathrm{j}\omega)$$

则

$$R_{12}(t)\leftrightarrow F_1(\mathrm{j}\omega)F_2^*(\mathrm{j}\omega),\ R_{21}(t)\leftrightarrow F_2(\mathrm{j}\omega)F_1^*(\mathrm{j}\omega)$$

若 $f_1(t)=f_2(t)=f(t)$，$f(t)\leftrightarrow F(\mathrm{j}\omega)$，则

$$R(t)\leftrightarrow F^*(\mathrm{j}\omega)F(\mathrm{j}\omega)=|F(\mathrm{j}\omega)|^2 \tag{4-22}$$

11. 帕斯瓦尔定理

若

$$f(t)\leftrightarrow F(\mathrm{j}\omega)$$

则非周期信号 $f(t)$ 的能量为

$$E=\int_{-\infty}^{\infty}|f(t)|^2\mathrm{d}t=\frac{1}{2\pi}\int_{-\infty}^{\infty}|F(\mathrm{j}\omega)|^2\mathrm{d}\omega \tag{4-23}$$

为了表征能量在频域中的分布状况，引入了能量密度函数 $\mathscr{E}(\omega)$（简称为能量频谱或能量谱）。$\mathscr{E}(\omega)$ 为单位频率的信号能量，在整个频率区间的总能量可表示为

$$E=\int_{-\infty}^{\infty}\mathscr{E}(\omega)\mathrm{d}f=\frac{1}{2\pi}\int_{-\infty}^{\infty}\mathscr{E}(\omega)\mathrm{d}\omega \tag{4-24}$$

比较式(4-23)和式(4-24)，可知

$$\mathscr{E}(\omega)=|F(\mathrm{j}\omega)|^2 \tag{4-25}$$

比较式(4-22)和式(4-25)，可知

$$\mathscr{E}(\omega)=\mathscr{F}[R(t)]$$

综上所述，傅里叶变换的性质总结见表4-3。

表4-3　傅里叶变换的性质

名　称	$f(t)$	$F(\mathrm{j}\omega)$
线性	$\alpha f_1(t)+\beta f_2(t)$	$\alpha F_1(\mathrm{j}\omega)+\beta F_2(\mathrm{j}\omega)$
对称性	$F(\mathrm{j}t)$	$2\pi f(-\omega)$
尺度变换	$f(at)$，$a\neq 0$	$\frac{1}{\lvert a\rvert}F\left(\mathrm{j}\frac{\omega}{a}\right)$
	$f(-t)$	$F(-\mathrm{j}\omega)$
共轭特性	$f^*(t)$	$F^*(-\mathrm{j}\omega)$
	$f^*(-t)$	$F^*(\mathrm{j}\omega)$
时移特性	$f(t\pm t_0)$	$\mathrm{e}^{\pm\mathrm{j}\omega t_0}F(\mathrm{j}\omega)$
	$f(at\pm b)$	$\frac{1}{\lvert a\rvert}\mathrm{e}^{\pm\mathrm{j}\omega\frac{b}{a}}F\left(\mathrm{j}\frac{\omega}{a}\right)$
频移特性	$f(t)\mathrm{e}^{\pm\mathrm{j}\omega_0 t}$	$F[\mathrm{j}(\omega\mp\omega_0)]$
时域卷积	$f_1(t)*f_2(t)$	$F_1(\mathrm{j}\omega)F_2(\mathrm{j}\omega)$
频域卷积	$f_1(t)\cdot f_2(t)$	$\frac{1}{2\pi}F_1(\mathrm{j}\omega)*F_2(\mathrm{j}\omega)$
时域微分	$f^{(n)}(t)$	$(\mathrm{j}\omega)^nF(\mathrm{j}\omega)$
时域积分	$f^{(-1)}(t)$	$\pi F(0)\delta(\omega)+\frac{F(\mathrm{j}\omega)}{\mathrm{j}\omega}$
频域微分	$t^nf(t)$	$\mathrm{j}^nF^{(n)}(\mathrm{j}\omega)$
频域积分	$\pi f(0)\delta(t)+\frac{f(t)}{-\mathrm{j}t}$	$F^{(-1)}(\mathrm{j}\omega)$
相关定理	$R_{12}(t)$	$F_1(\mathrm{j}\omega)F_2^*(\mathrm{j}\omega)$
	$R_{21}(t)$	$F_1^*(\mathrm{j}\omega)F_2(\mathrm{j}\omega)$
	$R(t)$	$F^*(\mathrm{j}\omega)F(\mathrm{j}\omega)=\lvert F(\mathrm{j}\omega)\rvert^2$
帕斯瓦尔定理	$E=\int_{-\infty}^{\infty}\lvert f(t)\rvert^2\mathrm{d}t=\frac{1}{2\pi}\int_{-\infty}^{\infty}\lvert F(\mathrm{j}\omega)\rvert^2\mathrm{d}\omega$	

4.5 周期信号的傅里叶变换

周期信号不是绝对可积的，但由于 $\delta(\omega)$ 的引入，使周期信号的傅里叶变换也可求。这样，就可以将周期信号和非周期信号的频域分析方法统一起来，下面分 3 种情况讨论周期信号的傅里叶变换。

知识联想

数学上，也多次出现过这种情况，例如：j 的引入，使 $\sqrt{-1}$ 可求；∞的引入，使 $a/0$ 也可求($a\neq 0$)。

1. 虚指数信号

设虚指数信号为

$$f(t)=\mathrm{e}^{\pm \mathrm{j}\omega_0 t} \quad -\infty<t<\infty$$

由于

$$\mathscr{F}[1]=2\pi\delta(\omega)$$

根据傅里叶变换的频移特性可得

$$\mathscr{F}[\mathrm{e}^{\mathrm{j}\omega_0 t}]=2\pi\delta(\omega-\omega_0) \tag{4-26a}$$

$$\mathscr{F}[\mathrm{e}^{-\mathrm{j}\omega_0 t}]=2\pi\delta(\omega+\omega_0) \tag{4-26b}$$

虚指数信号的频谱如图 4.21 所示。

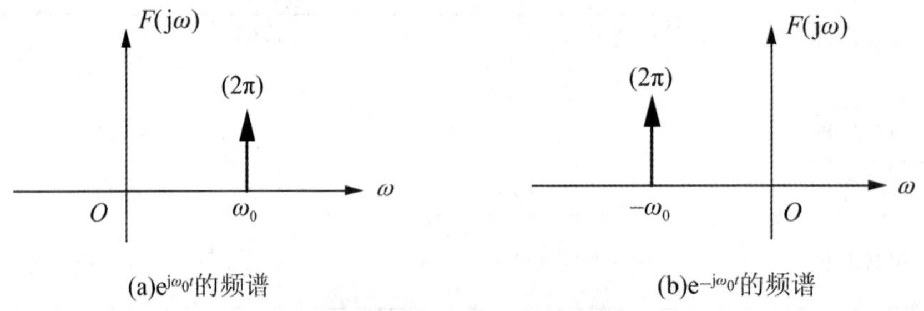

(a)$\mathrm{e}^{\mathrm{j}\omega_0 t}$的频谱 (b)$\mathrm{e}^{-\mathrm{j}\omega_0 t}$的频谱

图 4.21 虚指数信号的频谱

2. 正弦信号

由于

$$\cos\omega_0 t=\frac{1}{2}(\mathrm{e}^{\mathrm{j}\omega_0 t}+\mathrm{e}^{-\mathrm{j}\omega_0 t})$$

$$\sin\omega_0 t=\frac{1}{2\mathrm{j}}(\mathrm{e}^{\mathrm{j}\omega_0 t}-\mathrm{e}^{-\mathrm{j}\omega_0 t})$$

根据傅里叶变换的线性性质可得

$$\mathscr{F}[\cos\omega_0 t]=\pi[\delta(\omega-\omega_0)+\delta(\omega+\omega_0)] \tag{4-27a}$$

$$\mathscr{F}[\sin\omega_0 t]=\mathrm{j}\pi[\delta(\omega+\omega_0)-\delta(\omega-\omega_0)] \tag{4-27b}$$

正弦信号的频谱如图 4.22 所示(常将 $\cos\omega_0 t$ 和 $\sin\omega_0 t$ 统称为正弦信号)。

3. 一般周期信号

设周期信号 $f_T(t)$ 的周期为 T，则其指数形式的傅里叶级数为

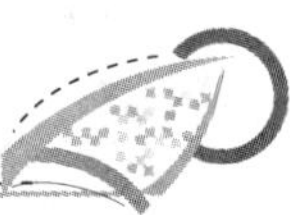

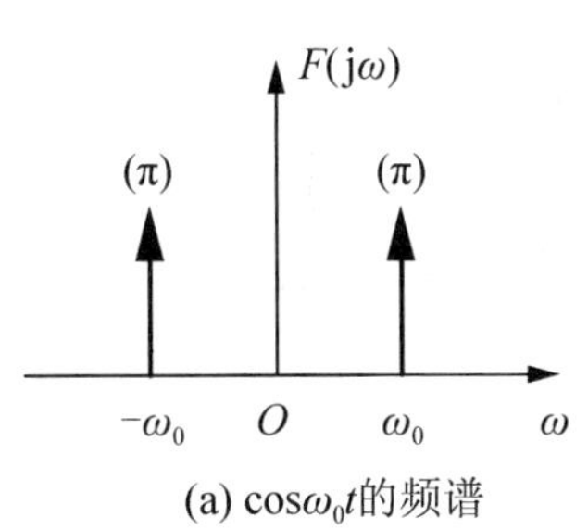

(a) $\cos\omega_0 t$的频谱

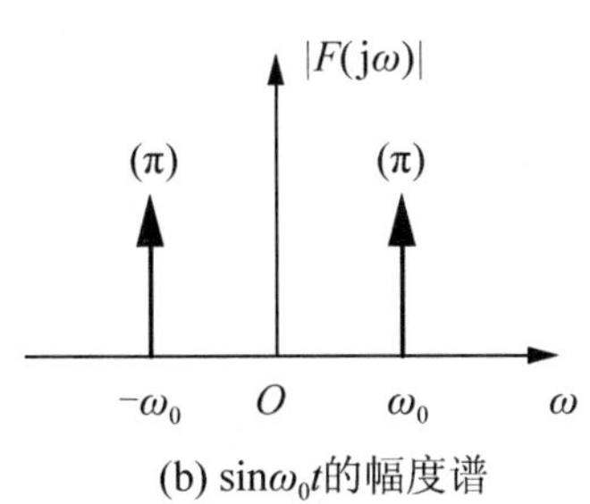

(b) $\sin\omega_0 t$的幅度谱

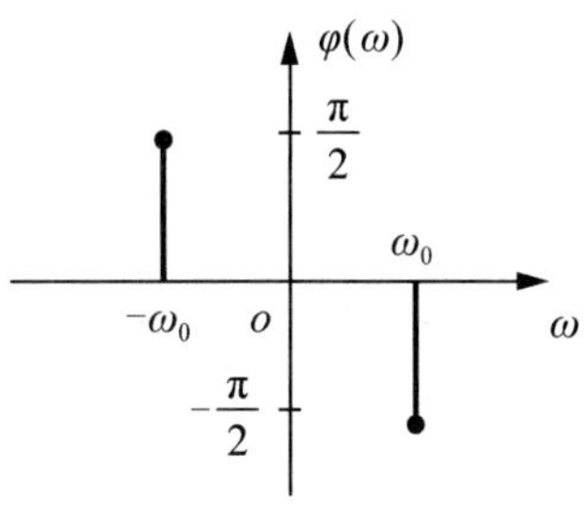

(c) $\sin\omega_0 t$的相位谱

图 4.22 正弦信号的频谱

$$f_T(t)=\sum_{n=-\infty}^{\infty}F_n e^{jn\Omega t} \tag{4-28}$$

式中$\Omega=\frac{2\pi}{T}$是基波的角频率，F_n 是傅里叶系数。

$$F_n=\frac{1}{T}\int_{-\frac{T}{2}}^{\frac{T}{2}}f_T(t)e^{-jn\Omega t}dt \tag{4-29}$$

对式(4-28)的等号两端取傅里叶变换，F_n 是 n 的函数，而不是 t 的函数，作傅里叶变换时可当成系数处理，得

$$\mathscr{F}[f_T(t)]=\mathscr{F}\left[\sum_{n=-\infty}^{\infty}F_n e^{jn\Omega t}\right]=\sum_{n=-\infty}^{\infty}F_n\mathscr{F}[e^{jn\Omega t}]=2\pi\sum_{n=-\infty}^{\infty}F_n\delta(\omega-n\Omega) \tag{4-30}$$

式(4-30)就是求周期信号的傅里叶变换的公式。周期信号的傅里叶变换，由一系列位于 $n\Omega(n=0,\ \pm1,\ \pm2,\ \cdots)$处的冲激函数组成，它们的强度(或积分面积)为 $2\pi F_n$。

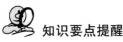

知识要点提醒

在求不满足绝对可积条件函数的傅里叶变换时，一般不能直接用傅里叶变换的定义式来求，而是运用间接处理方法求得。因为 $\delta(\omega)$的引入才使周期信号的傅里叶变换可求，所以周期信号的傅里叶级数是 $\delta(\omega)$ 移位加权和的形式。

【例 4.14】 计算周期为 T 的单位冲激序列 $\delta_T(t)=\sum_{k=-\infty}^{\infty}\delta(t-kT)$ 的傅里叶变换。

解：首先求出周期单位冲激序列的傅里叶系数

$$F_n=\frac{1}{T}\int_{-\frac{T}{2}}^{\frac{T}{2}}f(t)e^{-jn\Omega t}dt=\frac{1}{T}\int_{-\frac{T}{2}}^{\frac{T}{2}}\delta(t)e^{-jn\Omega t}dt=\frac{1}{T}$$

根据式(4-30)可得

$$\mathscr{F}[\delta_T(t)]=2\pi\sum_{n=-\infty}^{\infty}\frac{1}{T}\delta(\omega-n\Omega)=\Omega\sum_{n=-\infty}^{\infty}\delta(\omega-n\Omega)$$

在时域里，周期为 T 的单位冲激序列 $\delta_T(t)$的傅里叶变换是一个在频域里周期为 Ω，强度为 Ω 冲激序列。$\delta_T(t)$及其频谱如图 4.23 所示。

【例 4.15】 周期性矩形脉冲信号 $f_T(t)$如图 4.24 所示，求其傅里叶变换。

解：在 4.2.2 节中已求得该矩形脉冲的傅里叶系数

$$F_n=\frac{\tau}{T}Sa\left(\frac{n\pi\tau}{T}\right)$$

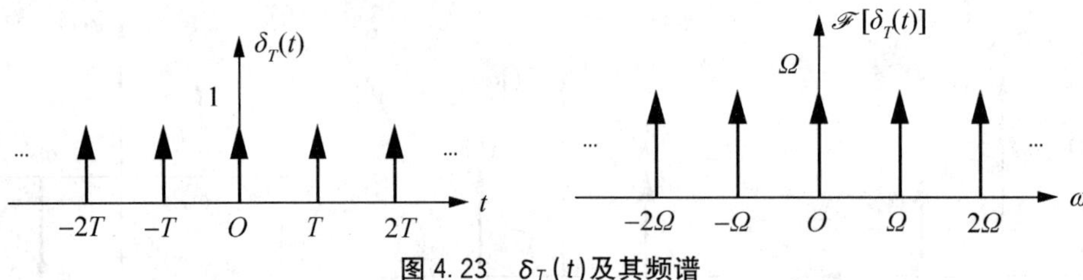

图 4.23　$\delta_T(t)$及其频谱

根据式(4-30)可得

$$\mathscr{F}[f_T(t)]=\frac{2\pi\tau}{T}\sum_{n=-\infty}^{\infty}Sa\left(\frac{n\pi\tau}{T}\right)\delta(\omega-n\Omega)$$

周期性矩形脉冲 $f_T(t)$($T=5\tau$ 时)的频谱如图 4.25 所示。

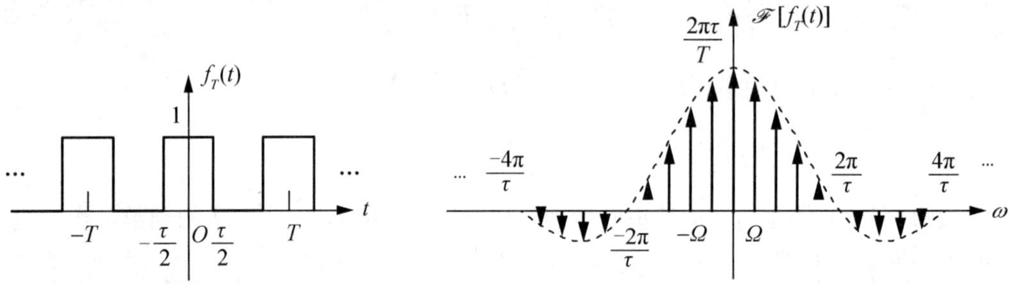

图 4.24　周期性矩形脉冲　　　　图 4.25　周期性矩形脉冲的频谱

从形式上看，周期性矩形脉冲 $f_T(t)$的频谱与其 F_n 非常相似，但两者的物理意义不同。前者是频谱密度，后者是傅里叶级数中，各个虚指数分量的系数。

常用信号的傅里叶变换见表 4-4。

表 4-4　常用信号的傅里叶变换表

序号	$f(t)$	$F(j\omega)$	序号	$f(t)$	$F(j\omega)$
1	$\delta(t)$	1	10	$e^{\pm j\omega_0 t}$	$2\pi\delta(\omega\mp\omega_0)$
2	$\delta^{(n)}(t)$	$(j\omega)^n$	11	$\cos(\omega_0 t)$	$\pi[\delta(\omega-\omega_0)+\delta(\omega+\omega_0)]$
3	1	$2\pi\delta(\omega)$	12	$\sin(\omega_0 t)$	$j\pi[\delta(\omega+\omega_0)-\delta(\omega-\omega_0)]$
4	$\varepsilon(t)$	$\pi\delta(\omega)+\frac{1}{j\omega}$	13	$\mathrm{sgn}(t)$	$\frac{2}{j\omega}$
5	$t\varepsilon(t)$	$j\pi\delta'(\omega)-\frac{1}{\omega^2}$	14	$\delta_T(t)$	$\Omega\sum_{n=-\infty}^{\infty}\delta(\omega-n\Omega)$
6	$e^{-\alpha t}\varepsilon(t)$	$\frac{1}{\alpha+j\omega}$	15	$g_\tau(t)$	$\frac{2}{\omega}\sin\left(\frac{\omega\tau}{2}\right)$
7	t	$j2\pi\delta'(\omega)$	16	$e^{-\alpha\|t\|}\varepsilon(t)$，$\alpha>0$	$\frac{2\alpha}{\alpha^2+\omega^2}$
8	$\|t\|$	$-\frac{2}{\omega^2}$	17	$\delta_T(t)=\sum_{k=-\infty}^{\infty}\delta(t-kT)$	$\Omega\sum_{n=-\infty}^{\infty}\delta(\omega-n\Omega)$
9	$\frac{1}{t}$	$-j\pi\mathrm{sgn}(\omega)$	18	$\sum_{n=-\infty}^{\infty}F_n e^{jn\Omega t}$	$2\pi\sum_{n=-\infty}^{\infty}F_n\delta(\omega-n\Omega)$

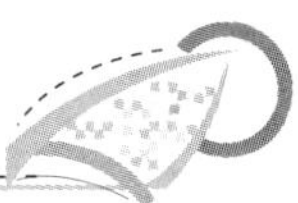

4.6 连续系统的频率分析

傅里叶变换将信号分解为虚指数或正弦信号的和，系统的频域分析法则是通过分析系统对各种虚指数或正弦信号的零状态响应，从而得到系统在任意激励下的零状态响应。

4.6.1 系统的频率响应

设 LTI 连续系统的冲激响应为 $h(t)$，则该系统的频率响应定义为

$$H(\mathrm{j}\omega)=\int_{-\infty}^{\infty}h(t)\mathrm{e}^{-\mathrm{j}\omega\tau}\mathrm{d}t \tag{4-31}$$

冲激响应 $h(t)$与频率响应 $H(\mathrm{j}\omega)$是一对傅里叶变换。

在时域里零状态响应与激励和冲激响应 $h(t)$的关系为

$$y_{zs}(t)=f(t)*h(t)$$

根据傅里叶变换的时域卷积特性有

$$Y_{zs}(\mathrm{j}\omega)=F(\mathrm{j}\omega)H(\mathrm{j}\omega) \tag{4-32}$$

因此系统的频率响应，也可定义为零状态响应的傅里叶变换与激励傅里叶变换之比，即

$$H(\mathrm{j}\omega)=\frac{Y_{zs}(\mathrm{j}\omega)}{F(\mathrm{j}\omega)} \tag{4-33}$$

下面根据激励信号的不同特点，讨论如何用系统的频率响应，计算系统的零状态响应。

1. 虚指数信号

当激励 $f(t)=\mathrm{e}^{\mathrm{j}\omega_0 t}(-\infty<t<\infty)$时，系统的零状态响应为

$$y_{zs}(t)=\mathrm{e}^{\mathrm{j}\omega_0 t}H(\mathrm{j}\omega_0) \tag{4-34}$$

推导过程如下。

$$y_{zs}(t)=h(t)*\mathrm{e}^{\mathrm{j}\omega_0 t}=\int_{-\infty}^{\infty}h(\tau)\mathrm{e}^{\mathrm{j}\omega_0(t-\tau)}\mathrm{d}\tau=\mathrm{e}^{\mathrm{j}\omega_0 t}\int_{-\infty}^{\infty}h(\tau)\mathrm{e}^{-\mathrm{j}\omega_0\tau}\mathrm{d}\tau=\mathrm{e}^{\mathrm{j}\omega_0 t}H(\mathrm{j}\omega_0)$$

式(4-34)表明，当激励为 $\mathrm{e}^{\mathrm{j}\omega_0 t}$时，系统的零状态响应为 $\mathrm{e}^{\mathrm{j}\omega_0 t}$与 $H(\mathrm{j}\omega_0)$的乘积。系统对 $\mathrm{e}^{\mathrm{j}\omega_0 t}$的幅度响应，通过 $H(\mathrm{j}\omega_0)$的幅值$|H(\mathrm{j}\omega_0)|$体现出来；相位响应，通过 $H(\mathrm{j}\omega_0)$的相位 $\varphi(\omega_0)$体现出来。

2. 正弦信号

当激励 $f(t)=A\cos(\omega_0 t+\phi)(-\infty<t<\infty)$时，系统的零状态响应为

$$y_{zs}(t)=A|H(\mathrm{j}\omega_0)|\cos[\omega_0 t+\phi+\arg H(\mathrm{j}\omega_0)] \tag{4-35}$$

推导过程如下。

$$\begin{aligned}y_{zs}(t)&=h(t)*A\cos(\omega_0 t+\phi)=\frac{A}{2}h(t)*[\mathrm{e}^{\mathrm{j}\omega_0 t+\mathrm{j}\phi}+\mathrm{e}^{-(\mathrm{j}\omega_0 t+\mathrm{j}\phi)}]\\&=\frac{A}{2}[H(\mathrm{j}\omega_0)\mathrm{e}^{\mathrm{j}\omega_0 t+\mathrm{j}\phi}+H(-\mathrm{j}\omega_0)\mathrm{e}^{-(\mathrm{j}\omega_0 t+\mathrm{j}\phi)}]\\&=\frac{A}{2}[|H(\mathrm{j}\omega_0)|\mathrm{e}^{\mathrm{j}\arg H(\mathrm{j}\omega_0)}\mathrm{e}^{\mathrm{j}\omega_0 t+\mathrm{j}\phi}+|H(-\mathrm{j}\omega_0)|\mathrm{e}^{\mathrm{j}\arg H(-\mathrm{j}\omega_0)}\mathrm{e}^{-\mathrm{j}\omega_0 t-\mathrm{j}\phi}]\end{aligned}$$

$$=\frac{A}{2}|H(\mathrm{j}\omega_0)|\left[\mathrm{e}^{\mathrm{j}\omega_0 t+\mathrm{j}\phi+\mathrm{j}\arg H(\mathrm{j}\omega_0)}+\mathrm{e}^{-\mathrm{j}\omega_0 t-\mathrm{j}\phi-\mathrm{j}\arg H(\mathrm{j}\omega_0)}\right]$$

$$=A|H(\mathrm{j}\omega_0)|\cos[\omega_0 t+\phi+\arg H(\mathrm{j}\omega_0)]$$

式(4-35)中的 $\arg H(\mathrm{j}\omega_0)$ 为 $H(\mathrm{j}\omega_0)$ 的相位角。

3. 一般信号

当激励 $f(t)$ 为一般信号时，先求 $f(t)$ 的傅里叶变换 $F(\mathrm{j}\omega)$，进而得到零状态响应的傅里叶变换，最后通过傅里叶反变换得到零状态响应，即

$$y_{zs}(t)=\mathscr{F}^{-1}[F(\mathrm{j}\omega)H(\mathrm{j}\omega)] \tag{4-36}$$

【例 4.16】 描述某系统的微分方程为 $y'(t)+2y(t)=f(t)$，求系统在激励① $f_1(t)=2+\cos(2t)$，② $f_2(t)=\mathrm{e}^{-t}\varepsilon(t)$ 下所产生的零状态响应。

解： 首先求该系统的频率响应 $H(\mathrm{j}\omega)$，对微分方程两边进行傅里叶变换，得

$$\mathrm{j}\omega Y_{zs}(\mathrm{j}\omega)+2Y_{zs}(\mathrm{j}\omega)=F(\mathrm{j}\omega)$$

由上式得到

$$H(\mathrm{j}\omega)=\frac{Y_{zs}(\mathrm{j}\omega)}{F(\mathrm{j}\omega)}=\frac{1}{\mathrm{j}\omega+2}$$

(1) 激励 $f_1(t)$ 可以看成是虚指数信号和正弦信号之和，即

$$f_1(t)=2\mathrm{e}^{\mathrm{j}0t}+\cos(2t)$$

根据式(4-34)可得 $2\mathrm{e}^{\mathrm{j}0t}$ 产生的零状态的响应为

$$2\mathrm{e}^{\mathrm{j}0t}H(\mathrm{j}0)=2\times\frac{1}{\mathrm{j}\times 0+2}=2\times\frac{1}{2}=1,\ (\omega_0=0)$$

根据式(4-35)可得 $\cos(2t)$ 产生的零状态的响应为

$$|H(2\mathrm{j})|\cos[2t+\arg H(\mathrm{j}2)]=\left|\frac{1}{2\mathrm{j}+2}\right|\cos[2t-\arg H(2\mathrm{j})]$$

$$=\frac{\sqrt{2}}{4}\cos\left(2t-\frac{\pi}{4}\right),\ (\omega_0=2)$$

故激励 $f_1(t)$ 产生的零状态响应为 $y_{zs}(t)=1+\frac{\sqrt{2}}{4}\cos\left(2t-\frac{\pi}{4}\right)$。

(2) 激励 $f_2(t)$ 为一般信号，先求其傅里叶变换，有

$$F_2(\mathrm{j}\omega)=\frac{1}{\mathrm{j}\omega+1}$$

零状态响应的傅里叶变换为

$$Y_{zs}(\mathrm{j}\omega)=F_2(\mathrm{j}\omega)H(\mathrm{j}\omega)=\frac{1}{\mathrm{j}\omega+1}\cdot\frac{1}{\mathrm{j}\omega+2}=\frac{1}{\mathrm{j}\omega+1}-\frac{1}{\mathrm{j}\omega+2}$$

求傅里叶反变换，得到激励 $f_2(t)$ 产生的零状态响应为 $y_{zs}(t)=(\mathrm{e}^{-t}-\mathrm{e}^{-2t})\varepsilon(t)$。

实用小窍门

用频域分析法求系统的零状态响应时，可根据激励信号的不同特点，即虚指数信号、正弦信号、一般信号，分别选用不同的公式，以简化求解过程。

4.6.2 无失真传输

信号无失真传输是指信号经系统处理后，输出信号与输入信号相比，只有幅度大小和

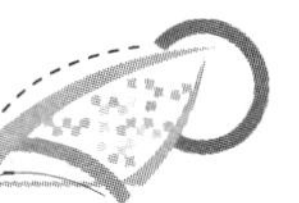

出现时刻的不同，而没有波形上的变化。根据这个定义，可以推出判别 LTI 连续系统为无失真传输系统的具体条件。

1. 时域无失真传输条件

在时域里，若输入信号为 $f(t)$，根据无失真传输的定义，得到无失真传输系统输出为

$$y(t)=Kf(t-t_d) \tag{4-37}$$

即输出信号 $y(t)$的幅度为输入信号的 K 倍，输出比输入延时了 t_d 秒，如图 4.26 所示。

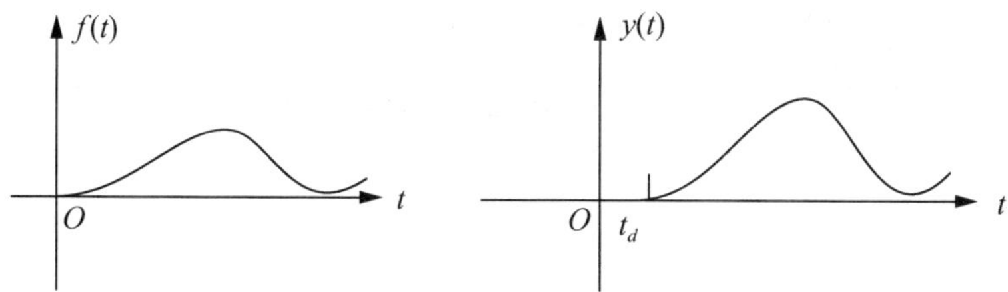

图 4.26　无失真传输的波形

根据式(4－37)可知，若输入 $f(t)=\delta(t)$，无失真传输系统的输出信号应为 $K\delta(t-t_d)$。又根据冲激响应的定义可知，输入 $f(t)=\delta(t)$，初始状态为零时，系统的响应就是冲激响应 $h(t)$，故无失真传输系统的冲激响应为

$$h(t)=K\delta(t-t_d) \tag{4-38}$$

2. 频域无失真传输条件

对式(4－38)两边进行傅里叶变换，得

$$H(\mathrm{j}\omega)=K\mathrm{e}^{-\mathrm{j}\omega t_d} \tag{4-39}$$

系统的幅频响应特性和相频响应特性分别为

$$\left.\begin{aligned}|H(\mathrm{j}\omega)|&=K\\ \varphi(\omega)&=-\omega t_d\end{aligned}\right\} \tag{4-40}$$

式(4－40)为无失真传输系统频率响应所满足的条件，图 4.27 为无失真传输系统的频率响应特性(包括幅频和相频相应)。

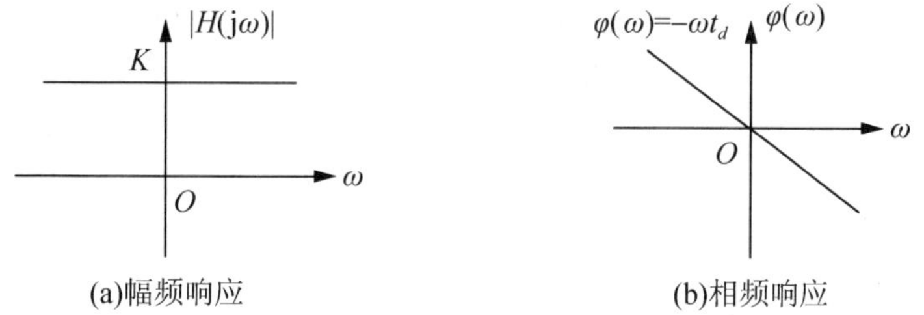

(a)幅频响应　　(b)相频响应

图 4.27　无失真传输系统的频率响应特性

4.6.3　理想低通滤波器

理想低通滤波器的频率响应函数为

$$H(\mathrm{j}\omega)=\begin{cases}\mathrm{e}^{-\mathrm{j}\omega t_d} & |\omega|<\omega_c\\ 0 & |\omega|>\omega_c\end{cases} \tag{4-41}$$

ω_c 称为截止频率，信号能够通过的频率范围$|\omega|<\omega_c$ 称为通带，信号完全被抑制的频率范围$|\omega|>\omega_c$ 称为阻带。理想低通滤波器的频率响应特性如图 4.28 所示。

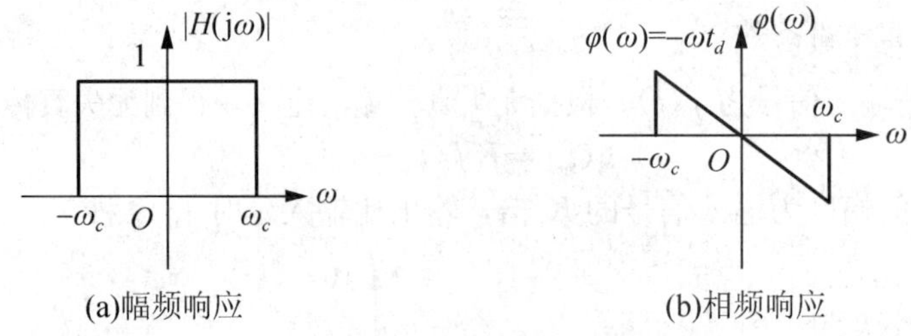

图 4.28 理想低通滤波器的频率响应特性

理解

理想低通滤波器的“理想”就体现在，它能将低于截止频率 ω_c(通带内)的频率分量无失真地传输，将高于截止频率 ω_c(阻带内)的频率分量完全抑制。

为了认识理想低通滤波器的时域响应特性，下面分析它的冲激响应 $h(t)$。

$$
\begin{aligned}
h(t)=\mathscr{F}^{-1}[H(\mathrm{j}\omega)]&=\frac{1}{2\pi}\int_{-\infty}^{\infty}H(\mathrm{j}\omega)\mathrm{e}^{\mathrm{j}\omega t}\,\mathrm{d}\omega\\
&=\frac{1}{2\pi}\int_{-\omega_c}^{\omega_c}\mathrm{e}^{-\mathrm{j}\omega t_d}\mathrm{e}^{\mathrm{j}\omega t}\,\mathrm{d}\omega=\frac{1}{2\pi}\cdot\frac{1}{\mathrm{j}(t-t_d)}\left[\mathrm{e}^{\mathrm{j}\omega_c(t-t_d)}-\mathrm{e}^{-\mathrm{j}\omega_c(t-t_d)}\right]\\
&=\frac{\omega_c}{\pi}Sa[\omega_c(t-t_d)]
\end{aligned}
$$

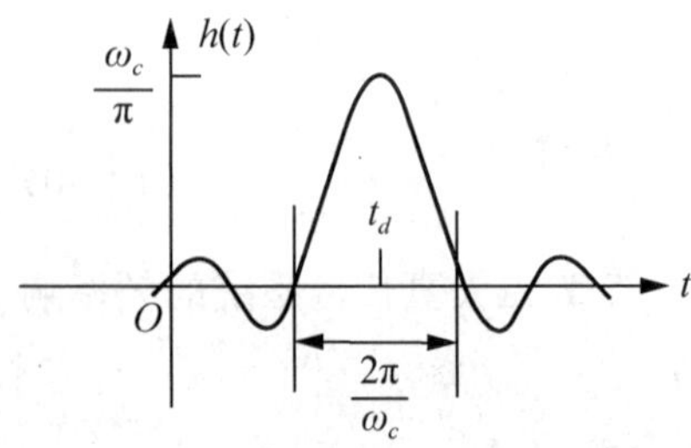

图 4.29 理想低通滤波器冲激响应的波形

$h(t)$的波形如图 4.29 所示。

由图可见，理想低通滤波器的 $h(t)$在 $t<0$ 时就出现了，而输入的冲激响应 $\delta(t)$在 $t=0$ 时刻才输入，这说明理想低通滤波器是一个物理上不可实现的非因果系统。

【4.17】 低通滤波器的频率响应特性如图 4.30(a)和图 4.30(b)所示，输入 $f(t)$如图 4.30(c)所示，求系统的响应 $y(t)$。

解： 理想低通滤波器的频率响应函数为

$$
H(\mathrm{j}\omega)=\begin{cases}2\mathrm{e}^{-3\mathrm{j}\omega} & |\omega|<5\\ 0 & |\omega|>5\end{cases}
$$

将 $f(t)$展成指数形式的傅里叶级数$\left(\Omega=\frac{2\pi}{T}=2\right)$

$$
F_n=\frac{1}{T}\int_{-\frac{T}{2}}^{\frac{T}{2}}f(t)\mathrm{e}^{-\mathrm{j}n\Omega t}\,\mathrm{d}t=\frac{1}{\pi}\int_{-\frac{\pi}{4}}^{\frac{\pi}{4}}\mathrm{e}^{-2\mathrm{j}nt}\,\mathrm{d}t=\frac{1}{n\pi}\sin\left(\frac{n\pi}{2}\right)
$$

$$
f(t)=\sum_{n=-\infty}^{\infty}\frac{1}{n\pi}\sin\left(\frac{n\pi}{2}\right)\mathrm{e}^{2\mathrm{j}nt}
$$

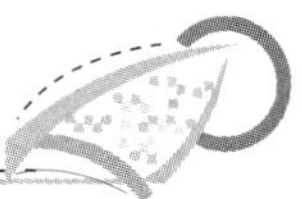

$$=\frac{1}{\pi}\left(\cdots-\frac{1}{3}e^{-6tj}+e^{-2tj}+\frac{\pi}{2}+e^{2tj}-\frac{1}{3}e^{6tj}+\cdots\right) \tag{4-42}$$

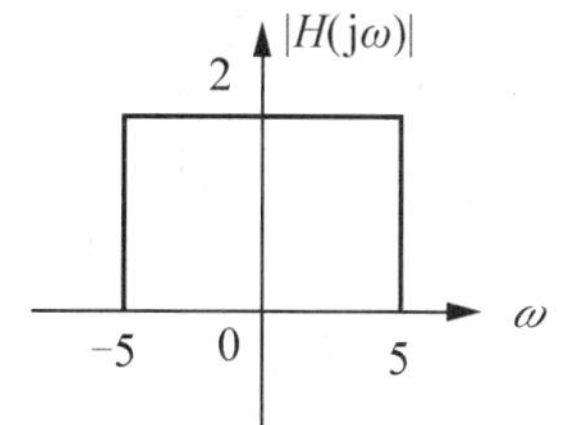

(a)理想底通滤波器的幅频响应

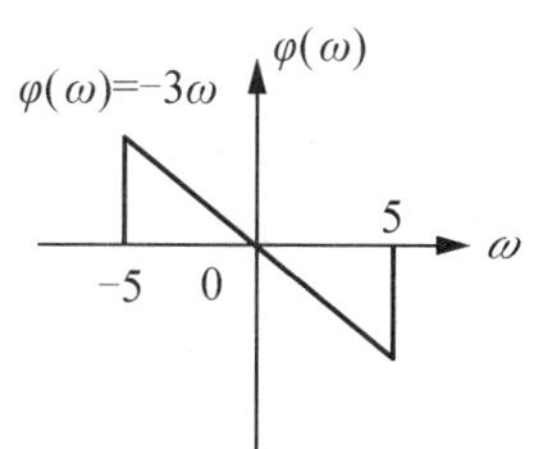

(b)底通滤波器的相频响应

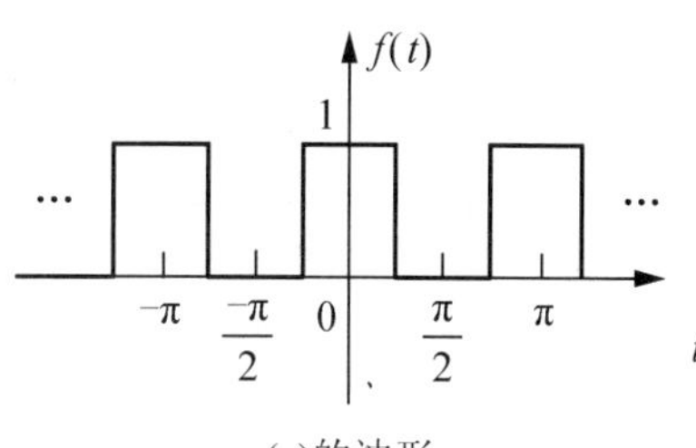

(c)的波形

图 4.30 例 4.17 图

根据低通滤波器的频率响应特性可知，只能将式(4-42)中$|\omega|<5$的频率分量，即$\frac{1}{\pi}e^{-2tj}+\frac{1}{2}+\frac{1}{\pi}e^{2tj}$实现无失真传输，而其余的频率分量均被完全抑制，故输出信号为

$$y(t)=\frac{1}{\pi}e^{-2tj}(2e^{6j})+\frac{1}{2}\cdot 2+\frac{1}{\pi}e^{2tj}(2e^{-6j})=1+\frac{4}{\pi}\cos(2t-6)$$

4.7 连续信号的抽样

在模拟信号的数字化处理系统中，首先是把连续时间信号变换为数字信号，然后用数字技术进行处理，最后还原成连续时间信号。可见模拟信号的数字化处理过程，离不开连续时间信号与数字信号的相互转化。那么在将连续时间信号转换成数字信号的过程中，如何抽样才能保证不丢失连续时间信号中的信息呢？最后离散信号又是怎样转换成连续时间信号的呢？本节主要讨论这两个问题。

4.7.1 信号的抽样

信号抽样就是用抽样脉冲序列从连续时间信号中“抽取”出一系列离散样本值的过程。图 4.31 是抽样器的原理图。

$f(t)$是连续时间信号，通过开关K的开与关就实现了对$f(t)$的抽样，得到了离散信号$\hat{f}(t)$。实际抽样时，这个开关是一个电子开关，可用二极管或三极管实现。

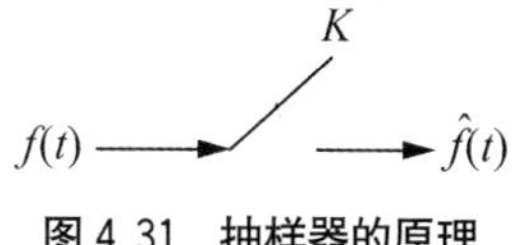

图 4.31 抽样器的原理

1. 实际抽样

通常把抽样脉冲序列是矩形脉冲序列的抽样称为实际抽样。图 4.32 展示了连续时间信号，经过实际抽样后，波形的变化。图 4.32(a)是连续时间信号；图 4.32(b)是开关K提供的抽样脉冲序列，为矩形脉冲序列；图 4.32(c)是经实际抽样获得的离散信号。

连续时间信号$f(t)$、抽样脉冲序列$p(t)$、离散信号$\hat{f}(t)$之间的关系可以用数学式

$$\hat{f}(t)=f(t)p(t) \tag{4-43}$$

来表示。在抽样脉冲序列$p(t)$中，τ就是开关的闭合时间，T_s是断开与闭合一次所耗的

总时间，称为抽样周期。抽样频率记为 $f_s=1/T_s$，角频率记为 $\Omega_s=2\pi f_s=2\pi/T_s$。

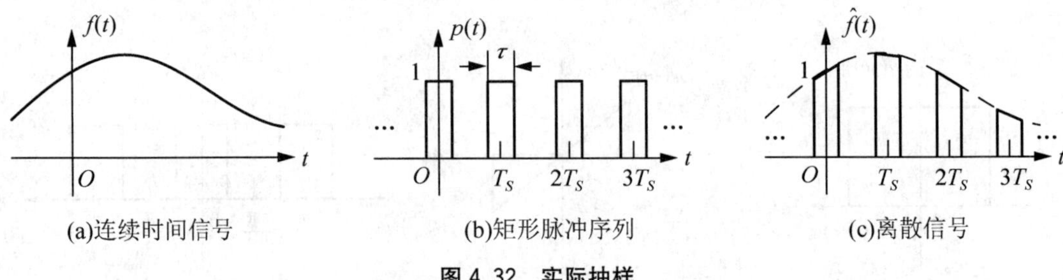

图 4.32　实际抽样

2. 理想抽样(冲激抽样)

当 $\tau\to 0$ 时，抽样脉冲序列 $p(t)$变成了单位冲激序列 $\delta_T(t)$，这种抽样被称为理想抽样。图 4.33 展示了理想抽样的波形变化，图 4.33(a)是连续时间信号，图 4.33(b)是单位冲激序列，图 4.33(c)是经理想抽样获得的离散信号。

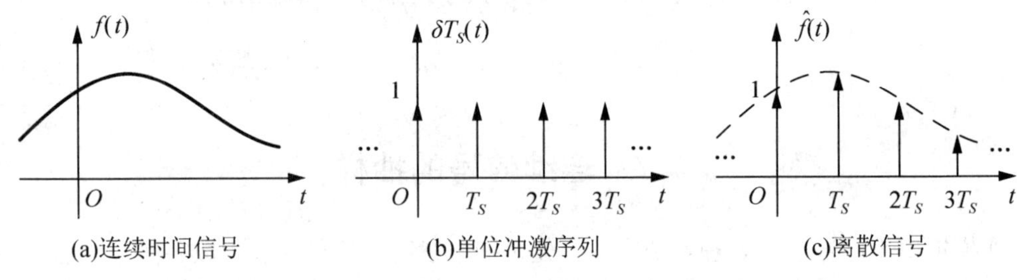

图 4.33　理想抽样

对于理想抽样有

$$\hat{f}(t)=f(t)\delta_{T_s}(t) \tag{4-44}$$

在实际抽样中，当 $\tau\ll T_s$ 时，就可以近似地看成是理想抽样，这里只分析理想抽样。分析理想抽样时，怎样抽样才能保证连续时间信号中的信息不丢失。要解决这个问题，必须要了解一个连续时间信号经过理想抽样后，它的频谱会发生什么样的变化。下面讨论 $\hat{f}(t)$ 的频谱与 $f(t)$频谱的关系。

将各信号的傅里叶变换分别表示为

$$\hat{F}(\mathrm{j}\omega)=\mathscr{F}[\hat{f}(t)]$$
$$F(\mathrm{j}\omega)=\mathscr{F}[f(t)]$$
$$\Delta_{T_s}(\mathrm{j}\omega)=\mathscr{F}[\delta_{T_s}(t)]$$

要讨论 $\hat{f}(t)$的频谱与 $f(t)$频谱的关系，先要求出 $\Delta_{T_s}(\mathrm{j}\omega)$。在 4.5 节的【例 4.14】中已求过 $\delta_{T_s}(t)=\sum\limits_{k=-\infty}^{\infty}\delta(t-kT_s)$ 的傅里叶变换，这里不再重复。

$$\Delta_{T_s}(\mathrm{j}\omega)=\Omega_s\sum_{n=-\infty}^{\infty}\delta(\omega-n\Omega_s)$$

根据傅里叶变换的卷积定理有

$$\hat{F}(\mathrm{j}\omega)=\frac{1}{2\pi}[F(\mathrm{j}\omega)*\Delta_{T_s}(\mathrm{j}\omega)]$$

$$=\frac{1}{2\pi}\left[F(\mathrm{j}\omega)*\Omega_s\sum_{n=-\infty}^{\infty}\delta(\omega-n\Omega_s)\right]=\frac{1}{T}\sum_{n=-\infty}^{\infty}F[\mathrm{j}(\omega-n\Omega_s)]$$
$$=\frac{1}{T}[\cdots F(\mathrm{j}\omega+\mathrm{j}\Omega_s)+F(\mathrm{j}\omega)+F(\mathrm{j}\omega-\mathrm{j}\Omega_s)\cdots] \tag{4-45}$$

在式(4-45)中 $F(\mathrm{j}\omega)$表示连续信号 $f(t)$的频谱，根据第1章信号的时移理论，不难理解 $F(\mathrm{j}\omega-\mathrm{j}\Omega_s)$是 $F(\mathrm{j}\omega)$向右移 Ω_s，$F(\mathrm{j}\omega+\mathrm{j}\Omega_s)$是 $F(\mathrm{j}\omega)$向左移 Ω_s。图4.34展示了连续时间信号 $f(t)$、单位冲激序列 $\delta_{T_s}(t)$、离散信号 $\hat{f}(t)$频谱的关系(这里假设 $f(t)$是频带宽度是有限的，即 $f(t)$的最高频率是 Ω_h，而不是∞)。

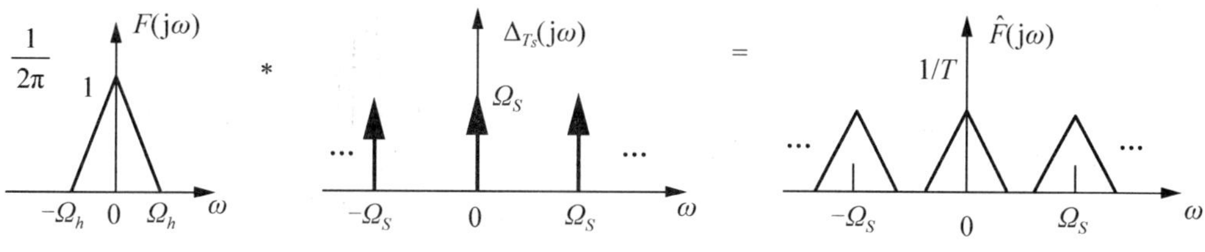

图4.34　理想抽样的频谱变化

不难发现连续时间信号 $f(t)$以频率 Ω_s 理想抽样，它的频谱 $F(\mathrm{j}\omega)$就以 Ω_s 为周期进行拓展，而频谱幅度则变为原来的 $1/T$ 倍。如果抽样频率 Ω_s 比较小会出现什么情况呢?如图4.35所示。

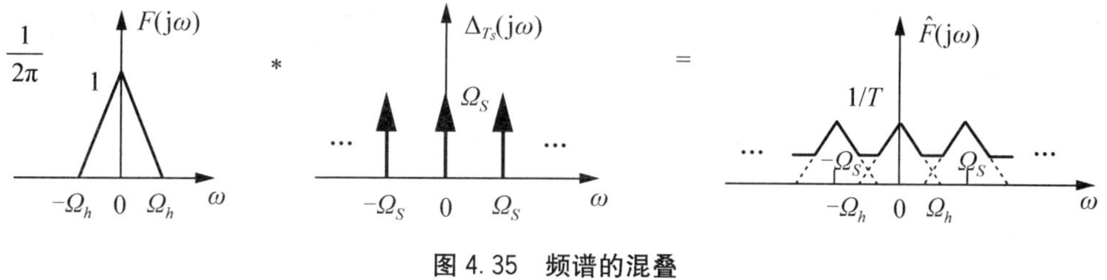

图4.35　频谱的混叠

抽样频率 Ω_s 较小，抽样后信号的频谱就会发生混叠。混叠就破坏了原信号的频谱，也就意味着丢失了原信号的一些信息。若要避免这种情况发生，抽样频率 Ω_s 选多少才合适呢?

理解

分析图4.34和4.35不难发现，为了避免抽样后频谱发生混叠，Ω_s 至少应该是 $F(\mathrm{j}\omega)$的宽度，即 $2\Omega_h$。

奈奎斯特抽样定理：若连续信号 $f(t)$是频带宽度有限的，要想抽样后不丢失 $f(t)$的信息，即能够从 $f(t)$中不失真地还原出原信号，则抽样频率必须大于或等于原信号最高频率的两倍即

$$\Omega_s\geqslant 2\Omega_h \quad 或 \quad f_s\geqslant 2f_h$$

如果 $f(t)$不是频带宽度有限的，为了避免混叠，一般在抽样器前加一个前置低通滤波器，称为防混叠滤波器，其截止频率为 $f_s/2$ 以便除去高于 $f_s/2$ 的频率分量。奈奎斯特抽样定理论述了将连续时间信号转化为离散信号时，应该用多大的频率来抽样，才不会丢失原信号的信息，它为连续信号与离散信号的相互转换提供了理论依据。

另外，根据时域与频域的对称性，很容易推出频域里信号的抽样定理。为了不干扰读者对时域抽样的理解，这里不做描述，有兴趣的读者可参考有关书籍。

既然依据奈奎斯特抽样定理抽样得到的离散信号，包含了原信号的全部信息，那么如何恢复出原信号呢？这是本节要讨论的第二个问题。

4.7.2 信号的恢复

信号的恢复可以分为信号在时域里的恢复和在频域里的恢复，为了便于理解，先讨论频域里恢复。

1. 频域里恢复

比较图 4.34 中离散信号和连续信号的频谱，不难发现只要取出 $\hat{F}(\mathrm{j}\omega)$ 的主周期，并将其幅度乘以 T 就转换成了 $F(\mathrm{j}\omega)$，即只要取出抽样后离散信号频谱主周期部分，再将其乘以 T，就恢复出了原信号的频谱。这可以用理想低通滤波器来实现，频域里的恢复过程如图 4.36 所示。

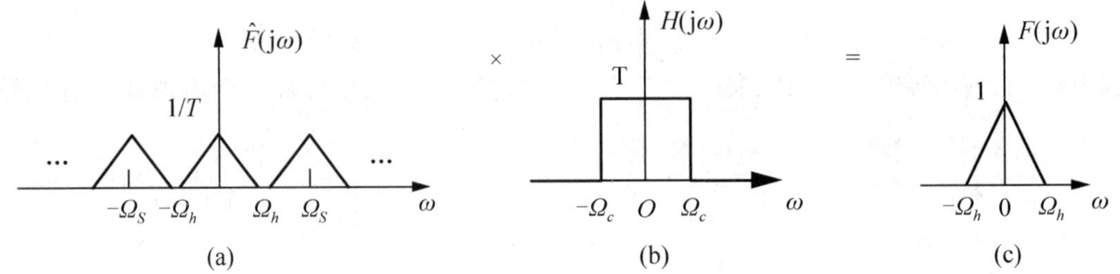

图 4.36 连续信号的频域恢复

理想低通滤波器的频域响应为

$$H(\mathrm{j}\omega)=\begin{cases}T & |\omega|<\Omega_c\\ 0 & |\omega|\geqslant\Omega_c\end{cases}(\Omega_h<\Omega_c\leqslant\Omega_s-\Omega_h)\tag{4-46}$$

连续时间信号在频域里的恢复表达式为

$$F(\mathrm{j}\omega)=\hat{F}(\mathrm{j}\omega)H(\mathrm{j}\omega)\tag{4-47}$$

2. 时域里恢复

根据频域里信号的恢复表达式，就能很容易地得到连续时间信号，在时域里的恢复公式。根据傅里叶变换的卷积定理，有

$$f(t)=\hat{f}(t)*h(t)\tag{4-48}$$

为了简便，对理想低通滤波器取 $\Omega_c=\Omega_s/2$，有

$$h(t)=\frac{1}{2\pi}\int_{-\infty}^{\infty}H(\mathrm{j}\omega)\mathrm{e}^{\mathrm{j}\omega t}\mathrm{d}\omega=\left[\sin\left(\frac{\pi}{T_s}t\right)\right]\Big/\left(\frac{\pi}{T_s}t\right)$$

$$\hat{f}(t)=f(t)\delta_{T_s}(t)=\sum_{k=-\infty}^{\infty}f(kT_s)\delta(t-kT_s)$$

$$f(t)=\left[\sum_{k=-\infty}^{\infty}f(kT_s)\delta(t-kT_s)\right]*\left[\sin\left(\frac{\pi}{T_s}t\right)\Big/\left(\frac{\pi}{T_s}t\right)\right]$$

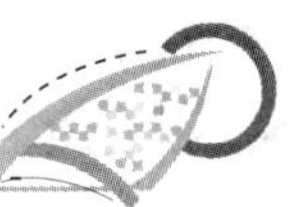

$$= \sum_{k=-\infty}^{\infty} f(kT_s)\left\{\sin\left[\frac{\pi}{T_s}(t-kT_s)\right]\Big/\left[\frac{\pi}{T_s}(t-kT_s)\right]\right\} \tag{4-49}$$

通常将 $h(t-kT_s)=\sin\left[\frac{\pi}{T_s}(t-kT_s)\right]\Big/\left[\frac{\pi}{T_s}(t-kT_s)\right]$称为抽样函数，则式(4-49)可表示为

$$f(t) = \sum_{k=-\infty}^{\infty} f(kT_s)h(t-kT_s) \tag{4-50}$$

式(4-50)为连续时间信号在时域里的恢复表达式，该式表明，连续信号 $f(t)$等于各抽样点的值 $f(kT_s)$乘上各自抽样函数的和，如图 4.37 所示。

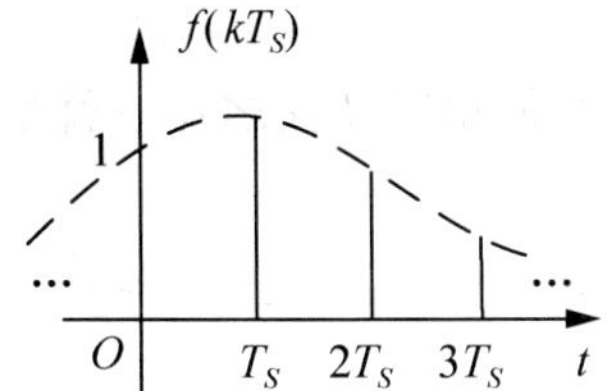

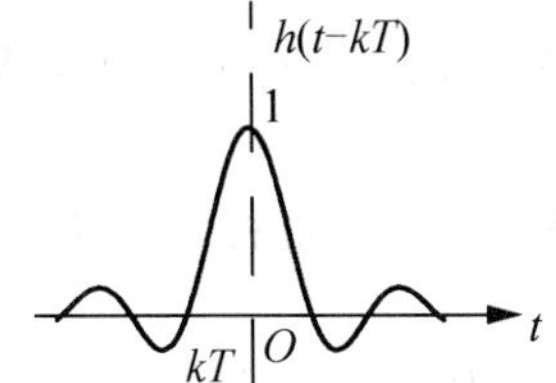

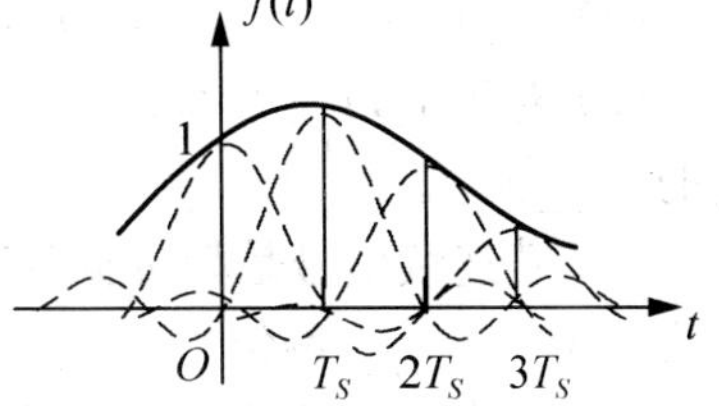

图 4.37　连续信号的时域恢复

从级数展开的角度来看，式(4-50)可以看成是抽样函数的无穷级数，各级数的系数恰好等于各抽样点的值 $f(kT_s)$。

在实际应用中，不可能实现信号的无失真恢复，因为①实际的信号往往是频带宽度无限的，抽样器前加的防混叠滤波器已丢失原信号的部分信息；②理想低通滤波器是一个物理上不可实现的非因果系统。尽管如此，但是通过一定的技术处理，完全可以将信号恢复时的失真控制在工程应用所允许的范围内。

拓展阅读

虽然傅里叶变换已在信号的分析和处理中得到广泛的应用，但用傅里叶变换法时，信号的时域特征和频域特征是绝对分离的，即频域里不包含任何时域信息，在时域里也找不到任何频域信息的影子。对于傅里叶频谱中的某一个频率，也不知道是何时产生的，因此只能从全局上分析信号。

人的语音、地震波、变换的晚霞和音乐等是非平稳的，用傅里叶变换分析时缺乏局域性信息，即它并不能告诉人们某种频率分量发生在哪些时间内。继傅里叶变换后，小波变换被认为是信号分析方法上的重大突破。小波变换与傅里叶变换相比，是一个时域和频域的局域变换，因而能有效地从信号中提取信息，通过伸缩和平移等运算功能对函数或信号进行多尺度细化分析，解决了傅里叶变换不能解决的许多困难问题。

本章小结

本章主要介绍了连续信号和 LTI 连续系统的频域分析方法以及信号的抽样。

对于连续信号的频域分析，本章主要介绍了周期信号傅里叶级数和非周期信号傅里叶变换，在此基础上还介绍了周期信号的傅里叶变换。

对于连续系统的频域分析，本章主要介绍了系统频率响应的定义，给定激励下求系统零状态响应的频域分析法，无失真传输系统和理想低通滤波器的频率响应特点。

对于信号抽样，本章主要介绍了抽样原理、奈奎斯特抽样定理的理论依据，以及由离散信号恢复出连续信号的方法。

【习题 4】

4.1 填空题。

(1) 周期矩形脉冲的幅度谱具有 3 个特点：________、________、________。

(2) 若周期矩形脉冲信号的脉冲宽度为 τ，则它的频带宽度为________。

(3) 对于周期矩形脉冲，当周期 T 增大时，它幅度谱的谱线________。

(4) $\mathscr{F}[1]=$________，$\mathscr{F}[\varepsilon(t)]=$________。

(5) 对于 LTI 连续系统，零状态响应的傅里叶变换与激励信号傅里叶变换之比，就是它的________。

(6) 若连续信号是频带宽度有限的，要想抽样后不丢失它的信息，则________必须大于或等于________两倍。

4.2 判断题，正确的打“√”，错误的打“×”。

(1) 对于偶周期函数，其三角形式傅里叶级数的 $\cos(n\Omega t)$ 系数为零。(　　)

(2) 对于奇周期函数，其三角形式傅里叶级数的 $\cos(n\Omega t)$ 系数为零。(　　)

(3) 对于周期矩形脉冲，当矩形脉冲的宽度 τ 变大时，频带变窄。(　　)

(4) 信号经过无失真传输系统后，信号的波形不会发生变化。(　　)

(5) 无失真传输系统的相频响应曲线，经过原点。(　　)

(6) 理想低通滤波器是因果系统。(　　)

4.3 求题 4.3 图所示周期信号的傅里叶级数展开式(三角形式与指数形式)。

4.4 求题 4.4 图所示周期信号的傅里叶级数展开式(三角形式或指数形式)。

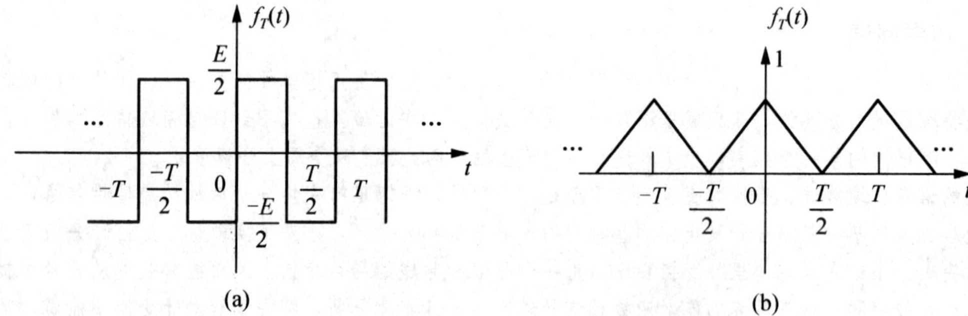

题 4.3 图

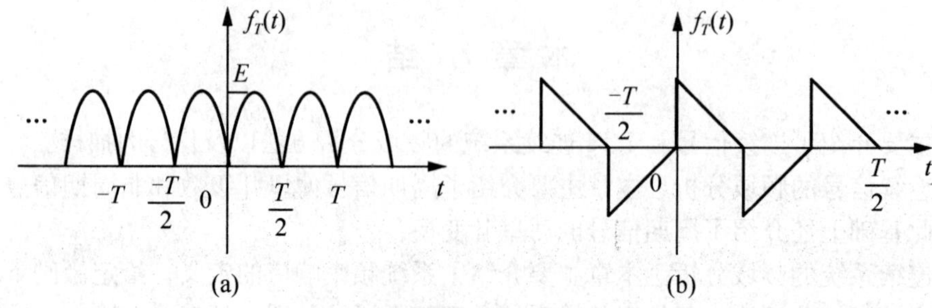

题 4.4 图

4.5 周期性矩形脉冲如题4.5图所示，已知重复频率 $f=5\text{kHz}$，脉冲宽度 $\tau=20\mu\text{s}$，脉冲幅度 $E=10\text{V}$，试作信号的单边与双边幅度谱图，并求出直流分量大小以及基波、二次谐波和三次谐振波的有效值。

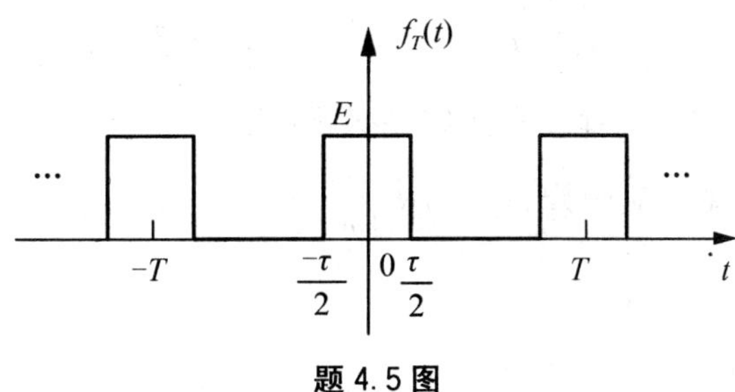

题4.5图

4.6 试计算题4.6图所求信号在频谱第一个零点以内各分量的功率所占总功率的百分比。

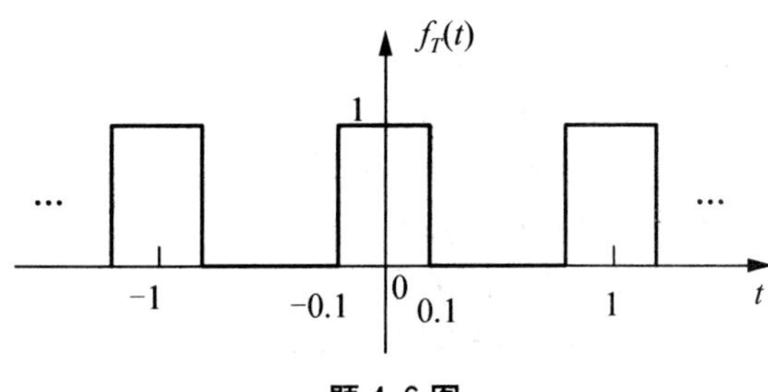

题4.6图

4.7 求下列信号的傅里叶变换。

(1) $f(t)=\mathrm{e}^{-2t}[\varepsilon(t+1)-\varepsilon(t-1)]$　　(2) $f(t)=\mathrm{e}^{t-1}\varepsilon(1-t)$

(3) $f(t)=\mathrm{e}^{-2|t-1|}$　　(4) $f(t)=[\mathrm{e}^{-t}\cos(\pi t)]\varepsilon(t)$

(5) $f(t)=\mathrm{sgn}(t^2-9)$　　(6) $f(t)=\mathrm{e}^{-\mathrm{j}t}\delta(t-2)$

4.8 利用傅里叶变换的对称性，求下列信号的傅里叶变换。

(1) $Sa^2(3\pi t)$　　(2) $f(t)=\dfrac{1}{\pi t}$

(3) $f(t)=\dfrac{a}{t^2+a^2}$　　(4) $f(t)=\dfrac{\sin[2\pi(t-2)]}{\pi(t-2)}$

4.9 若已知 $f(t)\leftrightarrow F(\mathrm{j}\omega)$，试求下列信号的用傅里叶变换。

(1) $f(2-t)$　　(2) $tf(2t)$

(3) $(t-2)f(t)$　　(4) $t\,\dfrac{\mathrm{d}f(t)}{\mathrm{d}t}$

(5) $f(2t)\varepsilon(t)$　　(6) $f(t)*Sa(3t)$

(7) $\displaystyle\int_{-\infty}^{1-\frac{1}{2}t} f(\tau)\mathrm{d}\tau$　　(8) $\dfrac{\mathrm{d}f(t)}{\mathrm{d}t}*\dfrac{1}{\pi t}$

4.10 求下列函数的傅里叶逆变换。

(1) $F(\mathrm{j}\omega)=\delta(\omega+\omega_0)-\delta(\omega-\omega_0)$　　(2) $F(\mathrm{j}\omega)=\cos(3\omega)$

(3) $F(\mathrm{j}\omega)=[\varepsilon(\omega)-\varepsilon(\omega-2)]\mathrm{e}^{-\mathrm{j}\omega}$　　(4) $F(\mathrm{j}\omega)=2\sin^2(2\omega)/\omega^2$

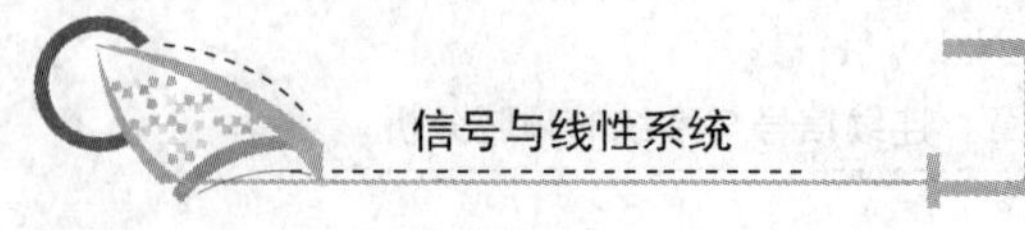

4.11 求下列周期信号的傅里叶变换。

(1) $f_T(t)=1+\cos(\pi t)$ (2) $f_T(t)=\sum_{m=-\infty}^{\infty}(-1)^m\delta\left(t-\frac{mT}{2}\right)$

4.12 已知系统的频率响应函数 $H(\mathrm{j}\omega)=\frac{\mathrm{j}\omega-2}{\mathrm{j}\omega+2}$，求系统分别在①激励信号 $f(t)=\cos(2t)$，②激励信号 $f(t)=\mathrm{e}^{\mathrm{j}2t}$ 下，产生的零状态响应。

4.13 已知系统的频率响应函数 $H(\mathrm{j}\omega)=\frac{1}{\mathrm{j}\omega+2}$，激励信号 $f(t)=\mathrm{e}^{-3t}\varepsilon(t)$，求系统的零状态响应。

4.14 已知系统的频率响应函数 $H(\mathrm{j}\omega)=\frac{1}{\mathrm{j}\omega+1}$，激励信号 $f(t)=[1+\mathrm{e}^{-t}]\varepsilon(t)$，求系统的零状态响应。

4.15 求下列微分方程所描述系统的频率响应函数。

(1) $y'(t)+2y(t)=2f'(t)$

(2) $y''(t)+5y'(t)+6y(t)=f(t)$

(3) $y''(t)+y'(t)+y(t)=f'(t)+f(t)$

4.16 描述 LTI 连续系统的微分方程为 $y''(t)+4y'(t)+3y(t)=f'(t)+2f(t)$，

(1) 求系统的频率响应函数与冲激响应；

(2) 若输入为 $f(t)=\mathrm{e}^{-t}\varepsilon(t)$，求系统的零状态响应。

4.17 题 4.17 图所示电路为一分压器电路，电阻 R_1、R_2、C_1、C_2 满足何种关系能使电压无失真传输。

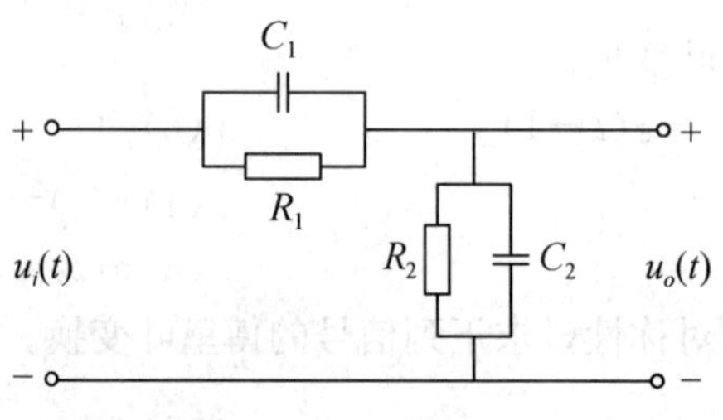

题 4.17 图

4.18 系统的 $H(\mathrm{j}\omega)$ 和激励 $f(t)$ 如题 4.18 图所求，试求系统的响应。

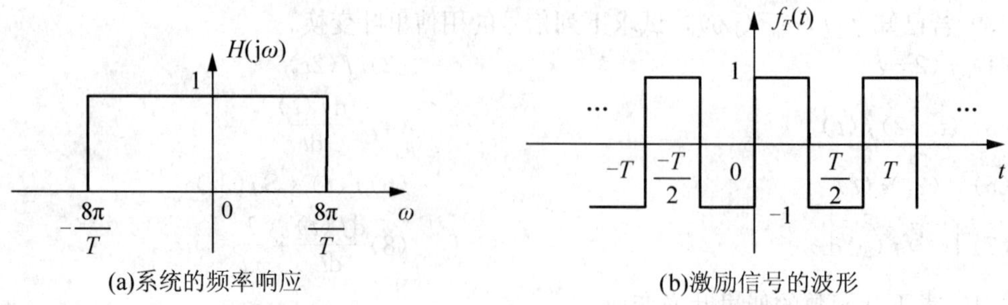

(a)系统的频率响应

(b)激励信号的波形

题 4.18 图

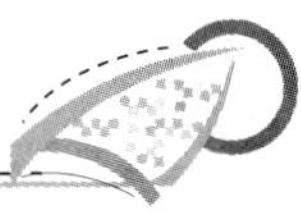

4.19 已知理想低通滤波器的频率特性为

$$H(\mathrm{j}\omega)=\begin{cases}1 & |\omega|<\omega_c \\ 0 & |\omega|>\omega_c\end{cases}$$

输入信号 $f(t)=\mathrm{e}^{-2t}\varepsilon(t)$，求能使输入信号能量值的一半通过的滤波器的截止频率 ω_c。

4.20 如题4.20图(a)所示系统，当信号 $f(t)$ 和 $s(t)$ 输入乘法器，再经过带通滤波器，输出 $y(t)$。带通滤波器的频率特性如题 4.20 图(b)所示，若

$$f(t)=\frac{\sin(2t)}{2\pi t},\ -\infty<t<\infty;\ s(t)=\cos(1000t),\ -\infty<t<\infty$$

求输出信号 $y(t)$。

4.21 有限频带信号 $f(t)$ 的最高频率为 1000Hz，若对下列信号进行时域抽样，求最小抽样频率 f_s。

(1) $f(2t)$　　(2) $f^2(t)$

(3) $f(t)*f(2t)$　　(4) $f(t)+f^2(t)$

(a)给定的系统　　(b)频率特性

题 4.20 图

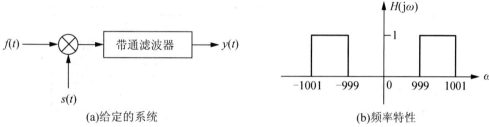

4.22 有限频带信号 $f(t)=5+2\cos(\Omega t)+\cos(2\Omega t)$，其中 $\Omega=2\pi\times10^3\,\mathrm{rad/s}$，用 $\Omega_s=\pi\times10^4\,\mathrm{rad/s}$ 的冲激函数序进行抽样。

(1) 画出 $f(t)$ 及抽样信号 Ω_s 在频率区间 $(-2\pi\times10^4\,\mathrm{rad/s},\ 2\pi\times10^4\,\mathrm{rad/s})$ 的频谱图。

(2) 若由抽样得到的信号恢复原信号，理想低通滤波器的截止频率 ω_c 应如何选择？

4.23 系统如题 4.23 图所示，$f_1(t)=Sa(1000\pi t)$，$f_2(t)=Sa(2000\pi t)$，$p(t)=\sum_{n=-\infty}^{\infty}\delta(t-nT)$，$f(t)=f_1(t)f_2(t)$，$f_s(t)=f(t)p(t)$。

(1) 为从 $f_s(t)$ 中不失真地恢复出 $f(t)$，求最大抽样间隔 $T_{\max}$；

(2) 当 $T=T_{\max}$ 时，画出 $f_s(t)$ 的幅度谱 $|F(\mathrm{j}\omega)_s|$

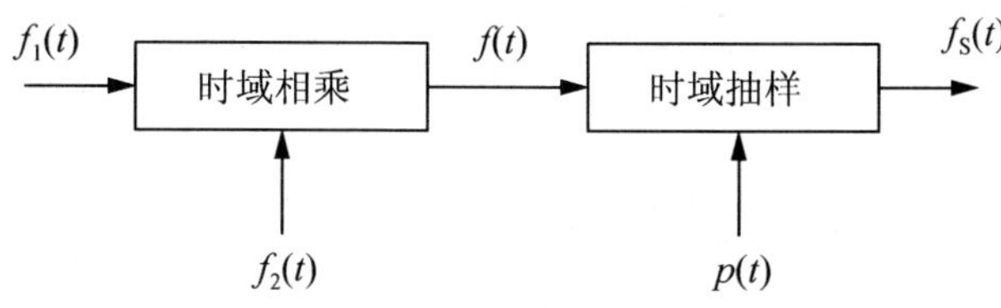

题 4.23 图

第5章

离散信号与系统的频域分析

本章知识架构

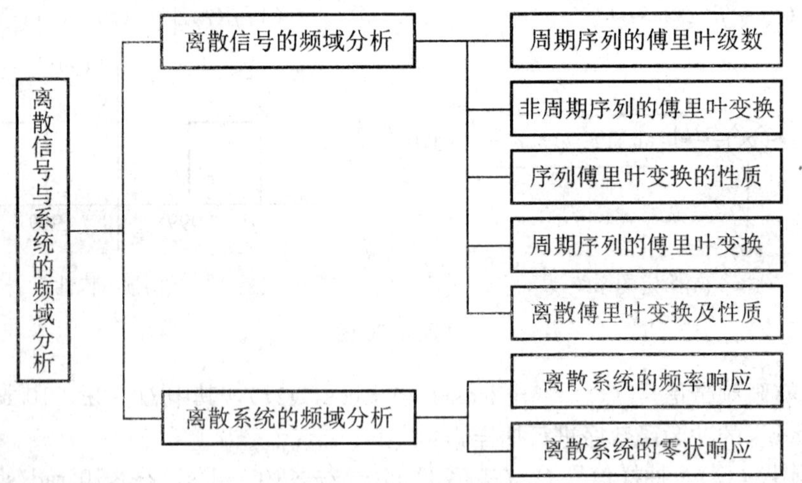

本章教学目标与要求

- 掌握分析周期序列和非周期序列频谱的方法。
- 理解序列傅里叶变换的性质。
- 理解离散傅里叶变换方法及其性质。
- 掌握用频域分析法求系统响应的方法。

引例一：

对于连续时间信号可以采用频率分析法，通过傅里叶级数展开式(对于周期信号)或傅里叶变换(对于非周期信号)，实现时域到频域的转换，拓宽了分析连续时间信号的途径。与此类似，对于离散时间信号也可以用傅里叶级数展开式(对于周期序列)或傅里叶变换(对于非周期序列)实现时域到频域的转换，这样不但可以得到离散时间信号的频谱，而且还能使离散时间信号的分析方法多元化。同样对于离散系统，也可以用傅里叶变换方法，对它的频域响应特性进行分析。

引例二：

对于周期序列，实际上只有限个序列值有意义，因此它的离散傅里叶级数表示也可用于有限长序列。对于长度为 N 的有限长序列，可将它看成是周期为 N 的周期序列的一个周期。这样长度为 N 的有限长序列，在时域和频域上都会呈离散的形式。这种处理方法，称为离散傅里叶变换，在序列的频域分析中占有重要的地位。因为离散傅里叶变换在时域和频域上都呈离散形式，所以非常方便数字计算和用数字硬件实现。

5.1　周期序列的傅里叶级数

将傅里叶级数分析方法应用于离散周期信号(周期序列)，对于信号分析和处理也具有十分重要的意义。

用 $f_N(k)$表示周期序列，下标 N 表示其周期，则

$$f_N(k)=f_N(k+lN)(l\text{ 为任意整数})$$

与连续周期信号类似，$f_N(k)$也可展开为许多虚指数 $e^{jn\hat{\Omega}k}$之和$\left(\hat{\Omega}=\frac{2\pi}{N}\right)$，即

$$f_N(k)=\sum_{n=0}^{N-1}C_n e^{jn\hat{\Omega}k}=\sum_{n=0}^{N-1}C_n e^{jn\frac{2\pi}{N}k} \tag{5-1}$$

$$C_n=\frac{1}{N}\sum_{k=0}^{N-1}f_N(k)e^{-jn\hat{\Omega}k}=\frac{1}{N}\sum_{k=0}^{N-1}f_N(k)e^{-jn\frac{2\pi}{N}k} \tag{5-2}$$

与连续周期信号傅里叶级数稍有区别的是，常称 NC_n 是 $f_N(k)$的傅里叶级数正变换，即

$$F_N(n)=\sum_{k=0}^{N-1}f_N(k)e^{-jn\hat{\Omega}k} \tag{5-3}$$

用 DFS[·]表示。需要注意的是 $F_N(n)$也是以 N 为周期的函数。称

$$f_N(k)=\frac{1}{N}\sum_{n=0}^{N-1}F_N(n)e^{jn\hat{\Omega}k} \tag{5-4}$$

为 $F_N(n)$的傅里叶级数反变换，用 IDFS[·]表示。为了书写方便，令

$$W_N=e^{-j\frac{2\pi}{N}}$$

则式(5-3)和式(5-4)可写为

$$F_N(n)=\text{DFS}[f_N(k)]=\sum_{k=0}^{N-1}f_N(k)W_N^{nk} \tag{5-5}$$

$$f_N(k)=\text{IDFS}[F_N(n)]=\frac{1}{N}\sum_{n=0}^{N-1}F_N(n)W_N^{-nk} \tag{5-6}$$

函数 W_N 具有以下性质。

1. 周期性

$$W_N^n=W_N^{n+lN}(l\text{ 为任意整数})$$

2. 共轭对称性

$$W_N^n=(W_N^{-n})^*$$

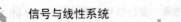

理解

实函数 $f(t)$[或 $f(k)$]对称，就是通常意义上的偶对称，即 $f(t)=f(-t)$[或 $f(k)=f(-k)$]，将其定义推广，不难理解共轭对称的含义。复函数 $X(t)$[或 $X(k)$]共轭对称就是指复函数 $X(t)$[或 $X(k)$]与它的共轭 $X^*(t)$[或 $X^*(k)$]对称，即 $X(t)=X^*(-t)$[或 $X(k)=X^*(-k)$]。

3. 可约性

$$W_N^{ln}=W_{N/l}^{n/l}$$

【例 5.1】 $f_N(k)$是周期 $N=10$ 的周期矩形序列，一个周期里的表达式为

$$f_N(k)=\begin{cases}1 & 0\leqslant k\leqslant 4\\ 0 & 5\leqslant k\leqslant 9\end{cases}$$

求 $f_N(k)$的傅里叶级数 $F_N(n)$。

解：由式(5-5)有

$$\begin{aligned}F_N(n)&=\sum_{k=0}^{9}f_N(k)W_N^{nk}=\sum_{k=0}^{4}W_{10}^{nk}\\&=\sum_{k=0}^{4}\mathrm{e}^{-\mathrm{j}\frac{2\pi}{10}kn}=\frac{1-\mathrm{e}^{-\mathrm{j}\pi n}}{1-\mathrm{e}^{-\mathrm{j}\pi n/5}}=\frac{\mathrm{e}^{-\mathrm{j}\pi n/2}(\mathrm{e}^{\mathrm{j}\pi n/2}-\mathrm{e}^{-\mathrm{j}\pi n/2})}{\mathrm{e}^{-\mathrm{j}\pi n/10}(\mathrm{e}^{\mathrm{j}\pi n/10}-\mathrm{e}^{-\mathrm{j}\pi n/10})}\\&=\mathrm{e}^{-\mathrm{j}2\pi n/5}\ \frac{\sin(\pi n/2)}{\sin(\pi n/10)}\end{aligned}$$

当然也可根据上式求出 $F_N(n)$在一个周期里的 10 个值。当 $F_N(0)$出现了 0/0 型时，用洛必达法则。

$$F_N(0)=\frac{[\sin(\pi n/2)]'}{[\sin(\pi n/10)]'}\Big|_{n=0}=5,\qquad F_N(1)=\mathrm{e}^{-\mathrm{j}2\pi/5}\frac{\sin(\pi/2)}{\sin(\pi/10)}=\frac{\mathrm{e}^{-\mathrm{j}2\pi/5}}{\sin(\pi/10)},$$

$$F_N(2)=\mathrm{e}^{-\mathrm{j}4\pi/5}\frac{\sin(2\pi/2)}{\sin(2\pi/10)}=0,\qquad F_N(3)=\mathrm{e}^{-\mathrm{j}6\pi/5}\frac{\sin(3\pi/2)}{\sin(3\pi/10)}=\frac{\mathrm{e}^{-\mathrm{j}\pi/5}}{\sin(3\pi/10)},$$

$$F_N(4)=\mathrm{e}^{-\mathrm{j}8\pi/5}\frac{\sin(4\pi/2)}{\sin(4\pi/10)}=0,\qquad F_N(5)=\mathrm{e}^{-\mathrm{j}10\pi/5}\frac{\sin(5\pi/2)}{\sin(5\pi/10)}=1,$$

$$F_N(6)=\mathrm{e}^{-\mathrm{j}12\pi/5}\frac{\sin(6\pi/2)}{\sin(6\pi/10)}=0,\qquad F_N(7)=\mathrm{e}^{-\mathrm{j}14\pi/5}\frac{\sin(7\pi/2)}{\sin(7\pi/10)}=\frac{\mathrm{e}^{\mathrm{j}\pi/5}}{\sin(7\pi/10)},$$

$$F_N(8)=\mathrm{e}^{-\mathrm{j}16\pi/5}\frac{\sin(8\pi/2)}{\sin(8\pi/10)}=0,\qquad F_N(9)=\mathrm{e}^{-\mathrm{j}18\pi/5}\frac{\sin(9\pi/2)}{\sin(9\pi/10)}=\frac{\mathrm{e}^{\mathrm{j}2\pi/5}}{\sin(9\pi/10)}$$

5.2 非周期序列的傅里叶变换

序列的傅里叶变换，又称为离散时间傅里叶变换，用 DTFT[·]表示，它是分析序列频谱的重要工具。广义地讲，序列的傅里叶变换包括非周期序列和周期序列的傅里叶变换，本节主要讨论非周期序列的傅里叶变换，周期序列的傅里叶变换将在 5.4 节中讨论。

5.2.1 DTFT 定义

非周期序列 $f(k)$的傅里叶变换定义为

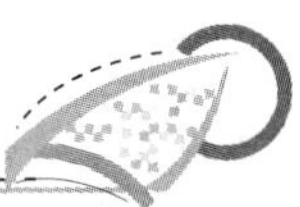

$$F(e^{j\omega})=\text{DTFT}[f(k)]=\sum_{k=-\infty}^{\infty}f(k)e^{-j\omega k} \tag{5-7}$$

由于 $e^{j\omega n}$ 是 ω 的以 2π 为周期的周期性函数，所以 $F(e^{j\omega})$ 也是以 2π 为周期的周期性函数。由 $F(e^{j\omega})$ 求 $f(k)$ 的傅里叶反变换公式为

$$f(k)=\text{IDTFT}[F(e^{j\omega})]=\frac{1}{2\pi}\int_{-\pi}^{\pi}F(e^{j\omega})e^{j\omega k}\,d\omega \tag{5-8}$$

实用小窍门

时域(或频域)里的周期函数在频域(或时域)里是离散的；时域(或频域)里的连续函数在频域(或时域)里是非周期的。这给记忆傅里叶变换(或级数)的正反变换公式到底是积分还是求和提供了帮助，如：时域里的非周期序列，它在频域里是连续周期的，所以傅里叶正变换是求和(离散的不可能用积分)；反变换是一个周期里的积分。

$f(k)$ 绝对可和，是非周期序列 $f(k)$ 傅里叶变换存在的充分条件，因为若

$$\sum_{k=-\infty}^{\infty}|f(k)|<\infty \tag{5-9}$$

则

$$\left|\sum_{k=-\infty}^{\infty}f(k)e^{-j\omega k}\right|\leqslant\sum_{k=-\infty}^{\infty}|f(k)e^{-j\omega k}|=\sum_{k=-\infty}^{\infty}|f(k)|<\infty$$

即式(5-7)有意义。但 $f(k)$ 绝对可和并不是非周期序列 $f(k)$ 傅里叶变换存在的充要条件。

【例 5.2】 设 $f(k)=R_5(k)$，求它的傅里叶变换。

解： 由式(5-7)可得

$$F(e^{j\omega})=\sum_{k=-\infty}^{\infty}R_5(k)e^{-j\omega k}=\sum_{k=0}^{4}e^{-j\omega k}$$
$$=\frac{1-e^{-j5\omega}}{1-e^{-j\omega}}=e^{-j2\omega}\frac{\sin(5\omega/2)}{\sin(\omega/2)}$$

【例 5.3】 设 $f(k)=a^k\varepsilon(k)$，求它的傅里叶变换，并讨论其收敛性。

解： 由式(5-7)可得

$$F(e^{j\omega})=\sum_{k=-\infty}^{\infty}a^k\varepsilon(k)e^{-j\omega k}=\sum_{k=0}^{\infty}a^k e^{-j\omega k} \tag{5-10}$$

要式(5-10)存在，则需要

$$\sum_{k=-\infty}^{\infty}|a^k|<\infty$$

即 $|a|<1$，此时有

$$F(e^{j\omega})=\frac{1}{1-a e^{-j\omega}}$$

5.2.2 DFS 与 DTFT

非周期序列 $f(k)$ 以 N 为周期进行拓展就变成了周期序列 $f_N(k)$，周期序列 $f_N(k)$ 只取其主周期就变成了非周期序列 $f(k)$，如图 5.1 所示。那么 $f_N(k)$ 的傅里叶级数与 $f(k)$ 的傅里叶变换，存在什么联系呢?

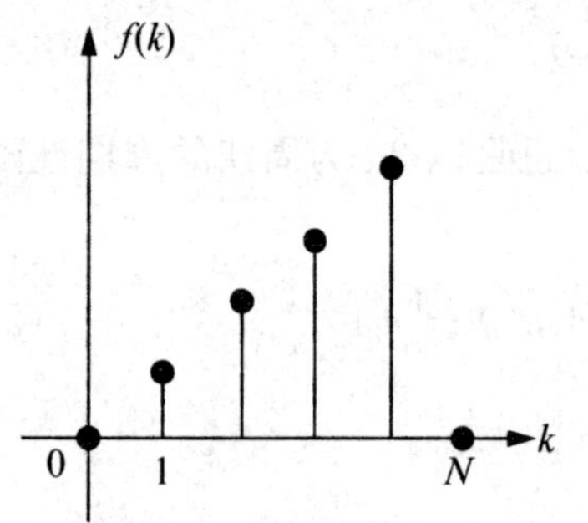

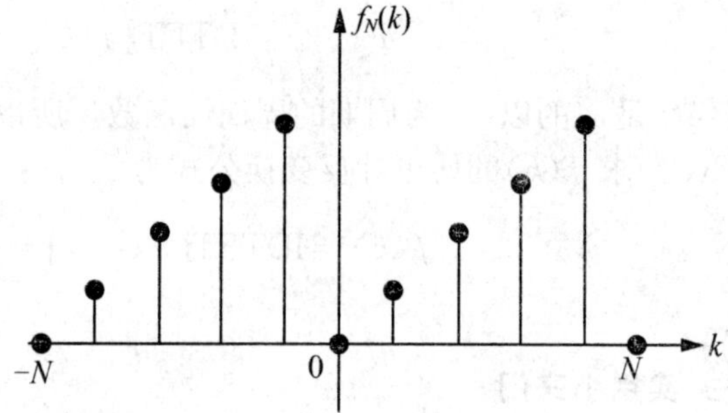

图 5.1 周期序列与非周期序列

周期序列 $f_N(k)$ 傅里叶级数正变换的定义式为

$$F_N(n)=\sum_{k=0}^{N-1} f_N(k)\mathrm{e}^{-\mathrm{j}n\hat{\Omega}k} \tag{5-11}$$

在区间(0，$N-1$)内，$f_N(k)=f(k)$，故

$$F_N(n)=\sum_{k=0}^{N-1} f(k)\mathrm{e}^{-\mathrm{j}n\hat{\Omega}k} \tag{5-12}$$

非周期序列 $f(k)$ 傅里叶变换的定义式为

$$F(\mathrm{e}^{\mathrm{j}\omega})=\sum_{k=-\infty}^{\infty} f(k)\mathrm{e}^{-\mathrm{j}\omega k}$$

在区间(0，$N-1$)以外，$f(k)=0$，故

$$F(\mathrm{e}^{\mathrm{j}\omega})=\sum_{k=0}^{N-1} f(k)\mathrm{e}^{-\mathrm{j}\omega k} \tag{5-13}$$

比较式(5-12)和式(5-13)，不难发现

$$F_N(n)=F(\mathrm{e}^{\mathrm{j}\omega})\big|_{\omega=n\hat{\Omega}} \qquad F(\mathrm{e}^{\mathrm{j}\omega})=F_N(n)\big|_{n\hat{\Omega}=\omega}$$

这为人们提供了一种通过傅里叶系数求傅里叶变换，以及通过傅里叶变换求傅里叶系数的方法。

【例 5.4】 $f(k)=R_5(k)$以周期 $N=10$ 拓展为周期矩形序列 $f_N(k)$，求 $f_N(k)$的傅里叶级数。

解：在【例 5.2】中，已求得 $f(k)$的傅里变换

$$F(\mathrm{e}^{\mathrm{j}\omega})=\mathrm{e}^{-\mathrm{j}2\omega}\frac{\sin(5\omega/2)}{\sin(\omega/2)}$$

$f_N(k)$的数字角频率为 $\hat{\Omega}=2\pi/N=\pi/5$，根据 $f(k)$傅里叶变换与 $f_N(k)$傅里叶级数的关系，可得 $f_N(k)$的傅里叶级数

$$F_N(n)=F(\mathrm{e}^{\mathrm{j}\omega})\big|_{\omega=n\hat{\Omega}}=\mathrm{e}^{-\mathrm{j}2n\hat{\Omega}}\frac{\sin(5n\hat{\Omega}/2)}{\sin(n\hat{\Omega}/2)}=\mathrm{e}^{-\mathrm{j}2\pi n/5}\frac{\sin(\pi n/2)}{\sin(\pi n/10)}$$

与【例 5.1】求得的结果一样。

5.3 序列傅里叶变换的性质

下面介绍 DTFT 的性质，为了简化表述，用符号

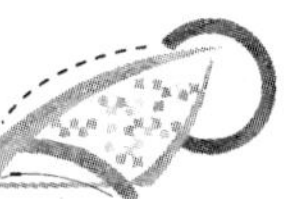

$$f(k)\leftrightarrow F(e^{j\omega})$$

表示时域与频域之间的对应关系，即

$$F(e^{j\omega})=\text{DTFT}[f(k)]$$
$$f(k)=\text{IDTFT}[F(e^{j\omega})]$$

1. 线性

若

$$f_1(k)\leftrightarrow F_1(e^{j\omega}),\quad f_2(k)\leftrightarrow F_2(e^{j\omega})$$

则对任意常数α和β，有

$$\alpha f_1(k)+\beta f_2(k)\leftrightarrow \alpha F_1(e^{j\omega})+\beta F_2(e^{j\omega})$$

2. 乘以指数序列

若

$$f(k)\leftrightarrow F(e^{j\omega})$$

则

$$a^k f(k)\leftrightarrow F\left(\frac{1}{a}e^{j\omega}\right)$$

3. 序列的翻转

若

$$f(k)\leftrightarrow F(e^{j\omega})$$

则

$$f(-k)\leftrightarrow F(e^{-j\omega})$$

4. 共轭特性

若

$$f(k)\leftrightarrow F(e^{j\omega})$$

则有

$$f^*(k)\leftrightarrow F^*(e^{-j\omega})$$
$$f^*(-k)\leftrightarrow F^*(e^{j\omega})$$

5. 时移特性

若

$$f(k)\leftrightarrow F(e^{j\omega})$$

则

$$f(k-k_0)\leftrightarrow e^{-j\omega k_0}F(e^{j\omega})$$

6. 频移特性

若

$$f(k)\leftrightarrow F(e^{j\omega})$$

则

$$e^{\pm j\omega_0 k}f(k)\leftrightarrow F(e^{j(\omega\mp\omega_0)})$$

7. 卷积定理

1) 时域卷积定理

若

$$f_1(k)\leftrightarrow F_1(\mathrm{e}^{\mathrm{j}\omega}),\ f_2(k)\leftrightarrow F_2(\mathrm{e}^{\mathrm{j}\omega})$$

则

$$f_1(k)*f_2(k)\leftrightarrow F_1(\mathrm{e}^{\mathrm{j}\omega})F_2(\mathrm{e}^{\mathrm{j}\omega})$$

2) 频域卷积定理

若

$$f_1(k)\leftrightarrow F_1(\mathrm{e}^{\mathrm{j}\omega}),\ f_2(k)\leftrightarrow F_2(\mathrm{e}^{\mathrm{j}\omega})$$

则

$$f_1(k)f_2(k)\leftrightarrow \frac{1}{2\pi}F_1(\mathrm{e}^{\mathrm{j}\omega})*F_2(\mathrm{e}^{\mathrm{j}\omega})$$

8. 频域微分定理

若

$$f(k)\leftrightarrow F(\mathrm{e}^{\mathrm{j}\omega})$$

则

$$k^n f(k)\leftrightarrow \mathrm{j}^n F^{(n)}(\mathrm{e}^{\mathrm{j}\omega})$$

9. 帕斯瓦尔定理

若

$$f(k)\leftrightarrow F(\mathrm{e}^{\mathrm{j}\omega})$$

则非周期序列 $f(k)$ 的能量为

$$E=\sum_{k=-\infty}^{\infty}|f(k)|^2=\frac{1}{2\pi}\int_{-\pi}^{\pi}|F(\mathrm{e}^{\mathrm{j}\omega})|^2\mathrm{d}\omega$$

$|F(\mathrm{e}^{\mathrm{j}\omega})|^2$ 称为能量谱密度函数。

小思考

连续信号傅里叶变换的性质与离散时间傅里叶变换(DTFT)的性质之间，有什么区别和联系？请读者进行比较，以加深理解。

综上所述，序列傅里叶变换的性质见表 5-1。

表 5-1 DTFT 的性质

名称	$f(k)$	$F(\mathrm{e}^{\mathrm{j}\omega})$
线性	$\alpha f_1(k)+\beta f_2(k)$	$\alpha F_1(\mathrm{e}^{\mathrm{j}\omega})+\beta F_2(\mathrm{e}^{\mathrm{j}\omega})$
乘以指数序列	$a^k f(k)$	$F\left(\frac{1}{a}\mathrm{e}^{\mathrm{j}\omega}\right)$
序列的翻转	$f(-k)$	$F(\mathrm{e}^{-\mathrm{j}\omega})$

续表

名称	$f(k)$	$F(e^{j\omega})$
共轭特性	$f^*(k)$	$F^*(e^{-j\omega})$
	$f^*(-k)$	$F^*(e^{j\omega})$
时移特性	$f(k-k_0)$	$e^{-j\omega k_0}F(e^{j\omega})$
频移特性	$e^{\pm j\omega_0 k}f(k)$	$F(e^{j(\omega\mp\omega_0)})$
时域卷积定理	$f_1(k)*f_2(k)$	$F_1(e^{j\omega})F_2(e^{j\omega})$
频域卷积定理	$f_1(k)f_2(k)$	$\frac{1}{2\pi}F_1(e^{j\omega})*F_2(e^{j\omega})$
频域微分定理	$k^n f(k)$	$j^n F^{(n)}(e^{j\omega})$
帕斯瓦尔定理	$E=\sum_{k=-\infty}^{\infty}\lvert f(k)\rvert^2=\frac{1}{2\pi}\int_{-\pi}^{\pi}\lvert F(e^{j\omega})\rvert^2 d\omega$	

5.4　周期序列的傅里叶变换

周期序列不是绝对可和的，但由于$\delta(\omega)$的引入，使周期序列的傅里叶变换也可求了。同连续周期信号的傅里叶变换类似，下面也分4种情况讨论周期序列的傅里叶变换。

小思考

由于$\delta(\omega)$的引入，才使周期序列的傅里叶变换可求。那么是否所有周期序列的傅里叶变换都会含有$\delta(\omega)$？周期序列不是绝对可和的，还能直接用DTFT的定义求吗？

1. 虚指数序列

设虚指数序列为

$$f(k)=e^{\pm j\omega_0 k}\quad(-\pi<\omega_0<\pi)$$

由于该序列并不是绝对可和的，用间接法求其傅里叶变换。

先求

$$F(e^{j\omega})=\sum_{n=-\infty}^{\infty}2\pi\delta(\omega-\omega_0-2\pi n)$$

的IDTFT。

$$\text{IDTFT}[F(e^{j\omega})]=\frac{1}{2\pi}\int_{-\pi}^{\pi}\sum_{n=-\infty}^{\infty}2\pi\delta(\omega-\omega_0-2\pi n)e^{j\omega k}d\omega$$

求和符号里，只有$2\pi\delta(\omega-\omega_0)$这一项在积分区间$[-\pi,\pi]$内，故

$$\begin{aligned}\text{IDTFT}[F(e^{j\omega})]&=\frac{1}{2\pi}\int_{-\infty}^{\infty}2\pi\delta(\omega-\omega_0)e^{j\omega_0 k}d\omega\\&=e^{j\omega_0 k}\int_{-\infty}^{\infty}\delta(\omega-\omega_0)d\omega=e^{j\omega_0 k}\end{aligned}\tag{5-14}$$

由式(5-14)可知

$$\mathrm{DTFT}[\mathrm{e}^{\mathrm{j}\omega_0 k}]=\sum_{n=-\infty}^{\infty}2\pi\delta(\omega-\omega_0-2\pi n) \tag{5-15a}$$

同理可得

$$\mathrm{DTFT}[\mathrm{e}^{-\mathrm{j}\omega_0 k}]=\sum_{n=-\infty}^{\infty}2\pi\delta(\omega+\omega_0-2\pi n) \tag{5-15b}$$

2. 正弦信号

由于

$$\cos(\omega_0 k)=\frac{1}{2}(\mathrm{e}^{\mathrm{j}\omega_0 k}+\mathrm{e}^{-\mathrm{j}\omega_0 k})$$

$$\sin(\omega_0 k)=\frac{1}{2\mathrm{j}}(\mathrm{e}^{\mathrm{j}\omega_0 k}-\mathrm{e}^{-\mathrm{j}\omega_0 k})$$

根据傅里叶变换的线性性质可得

$$\mathrm{DTFT}[\cos(\omega_0 k)]=\pi\sum_{n=-\infty}^{\infty}[\delta(\omega+\omega_0-2\pi n)+\delta(\omega-\omega_0-2\pi n)]$$

$$\mathrm{DTFT}[\sin(\omega_0 k)]=\mathrm{j}\pi\sum_{n=-\infty}^{\infty}[\delta(\omega+\omega_0-2\pi n)-\delta(\omega-\omega_0-2\pi n)]$$

3. 周期为 N 的抽样序列串

$$f_N(k)=\sum_{l=-\infty}^{\infty}\delta(k-lN)$$

根据傅里叶变换的定义有

$$\mathrm{DTFT}[\sum_{l=-\infty}^{\infty}\delta(k-lN)]=\sum_{k=-\infty}^{\infty}\sum_{l=-\infty}^{\infty}\delta(k-lN)\mathrm{e}^{-\mathrm{j}\omega k}=\sum_{l=-\infty}^{\infty}\sum_{k=-\infty}^{\infty}\delta(k-lN)\mathrm{e}^{-\mathrm{j}\omega k} \tag{5-16}$$

对于 $\sum_{k=-\infty}^{\infty}\delta(k-lN)\mathrm{e}^{-\mathrm{j}\omega k}$，当 $k\neq lN$ 为零，故有

$$\sum_{k=-\infty}^{\infty}\delta(k-lN)\mathrm{e}^{-\mathrm{j}\omega k}=\mathrm{e}^{-\mathrm{j}\omega lN}$$

$$\mathrm{DTFT}[\sum_{l=-\infty}^{\infty}\delta(k-lN)]=\sum_{k=-\infty}^{\infty}\sum_{l=-\infty}^{\infty}\delta(k-lN)\mathrm{e}^{-\mathrm{j}\omega k}=\sum_{l=-\infty}^{\infty}\mathrm{e}^{-\mathrm{j}\omega lN} \tag{5-17}$$

又由傅里叶变换的定义及式(5-15a)有

$$\mathrm{DTFT}[\mathrm{e}^{\mathrm{j}\omega_0 k}]=\sum_{k=-\infty}^{\infty}\mathrm{e}^{\mathrm{j}\omega_0 k}\mathrm{e}^{\mathrm{j}\omega k}$$

$$\mathrm{DTFT}[\mathrm{e}^{\mathrm{j}\omega_0 k}]=\sum_{n=-\infty}^{\infty}2\pi\delta(\omega-\omega_0-2\pi n)$$

得

$$\sum_{k=-\infty}^{\infty}\mathrm{e}^{\mathrm{j}\omega_0 k}\mathrm{e}^{\mathrm{j}\omega k}=\sum_{n=-\infty}^{\infty}2\pi\delta(\omega-\omega_0-2\pi n)$$

令 $\omega_0=0$，得

$$\sum_{k=-\infty}^{\infty}\mathrm{e}^{\mathrm{j}\omega k}=\sum_{n=-\infty}^{\infty}2\pi\delta(\omega-2\pi n) \tag{5-18}$$

运用式(5-18)得

$$\begin{aligned}\mathrm{DTFT}\left[\sum_{l=-\infty}^{\infty}\delta(k-lN)\right]&=\sum_{l=-\infty}^{\infty}\mathrm{e}^{-\mathrm{j}\omega Nl}=\sum_{n=-\infty}^{\infty}2\pi\delta(N\omega-2\pi n)\\&=\frac{2\pi}{N}\sum_{n=-\infty}^{\infty}\delta\left(\omega-\frac{2\pi}{N}n\right)\end{aligned}\qquad(5-19)$$

与单位冲激序列 $\delta_T(t)$ 傅里叶变换的形式类似。

4. 一般周期信号

设周期信号 $f_N(k)$ 的周期为 N，$f(k)$ 为 $f_N(k)$ 的主周期序列，是非周期序列。则

$$f_N(k)=f(k)*\sum_{l=-\infty}^{\infty}\delta(k-lN)$$

根据序列傅里叶变换的卷积定理有

$$\begin{aligned}\mathrm{DTFT}[f_N(k)]&=\mathrm{DTFT}[f(k)]\cdot\mathrm{DTFT}\left[\sum_{i=-\infty}^{\infty}\delta(k-lN)\right]\\&=F(\mathrm{e}^{\mathrm{j}\omega})\frac{2\pi}{N}\sum_{n=-\infty}^{\infty}\delta\left(\omega-\frac{2\pi}{N}n\right)=\frac{2\pi}{N}\sum_{n=-\infty}^{\infty}F(\mathrm{e}^{\mathrm{j}\omega})\delta\left(\omega-\frac{2\pi}{N}n\right)\\&=\frac{2\pi}{N}\sum_{n=-\infty}^{\infty}F(\mathrm{e}^{\mathrm{j}\frac{2\pi}{N}n})\delta\left(\omega-\frac{2\pi}{N}n\right)=\frac{2\pi}{N}\sum_{n=-\infty}^{\infty}F_N(n)\delta\left(\omega-\frac{2\pi}{N}n\right)\end{aligned}$$

与连续周期信号傅里叶变换的公式类似。

理解

连续周期信号傅里叶变换的公式为

$$\mathscr{F}[f_T(t)]=2\pi\sum_{n=-\infty}^{\infty}F_n\delta(\omega-n\Omega)\qquad\left(\Omega=\frac{2\pi}{T}\right)$$

周期序列傅里叶变换的公式为

$$\mathrm{DTFT}[f_N(k)]=2\pi\sum_{n=-\infty}^{\infty}\frac{F_N(n)}{N}\delta(\omega-n\hat{\Omega})\quad\left(\hat{\Omega}=\frac{2\pi}{N}\right)$$

比较发现，周期序列的公式多了个 $1/N$，这是因为定义周期序列傅里叶级数时乘了 N，见式(5-2)和式(5-3)。

常用序列的傅里叶变换总结见表5-2。

表5-2　常用序列的傅里叶变换

序号	序列	傅里叶变换
1	$\delta(k)$	1
2	$\delta(k-k_0)$	$\mathrm{e}^{\mathrm{j}\omega k_0}$
3	$\varepsilon(k)$	$\dfrac{1}{1-\mathrm{e}^{\mathrm{j}\omega}}+\sum_{n=-\infty}^{\infty}\pi\delta(\omega-2\pi n)$
4	$x(k)=1$	$2\pi\sum_{n=-\infty}^{\infty}\delta(\omega-2\pi n)$

续表

序号	序列	傅里叶变换
5	$\sum_{l=-\infty}^{\infty}\delta(k-lN)$	$\frac{2\pi}{N}\sum_{n=-\infty}^{\infty}\delta\left(\omega-\frac{2\pi}{N}n\right)$
6	$a^k\varepsilon(k)$，$\lvert a\rvert<1$	$\frac{1}{1-a\mathrm{e}^{-\mathrm{j}\omega}}$
7	$(k+1)a^k\varepsilon(k)$，$\lvert a\rvert<1$	$\frac{1}{(1-a\mathrm{e}^{-\mathrm{j}\omega})^2}$
8	$\mathrm{e}^{\mathrm{j}\omega_0 k}$	$\sum_{n=-\infty}^{\infty}2\pi\delta(\omega+\omega_0-2\pi n)$
9	$\cos(\omega_0 k)$	$\pi\sum_{n=-\infty}^{\infty}[\delta(\omega+\omega_0-2\pi n)+\delta(\omega-\omega_0-2\pi n)]$
10	$\sin(\omega_0 k)$	$\mathrm{j}\pi\sum_{n=-\infty}^{\infty}[\delta(\omega+\omega_0-2\pi n)-\delta(\omega-\omega_0-2\pi n)]$
11	$f(k)=\frac{\sin(\omega_c k)}{\pi k}$	$F(\mathrm{e}^{\mathrm{j}\omega})=\begin{cases}1 & \lvert\omega\rvert\leqslant\omega_c\\0 & \omega_c<\lvert\omega\rvert<\pi\end{cases}$

5.5 离散傅里叶变换及性质

分析和处理离散信号的主要手段是利用计算机实现，但非周期序列 $f(k)$ 的离散时间傅里叶变换 $F(\mathrm{e}^{\mathrm{j}\omega})$ 是连续的，反变换是积分运算，无法直接用计算机处理。要直接用计算机完成正反变换，时域和频域上都要是离散的。因此借助周期序列傅里叶级数的概念，可把有限长序列作周期序列的一个周期来处理，这就是离散傅里叶变换(Discrete Fourier Transform，DFT)。

5.5.1 离散傅里叶变换

设有限长序列 $f(k)$ 在区间$[0,\ N-1]$有值，其余 k 处的 $f(k)$ 为零。可将它看成周期为 N 的周期序列 $f_N(k)$ 的一个周期，将 $f_N(k)$ 看成是 $f(k)$ 以 N 为周期的周期延拓，即表示成

$$f(k)=\begin{cases}f_N(k) & 0\leqslant k\leqslant N-1\\0 & \text{其他 }k\end{cases}$$

$$f_N(k)=\sum_{l=-\infty}^{\infty}f(k+lN)$$

通常把 $f_N(k)$ 的第一个周期的区间$[0,\ N-1]$称为主值区间，故 $f(k)$ 是 $f_N(k)$ 的主值序列。

同理，$f_N(k)$ 的傅里叶级数，$F_N(n)$ 也可以看成是有限长序列 $F(n)$ 的周期延拓；而有限长序列 $F(n)$，也可以看成是 $F_N(n)$ 的主值序列，即

$$F(n)=\begin{cases}F_N(n) & 0\leqslant n\leqslant N-1\\ 0 & 其他\ n\end{cases}$$

$$F_N(n)=\sum_{i=-\infty}^{\infty}F(n+iN)$$

从式(5－5)和式(5－6)的 DFS 和 IDFS 的表达式可以发现，求和都是在主值区间[0，$N-1$]范围内进行的，故可以用于时域和频域内的主值序列 $f(k)$和 $F(n)$。因而可以重新定义一种傅里叶变换，称为离散傅里叶变换，它的定义为

$$F(n)=\mathrm{DFT}[f(k)]=\sum_{k=0}^{N-1}f_N(k)W_N^{nk},\ 0\leqslant n\leqslant N-1 \tag{5-20}$$

$$f(k)=\mathrm{IDFT}[F_N(n)]=\frac{1}{N}\sum_{n=0}^{N-1}F(n)W_N^{-nk},\ 0\leqslant k\leqslant N-1 \tag{5-21}$$

式(5－20)是正变换 DFT 的公式，式(5－21)反变换 IDFT 的公式。

【例 5.5】 $f(k)$在区间[0，4]上的值为 1，其余的值为 0，求 $f(k)$10 点的 DFT。

解： $N=10$，故 $f(k)$的表达式为

$$f(k)=\begin{cases}1 & 0\leqslant k\leqslant 4\\ 0 & 5\leqslant k\leqslant 9\end{cases}$$

由式(5－20)有

$$\begin{aligned}F(n)&=\sum_{k=0}^{9}f(k)W_N^{nk}=\sum_{k=0}^{4}W_{10}^{nk}\\&=\sum_{k=0}^{4}\mathrm{e}^{-\mathrm{j}\frac{2\pi}{10}kn}=\frac{1-\mathrm{e}^{-\mathrm{j}\pi n}}{1-\mathrm{e}^{-\mathrm{j}\pi n/5}}=\frac{\mathrm{e}^{-\mathrm{j}\pi n/2}(\mathrm{e}^{\mathrm{j}\pi n/2}-\mathrm{e}^{-\mathrm{j}\pi n/2})}{\mathrm{e}^{-\mathrm{j}\pi n/10}(\mathrm{e}^{\mathrm{j}\pi n/10}-\mathrm{e}^{-\mathrm{j}\pi n/10})}\\&=\mathrm{e}^{-\mathrm{j}2\pi n/5}\frac{\sin(\pi n/2)}{\sin(\pi n/10)},\ 0\leqslant n\leqslant 9\end{aligned}$$

$f(k)$10 点的 DFT 值，分别为

$$F(0)=\frac{[\sin(\pi n/2)]'}{[\sin(\pi n/10)]'}\Big|_{n=0}=5,\qquad F(1)=\mathrm{e}^{-\mathrm{j}2\pi/5}\frac{\sin(\pi/2)}{\sin(\pi/10)}=\frac{\mathrm{e}^{-\mathrm{j}2\pi/5}}{\sin(\pi/10)},$$

$$F(2)=\mathrm{e}^{-\mathrm{j}4\pi/5}\frac{\sin(2\pi/2)}{\sin(2\pi/10)}=0,\qquad F(3)=\mathrm{e}^{-\mathrm{j}6\pi/5}\frac{\sin(3\pi/2)}{\sin(3\pi/10)}=\frac{\mathrm{e}^{-\mathrm{j}\pi/5}}{\sin(3\pi/10)},$$

$$F(4)=\mathrm{e}^{-\mathrm{j}8\pi/5}\frac{\sin(4\pi/2)}{\sin(4\pi/10)}=0,\qquad F(5)=\mathrm{e}^{-\mathrm{j}10\pi/5}\frac{\sin(5\pi/2)}{\sin(5\pi/10)}=1,$$

$$F(6)=\mathrm{e}^{-\mathrm{j}12\pi/5}\frac{\sin(6\pi/2)}{\sin(6\pi/10)}=0,\qquad F(7)=\mathrm{e}^{-\mathrm{j}14\pi/5}\frac{\sin(7\pi/2)}{\sin(7\pi/10)}=\frac{\mathrm{e}^{\mathrm{j}\pi/5}}{\sin(7\pi/10)},$$

$$F(8)=\mathrm{e}^{-\mathrm{j}16\pi/5}\frac{\sin(8\pi/2)}{\sin(8\pi/10)}=0,\qquad F(9)=\mathrm{e}^{-\mathrm{j}18\pi/5}\frac{\sin(9\pi/2)}{\sin(9\pi/10)}=\frac{\mathrm{e}^{\mathrm{j}2\pi/5}}{\sin(9\pi/10)}$$

理解

比较【例 5.1】与【例 5.5】会发现，DFS 值有无穷多个，因为它是周期的；DFT 值只有 N 个，是非周期的。这 N 个 DFT 的值，是 DFS 主值序列的值，因此凡是说到离散傅里叶变换之处，有限长序列都是作为周期序列的一个周期，都隐含了周期性意义。

5.5.2　离散傅里叶变换性质

下面介绍 DFT 的性质，为了简化表述，用符号

$$f(k) \leftrightarrow F(n)$$

表示时域与频域之间的对应关系，即

$$F(n)=\mathrm{DFT}[f(k)]$$
$$f(k)=\mathrm{IDFT}[F(n)]$$

1. 线性

若

$$f_1(k) \leftrightarrow F_1(n),\ f_2(k) \leftrightarrow F_2(n)$$

且 $f_1(k)$ 和 $f_2(k)$ 的长度均为 N，则对任意常数 α 和 β，有

$$\alpha f_1(k)+\beta f_2(k) \leftrightarrow \alpha F_1(n)+\beta F_2(n) \tag{5-22}$$

2. 对称性

若

$$f(k) \leftrightarrow F(n)$$

则

$$\frac{1}{N} f(k) \leftrightarrow F(-n) \tag{5-23}$$

3. 时移特性

若

$$f(k) \leftrightarrow F(n)$$

则

$$(f(k-k_0))_N R_N(k) \leftrightarrow W^{k_0 n} F(n) \tag{5-24}$$

这里 $(f(k-k_0))_N$ 表示将有限长序列 $f(k)$，以周期为 N 进行拓展后，再时移 k_0。$(f(k-k_0))_N R_N(k)$ 则表示完成时移后，再取区间 $[0,\ N-1]$ 上的主值序列。通常称这种移位为圆周移位，同微机原理中的圆周移位过程相似。

4. 频移特性

若

$$f(k) \leftrightarrow F(n)$$

则

$$W^{-lk} f(k) \leftrightarrow F\ ((n-l))_N R_N(n) \tag{5-25}$$

5. 圆周卷积定理

为了与圆周卷积相区别，前面学习的卷积和，常称为线性卷积，若有限长序列 $f_1(k)$ 和 $f_2(k)$ 的长度分别 N 和 M，它们线性卷积的定义式(见 3.4 节)为

$$f(k)=f_1(k) * f_2(k)=\sum_{i=-\infty}^{\infty} f_1(i) f_2(k-i) \tag{5-26}$$

线性卷积 $f(k)$ 的长度为 $N+M-1$。

若有限长序列 $f_1(k)$ 和 $f_2(k)$ 的长度分别 N 和 M，要求它们 L 点的圆周卷积，这里 $L>\max(M,\ N)$。先要将 $f_1(k)$ 和 $f_2(k)$ 都看成 L 点的序列，即

$$f_1(k)=\begin{cases} f_1(k) & 0 \leqslant k \leqslant N-1 \\ 0 & N \leqslant k \leqslant L-1 \end{cases}$$

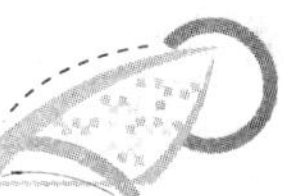

$$f_2(k)=\begin{cases}f_2(k) & 0\leqslant k\leqslant M-1\\ 0 & M\leqslant k\leqslant L-1\end{cases}$$

然后再作圆周卷积，用Ⓛ表示，其定义如下：

$$x(k)=f_1(k)Ⓛf_2(k)\left[\sum_{i=0}^{L-1}f_1(i)(f_2(k-i))_L\right]R_L(k)$$

根据定义求 $f_1(k)$ 与 $f_2(k)$ L 点的圆周卷积的步骤如下：

1) 通过补零使 $f_1(k)$ 与 $f_2(k)$ 的长度均为 L，并将 $f_2(k)$ 以 L 为周期延拓，得到 $(f_2(k))_L$。

2) 将 $f_1(k)$ 与 $(f_2(k))_L$ 的自变量 k 用 i 代换，得到 $f_1(i)$ 和 $(f_2(i))_L$。

3) 将 $(f_2(i))_L$ 的自变量 i 先用 $-i$ 代替，得到 $(f_2(-i))_L$，再将 $(f_2(-i))_L$ 中的 i 用 $i-k$ 代替，得到 $(f_2(k-i))_L$。对应将 $(f_2(i))_L$ 的图形先翻转，再向右平移 k。

4) 计算 $\left[\sum_{i=0}^{L-1}f_1(i)(f_2(k-i))_L\right]R_L(k)$，即序列 $f_1(i)$ 与 $(f_2(k-i))_L$ 作乘积后，再在 $i=0$ 到 $L-1$ 的范围内求和。

5) 在 $0\leqslant k<L$ 的范围内改变 k 值，重复以上过程，求出 L 个 $x(k)$ 值。

实际上 $f_1(k)$和 $f_2(k)$$L$ 点的圆周卷积 $x(k)$，是 $f_1(k)$和 $f_2(k)$线性卷积 $f(k)$，以 L 为周期延拓后的主值序列，对于这个结论这里不作证明。

【例 5.6】 设 $f_1(k)=\{\underset{\uparrow}{1},2,1,1\}$，$f_2(k)=\{\underset{\uparrow}{1},2,1,\}$，箭头指示 $k=0$ 时刻的值，分别求 $f_1(k)$和 $f_2(k)$6 点的圆周卷积和 5 点的圆周卷积。

解： 先求 $f_1(k)$和 $f_2(k)$的线性卷积 $f(k)$，有

$$\begin{array}{rrrrrr} & & 1 & 2 & 1 & 1\\ & & & 1 & 2 & 1\\ \hline & & 1 & 2 & 1 & 1\\ & 2 & 4 & 2 & 2 & \\ 1 & 2 & 1 & 1 & & \\ \hline \underset{\uparrow}{1} & 4 & 6 & 5 & 3 & 1\end{array}$$

$f_1(k)$和 $f_2(k)$6 点的圆周卷积是 $f(k)$以 6 为周期延拓后的主值序列，刚好等于线性卷积，即$\{\underset{\uparrow}{1},4,6,5,3,1\}$。5 点的圆周卷积是 $f(k)$以 5 为周期延拓后的主值序列，由于线性卷积的长度为 6，以 5 为周期延拓，会发生交叠，如下

$$\begin{array}{ccccccccccccc} & & & & \underset{\uparrow}{1} & 4 & 6 & 5 & 3 & 1 & & & \\ \cdots & 6 & 5 & 3 & 1 & & & & & 1 & 4 & 6 & \cdots\end{array}$$

故 5 点的圆周卷积为$\{\underset{\uparrow}{2},4,6,5,3\}$。

1) 时域圆周卷积

若

$$f_1(k)\leftrightarrow F_1(n),\quad f_2(k)\leftrightarrow F_2(n)$$

则

$$f_1(k)Ⓛf_2(k)\leftrightarrow F_1(n)F_2(n)$$

2) 频域圆周卷积

若

$$f_1(k) \leftrightarrow F_1(n), \quad f_2(k) \leftrightarrow F_2(n)$$

则

$$f_1(k) f_2(k) \leftrightarrow \frac{1}{N} F_1(n) \,Ⓛ\, F_2(n)$$

6. 帕斯瓦尔定理

若

$$f(k) \leftrightarrow F(n)$$

则非周期序列 $f(k)$ 的能量为

$$E = \sum_{k=0}^{N-1} |f(k)|^2 = \frac{1}{N} \sum_{n=0}^{N-1} |F(n)|^2$$

综上所述，离散傅里叶变换的性质见表 5－3。

表 5－3 DFT 的性质

名称	$f(k)$	$F(n)$
线性	$\alpha f_1(k) + \beta f_2(k)$	$\alpha F_1(n) + \beta F_2(n)$
对称性	$\frac{1}{N} f(k)$	$F(-n)$
时移特性	$(f(k-k_0))_N R_N(k)$	$W^{k_0 n} F(n)$
频移特性	$W^{-lk} f(k)$	$F((n-l))_N R_N(n)$
时域圆周卷积	$f_1(k) \,Ⓛ\, f_2(k)$	$F_1(n) F_2(n)$
频域圆周卷积	$f_1(k) f_2(k)$	$\frac{1}{N} F_1(n) \,Ⓛ\, F_2(n)$
帕斯瓦尔定理	$E = \sum_{k=0}^{N-1} \lvert f(k) \rvert^2 = \frac{1}{N} \sum_{n=0}^{N-1} \lvert F(n) \rvert^2$	

5.6 离散系统的频域分析

同连续系统类似，对于离散系统，也定义了它的频率响应。离散系统与连续系统频率响应也有类似的物理含义。

5.6.1 频率响应

设 LTI 离散系统的单位序列响应为 $h(k)$，则该系统的频率响应定义为

$$H(e^{j\omega}) = \sum_{k=-\infty}^{\infty} h(k) e^{-j\omega k} \tag{5-27}$$

单位序列响应 $h(k)$ 与频率响应 $H(e^{j\omega})$ 是一对离散时间傅里叶变换。

时域里，离散系统的零状态响应等于激励与系统单位序列响应 $h(k)$ 的卷积和，即

$$y_{zs}(k) = f(k) * h(k)$$

根据离散时间傅里叶变换的时域卷积定理，有

$$Y_{zs}(e^{j\omega}) = F(e^{j\omega}) H(e^{j\omega}) \tag{5-28}$$

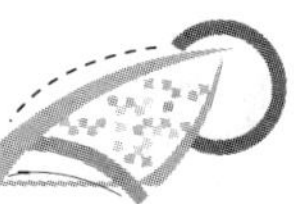

因此系统的频率响应，也可定义为零状态响应的傅里叶变换与激励傅里叶变换之比，即

$$H(\mathrm{e}^{\mathrm{j}\omega})=\frac{Y_{zs}(\mathrm{e}^{\mathrm{j}\omega})}{F(\mathrm{e}^{\mathrm{j}\omega})} \tag{5-29}$$

下面根据激励信号的不同特点，讨论如何用频域分析法求离散系统的响应。

5.6.2　零状态响应

1. 虚指数序列

当激励 $f(k)=\mathrm{e}^{\mathrm{j}\omega_0 k}$时，系统的零状态响应为

$$y_{zs}(k)=\mathrm{e}^{\mathrm{j}\omega_0 k}H(\mathrm{e}^{\mathrm{j}\omega_0}) \tag{5-30}$$

推导过程如下。

$$y_{zs}(k)=h(k)*\mathrm{e}^{\mathrm{j}\omega_0 k}=\sum_{l=-\infty}^{\infty}h(l)\mathrm{e}^{\mathrm{j}\omega_0(k-l)}=\mathrm{e}^{\mathrm{j}\omega_0 k}\sum_{l=-\infty}^{\infty}h(l)\mathrm{e}^{-\mathrm{j}\omega_0 l}=\mathrm{e}^{\mathrm{j}\omega_0 k}H(\mathrm{e}^{\mathrm{j}\omega_0})$$

当激励为 $\mathrm{e}^{\mathrm{j}\omega_0 k}$时，系统的零状态响应为 $\mathrm{e}^{\mathrm{j}\omega_0 k}$与 $H(\mathrm{e}^{\mathrm{j}\omega_0})$的乘积。系统对 $\mathrm{e}^{\mathrm{j}\omega_0 k}$的幅度响应，通过 $H(\mathrm{e}^{\mathrm{j}\omega_0})$的幅值$|H(\mathrm{e}^{\mathrm{j}\omega_0})|$体现出来；相位响应通过 $H(\mathrm{e}^{\mathrm{j}\omega_0})$的相位 $\varphi(\mathrm{e}^{\mathrm{j}\omega_0})$体现出来。

2. 正弦信号

当激励 $f(k)=A\cos(\omega_0 k+\phi)$时，系统的零状态响应为

$$y_{zs}(k)=A|H(\mathrm{e}^{\mathrm{j}\omega_0})|\cos[\omega_0 k+\phi+\arg H(\mathrm{e}^{\mathrm{j}\omega_0})] \tag{5-31}$$

推导过程如下。

$$\begin{aligned}y_{zs}(k)&=h(k)*A\cos(\omega_0 k+\phi)=\frac{A}{2}h(k)*[\mathrm{e}^{\mathrm{j}\omega_0 k+\mathrm{j}\phi}+\mathrm{e}^{-(\mathrm{j}\omega_0 k+\mathrm{j}\phi)}]\\&=\frac{A}{2}[H(\mathrm{e}^{\mathrm{j}\omega_0})\mathrm{e}^{\mathrm{j}\omega_0 k+\mathrm{j}\phi}+H(\mathrm{e}^{-\mathrm{j}\omega_0})\mathrm{e}^{-(\mathrm{j}\omega_0 k+\mathrm{j}\phi)}]\\&=\frac{A}{2}[|H(\mathrm{e}^{\mathrm{j}\omega_0})|\mathrm{e}^{\mathrm{j}\omega_0 k+\mathrm{j}\phi+\mathrm{j}\arg H(\mathrm{e}^{\mathrm{j}\omega_0})}+|H(\mathrm{e}^{-\mathrm{j}\omega_0})|\mathrm{e}^{-\mathrm{j}\omega_0 k-\mathrm{j}\phi+\mathrm{j}\arg H(\mathrm{e}^{-\mathrm{j}\omega_0})}]\\&=\frac{A}{2}|H(\mathrm{e}^{\mathrm{j}\omega_0})|[\mathrm{e}^{\mathrm{j}\omega_0 k+\mathrm{j}\phi+\mathrm{j}\arg H(\mathrm{e}^{\mathrm{j}\omega_0})}+\mathrm{e}^{-\mathrm{j}\omega_0 k-\mathrm{j}\phi-\mathrm{j}\arg H(\mathrm{e}^{\mathrm{j}\omega_0})}]\\&=A|H(\mathrm{e}^{\mathrm{j}\omega_0})|\cos[\omega_0 k+\phi+\arg H(\mathrm{e}^{\mathrm{j}\omega_0})]\end{aligned}$$

这里 $\arg H(\mathrm{e}^{\mathrm{j}\omega_0})$是 $H(\mathrm{e}^{\mathrm{j}\omega_0})$对应的相位角。

3. 一般信号

当激励 $f(k)$为一般信号时，先求 $f(k)$的离散时间傅里叶变换 $F(\mathrm{e}^{\mathrm{j}\omega_0})$，进而得到零状态响应的傅里叶变换，最后通过离散时间傅里叶反变换得到零状态响应，即

$$y_{zs}(k)=\mathrm{IDTFT}[F(\mathrm{e}^{\mathrm{j}\omega_0})H(\mathrm{e}^{\mathrm{j}\omega_0})] \tag{5-32}$$

【例 5.7】　LTI 离散系统的差分方程为 $y(k)+y(k-1)=f(k-1)$，若输入序列为 $f(k)=2+\cos\left(\frac{\pi k}{2}\right)$，求系统的零状态响应。

解： 描述该系统零状态响应的方程为 $y_{zs}(k)+y_{zs}(k-1)=f(k-1)$，对其进行傅里叶变换，有

$$Y_{zs}(\mathrm{e}^{\mathrm{j}\omega})+\mathrm{e}^{-\mathrm{j}\omega}Y_{zs}(\mathrm{e}^{\mathrm{j}\omega})=\mathrm{e}^{-\mathrm{j}\omega}F(\mathrm{e}^{\mathrm{j}\omega})$$

求得 $H(\mathrm{e}^{\mathrm{j}\omega})=\frac{Y(\mathrm{e}^{\mathrm{j}\omega})}{F(\mathrm{e}^{\mathrm{j}\omega})}=\frac{\mathrm{e}^{-\mathrm{j}\omega}}{1+\mathrm{e}^{-\mathrm{j}\omega}}=\frac{1}{\mathrm{e}^{\mathrm{j}\omega}+1}$。

当输入信号 $f_1(k)=2=2\mathrm{e}^{\mathrm{j}0k}$ 时，$\omega_0=0$，系统的零状态响应为

$$y_{zs1}(k)=2\mathrm{e}^{\mathrm{j}0k}H(\mathrm{e}^{\mathrm{j}0})=2\times\frac{1}{\mathrm{e}^{\mathrm{j}0}+1}=2$$

当输入信号 $f_2(k)=\cos\left(\frac{\pi k}{2}\right)$ 时，$\omega_0=\frac{\pi}{2}$，系统的零状态响应为

$$\begin{aligned}y_{zs1}(k)&=|H(\mathrm{e}^{\mathrm{j}\frac{\pi}{2}})|\cos\left[\frac{\pi}{2}k+\arg H(\mathrm{e}^{\mathrm{j}\frac{\pi}{2}})\right]=\left|\frac{1}{\mathrm{j}+1}\right|\cos\left[\frac{\pi}{2}k+\arg\left(\frac{1}{\mathrm{j}+1}\right)\right]\\&=\frac{\sqrt{2}}{2}\cos\left(\frac{\pi k}{2}-\frac{\pi}{4}\right)\end{aligned}$$

拓展阅读

离散傅里叶变换 DFT 的计算在数字信号处理中非常有用，例如，在 FIR 滤波器的设计中，会遇到由 $h(k)$ 求 $H(n)$ 或由 $H(n)$ 求 $h(k)$ 的计算，这就要计算 DFT。另外，在信号的分析、设计和实现中都会用到 DFT 的计算。但是当 $f(k)$ 的值较多时，DFT 的计算量会非常大，以至于用计算机也很难对问题进行实时处理。因此在相当长的时间里，DFT 的应用受到了很大的限制。

直到 1965 年库利(J. W. Cooley)和图基(J. W. Tukey)在《计算数学》杂志上发表了著名的“机器计算傅里叶级数的一种算法”的文章，提出了 DFT 的一种快速算法，情况才发生变化。迄今为止，经过一些学者的努力，DFT 也有了一套高速有效的运算方法，DFT 的运算在实际中也得到了广泛的应用。对 DFT 快速算法有兴趣的读者，可以参考《数字信号处理》。

本章小结

本章主要介绍了离散信号和 LTI 离散系统的频域分析方法。

对于离散信号的频域分析，本章主要介绍了周期序列的傅里叶级数和非周期序列的傅里叶变换。在此基础上，还介绍了周期序列的傅里叶变换、有限长序列的离散傅里叶变换。

对于离散系统的频域分析，本章主要介绍了系统的频率响应的定义，以及在给定激励下，求离散系统零状态响应的频率分析方法。

【习题 5】

5.1 题 5.1 图所示的周期序列 $f_N(k)$，$N=4$，求它的傅里叶级数 $F_N(n)$。

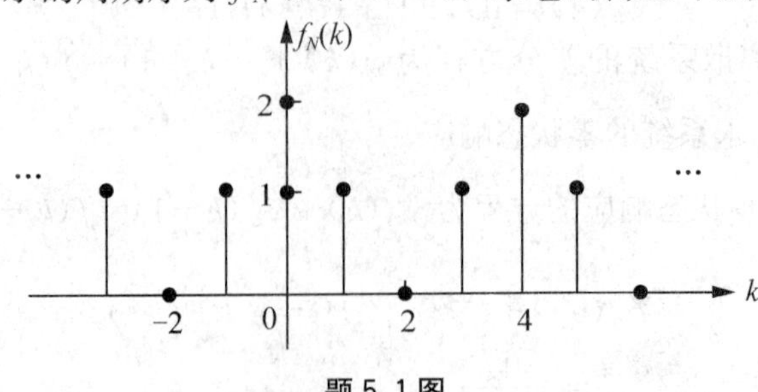

题 5.1 图

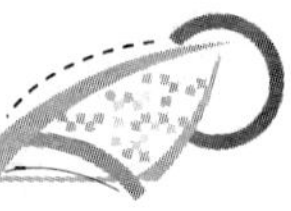

5.2 题 5.2 图所示的周期序列 $f_N(k)$，$N=4$，求它的傅里叶级数 $F_N(n)$。

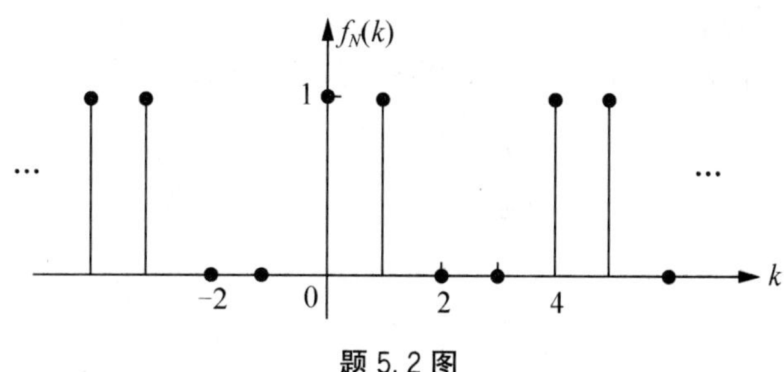

题 5.2 图

5.3 求下列序列的离散时间傅里叶变换。

(1) $f(k)=\varepsilon(k)-\varepsilon(k-6)$

(2) $f(k)=\left(\frac{1}{4}\right)^k\varepsilon(k+2)$

(3) $f(k)=k[\varepsilon(k)-\varepsilon(k-4)]$

(4) $f(k)=(\sin k)[\varepsilon(k+2)-\varepsilon(k-2)]$

5.4 已知 $f(k)$的傅里叶变换为 $F(\mathrm{e}^{\mathrm{j}\omega})$，用 $F(\mathrm{e}^{\mathrm{j}\omega})$表示下列信号的傅里叶变换。

(1) $f_1(k)=f(1-k)+f(-1-k)$

(2) $f_2(k)=\dfrac{f^*(-k)+f(k)}{2}$

(3) $f_3(k)=(k-1)^2f(k)$

5.5 设 $F(\mathrm{e}^{\mathrm{j}\omega})$是题 5.5 图所示 $f(k)$的傅里叶变换，不必求 $F(\mathrm{e}^{\mathrm{j}\omega})$，完成下列计算。

(1) $F(\mathrm{e}^{\mathrm{j}0})$

(2) $\int_{-\pi}^{\pi}F(\mathrm{e}^{\mathrm{j}\omega})\mathrm{d}\omega$

(3) $\int_{-\pi}^{\pi}|F(\mathrm{e}^{\mathrm{j}\omega})|^2\mathrm{d}\omega$

(4) $\int_{-\pi}^{\pi}\left|\dfrac{\mathrm{d}F(\mathrm{e}^{\mathrm{j}\omega})}{\mathrm{d}\omega}\right|^2\mathrm{d}\omega$

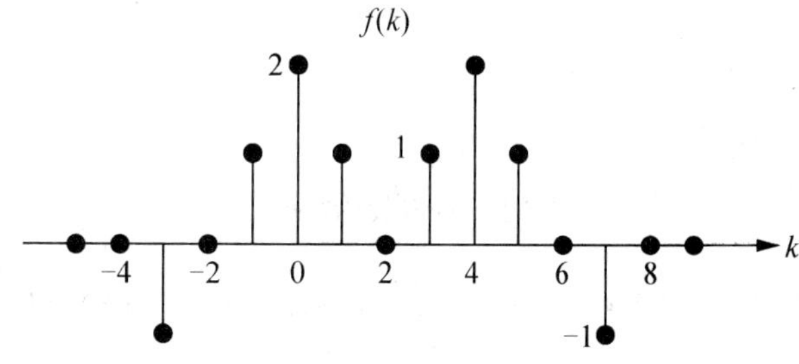

题 5.5 图

5.6 题 5.6 图所示的周期序列 $f_N(k)$的周期为 6，求它的傅里叶变换。

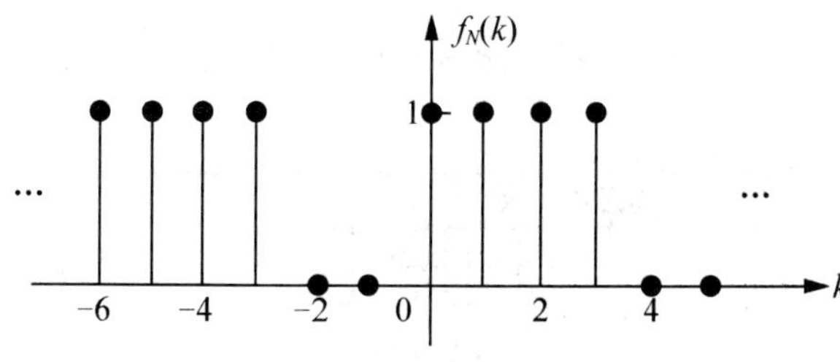

题 5.6 图

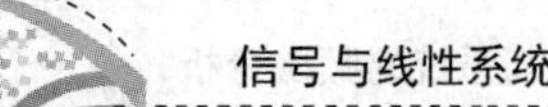

5.7 已知 $f(k)$如题 5.7 图所示，试画出 $f((k))_5$、$f((k-2))_5$、$f((k))_5R_5$、$f((k-2))_5R_5$ 的图形。

5.8 有限长序列 $f(k)=\{\underset{\uparrow}{1}, 2, -1, 3\}$，求①4 点的 DFT；②6 点的 DFT。

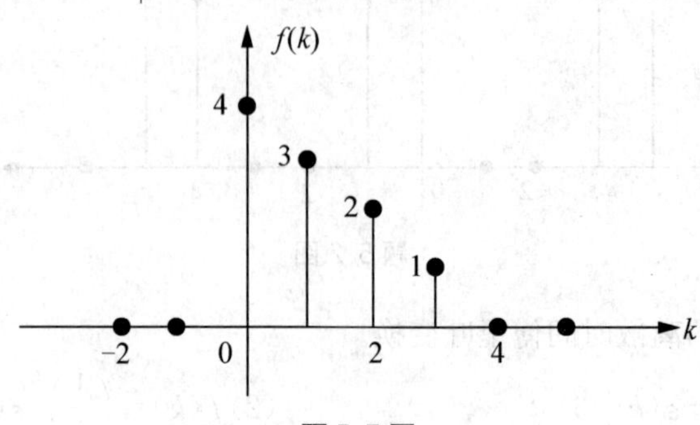

题 5.7 图

5.9 有限长序列 $f(k)=\{\underset{\uparrow}{1}, 1, 2, 1, 3\}$，求①$f(k)*f(k)$；②$f(k)$⑨$f(k)$；③$f(k)$⑥$f(k)$并画出图形。

5.10 已知用以下差分方程描述的一个线性移不变因果系统。

$$y(k)-\frac{1}{6}y(k-1)-\frac{1}{6}y(k-2)=f(k)$$

(1) 求系统的频率响应 $H(e^{j\omega})$；

(2) 系统的单位序列响应 $h(k)$。

5.11 已知用以下差分方程描述的一个线性移不变因果系统。

$$y(k)-\frac{3}{4}y(k-1)+\frac{1}{8}y(k-2)=2f(k)$$

(1) 求系统的频率响应 $H(e^{j\omega})$；

(2) 求系统的单位序列响应 $h(k)$；

(3) 求 $f(k)=\left(\frac{1}{4}\right)^k\varepsilon(k)$时，系统的零状态响应。

5.12 有一 LTI 因果稳定系统，$f(k)=\left(\frac{4}{5}\right)^k\varepsilon(k)$时，$y_{zs}(k)=k\left(\frac{4}{5}\right)^k\varepsilon(k)$，

(1) 求该系统的频率响应 $H(e^{j\omega})$；

(2) 求系统的差分方程。

5.13 已知 LTI 离散系统的框图如题 5.10 图所示，①写出系统的差分方程；②若 $f(k)=\left[1+\cos\left(\frac{\pi}{3}k\right)+\cos(\pi k)\right]\varepsilon(k)$，求系统的零状态响应。

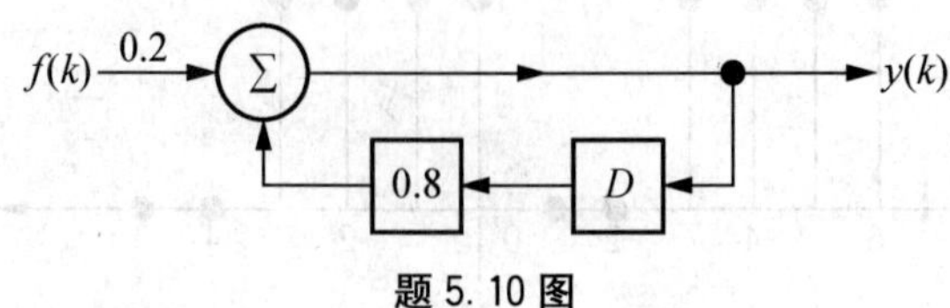

题 5.10 图

第6章

连续系统的s域分析

本章知识架构

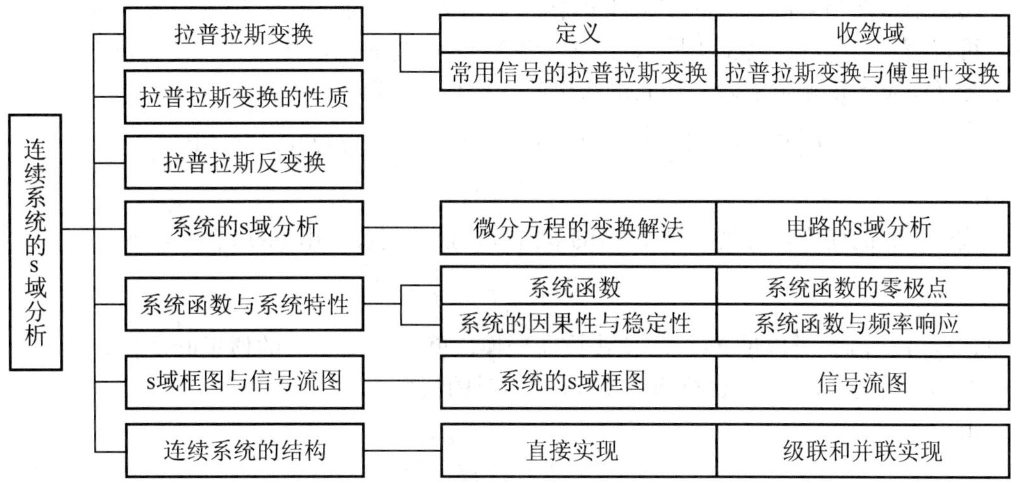

本章教学目标与要求

- 理解拉普拉斯变换的定义、收敛域、性质，会求信号的拉普拉斯变换。
- 会用部分分式展开法求象函数的拉普拉斯反变换。
- 掌握微分方程的变换解法，电路的 s 域分析法。
- 理解系统函数的定义、零极点的概念，掌握根据系统函数判断系统因果性与稳定性的方法。
- 掌握系统 s 域框图，信号流图的画法，能够熟练实现框图、流图与系统函数的互换。

引例

连续系统的频域分析法在信号分析和处理中具有很重要的地位，但是这种方法有它的局限性：一是有些信号的傅里叶变换不存在，无法应用频域分析法，如 $e^{at}\varepsilon(t)(a>0)$；二是频率分析法不能分析系统的零输入响应。

基于此，本章介绍了另一种连续系统的分析方法——s 域分析法(也称复频率分析)，可以认为它是频率分析法的推广。s 域分析法用到的是另一种积分变换，即拉普拉斯变换。它是由法国的数学家、天文学家拉普拉斯提出的。通过拉普拉斯变换可把微分方程化为容易求解的代数方程，从而简化求系统零输入响应、零状态响应、全响应的计算量。引入拉普拉斯变换的另一个优点，就是可用系统函数代替微分方程来描述系统的特性，这为分析系统的因果性、稳定性提供了方便。

6.1 拉普拉斯变换

6.1.1 定义

信号 $f(t)$ 的傅里叶变换为

$$F(\mathrm{j}\omega)=\int_{-\infty}^{\infty} f(t)\mathrm{e}^{-\mathrm{j}\omega t}\mathrm{d}t \tag{6-1}$$

对于信号 $f(t)=\mathrm{e}^{at}\varepsilon(t)(a>0)$，式(6-1)变得不可积。这说明它的傅里叶变换不存在，因而不能对 $f(t)=\mathrm{e}^{at}\varepsilon(t)$ 应用频域分析法。

实际上很多信号的傅里叶变换不存在，是因为信号的幅值不衰减。为了解决这个问题，可将信号 $f(t)$ 乘以衰减因子 $\mathrm{e}^{-\sigma t}$（σ 为实数），并将 σ 的值限制在一定的范围内，从而让信号 $f(t)\mathrm{e}^{-\sigma t}$ 的幅值衰减，使它的傅里叶变换存在，即

$$\mathscr{F}[f(t)\mathrm{e}^{-\sigma t}]=\int_{-\infty}^{\infty} f(t)\mathrm{e}^{-\sigma t}\mathrm{e}^{-\mathrm{j}\omega t}\mathrm{d}t=\int_{-\infty}^{\infty} f(t)\mathrm{e}^{-(\sigma+\mathrm{j}\omega)t}\mathrm{d}t \tag{6-2}$$

可积。

式(6-2)的变换，就是信号 $f(t)$ 的双边拉普拉斯变换，用 $F(s)$ 表示，即

$$F(s)=\int_{-\infty}^{\infty} f(t)\mathrm{e}^{-st}\mathrm{d}t \tag{6-3}$$

这里，$s=\sigma+\mathrm{j}\omega$。可以说 $f(t)$ 的拉普拉斯变换，就是 $f(t)\mathrm{e}^{-\sigma t}$ 的傅里叶变换。$f(t)$ 的傅里叶变换，就是 $f(t)$ 的拉普拉斯变换在 $\sigma=0$ 时的情况。

由于

$$\mathscr{F}[f(t)\mathrm{e}^{-\sigma t}]=F(s)$$

根据傅里叶反变换的定义，有

$$f(t)\mathrm{e}^{-\sigma t}=\frac{1}{2\pi}\int_{-\infty}^{\infty} F(s)\mathrm{e}^{\mathrm{j}\omega t}\mathrm{d}\omega \tag{6-4}$$

将式(6-4)两端乘以 $\mathrm{e}^{\sigma t}$，得

$$f(t)=\frac{1}{2\pi}\int_{-\infty}^{\infty} F(s)\mathrm{e}^{(\sigma+\mathrm{j}\omega)t}\mathrm{d}\omega \tag{6-5}$$

由 $s=\sigma+\mathrm{j}\omega$，有 $\mathrm{d}\omega=\mathrm{d}s/\mathrm{j}$，将其代入式(6-5)，得

$$f(t)=\frac{1}{2\pi\mathrm{j}}\int_{\sigma-\mathrm{j}\infty}^{\sigma+\mathrm{j}\infty} F(s)\mathrm{e}^{st}\mathrm{d}s \tag{6-6}$$

式(6-3)为拉普拉斯变换的定义式，式(6-6)是拉普拉斯反变换的定义式。常将 $f(t)$ 的拉普拉斯变换简记为 $F(s)=\mathscr{L}[f(t)]$，$F(s)$ 的拉普拉斯反变换简记为 $f(t)=\mathscr{L}^{-1}[F(s)]$，也可将拉普拉斯变换与反变换简记为

$$f(t)\leftrightarrow F(s)$$

如果信号 $f(t)$ 是因果信号，即 $t<0$ 时，$f(t)=0$，则它的拉普拉斯变换为

$$F(s)=\int_{0_-}^{\infty} f(t)\mathrm{e}^{-st}\mathrm{d}t \tag{6-7}$$

$F(s)$的反变换为

$$f(t)=\begin{cases}0 & t<0\\ \dfrac{1}{2\pi\mathrm{j}}\displaystyle\int_{\sigma-\mathrm{j}\infty}^{\sigma+\mathrm{j}\infty}F(s)\mathrm{e}^{st}\mathrm{d}s & t>0\end{cases} \tag{6-8}$$

式(6-7)中的积分下限取 0_- 是考虑到 $f(t)$可能包含有 $\delta(t)$或其导数。为了区别，常将式(6-3)和式(6-6)分别称为双边普拉斯正反变换的定义式，式(6-7)和式(6-8)称为单边拉普拉斯正反变换的定义式。式(6-6)和式(6-8)为复变函数积分，在求拉普拉斯反变换时一般不用。对于怎样求拉普拉斯反变换，将在6.3节中介绍。

6.1.2　收敛域

拉普拉斯变换的收敛域，就是使式(6-3)的积分存在(或收敛)时，σ 的取值范围。为了便于比较，这里分别讨论因果信号、反因果信号、双边信号的拉普拉斯变换及其收敛域。

【例6.1】 求下列信号的拉普拉斯变换及收敛域，α、β 均为实数，且 $\alpha<\beta$。

(1) $f_1(t)=\mathrm{e}^{\alpha t}\varepsilon(t)$　　(2) $f_2(t)=\mathrm{e}^{\beta t}\varepsilon(-t)$

(3) $f_3(t)=-\mathrm{e}^{\alpha t}\varepsilon(-t)$　　(4) $f_3(t)=\mathrm{e}^{\alpha t}\varepsilon(t)+\mathrm{e}^{\beta t}\varepsilon(-t)$

解：

(1) $f_1(t)$为因果信号。

$$F_1(s)=\int_{-\infty}^{\infty}\mathrm{e}^{\alpha t}\varepsilon(t)\mathrm{e}^{-st}\mathrm{d}t=\int_0^{\infty}\mathrm{e}^{\alpha t}\mathrm{e}^{-st}\mathrm{d}t=\frac{\mathrm{e}^{-(s-\alpha)t}}{-(s-\alpha)}\bigg|_0^{\infty}=\frac{1}{s-\alpha}[1-\lim_{t\to\infty}\mathrm{e}^{-(\sigma-\alpha)t}\cdot\mathrm{e}^{-\mathrm{j}\omega t}]$$

当 $\sigma<\alpha$ 时，

$$\lim_{t\to\infty}\mathrm{e}^{-(\sigma-\alpha)t}\cdot\mathrm{e}^{-\mathrm{j}\omega t}\to\infty,\ F_1(s)\to-\infty,\ \text{称 } F_1(s)\text{不存在。}$$

当 $\sigma=\alpha$ 时，

$$\lim_{t\to\infty}\mathrm{e}^{-(\sigma-\alpha)t}\cdot\mathrm{e}^{-\mathrm{j}\omega t}=\lim_{t\to\infty}\mathrm{e}^{-\mathrm{j}\omega t},\ F_1(s)\text{不确定。}$$

当 $\sigma>\alpha$ 时，

$$\lim_{t\to\infty}\mathrm{e}^{-(\sigma-\alpha)t}\cdot\mathrm{e}^{-\mathrm{j}\omega t}=0,\ F_1(s)=\frac{1}{s-\alpha}\text{。}$$

综上所述，得到 $f_1(t)$的拉普拉斯变换为

$$F_1(s)=\frac{1}{s-\alpha}$$

对应的收敛域为 $\sigma>\alpha$(或 $\mathrm{Re}[s]>\alpha$)，如图6.1(a)所示。

(2) $f_2(t)$为反因果信号。

$$F_2(s)=\int_{-\infty}^{\infty}\mathrm{e}^{\beta t}\varepsilon(-t)\mathrm{e}^{-st}\mathrm{d}t=\int_{-\infty}^{0}\mathrm{e}^{\beta t}\mathrm{e}^{-st}\mathrm{d}t=\frac{\mathrm{e}^{-(s-\beta)t}}{-(s-\beta)}\bigg|_{-\infty}^{0}=\frac{1}{-(s-\beta)}[1-\lim_{t\to-\infty}\mathrm{e}^{-(\sigma-\beta)t}\cdot\mathrm{e}^{-\mathrm{j}\omega t}]$$

当 $\sigma<\beta$ 时，

$$\lim_{t\to-\infty}\mathrm{e}^{-(\sigma-\beta)t}\cdot\mathrm{e}^{-\mathrm{j}\omega t}=0,\ F_2(s)=\frac{1}{-(s-\beta)}\text{。}$$

当 $\sigma=\beta$ 时，

$$\lim_{t\to-\infty}\mathrm{e}^{-(\sigma-\beta)t}\cdot\mathrm{e}^{-\mathrm{j}\omega t}=\lim_{t\to-\infty}\mathrm{e}^{-\mathrm{j}\omega t},\ F_2(s)\text{不确定。}$$

当 $\sigma>\alpha$ 时，

$$\lim_{t\to-\infty} e^{-(\sigma-\beta)t}\cdot e^{-j\omega t}\to\infty，F_2(s)\text{不存在。}$$

综上所述，得到 $f_2(t)$ 的拉普拉斯变换为

$$F_2(s)=\frac{1}{-(s-\beta)}$$

对应的收敛域为 $\sigma<\beta$（或 $\mathrm{Re}[s]<\beta$），如图 6.1(b)所示。

(3) $f_3(t)$ 也为反因果信号，根据 $f_2(t)$ 的拉普拉斯变换，很容易得到 $f_3(t)$ 的拉普拉斯变换：

$$F_3(s)=\frac{1}{s-\alpha}$$

收敛域为 $\sigma<\alpha$（或 $\mathrm{Re}[s]<\alpha$）。

(4) $f_4(t)$ 是双边信号，$f_4(t)=f_1(t)+f_2(t)$，故

$$F_4(s)=F_1(s)+F_2(s)=\frac{1}{s-\alpha}-\frac{1}{s-\beta}$$

$F_4(s)$ 的收敛域为 $F_1(s)$ 与 $F_2(s)$ 收敛域的交集，即 $\alpha<\sigma<\beta$，如图 6.1(c)所示。

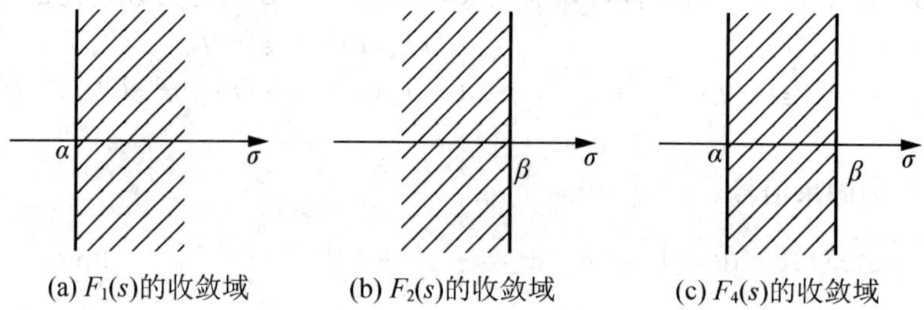

图 6.1　拉普拉斯变换的收敛域

此例中，$f_1(t)$ 是因果信号，$f_3(t)$ 是反因果信号，它们的拉普拉斯变换形式相同，即 $F_1(s)=F_3(s)$，但是它们的收敛域不同。可见对于拉普拉斯变换来说，收敛域非常重要，只有 $F(s)$ 同其收敛域一起，才与 $f(t)$ 一一对应。

如果信号 $f(t)$ 的拉普拉斯变换 $F(s)$ 存在，$F(s)$ 的收敛域具有如下特点。

(1) 对于因果信号 $f(t)$，$F(s)$ 的收敛域为 $\sigma>\alpha$ 的形式，即收敛域是以 α 为边界的右半开平面。

(2) 对于反因果信号 $f(t)$，$F(s)$ 的收敛域为 $\sigma<\beta$ 的形式，即收敛域是以 β 为边界的左半开平面。

(3) 对于双边信号 $f(t)$，$F(s)$ 的收敛域为 $\alpha<\sigma<\beta$ 的形式，即收敛域是以 α 为边界的右半开平面与以 β 为边界的左半开平面的交集。

由于实际的信号均是有始信号，在后续的各节中，如果没作特殊说明，拉普拉斯变换均指单边的变换。

6.1.3　常用信号的拉普拉斯变换

1. 单位冲激信号 $\delta(t)$

$$\mathscr{L}[\delta(t)]=\int_{0_-}^{\infty}\delta(t)e^{-st}\,dt=1$$

收敛域为$\sigma>-\infty$。

2. 单位阶跃信号$\varepsilon(t)$

$$\mathscr{L}[\varepsilon(t)]=\int_{0_-}^{\infty}\varepsilon(t)\mathrm{e}^{-st}\mathrm{d}t=\int_{0_-}^{\infty}\mathrm{e}^{-st}\mathrm{d}t=\frac{1}{s}$$

收敛域为$\sigma>0$。

3. 虚指数信号$\mathrm{e}^{\pm \mathrm{j}\omega t}\varepsilon(t)$

$$\mathscr{L}[\mathrm{e}^{\pm \mathrm{j}\omega_0 t}\varepsilon(t)]=\int_{0_-}^{\infty}\mathrm{e}^{\pm \mathrm{j}\omega_0 t}\varepsilon(t)\mathrm{e}^{-st}\mathrm{d}t=\int_{0_-}^{\infty}\mathrm{e}^{-(s\mp \mathrm{j}\omega_0)t}\mathrm{d}t=\frac{1}{s\mp \mathrm{j}\omega_0}$$

收敛域为$\sigma>0$。

4. 斜坡信号$t\varepsilon(t)$

$$\mathscr{L}[t\varepsilon(t)]=\int_{0_-}^{\infty}t\varepsilon(t)\mathrm{e}^{-st}\mathrm{d}t=\int_{0_-}^{\infty}t\mathrm{e}^{-st}\mathrm{d}t=-\frac{1}{s}\mathrm{e}^{-st}t\Big|_0^{\infty}+\int_0^{\infty}\frac{1}{s}\mathrm{e}^{-st}\mathrm{d}t$$

$$=0-\frac{1}{s^2}\mathrm{e}^{-st}\Big|_0^{\infty}=\frac{1}{s^2}$$

收敛域为$\sigma>0$。

与傅里叶变换相比，由于拉普拉斯变换引入了衰减因子$\mathrm{e}^{-\sigma t}$，在一定程度上降低了对$f(t)$的限制，使一些不能用傅里叶变换进行分析的问题，变得易于处理和分析了。

6.1.4　拉普拉斯变换与傅里叶变换

对于信号$f(t)$，它的拉普拉斯变换与傅里变换的定义式如下：

$$F(s)=\int_{-\infty}^{\infty}f(t)\mathrm{e}^{-st}\mathrm{d}t=\int_{-\infty}^{\infty}f(t)\mathrm{e}^{-\sigma t}\mathrm{e}^{-\mathrm{j}\omega t}\mathrm{d}t \tag{6-9}$$

$$F(\mathrm{j}\omega)=\int_{-\infty}^{\infty}f(t)\mathrm{e}^{-\mathrm{j}\omega t}\mathrm{d}t \tag{6-10}$$

比较式(6-9)和式(6-10)可知，若$f(t)$的拉普拉斯变换与傅里叶变换都存在，则$f(t)$在虚轴上的拉普拉斯变换等于其傅里叶变换，即

$$F(\mathrm{j}\omega)=F(s)\big|_{s=\mathrm{j}\omega} \tag{6-11a}$$

$$F(s)=F(\mathrm{j}\omega)\big|_{\mathrm{j}\omega=s} \tag{6-11b}$$

理解

当$f(t)$的拉普拉斯变换存在时，如何判断它的傅里叶变换也存在呢？比较式(6-9)和式(6-10)不难发现，当$\sigma=0$时，若$F(s)$仍存在，这说明$f(t)$的傅里叶变换也存在。也就是，在s平面内，如果$F(s)$的收敛域包含了$\sigma=0$(虚轴)，则信号$f(t)$的傅里叶变换也存在，$F(\mathrm{j}\omega)$与$F(s)$之间存在式(6-11a)和式(6-11b)的关系。

【例6.2】 求下列拉普拉斯变换所对应$f(t)$的傅里叶变换。

(1) $F_1(s)=\dfrac{1}{(s+2)(s+4)}$，$\mathrm{Re}[s]>-2$　　(2) $F_2(s)=\dfrac{1}{(s+2)(s-4)}$，$-2<\mathrm{Re}[s]<4$

(3) $F_3(s)=\dfrac{1}{(s+2)(s+4)}$，$\mathrm{Re}[s]<-4$

解：(1)$F_1(s)$的收敛域包含了$\sigma=0$(虚轴)，$f_1(t)$的傅里叶变换存在，为

$$F_1(\mathrm{j}\omega)=\frac{1}{(\mathrm{j}\omega+2)(\mathrm{j}\omega+4)}$$

(2) $F_2(s)$的收敛域包含了$\sigma=0$(虚轴)，$f_2(t)$的傅里叶变换存在，为

$$F_2(\mathrm{j}\omega)=\frac{1}{(\mathrm{j}\omega+2)(\mathrm{j}\omega-4)}$$

(3) $F_2(s)$的收敛域不包含$\sigma=0$(虚轴)，$f_3(t)$的傅里叶变换不存在。

6.2 拉普拉斯变换的性质

灵活运用拉普拉斯变换的性质，对求信号的拉普拉斯变换和分析系统的特性十分重要。通过比较，读者也会发现，有些拉普拉斯变换的性质与傅里变换的性质很相似。

1. 线性

若

$$f_1(t)\leftrightarrow F_1(s),\ \sigma>\sigma_1;\ f_2(t)\leftrightarrow F_2(s),\ \sigma>\sigma_2$$

则对任意常数α和β，有

$$\alpha f_1(t)+\beta f_2(t)\leftrightarrow\alpha F_1(s)+\beta F_2(s),\ \sigma>\max(\sigma_1,\ \sigma_2)$$

【例 6.3】 求因果信号$\sin(\omega_0 t)\varepsilon(t)$和$\cos(\omega_0 t)\varepsilon(t)$的拉普拉斯变换。

解：

$$\sin(\omega_0 t)\varepsilon(t)=\frac{1}{2\mathrm{j}}(\mathrm{e}^{\mathrm{j}\omega_0 t}-\mathrm{e}^{-\mathrm{j}\omega_0 t})\varepsilon(t)$$

$$\cos(\omega_0 t)\varepsilon(t)=\frac{1}{2}(\mathrm{e}^{\mathrm{j}\omega_0 t}+\mathrm{e}^{-\mathrm{j}\omega_0 t})\varepsilon(t)$$

根据线性性质，得

$$\begin{aligned}\mathscr{L}[\sin(\omega_0 t)\varepsilon(t)]&=\frac{1}{2\mathrm{j}}\{\mathscr{L}[\mathrm{e}^{\mathrm{j}\omega_0 t}\varepsilon(t)]-\mathscr{L}[\mathrm{e}^{-\mathrm{j}\omega_0 t}\varepsilon(t)]\}\\&=\frac{1}{2\mathrm{j}}\left[\frac{1}{s-\mathrm{j}\omega_0}-\frac{1}{s+\mathrm{j}\omega_0}\right]=\frac{\omega_0}{s^2+\omega_0^2},\ \sigma>0\end{aligned}$$

$$\begin{aligned}\mathscr{L}[\cos(\omega_0 t)\varepsilon(t)]&=\frac{1}{2}\{\mathscr{L}[\mathrm{e}^{\mathrm{j}\omega_0 t}\varepsilon(t)]+\mathscr{L}[\mathrm{e}^{-\mathrm{j}\omega_0 t}\varepsilon(t)]\}\\&=\frac{1}{2}\left[\frac{1}{s-\mathrm{j}\omega_0}+\frac{1}{s+\mathrm{j}\omega_0}\right]=\frac{s}{s^2+\omega_0^2},\ \sigma>0\end{aligned}$$

2. 尺度变换

若

$$f(t)\leftrightarrow F(s),\ \sigma>\sigma_0$$

则对实常数$a\neq0$，有

$$f(at)\leftrightarrow\frac{1}{a}F\left(\frac{s}{a}\right),\ \sigma>a\sigma_0$$

3. 时移特性

若

$$f(t)\leftrightarrow F(s),\ \sigma>\sigma_0$$

则对实常数 $t_0>0$，有

$$f(t\pm t_0)\varepsilon(t\pm t_0)\leftrightarrow e^{\pm st_0}F(s),\ \sigma>\sigma_0$$

如果信号既有时移，又有尺度变换($a>0$，$b\geqslant0$)，则有

$$f(at\pm b)\varepsilon(at\pm b)\leftrightarrow\frac{1}{a}e^{\pm s\frac{b}{a}}F\left(\frac{s}{a}\right),\ \sigma>a\sigma_0$$

【例 6.4】 求单边冲激序列 $\sum_{n=0}^{\infty}\delta(t-nT)$ 的拉普拉斯变换。

解：

$$\mathscr{L}\left[\sum_{n=0}^{\infty}\delta(t-nT)\right]=\mathscr{L}[\delta(t)]+\mathscr{L}[\delta(t-T)]+\mathscr{L}[\delta(t-2T)]+\cdots$$
$$=1+e^{-Ts}+e^{-2Ts}+\cdots$$

这是个等比数列的和，只有 $|e^{-Ts}|<1$，即 $\sigma>0$ 时，该数列的和存在，有

$$\mathscr{L}\left[\sum_{n=0}^{\infty}\delta(t-nT)\right]=\frac{1}{1-e^{-Ts}},\ \sigma>0$$

4. s域平移特性

若

$$f(t)\leftrightarrow F(s),\ \sigma>\sigma_0$$

则对复常数 $s_a=\sigma_a+j\omega_a$，有

$$f(t)e^{\pm s_a t}\leftrightarrow F(s\mp s_a),\ \sigma>\sigma_0+\sigma_a$$

【例 6.5】 求 $e^{\alpha t}\cos(\omega_0 t)\varepsilon(t)$，$e^{\alpha t}\sin(\omega_0 t)\varepsilon(t)$的拉普拉斯变换，$\alpha$ 为实常数。

解： 由

$$\mathscr{L}[\cos(\omega_0 t)\varepsilon(t)]=\frac{s}{s^2+\omega_0^2},\ \sigma>0$$

$$\mathscr{L}[\sin(\omega_0 t)\varepsilon(t)]=\frac{1}{s^2+\omega_0^2},\ \sigma>0$$

有

$$\mathscr{L}[e^{\alpha t}\cos(\omega_0 t)\varepsilon(t)]=\frac{s-\alpha}{(s-\alpha)^2+\omega_0^2},\ \sigma>\alpha$$

$$\mathscr{L}[e^{\alpha t}\sin(\omega_0 t)\varepsilon(t)]=\frac{\omega_0}{(s-\alpha)^2+\omega_0^2},\ \sigma>\alpha$$

5. 时域微分和积分特性

1) 时域微分特性

若

$$f(t)\leftrightarrow F(s)$$

有

$$\left.\begin{aligned}f^{(1)}(t)&\leftrightarrow sF(s)-f(0_-)\\f^{(2)}(t)&\leftrightarrow s^2F(s)-sf(0_-)-f^{(1)}(0_-)\\f^{(n)}(t)&\leftrightarrow s^nF(s)-s^{n-1}f(0_-)-s^{n-2}f^{(1)}(0_-)-\cdots-f^{(n-1)}(0_-)\end{aligned}\right\}\qquad(6-12)$$

这里 $\mathscr{L}[f^{(n)}(t)]$收敛域不能由 $\mathscr{L}[f(t)]$的来准确确定。

时域微分特性证明如下。

$$\mathscr{L}[f^{(1)}(t)]=\int_{0-}^{\infty}\frac{\mathrm{d}f(t)}{\mathrm{d}t}\mathrm{e}^{-st}\mathrm{d}t=f(t)\mathrm{e}^{-st}\Big|_{0-}^{\infty}+s\int_{0-}^{\infty}f(t)\mathrm{e}^{-st}\mathrm{d}t$$
$$=-f(0_-)+sF(s)$$
$$\mathscr{L}[f^{(2)}(t)]=\int_{0-}^{\infty}\frac{\mathrm{d}^2f(t)}{\mathrm{d}t^2}\mathrm{e}^{-st}\mathrm{d}t=\frac{\mathrm{d}f(t)}{\mathrm{d}t}\mathrm{e}^{-st}\Big|_{0-}^{\infty}+s\int_{0-}^{\infty}\frac{\mathrm{d}f(t)}{\mathrm{d}t}\mathrm{e}^{-st}\mathrm{d}t$$
$$=-f^{(1)}(0_-)+s[sF(s)-f(0_-)]$$
$$=s^2F(s)-sf(0_-)-f^{(1)}(0_-)$$

依次类推

$$\mathscr{L}[f^{(n)}(t)]=s^nF(s)-s^{n-1}f(0_-)-s^{n-2}f^{(1)}(0_-)-\cdots-f^{(n-1)}(0_-)$$

如果 $f(t)$是因果信号，则有 $f^{(n)}(0_-)=0$，时域微分特性的形式为

$$f^{(n)}(t)\leftrightarrow s^nF(s),\ \sigma>\sigma_0$$

【例 6.6】 求 $\delta^{(n)}(t)$的拉普拉斯变换。

解：由

$$\mathscr{L}[\delta(t)]=1,\ \sigma>-\infty$$

有

$$\mathscr{L}[\delta^{(n)}(t)]=s^n\cdot 1=s^n,\ \sigma>-\infty$$

2) 时域积分特性

若

$$f(t)\leftrightarrow F(s)$$

有

$$\left.\begin{aligned}f^{(-1)}(t)&\leftrightarrow s^{-1}F(s)+s^{-1}f^{(-1)}(0_-)\\f^{(-2)}(t)&\leftrightarrow s^{-2}F(s)+s^{-2}f^{(-1)}(0_-)+s^{-1}f^{(-2)}(0_-)\\f^{(-n)}(t)&\leftrightarrow s^{-n}F(s)+s^{-n}f^{(-1)}(0_-)+s^{-(n-1)}f^{(-2)}(0_-)+\cdots+s^{-1}f^{(-n)}(0_-)\end{aligned}\right\}\tag{6-13}$$

同样，$\mathscr{L}[f^{(-n)}(t)]$收敛域也不能由 $\mathscr{L}[f(t)]$的来准确确定。

时域积分特性证明如下。

$$\mathscr{L}[f^{(-1)}(t)]=\mathscr{L}\left[\int_{-\infty}^{t}f(x)\mathrm{d}x\right]=\mathscr{L}\left[\int_{-\infty}^{0-}f(x)\mathrm{d}x+\int_{0-}^{t}f(x)\mathrm{d}x\right]$$
$$=\mathscr{L}\left[\int_{-\infty}^{0-}f(x)\mathrm{d}x+\int_{0-}^{t}f(x)\mathrm{d}x\right]=\mathscr{L}[f^{(-1)}(0_-)]+\int_{0-}^{\infty}\left[\int_{0-}^{t}f(x)\mathrm{d}x\right]\mathrm{e}^{-st}\mathrm{d}t$$
$$=s^{-1}f^{(-1)}(0_-)-s^{-1}\mathrm{e}^{-st}\int_{0-}^{t}f(x)\mathrm{d}x\Big|_{t=0-}^{\infty}+\int_{0-}^{\infty}s^{-1}\mathrm{e}^{-st}f(t)\mathrm{d}t$$
$$=s^{-1}f^{(-1)}(0_-)+s^{-1}\int_{0-}^{\infty}f(t)\mathrm{e}^{-st}\mathrm{d}t$$
$$=s^{-1}f^{(-1)}(0_-)+s^{-1}F(s)$$
$$\mathscr{L}[f^{(-2)}(t)]=\int_{0-}^{\infty}f^{(-2)}(t)\mathrm{e}^{-st}\mathrm{d}t=-s^{-1}\mathrm{e}^{-st}f^{(-2)}(t)\Big|_{0-}^{\infty}+\int_{0-}^{\infty}s^{-1}\mathrm{e}^{-st}f^{(-1)}(t)\mathrm{d}t$$
$$=s^{-1}f^{(-2)}(0_-)+s^{-1}\mathscr{L}[f^{(-1)}(t)]=s^{-1}f^{(-2)}(0_-)+s^{-1}[s^{-1}F(s)+s^{-1}f^{(-1)}(0_-)]$$
$$=s^{-2}F(s)+s^{-2}f^{(-1)}(0_-)+s^{-1}f^{(-2)}(0_-)$$

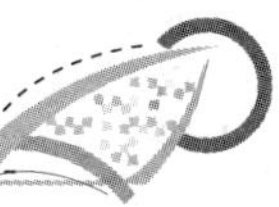

依次类推

$$\mathscr{L}[f^{(-n)}(t)]=s^{-n}F(s)+s^{-n}f^{(-1)}(0_-)+s^{-(n-1)}f^{(-2)}(0_-)+\cdots+s^{-1}f^{(-n)}(0_-)$$

如果 $f(t)$ 是因果信号，则有 $f^{(-n)}(0_-)=\int_{-\infty}^{0-}f(t)\mathrm{d}t=0$，时域积分特性的形式为

$$f^{(-n)}(t)\leftrightarrow s^{-n}F(s)$$

【例 6.7】 求 $t^n(t)\varepsilon(t)$ 的拉普拉斯变换。

解： 由

$$\mathscr{L}[\varepsilon(t)]=s^{-1},\ \sigma>0$$

有

$$\mathscr{L}[t\varepsilon(t)]=\mathscr{L}[\varepsilon^{(-1)}(t)]=s^{-2},\ \sigma>0$$

$$\mathscr{L}[t^2\varepsilon(t)]=\mathscr{L}[2\varepsilon^{(-2)}(t)]=2s^{-3},\ \sigma>0$$

依次类推，可得

$$\mathscr{L}[t^n\varepsilon(t)]=\mathscr{L}[n!\ \varepsilon^{(-n)}(t)]=n!\ s^{-(n+1)},\ \sigma>0$$

6. s 域微分和积分特性

1）s 域微分特性

若

$$f(t)\leftrightarrow F(s),\ \sigma>\sigma_0$$

有

$$\left.\begin{aligned}tf(t)&\leftrightarrow-\frac{\mathrm{d}F(s)}{\mathrm{d}s}\\ t^nf(t)&\leftrightarrow(-1)^n\frac{\mathrm{d}^nF(s)}{\mathrm{d}s^n}\end{aligned}\right\},\ \sigma>\sigma_0+\sigma_a$$

2）s 域积分特性

若

$$f(t)\leftrightarrow F(s),\ \sigma>\sigma_0$$

有

$$\frac{f(t)}{t}\leftrightarrow\int_s^{\infty}F(\gamma)\mathrm{d}\gamma,\ \sigma>\sigma_0$$

【例 6.8】 求 $t^n\mathrm{e}^{\alpha t}\varepsilon(t)$，$\dfrac{\sin(\omega_0 t)}{t}\varepsilon(t)$ 的拉普拉斯变换。

解：

由

$$\mathscr{L}[\mathrm{e}^{\alpha t}\varepsilon(t)]=\frac{1}{s-\alpha}$$

有

$$\mathscr{L}[t\mathrm{e}^{\alpha t}\varepsilon(t)]=-\left(\frac{1}{s-\alpha}\right)'=\frac{1}{(s-\alpha)^2}$$

依次类推，得

$$\mathscr{L}[t^n\mathrm{e}^{\alpha t}\varepsilon(t)]=\frac{n!}{(s-\alpha)^{n+1}},\ \sigma>\alpha$$

由

$$\mathscr{L}[\sin(\omega_0 t)\varepsilon(t)]=\frac{\omega_0}{s^2+\omega_0^2}$$

有

$$\mathscr{L}\left[\frac{\sin(\omega_0 t)}{t}\varepsilon(t)\right]=\int_s^{\infty}\frac{\omega_0}{\gamma^2+\omega_0^2}\mathrm{d}\gamma=\arctan\left(\frac{\gamma}{\omega_0}\right)\Big|_s^{\infty}=\frac{\pi}{2}-\arctan\left(\frac{s}{\omega_0}\right)$$

7. 时域卷积定理

若

$$f_1(t)\leftrightarrow F_1(s),\ \sigma>\sigma_1;\ f_2(t)\leftrightarrow F_2(s),\ \sigma>\sigma_2$$

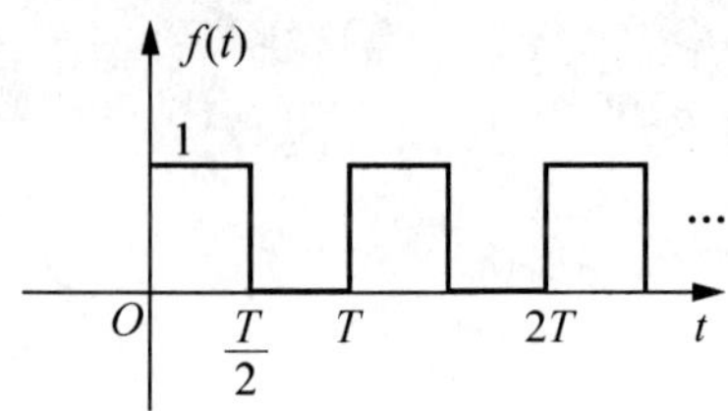

图 6.2　例 6.9 图

有

$$f_1(t)*f_2(t)\leftrightarrow F_1(s)F_2(s)$$

其收敛域包含了 $F_1(s)$ 收敛域与 $F_2(s)$ 的公共部分。

【例 6.9】 求图 6.2 所示信号 $f(t)$ 的拉普拉斯变换。

解： 设 $f_1(t)$ 为 $f_{(}t)$ 主值区间的信号，则

$$f(t)=f_1(t)*\sum_{n=0}^{\infty}\delta(t-nT)$$

$$\mathscr{L}[f_1(t)]=\int_0^{\infty}f_1(t)\mathrm{e}^{-st}\mathrm{d}t=\int_0^{\frac{T}{2}}\mathrm{e}^{-st}\mathrm{d}t=-s^{-1}\mathrm{e}^{-st}\Big|_0^{\frac{T}{2}}=s^{-1}(1-\mathrm{e}^{\frac{-sT}{2}}),\ \sigma>0$$

在【例 6.4】中，已求得单边冲激序列 $\sum_{n=0}^{\infty}\delta(t-nT)$ 的拉普拉斯变换为

$$\mathscr{L}\left[\sum_{n=0}^{\infty}\delta(t-nT)\right]=\frac{1}{1-\mathrm{e}^{-Ts}},\ \sigma>0$$

运用时域卷积定理，得

$$\mathscr{L}[f(t)]=\frac{1-\mathrm{e}^{\frac{-sT}{2}}}{s(1-\mathrm{e}^{-Ts})}$$

8. 初值定理和终值定理

因果信号 $f(t)$ 的 $f(0_+)$ 和 $f(\infty)$ 分别称为 $f(t)$ 初值和终值，初值定理和终值定理就是用 $F(s)$ 直接求 $f(0_+)$ 和 $f(\infty)$ 的定理。

1) 初值定理

若

$$f(t)\leftrightarrow F(s),\ \sigma>\sigma_0$$

当 $F(s)$ 为真分式时，有

$$f(0_+)=\lim_{s\to\infty}sF(s)$$

如果 $F(s)$ 不是真分式，将 $F(s)$ 分解为一个整式 $F_1(s)$ 和真分式 $F_2(s)$ 的和，有 $f(0_+)=\lim_{s\to\infty}sF_2(s)$

2) 终值定理

若

$$f(t)\leftrightarrow F(s),\ \sigma>\sigma_0$$

$F(s)$ 的极点均在 s 的左半平面，或在在原点处有单极点，则

$$f(\infty)=\lim_{s\to 0}sF(s)$$

若 $F(s)$有极点均在 s 的右半平面，或在在原点处有二阶以上的极点，则不能使用终值定理。

理解

当 $F(s)$不是真分式时，$F_1(s)$对应的是$\delta(t)$和$\delta^{(n)}(t)$，它们在 $t=0_+$ 的值为零，所以用初值定理求 $f(0_+)$ 时，需要将 $F_1(s)$丢弃。如果因果信号 $f(t)$的 $f(\infty)$不存在，如 $f(t)=e^t\varepsilon(t)$，$f(\infty)\to\infty$，用终值定理求得 $f(\infty)=0$，显然是错误的。因此运用终值定理的前提条件，实质上就是为了保证实际的 $f(\infty)$ 存在。

【例 6.10】 如果 $f(t)$的拉普拉斯变换为

$$F(s)=\frac{1}{s+\alpha},\ \sigma>\alpha$$

求 $f(0_+)$和 $f(\infty)$。

解： $F(s)$为真分式，故

$$f(0_+)=\lim_{s\to\infty}sF(s)=\lim_{s\to\infty}\frac{s}{s+\alpha}=1$$

$F(s)$的极点为 $s=-\alpha$。

当 $\alpha<0$ 时，极点$-\alpha$ 在右半平面，故 $f(\infty)$不存在。

当 $\alpha=0$ 时，极点在原点，且是单极点，故

$$f(\infty)=\lim_{s\to 0}sF(s)=\lim_{s\to 0}\frac{s}{s}=1$$

当 $\alpha>0$ 时，极点$-\alpha$ 在左半平面，故

$$f(\infty)=\lim_{s\to 0}sF(s)=\lim_{s\to 0}\frac{s}{s+\alpha}=0$$

不难验证，$f(t)=e^{-\alpha t}\varepsilon(t)$。当 $\alpha<0$ 时，$f(t)$是呈指数增长的，$f(\infty)\to\infty$，称 $f(\infty)$不存在。当 $\alpha=0$ 时，$f(t)=\varepsilon(t)$，$f(\infty)=1$。当 $\alpha>0$ 时，$f(t)$是衰减的，$f(\infty)=0$。

常用信号的拉普拉斯变换见表 6 - 1。

表 6 - 1 常用信号的拉普拉斯变换

序号	$f(t)$	$F(s)$
1	$\delta^{(n)}(t)$	s^n，$\sigma>-\infty$
2	$\delta(t)$	1，$\sigma>-\infty$
3	$\varepsilon(t)$	$\frac{1}{s}$，$\sigma>0$
4	$t\varepsilon(t)$	$\frac{1}{s^2}$，$\sigma>0$
5	$t^n(t)\varepsilon(t)$	$n!\ s^{-(n+1)}$
6	$e^{-\alpha t}\varepsilon(t)$	$\frac{1}{s+a}$，$\sigma>-\alpha$
7	$\sin(\omega_0 t)\varepsilon(t)$	$\frac{\omega_0}{s^2+\omega_0^2}$，$\sigma>0$

续表

序号	$f(t)$	$F(s)$
8	$\cos(\omega_0 t)\varepsilon(t)$	$\frac{s}{s^2+\omega_0^2}$，$\sigma>0$
9	$e^{\alpha t}\sin(\omega_0 t)\varepsilon(t)$	$\frac{\omega_0}{(s-\alpha)^2+\omega_0^2}$，$\sigma>\alpha$
10	$e^{\alpha t}\cos(\omega_0 t)\varepsilon(t)$	$\frac{s-\alpha}{(s-\alpha)^2+\omega_0^2}$，$\sigma>\alpha$
11	$\sum_{n=0}^{\infty}\delta(t-nT)$	$\frac{1}{1-e^{-Ts}}$，$\sigma>0$

拉普拉斯变换的性质见表 6-2。

表 6-2　拉普拉斯变换的性质

名称	$f(t)$	$F(s)$
线性	$\alpha f_1(t)+\beta f_2(t)$	$\alpha F_1(s)+\beta F_2(s)$
尺度变换	$f(at)$	$\frac{1}{a}F\left(\frac{s}{a}\right)$
时移特性	$f(t\pm t_0)\varepsilon(t\pm t_0)$	$e^{\pm st_0}F(s)$
	$f(at\pm b)\varepsilon(at\pm b)$	$\frac{1}{a}e^{\pm s\frac{b}{a}}F\left(\frac{s}{a}\right)$
s 域平移特性	$f(t)e^{\pm s_a t}$	$F(s\mp s_a)$
时域微分特性	$f^{(n)}(t)$	$s^nF(s)-\sum_{m=0}^{n-1}s^{n-1-m}f^{(m)}(0_-)$
		$s^nF(s)$，$f(t)$为因果信号
时域积分特性	$f^{(-n)}(t)$	$s^{-n}F(s)+\sum_{m=1}^{n}s^{-(n+1-m)}f^{(-m)}(0_-)$
		$s^{-n}F(s)$，$f(t)$为因果信号
s 域微分特性	$t^nf(t)$	$(-1)^n\frac{d^nF(s)}{ds^n}$
s 域积分特性	$\frac{f(t)}{t}$	$\int_s^{\infty}F(\gamma)d\gamma$
时域卷积定理	$f_1(t)*f_2(t)$	$F_1(s)F_2(s)$
s 域卷积定理	$f_1(t)f_2(t)$	$\frac{1}{2\pi j}\int_{\sigma-j\omega}^{\sigma+j\omega}F_1(\gamma)F_2(s-\gamma)d\gamma$
因果信号初值定理	$f(0_+)=\lim_{s\to\infty}sF(s)$，$F(s)$为真分式。	
因果信号终值定理	$f(\infty)=\lim_{s\to 0}sF(s)$，$F(s)$的极点均在 s 的左半平面，在原点只允许有单极点。	

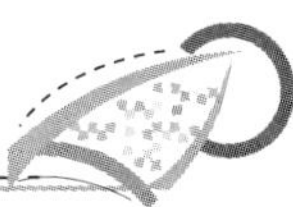

6.3 拉普拉斯反变换

拉普拉斯反变换就是从变换 $F(s)$中还原出信号 $f(t)$的变换，常用的方法有围线积分法(留数法)和部分分式展开法。由于围线积分法涉及复变函数的积分理论，比较复杂，这里只介绍部分分式展开法。该方法先将 $F(s)$展开成一系列部分分式相加，然后再根据各个部分分式的反变换，得到 $F(s)$的反变换 $f(t)$。

$F(s)$可表示为 s 的有理分式，即

$$F(s)=\frac{b_m s^m+b_{m-1}s^{m-1}+\cdots+b_1 s+b_0}{s^n+a_{n-1}s^{n-1}+\cdots+a_1 s+a_0}$$

若 $m\geqslant n$，可将 $F(s)$分解成 s 的有理多项式 $F_1(s)$与有理真分式 $F_2(s)$之和，即

$$F(s)=F_1(s)+F_2(s) \tag{6-14}$$

由于 $F_1(s)$为 s 的有理多项式，它的反变换只包含 $\delta(t)$和 $\delta^{(n)}(t)$的形式。例如

$$F(s)=\frac{s^4+8s^3+24s^2+28s+13}{s^3+6s^2+11s+6}=s+2+\frac{s^2+1}{s^3+6s^2+11s+6}$$

$$\mathscr{L}^{-1}[s+2]=\delta'(t)+2\delta(t)$$

下面讨论有理真分式的反变换。

设 $F(s)$为有理真分式，即 $m<n$，

$$F(s)=\frac{B(s)}{A(s)}=\frac{b_m s^m+b_{m-1}s^{m-1}+\cdots+b_1 s+b_0}{s^n+a_{n-1}s^{n-1}+\cdots+a_1 s+a_0}$$

则 $A(s)=0$ 的根就是 $F(s)$的极点。要将 $F(s)$展开成一系列部分分式的和，先要求出极点。极点可能是单极点，也可能是重极点。

1. 单极点

如果 $A(s)=0$ 的根均是单根，即 n 个根 p_1，p_2，$\cdots p_n$ 互不相等，那么 $F(s)$可展开成如下的形式。

$$F(s)=\frac{K_1}{s-p_1}+\cdots+\frac{K_i}{s-p_i}+\cdots+\frac{K_n}{s-p_n}=\sum_{i=1}^{n}\frac{K_i}{s-p_i} \tag{6-15}$$

将式(6-15)两端同乘以$(s-p_i)$，得

$$(s-p_i)F(s)=\frac{(s-p_i)K_1}{s-p_1}+\cdots+\frac{(s-p_i)K_i}{s-p_i}+\cdots+\frac{(s-p_i)K_n}{s-p_n}$$

再将 $s=p_i$ 代入上式，可确定出 K_i，即

$$K_i=(s-p_i)F(s)\big|_{s=p_i} \tag{6-16}$$

1) 实数单极点

如果这 n 个根 p_1，p_2，$\cdots p_n$ 均为实数，则 $K_i(i=1, 2, \cdots n)$也均为实数。根据拉普拉斯变换的线性性质，得

$$L^{-1}[F(s)]=L^{-1}\left[\sum_{i=1}^{n}\frac{K_i}{s-p_i}\right]=\sum_{i=1}^{n}K_i e^{p_i t}\varepsilon(t)$$

【例 6.11】 求 $F(s)=\dfrac{s+4}{s^2-s-2}$的反变换 $f(t)$。

解：$A(s)=s^2-s-2=0$ 的根 $p_1=-1$，$p_2=2$，为单实根。$F(s)$的展开形式为

$$F(s)=\frac{K_1}{s+1}+\frac{K_2}{s-2}$$

用式(6－16)求出各系数

$$K_1=(s+1)F(s)|_{s=-1}=\frac{s+4}{s-2}|_{s=-1}=-1$$

$$K_2=(s-2)F(s)|_{s=2}=\frac{s+4}{s+1}|_{s=2}=2$$

所以有

$$F(s)=\frac{-1}{s+1}+\frac{2}{s-2}$$

求反变换，得

$$f(t)=(-e^{-t}+2e^{2t})\varepsilon(t)$$

2) 共轭单极点

在 n 个单根 p_1，p_2，$\cdots p_n$ 中，假设 p_1 与 p_2 互为共轭，即 $p_1^*=p_2$，则有 K_1 与 K_2 互为共轭，即 $K_1^*=K_2$。令

$$F_1(s)=\frac{K_1}{s-p_1}+\frac{K_2}{s-p_2} \tag{6-17}$$

若 $p_1=\alpha+j\beta$，$K_1=|K_1|e^{j\theta}$，则有 $p_2=\alpha-j\beta$，$K_2=|K_1|e^{-j\theta}$。式(6－17)可表示为

$$F_1(s)=\frac{|K_1|e^{j\theta}}{s-(\alpha+j\beta)}+\frac{|K_1|e^{-j\theta}}{s-(\alpha-j\beta)} \tag{6-18}$$

对式(6－18)进行反变换，得

$$\begin{aligned}\mathscr{L}^{-1}[F_1(s)]&=[|K_1|e^{j\theta}e^{(\alpha+j\beta)t}+|K_1|e^{-j\theta}e^{(\alpha-j\beta)t}]\varepsilon(t)\\&=|K_1|e^{\alpha t}[e^{j(\beta t+\theta)}+e^{-j(\beta t+\theta)}]\varepsilon(t)\\&=2|K_1|e^{\alpha t}\cos(\beta t+\theta)\varepsilon(t)\end{aligned}$$

【例 6.12】 求 $F(s)=\dfrac{s-2}{s^2-2s+2}$的反变换 $f(t)$。

解： $A(s)=s^2-2s+2=0$ 的根为 $p_1=1+j$，$p_2=1-j$。$F(s)$的展开形式为

$$F(s)=\frac{K_1}{s-(1+j)}+\frac{K_1^*}{s-(1-j)}$$

$$K_1=[s-(1+j)]F(s)|_{s=1+j}=\frac{s-2}{[s-(1-j)]}|_{s=1+j}=\frac{-1+j}{2j}=\frac{\sqrt{2}}{2}e^{j\frac{\pi}{4}}$$

$$K_1^*=\frac{\sqrt{2}}{2}e^{-j\frac{\pi}{4}}$$

$F(s)$的反变换为

$$\begin{aligned}f(t)&=\left[\frac{\sqrt{2}}{2}e^{\frac{\pi}{4}j}e^{(1+j)t}+\frac{\pi}{2}e^{-\frac{\pi}{4}j}e^{(1-j)t}\right]\varepsilon(t)\\&=\frac{\sqrt{2}}{2}e^t[e^{(\frac{\pi}{4}+t)j}+e^{-(\frac{\pi}{4}+t)j}]\varepsilon(t)\\&=\sqrt{2}e^t\cos(t+\frac{\pi}{4})\varepsilon(t)\end{aligned}$$

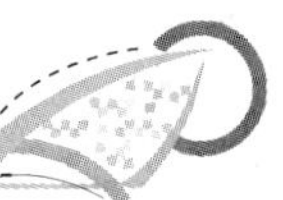

实用小窍门

对【例 6.12】还有如下的处理方法。

解：考虑到有复数极点，将 $F(s)$ 写为

$$F(s)=\frac{s-2}{s^2-2s+2}=\frac{(s-1)}{(s-1)^2+1}-\frac{1}{(s-1)^2+1}$$

根据 $e^{\alpha t}\cos(\omega_0 t)\varepsilon(t)$ 和 $e^{\alpha t}\sin(\omega_0 t)\varepsilon(t)$ 的拉普拉斯变换，有

$$f(t)=(e^t\cos t-e^t\sin t)\varepsilon(t)=\sqrt{2}\,e^t\cos\left(t+\frac{\pi}{4}\right)\varepsilon(t)$$

2. 重极点

如果在 $A(s)=0$ 的根中，p_1 为 r 重根，即 $p_1=p_2=\cdots=p_r$，而其余的 $n-r$ 根都不等于 p_1。那么 $F(s)$ 可展开成如下的形式

$$F(s)=\frac{K_{11}}{(s-p_1)^r}+\frac{K_{12}}{(s-p_1)^{r-1}}+\cdots+\frac{K_{1r}}{(s-p_1)}+F_2(s)$$

有

$$K_{1r}=\frac{1}{(r-1)!}\frac{d^{r-1}}{ds^{r-1}}[(s-p_1)^r F(s)]\Big|_{s=p_1} \tag{6-19}$$

式(6-19)的推导如下。

$$(s-p_1)^r F(s)=K_{11}+K_{12}(s-p_1)+\cdots+K_{1r}(s-p_1)^{r-1}+(s-p_1)^r F_2(s) \tag{6-20}$$

$$K_{11}=(s-p_1)^r F(s)\big|_{s=p_1}$$

对式(6-20)求导，得

$$\frac{d[(s-p_1)^r F(s)]}{ds}=K_{12}+2K_{13}(s-p_1)\cdots+K_{1r}(r-1)(s-p_1)^{r-2}+\frac{d[(s-p_1)^r F_2(s)]}{ds}$$

$$K_{12}=\frac{d[(s-p_1)^r F(s)]}{ds}\Big|_{s=p_1}$$

依次类推，可得到式(6-19)。

1) 实数重极点

如果 r 重根 p_1 为实数，则 $K_{1l}(l=1,2,\cdots r)$ 也均为实数。根据【例 6.8】，有

$$L^{-1}\left[\frac{1}{(s-p_1)^{n+1}}\right]=\frac{1}{n!}t^n e^{p_1 t}\varepsilon(t)$$

故

$$L^{-1}\left[\frac{K_{11}}{(s-p_1)^r}+\frac{K_{12}}{(s-p_1)^{r-1}}+\cdots+\frac{K_{1r}}{(s-p_1)}\right]=\left[\frac{K_{11}}{(r-1)!}t^{r-1}+\frac{K_{12}}{(r-2)!}t^{r-2}+\cdots+K_{1r}\right]e^{p_1 t}\varepsilon(t)$$

即

$$L^{-1}\left[\sum_{l=1}^{r}\frac{K_{1l}}{(s-p_1)^{r+1-l}}\right]=\left[\sum_{l=1}^{r}\frac{K_{1l}}{(r-l)!}t^{r-l}e^{p_1 t}\varepsilon(t)\right]$$

【例 6.13】 求 $F(s)=\dfrac{s-2}{(s+2)^3(s+1)}$ 的反变换 $f(t)$。

解：$A(s)=(s+2)^3(s+1)=0$ 的根为 $p_1=p_2=p_3=-2$，$p_4=-1$。$F(s)$ 的展开形式为

$$F(s)=\frac{K_{11}}{(s+2)^3}+\frac{K_{12}}{(s+2)^2}+\frac{K_{13}}{(s+2)}+\frac{K_4}{s+1}$$

$$K_{11}=(s+2)^3F(s)|_{s=-2}=4 \qquad K_{12}=\frac{\mathrm{d}[(s+2)^3F(s)]}{\mathrm{d}s}|_{s=-2}=3$$

$$K_{13}=\frac{1}{2!}\frac{\mathrm{d}^2[(s+2)^3F(s)]}{\mathrm{d}s^2}|_{s=-2}=3 \qquad K_4=(s+1)F(s)|_{s=-1}=-3$$

$F(s)$的反变换为

$$f(t)=\left[\left(\frac{3}{2}t^2+3t+4\right)\mathrm{e}^{-2t}-3\mathrm{e}^{-t}\right]\varepsilon(t)$$

2) 共轭重极点

如果$A(s)=0$有共轭的重根，可用类似于共轭单极点的思路来处理。这里假设$A(s)=0$有二重共轭复根$p_1=p_2=\alpha+\mathrm{j}\beta$，$p_3=p_4=\alpha-\mathrm{j}\beta$，则

$$F_1(s)=\frac{K_{11}}{(s-\alpha-\mathrm{j}\beta)^2}+\frac{K_{12}}{s-\alpha-\mathrm{j}\beta}+\frac{K_{11}^*}{(s-\alpha+\mathrm{j}\beta)^2}+\frac{K_{12}^*}{s-\alpha+\mathrm{j}\beta}$$

即

$$F_1(s)=\frac{|K_{11}|\mathrm{e}^{\mathrm{j}\theta}}{(s-\alpha-\mathrm{j}\beta)^2}+\frac{|K_{12}|\mathrm{e}^{\mathrm{j}\varphi}}{s-\alpha-\mathrm{j}\beta}+\frac{|K_{11}|\mathrm{e}^{-\mathrm{j}\theta}}{(s-\alpha+\mathrm{j}\beta)^2}+\frac{|K_{12}|\mathrm{e}^{-\mathrm{j}\varphi}}{s-\alpha+\mathrm{j}\beta} \qquad (6-21)$$

对式(6-21)进行反变换，得

$$\begin{aligned}\mathscr{L}^{-1}[F_1(s)] &= [|K_{11}|t\mathrm{e}^{\mathrm{j}\theta}\mathrm{e}^{(\alpha+\mathrm{j}\beta)t}+|K_{12}|\mathrm{e}^{\mathrm{j}\varphi}\mathrm{e}^{(\alpha+\mathrm{j}\beta)t}+|K_{11}|t\mathrm{e}^{-\mathrm{j}\theta}\mathrm{e}^{(\alpha-\mathrm{j}\beta)t}+|K_{12}|\mathrm{e}^{\mathrm{j}\varphi}\mathrm{e}^{(\alpha-\mathrm{j}\beta)t}]\varepsilon(t)\\ &= 2\mathrm{e}^{\alpha t}[|K_{11}|t\cos(\beta t+\theta)+|K_{12}|\cos(\beta t+\varphi)]\varepsilon(t) \qquad (6-22)\end{aligned}$$

【例 6.14】 求$F(s)=\dfrac{s+2}{[(s+1)^2+1]^2}$的反变换$f(t)$。

解：$A(s)=0$有二重共轭复根$p_1=p_2=-1+\mathrm{j}$，$p_3=p_4=-1-\mathrm{j}$。$F(s)$的展开形式为

$$F(s)=\frac{K_{11}}{(s+1-\mathrm{j})^2}+\frac{K_{12}}{s+1-\mathrm{j}}+\frac{K_{11}^*}{(s+1+\mathrm{j})^2}+\frac{K_{12}^*}{s+1+\mathrm{j}}$$

$$K_{11}=(s+1-\mathrm{j})^2F(s)|_{s=-1+\mathrm{j}}=\frac{1+\mathrm{j}}{-4}=\frac{\sqrt{2}}{4}\mathrm{e}^{\frac{-3\pi}{4}\mathrm{j}}; \qquad K_{11}^*=\frac{\sqrt{2}}{4}\mathrm{e}^{\frac{3\pi}{4}\mathrm{j}}$$

$$K_{12}=\frac{\mathrm{d}}{\mathrm{d}s}[(s+1-\mathrm{j})^2F(s)]|_{s=-1+\mathrm{j}}=\frac{-\mathrm{j}}{4}=\frac{1}{4}\mathrm{e}^{-\frac{\pi}{2}\mathrm{j}}; \qquad K_{12}^*=\frac{1}{4}\mathrm{e}^{\frac{\pi}{2}\mathrm{j}}$$

利用式(6-22)，得

$$f(t)=\mathrm{e}^{-t}\left[\frac{\sqrt{2}}{2}t\cos\left(t-\frac{3\pi}{4}\right)+\frac{1}{2}\cos\left(t-\frac{\pi}{2}\right)\right]\varepsilon(t)$$

6.4 系统的 s 域分析

6.4.1 微分方程的变换解法

与微分方程的经典解法相比，运用拉普拉斯变换能将微分方程转化为代数方程，便于分析系统的响应。与傅里叶变换法相比，该方法的优势在于可以一举求得系统的零输入响应、零状态响应和全响应。

对于n阶的 LTI 连续时间系统，描述它的微分方程为

$$\sum_{i=0}^{n}a_iy^{(i)}(t)=\sum_{\mathrm{j}=0}^{m}b_{\mathrm{j}}f^{(\mathrm{j})}(t) \qquad (6-23)$$

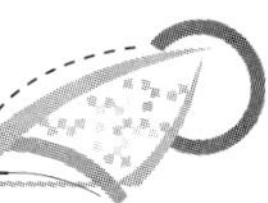

式(6-23)中，系数 $a_i(i=0, 1, \cdots n)$，$a_n=1$，$b_j(j=1, 2, \cdots m)$均为实数。设系统的初始状态为 $y(0_-)$，…，$y^{(n-1)}(0_-)$，$f(t)$为因果信号，$f^{(j)}(0_-)=0$。对式(6-23)两边求拉普拉斯变换，得

$$\sum_{i=1}^{n} a_i[s^i Y(s)-\sum_{l=0}^{i-1} s^{i-1-l} y^{(l)}(0_-)]=\sum_{j=0}^{m} b_j s^j F(s)$$

即

$$[\sum_{i=1}^{n} a_i s^i]Y(s)-\sum_{i=1}^{n} a_i[\sum_{l=0}^{i-1} s^{i-1-l} y^{(l)}(0_-)]=[\sum_{j=0}^{m} b_j s^j]F(s)$$

由上式可解得

$$Y(s)=\frac{M(s)}{A(s)}+\frac{B(s)}{A(s)}F(s) \tag{6-24}$$

式(6-24)中，$A(s)=\sum\limits_{i=0}^{n} a_i s^i$ 称为系统的特征多项式，$A(s)=0$ 称为系统的特征方程，特征根对应于系统的固有频率。$B(s)=\sum\limits_{j=0}^{m} b_j s^j$ ，$M(s)=\sum\limits_{i=1}^{n} a_i[\sum\limits_{l=0}^{i-1} s^{i-1-l} y^{(l)}(0_-)]$ 。$\dfrac{M(s)}{A(s)}$与系统的初始状态有关，而与输入 $f(t)$的变换 $F(s)$无关，对应的是系统的零输入响应。$\dfrac{B(s)}{A(s)}F(s)$与输入 $f(t)$的变换 $F(s)$有关，而与系统的初始状态无关，对应的是系统的零状态响应。即

$$Y_{zi}(s)=\frac{M(s)}{A(s)} \tag{6-25a}$$

$$Y_{zs}(s)=\frac{B(s)}{A(s)}F(s) \tag{6-25b}$$

对式(6-24)直接求反变换，可得系统的全响应，对式(6-25a)和式(6-25b)求反变换，可分别得到系统的零输入响应和零状态响应。

【例 6.15】 描述某 LTI 连续系统的微分方程为

$$y''(t)+3y'(t)+2y(t)=f'(t)+4f(t)$$

已知输入 $f(t)=\varepsilon(t)$，初始状态 $y(0_-)=1$，$y'(0_-)=0$，求系统的零输入响应、零状态响应和全响应。

解：对微分方程两边求拉普拉斯变换，得

$$[s^2Y(s)-sy(0_-)-y'(0_-)]+3[sY(s)-y(0_-)]+2Y(s)=sF(s)+4F(s)$$

即

$$(s^2+3s+2)Y(s)-[sy(0_-)+y'(0_-)+3y(0_-)]=(s+4)F(s)$$

整理得到

$$Y(s)=\frac{sy(0_-)+y'(0_-)+3y(0_-)}{s^2+3s+2}+\frac{s+4}{s^2+3s+2}F(s)$$

由 $f(t)=\varepsilon(t)$，有 $F(s)=\dfrac{1}{s}$。

$$Y_{zi}(s)=\frac{sy(0_-)+y'(0_-)+3y(0_-)}{s^2+3s+2}=\frac{s+3}{s^2+3s+2}$$

$$Y_{zs}(s)=\frac{s+4}{s^2+3s+2}F(s)=\frac{s+4}{(s^2+3s+2)s}$$

对 $Y_{zi}(s)$、$Y_{zs}(s)$ 求反变换，分别得到零输入响应和零状态响应为：

$$y_{zi}(t)=\mathscr{L}^{-1}[Y_{zi}(s)]=(2e^{-t}-e^{-2t})\varepsilon(t)$$

$$y_{zs}(t)=\mathscr{L}^{-1}[Y_{zs}(s)]=(2-3e^{-t}+e^{-2t})\varepsilon(t)$$

系统的全响应为

$$y(t)=y_{zi}(t)+y_{zs}(t)=(2-e^{-t})\varepsilon(t)$$

连续系统的响应除了可以分为零输入响应和零状态响应外，还可以分为自由响应和强迫响应，稳态响应和瞬态响应。与特征方程 $A(s)=0$ 极点相关的是自由响应分量，与$F(s)$ 极点相关的是强迫响应分量。在【例 6.15】的响应 $y(t)$中，$A(s)=0$ 的极点为 $s_1=-1$，$s_2=-2$；$F(s)$的极点为 $s_3=0$，故$-e^{-t}\varepsilon(t)$为自由响应分量，$2\varepsilon(t)$为强迫响应分量。当$t\to\infty$时，$-e^{-t}\varepsilon(t)\to 0$，$y(t)=2\varepsilon(t)$，故 $2\varepsilon(t)$为稳态响应分量，$-e^{-t}\varepsilon(t)$为瞬态响应分量。

【例 6.16】 描述某 LTI 连续系统的微分方程为

$$y''(t)+3y'(t)+2y(t)=f'(t)$$

已知输入 $f(t)=e^{-3t}\varepsilon(t)$，初始值 $y(0_+)=1$，$y'(0_+)=1$，求系统的零输入响应、零状态响应和全响应。

解： 由于零状态响应与初始状态无关，可先求零状态响应。系统的零状态响方程为

$$y''_{zs}(t)+3y'_{zs}(t)+2y_{zs}(t)=f'(t)$$

对其进行拉普拉斯变换，得

$$s^2Y_{zs}(s)+3sY_{zs}(s)+2Y_{zs}(s)=sF(s)$$

由于 $F_{zs}(s)=\dfrac{1}{s+3}$，故

$$Y_{zs}(s)=\frac{s}{s^2+3s+2}F(s)=\frac{s}{(s^2+3s+2)}\frac{1}{(s+3)}$$

$$=\frac{-\frac{1}{2}}{s+1}+\frac{2}{s+2}+\frac{-\frac{3}{2}}{s+3}$$

$$y_{zs}(t)=\left(-\frac{1}{2}e^{-t}+2e^{-2t}-\frac{3}{2}e^{-3t}\right)\varepsilon(t) \tag{6-26}$$

由 $y^{(j)}(0_-)=y_{zi}^{(j)}(0_+)$(见 2.2 节)，有 $y^{(j)}(0_-)=y_{zi}^{(j)}(0_+)=y^{(j)}(0_+)-y_{zs}^{(j)}(0_+)$。

根据式(6-26)，可求得

$$y_{zs}(0_+)=0,\quad y'_{zs}(0_+)=1$$

$$y(0_-)=y(0_+)-y_{zs}(0_+)=1,\quad y'(0_-)=y'(0_+)-y'_{zs}(0_+)=0$$

零输入时，系统方程为

$$y''(t)+3y'(t)+2y(t)=0$$

对其进行拉普拉斯变换，得

$$[s^2Y(s)-sy(0_-)-y'(0_-)]+3[sY(s)-y(0_-)]+2Y(s)=0$$

即

$$(s^2+3s+2)Y(s)-[sy(0_-)+y'(0_-)+3y(0_-)]=0$$

整理得到

$$Y(s)=\frac{sy(0_-)+y'(0_-)+3y(0_-)}{s^2+3s+2}$$

$$Y_{zi}(s)=\frac{sy(0_-)+y'(0_-)+3y(0_-)}{s^2+3s+2}=\frac{s+3}{s^2+3s+2}=\frac{2}{s+1}+\frac{-1}{s+2}$$

对$Y_{zi}(s)$、$Y_{zs}(s)$求反变换，分别得到零输入响应和零状态响应

$$y_{zi}(t)=L^{-1}[Y_{zi}(s)]=(2\mathrm{e}^{-t}-\mathrm{e}^{-2t})\varepsilon(t)$$

系统的全响应为

$$y(t)=y_{zi}(t)+y_{zs}(t)=\left(\frac{3}{2}\mathrm{e}^{-t}+2\mathrm{e}^{-2t}-\frac{3}{2}\mathrm{e}^{-3t}\right)\varepsilon(t)$$

6.4.2　电路的s域分析

时域里分析电路时，依据基尔霍夫电压或电流定律得到的是微分方程，见1.5节。有了拉普拉斯变换，也可以用变换法来解电路的微分方程。若先建立起电路元件的s域模型，就能直接得到电路系统的代数方程，对电路的分析会更加快捷。

1. 基尔霍夫电压与电流定律

时域里基尔霍夫电压与电流定律的数学描述式为

$$\sum u(t)=0 \tag{6-27a}$$

$$\sum i(t)=0 \tag{6-27b}$$

对式(6-27a)、式(6-27b)进行拉普拉斯变换，得到s域里基尔霍夫电压与电流定律的数学描述式

$$\sum U(s)=0 \tag{6-28a}$$

$$\sum I(s)=0 \tag{6-28b}$$

式(6-28a)中，$U(s)=\mathscr{L}[u(t)]$；式(6-28b)中，$I(s)=\mathscr{L}[i(t)]$。

2. 电阻R

时域里电阻R两端电压与电流的关系为

$$u(t)=i(t)R \tag{6-29a}$$

对式(6-29a)两边求拉普拉斯变换，得

$$U(s)=I(s)R \tag{6-29b}$$

根据式(6-29a)和(6-29b)画出电阻R的时域和s域模型，如图6.3所示。

(a) 时域模型　　(b) s域模型

图6.3　电阻的时域和s域模型

3. 电感L

时域里电感L两端电压与电流的关系为

$$u(t)=L\frac{\mathrm{d}i(t)}{\mathrm{d}t} \tag{6-30}$$

对式(6-30)两边求拉普拉斯变换，得

$$U(s)=sLI(s)-Li_L(0_-) \tag{6-31a}$$

式(6-31a)也可写为

$$I(s)=\frac{1}{sL}U(s)+\frac{i_L(0_-)}{s} \tag{6-31b}$$

根据式(6－30)可画出电感 L 的时域模型，根据式(6－31a)可画出电感 L 的 s 域电压模型(串联)，根据式(6－31b)可画出电感 L 的 s 域电流模型(并联)，分别如图 6.4(a)、图 6.4(b)、图 6.4(c)所示。

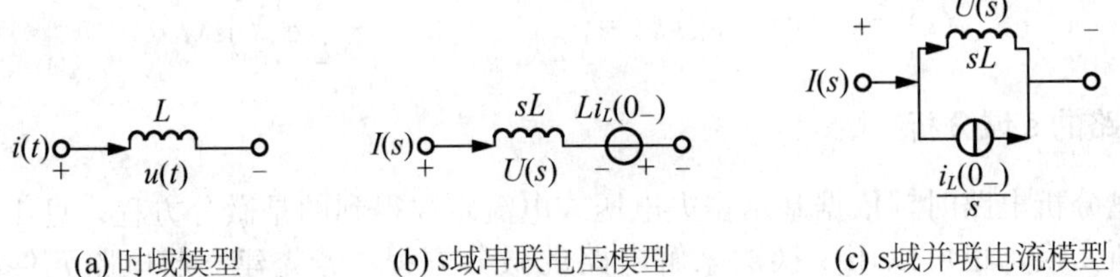

图 6.4 电感的时域和 s 域模型

4. 电容 C

时域里电容 C 电流与两端电压关系为

$$i(t)=C\frac{\mathrm{d}u(t)}{\mathrm{d}t} \tag{6-32}$$

对式(6－32)两边求拉普拉斯变换，得

$$I(s)=sCU(s)-Cu_C(0_-) \tag{6-33a}$$

式(6－33a)也可写为

$$U(s)=\frac{I(s)}{sC}+\frac{u_C(0_-)}{s} \tag{6-33b}$$

根据式(6－32)画出电容 C 的时域模型，根据式(6－33a)画出电容 C 的 s 域电流模型(并联)，根据式(6－33b)画出电容 C 的 s 域电压模型(串联)，分别如图 6.5(a)、图 6.5(b)、图 6.5(c)所示。

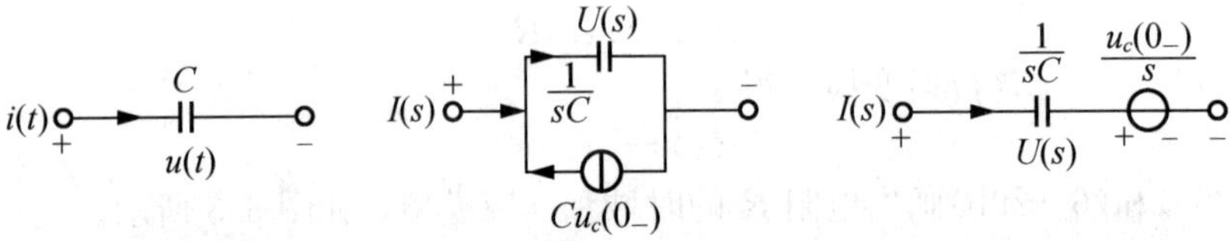

(a) 时域模型　(b) s域并联电流模型　(c) s域串联电压模型

图 6.5 电容的时域和 s 域模型

三种元件的时域和 s 域模型列在表 6－3 中。

表 6－3 电路原件的 s 域模型

	电阻	电感	电容
时域模型	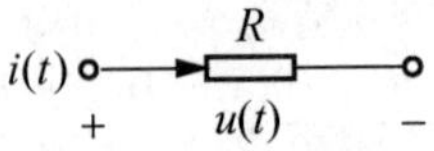 $u(t)=i(t)R$ $i(t)=\frac{u(t)}{R}$	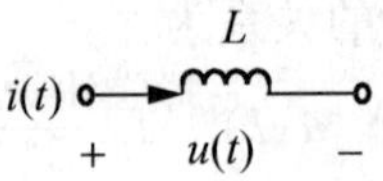 $u(t)=L\frac{\mathrm{d}i(t)}{\mathrm{d}t}$ $i(t)=\frac{1}{L}\int_{0-}^{t}u(x)\mathrm{d}x+i_L(0-)$	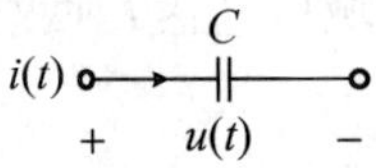 $u(t)=\frac{1}{C}\int_{0-}^{t}i(x)\mathrm{d}x+u_c(0_-)$ $i(t)=C\frac{\mathrm{d}u(t)}{\mathrm{d}t}$

续表

	电阻	电感	电容
串联电压模型	$U(s)=I(s)R$	$U(s)=sLI(s)-Li_L(0_-)$	$U(s)=\frac{I(s)}{sC}+\frac{u_C(0_-)}{s}$
并联电流模型	$I(s)=\frac{U(s)}{R}$	$I(s)=\frac{1}{sL}U(s)+\frac{i_L(0_-)}{s}$	$I(s)=sCU(s)-Cu_C(0_-)$

【例 6.17】 如图 6.6 所示电路，已知 $R=2\Omega$，$L=1\text{H}$，$C=1\text{F}$，$u_i(t)=6\text{V}$。开关 K 打开前电路已处于稳定状态，求在 $t=0$ 时，开关 K 打开后，电路中的电流 $i(t)$。

解： 首先求出电容电压和电感电流的初始值 $u_C(0_-)$ 和 $i_L(0_-)$，这是开关 K 打开前电容的电压和电感的电流。

根据基尔霍夫电压定律，有

$$u_i(t)-i_L(0_-)R=0$$

故

$$i_L(0_-)=\frac{u_i(t)}{R}=3(\text{A})$$

电容 C 两端被短路，故有 $u_C(0_-)=0$。开关 K 打开后的 s 域模型，如图 6.7 所示。

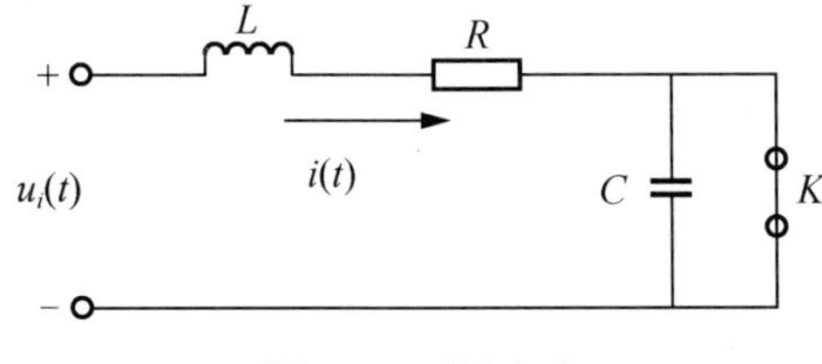

图 6.6　时域电路

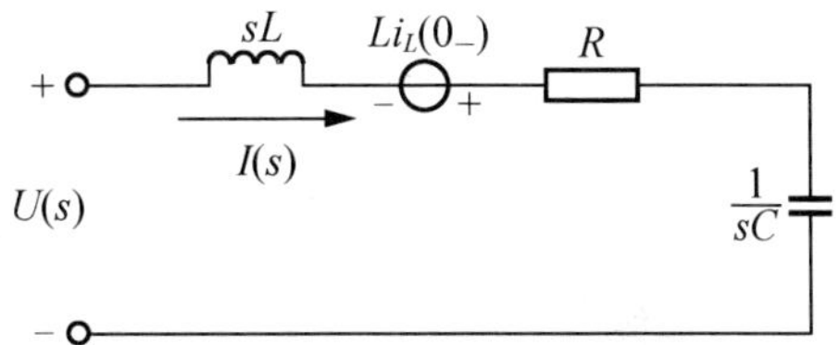

图 6.7　s 域电路

根据基尔霍夫电压定律，有

$$U(s)-I(s)sL+Li_L(0_-)-I(s)R-I(s)\frac{1}{sC}=0$$

由 $u_i(t)=6$，有 $U(s)=\mathscr{L}[u_i(t)]=\frac{6}{s}$。

$$I(s)=\frac{3s+6}{s^2+2s+1}=\left[\frac{3}{(s+1)^2}+\frac{3}{s+1}\right]$$

$$i(t)=\mathscr{L}^{-1}[I(s)]=(3t\text{e}^{-t}+3\text{e}^{-t})\varepsilon(t)(\text{A})$$

6.5　系统函数与系统特性

6.5.1　系统函数

设 LTI 连续系统的冲激响应为 $h(t)$，则该系统的系统函数定义为

$$H(s)=\int_{-\infty}^{\infty}h(t)\mathrm{e}^{-st}\mathrm{d}t \tag{6-34}$$

冲激响应 $h(t)$ 与系统函数 $H(s)$ 是一对拉普拉斯变换。

在时域里零状态响应与激励和冲激响应 $h(t)$ 的关系为

$$y_{zs}(t)=f(t)*h(t)$$

根据拉普拉斯变换的时域卷积特性有

$$Y_{zs}(s)=F(s)H(s) \tag{6-35}$$

因此系统函数也可定义为，零状态响应的拉普拉斯变换与激励的拉普拉斯变换之比，即

$$H(s)=\frac{Y_{zs}(s)}{F(s)} \tag{6-36}$$

若描述 n 阶 LTI 连续系统的微分方程为

$$\sum_{i=0}^{n}a_i y^{(i)}(t)=\sum_{j=0}^{m}b_j f^{(j)}(t)$$

在初始状态为零的情况下，即 $y(0_-)=y'(0_-)=\cdots=y^{(n-1)}(0_-)=0$，对上式进行拉普拉斯变换，得

$$Y_{zs}(s)\sum_{i=0}^{n}a_i s^i=(\sum_{j=0}^{m}b_j s^j)F(s)$$

有

$$H(s)=\frac{Y_{zs}(s)}{F(s)}=\frac{B(s)}{A(s)} \tag{6-37}$$

式中 $A(s)=\sum_{i=0}^{n}a_i s^i$ ，$B(s)=\sum_{j=0}^{m}b_j s^j$ 。

理解

求系统函数 $H(s)$ 有 3 种途径：一是根据 $h(t)$，用式(6-34)求；二是根据零状态响应 $y_{zs}(t)$ 和激励 $f(t)$，用式(6-36)求；三是根据描述系统的微分方程求。

【例 6.18】 描述某 LTI 连续系统的微分方程为

$$y''(t)+3y'(t)+2y(t)=f'(t)+4f(t)$$

求系统函数和冲激响应 $h(t)$。

解： 在零状态下，对微分方程进行拉普拉斯变换，得

$$s^2Y_{zs}(s)+3sY_{zs}(s)+2Y_{zs}(s)=sF(s)+4F(s)$$

有

$$H(s)=\frac{Y_{zs}(s)}{F(s)}=\frac{s+4}{s^2+3s+2}$$

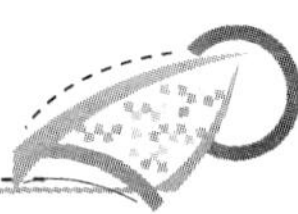

$$h(t)=\mathscr{L}^{-1}[H(s)]=(3\mathrm{e}^{-t}-2\mathrm{e}^{-2t})\varepsilon(t)$$

【例 6.19】 已知某 LTI 系统当激励 $f(t)=\mathrm{e}^{-t}\varepsilon(t)$时，零状态响应为

$$y_{zs}(t)=(\mathrm{e}^{-t}-2\mathrm{e}^{-2t}+\mathrm{e}^{-3t})\varepsilon(t)$$

求系统函数 $H(s)$和描述系统的微分方程。

解：

$$F(s)=\mathscr{L}[f(t)]=\frac{1}{s+1}$$

$$Y_{zs}(s)=\mathscr{L}[y_{zs}(t)]=\frac{1}{s+1}-\frac{2}{s+2}+\frac{1}{s+3}=\frac{2}{(s+1)(s+2)(s+3)}$$

有

$$H(s)=\frac{Y_{zs}(s)}{F(s)}=\frac{2}{(s+2)(s+3)}=\frac{2}{s^2+5s+6}$$

描述该系统的微分方程为

$$y''(t)+5y'(t)+6y(t)=2f(t)$$

实用小窍门

仔细观察 $H(s)$与微分方程之间的对应关系，会发现分母多项式与 $y(t)$相关，分子多项式与 $f(t)$相关。分母多项式中的 $s^{(i)}$代表 $y^{(i)}(t)$，分子多项式中的 $s^{(j)}$代表 $f^{(j)}(t)$。掌握了这个对应关系，便能迅速地实现微分方程与 $H(s)$的相互转化。

6.5.2 系统函数的零点和极点

广义地讲，系统函数的零点就是使 $H(s)=0$ 的 s 值，极点就是使 $H(s)\to\infty$的 s 值。对于连续系统

$$H(s)=\frac{B(s)}{A(s)}=\frac{b_m s^m+b_{m-1}s^{m-1}+\cdots+b_1 s+b_0}{s^n+a_{n-1}s^{n-1}+\cdots+a_1 s+a_0} \tag{6-38}$$

当 $m>n$ 时，零点为有理多项式 $B(s)=0$ 的根[用 $\zeta_j(j=1, 2, \cdots, m)$表示]；极点为有理多项式 $A(s)=0$ 的根[用 $p_i(i=1, 2, \cdots, n)$表示]，以及无穷远处的$(m-n)$阶极点$|s|\to\infty$。

当 $m=n$ 时，零点为有理多项式 $B(s)=0$ 的根 ζ_j；极点为有理多项式 $A(s)=0$ 的根 p_i。

当 $m<n$ 时，零点包括有理多项式 $B(s)=0$ 的根 ζ_j，以及无穷远处的$(n-m)$阶的零点$|s|\to\infty$；极点为有理多项式 $A(s)=0$ 的根 p_i。

广义地讲，对于任何 LTI 连续系统，它的零极点个数总相等，等于 $\max(m, n)$。

由于$|s|\to\infty$的零极点，均无实际意义，常常只讨论有限的零极点。狭义地讲，系统函数的零点为 $B(s)=0$ 的根，极点为 $A(s)=0$ 的根。若不作特殊说明，以后所讨论的零极点，均不包括$|s|\to\infty$。这样，将式(6-38)的分子和分母分别进行因式分解，可写为

$$H(s)=\frac{B(s)}{A(s)}=\frac{b_m\prod_{j=1}^{m}(s-\zeta_j)}{\prod_{i=1}^{n}(s-p_i)} \tag{6-39}$$

在 s 平面里，零点 ζ_j 用“o”标示，极点 p_i 用“×”标示。

【例 6.20】 求下列系统函数的零点和极点，并画出它们的零极点分布图。

(1) $H_1(s)=\dfrac{s+2}{s^2+2s+1}$　　　　(2) $H_2(s)=\dfrac{s^2+1}{s+3}$

解：

(1) $H_1(s)$的零点有 $\zeta_1=-2$ 和一阶零点$|s|\to\infty$，极点有 $p_1=p_2=-1$。

(2) $H_2(s)$的零点有 $\zeta_1=-\mathrm{j}$，$\zeta_2=\mathrm{j}$，极点有 $p_1=-3$ 和一阶极点$|s|\to\infty$。

$H_1(s)$和 $H_2(s)$的零极点分布分别如图 6.8(a)和图 6.8(b)所示(只需标出有限的零极点)。

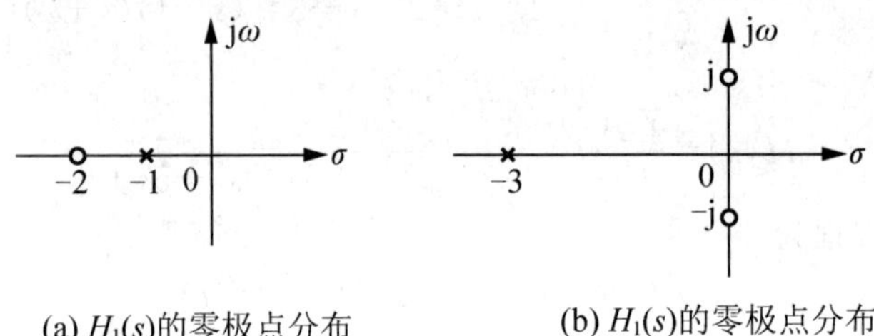

(a) $H_1(s)$的零极点分布　　(b) $H_1(s)$的零极点分布

图 6.8　零极点分布图

6.5.3　系统的因果性与稳定性

1. 系统的因果性

时域里，LTI 连续系统是因果系统的充要条件是

$$h(t)=0,\ t<0$$

由于 $H(s)$是 $h(t)$的拉普拉斯变换，不难得到 s 域里，LTI 连续系统是因果系统的充要条件是，$H(s)$的收敛域为

$$\sigma>\sigma_0$$

即收敛域的形式为，大于某个值 σ_0 的右半开平面。

2. 系统的稳定性

时域里，一个因果的 LTI 连续系统，稳定的充要条件是，它的冲激响应在区间$(0,+\infty)$上绝对可积，即

$$\int_0^{\infty}|h(t)|\,\mathrm{d}t\leqslant M \tag{6-40}$$

根据拉普拉斯反变换可知，对于因果系统 $H(s)$，若有实数单极点 $p=\alpha$，则展开式中必有$\dfrac{K}{s-\alpha}$的分式，$h(t)$中必有 $K\mathrm{e}^{\alpha t}\varepsilon(t)$分量。若有 r 重的实数极点 $p=\alpha$，则展开式中必有$\dfrac{K}{(s-\alpha)^r}$的分式，$h(t)$中必有$\dfrac{Kt^{r-1}\mathrm{e}^{\alpha t}}{(r-1)!}\varepsilon(t)$分量。若有共轭复数单极点 $p_{1,2}=\alpha\pm\mathrm{j}\beta$，则展开式中必有$\dfrac{|K|\mathrm{e}^{\mathrm{j}\theta}}{s-(\alpha+\mathrm{j}\beta)}+\dfrac{|K|\mathrm{e}^{-\mathrm{j}\theta}}{s-(\alpha-\mathrm{j}\beta)}$的分式，$h(t)$中必有 $2|K|\mathrm{e}^{\alpha t}\cos(\beta t+\theta)\varepsilon(t)$分量。若有 r 重共轭复数极点 $p_{1,2}=\alpha\pm\mathrm{j}\beta$，则展开式中必有$\dfrac{|K|\mathrm{e}^{\mathrm{j}\theta}}{[s-(\alpha+\mathrm{j}\beta)]^r}+\dfrac{|K|\mathrm{e}^{-\mathrm{j}\theta}}{[s-(\alpha-\mathrm{j}\beta)]^r}$的分

式，$h(t)$中必有$\frac{2|K|t^{r-1}e^{\alpha t}}{(r-1)!}\cos(\beta t+\theta)\varepsilon(t)$分量。

根据上述分析，不难得到根据$H(s)$判断系统稳定的条件如下。

(1) 若因果系统$H(s)$的极点均在左半开平面，即$\alpha<0$，则$h(t)$的各种分量中都含有衰减因子$Ke^{\alpha t}\varepsilon(t)$，$\lim\limits_{t\to\infty}h(t)=0$。此时有式(6-40)成立，系统稳定。

(2) 若因果系统$H(s)$的极点均在右半开平面，即$\alpha>0$，则$h(t)$的各种分量中都含有指数增长因子$Ke^{\alpha t}\varepsilon(t)$，$\lim\limits_{t\to\infty}h(t)\to\infty$。此时式(6-40)不成立，系统不稳定。

(3) 若因果系统$H(s)$的极点均在虚轴上，即$\alpha=0$。当虚轴上的极点均为单极点时，$h(t)$中的$K\varepsilon(t)$或$2|K|\cos(\beta t+\theta)\varepsilon(t)$分量均有界。虽然式(6-40)不成立，但由于$h(t)$的幅度有界，常称系统临界稳定；当虚轴上有二阶以上重极点时，$h(t)$有$\frac{Kt^{r-1}}{(r-1)!}\varepsilon(t)$或$\frac{2|K|t^{r-1}}{(r-1)!}\cos(\beta t+\theta)\varepsilon(t)$分量，$\lim\limits_{t\to\infty}h(t)\to\infty$。此时式(6-40)不成立，系统不稳定。

知识要点提醒

这里所讨论的稳定性，均以系统为因果系统为前提的。如果系统是反因果系统，又会有什么样的结论呢？有兴趣的读者可以自行推导，这里不作讲述。

【例 6.21】 判断下列因果系统是否稳定。

(1) $H_1(s)=\frac{s+2}{s^2+2s+1}$　　(2) $H_2(s)=\frac{s+1}{s^2+4}$

解：(1)$H_1(s)$的极点分别为$p_1=p_2=-1$，均在左半开平面，故该系统是稳定系统。

(2) $H_2(s)$的极点分别为$p_1=2j$和$p_2=-2j$，均为虚轴上的一阶极点，故该系统是临界稳定系统。

【例 6.22】 某因果LTI连续系统的系统函数为

$$H(s)=\frac{1}{s^2+2s+K}$$

常数K满足什么条件时，系统稳定呢？

解：$H(s)$的极点为

$$p_1=-1+\sqrt{1-K}\;;\qquad p_2=-1-\sqrt{1-K}$$

(1)若$1-K<0$，$p_1=-1+j\sqrt{K-1}$，$p_2=-1-j\sqrt{K-1}$它们均在左半开平面，系统稳定。

(2)若$1-K\geqslant 0$，则$-1+\sqrt{1-K}<0$时，即$0\leqslant 1-K<1$时，p_1和p_2均在左半开平面，系统稳定。

将以上两种情况取并集，得$1-K<1$，即$K>0$时，$H(s)$的所有极点均在左半开平面，系统稳定。

对于三阶以上的系统，$H(s)$极点有时不易求出，这时要用罗斯—霍尔维茨准则来判定系统的稳定性，有兴趣的读者可以参考相关资料。

6.5.4　系统函数与频率响应

如果因果系统$H(s)$的极点均在左半开平面，$H(s)$的收敛域必包括了虚轴($j\omega$轴)，

根据 6.4.1 节所述的拉普拉斯变换与傅里叶变换的关系，有

$$H(\mathrm{j}\omega)=H(s)\mid_{s=\mathrm{j}\omega}=\frac{b_m\prod_{j=1}^{m}(\mathrm{j}\omega-\zeta_j)}{\prod_{i=1}^{n}(\mathrm{j}\omega-p_i)} \tag{6-41}$$

在 s 平面上任意复数都可以用矢(向)量来表示。如零点 ζ_j 可用自原点指向 ζ_j 的矢量表示，极点 p_i 可用自原点指向 p_i 的矢量表示，$\mathrm{j}\omega$ 可用自原点指向 $\mathrm{j}\omega$ 处的矢量表示，如图 6.9(a)所示。

式(6-41)中，$\mathrm{j}\omega-\zeta_j$ 可以看成矢量 $\mathrm{j}\omega$ 与矢量 ζ_j 的差矢量，$\mathrm{j}\omega-p_i$ 可以看成矢量 $\mathrm{j}\omega$ 与矢量 p_i 的差矢量，如图 6.10 所示。

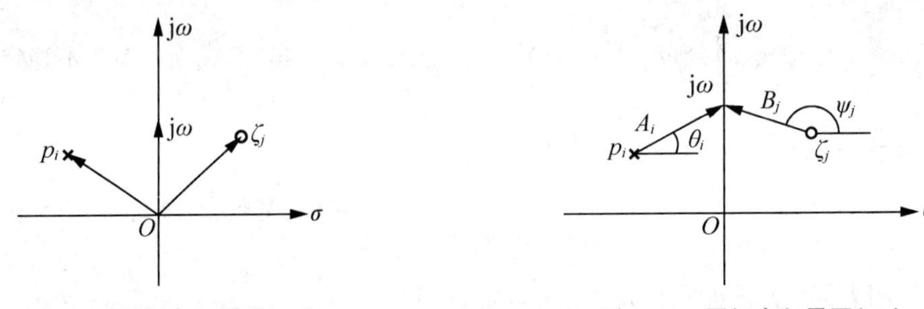

图 6.9　零极点矢量图(一)

图 6.10　零极点矢量图(二)

令

$$\mathrm{j}\omega-\zeta_j=B_j\mathrm{e}^{\mathrm{j}\psi_j} \tag{6-42a}$$

$$\mathrm{j}\omega-p_i=A_i\mathrm{e}^{\mathrm{j}\theta_j} \tag{6-42b}$$

式(6-42a)中的 B_j、ψ_j 分别是零点差矢量 $\mathrm{j}\omega-\zeta_j$ 的模和辐角。式(6-42b)中的 A_i、θ_i 分别是极点差矢量 $\mathrm{j}\omega-p_i$ 的模和辐角。于是式(6-41)可写成

$$H(\mathrm{j}\omega)=\frac{b_m\prod_{j=1}^{m}B_j\mathrm{e}^{\mathrm{j}\psi_j}}{\prod_{i=1}^{n}A_i\mathrm{e}^{\mathrm{j}\theta_i}}=\frac{b_mB_1B_2\cdots B_m\mathrm{e}^{\mathrm{j}(\psi_1+\psi_2+\cdots\psi_m)}}{A_1A_2\cdots A_n\mathrm{e}^{\mathrm{j}(\theta_1+\theta_2+\cdots\theta_n)}}=|H(\mathrm{j}\omega)|\mathrm{e}^{\mathrm{j}\varphi(\omega)} \tag{6-43}$$

幅频响应为

$$|H(\mathrm{j}\omega)|=\frac{b_mB_1B_2\cdots B_m}{A_1A_2\cdots A_n} \tag{6-44}$$

相频响应为

$$\varphi(\omega)=(\psi_1+\psi_2+\cdots\psi_m)-(\theta_1+\theta_2+\cdots\theta_n) \tag{6-45}$$

当 ω 从 0 到∞变动时，各零点差矢量与极点差矢量的模和辐角会发生变动，根据式(6-44)和式(6-45)就能得到系统的幅频响应和相频响应曲线。

小思考

虚轴附近的零点位置将对幅频响应的位置和深度有明显的影响，零点在虚轴上，则谷点为零，即为响应的零点。在右半开平面且在虚轴附近的极点，对幅频响应的凸峰点的位置和高度有明显的影响。想想为什么？

【例 6.23】 某系统的系统函数 $H(s)$的零极点如图 6.11 所示，且 $h(0_+)=1$，求输入 $f(t)=\cos t\,\varepsilon(t)$时系统的零状态响应。

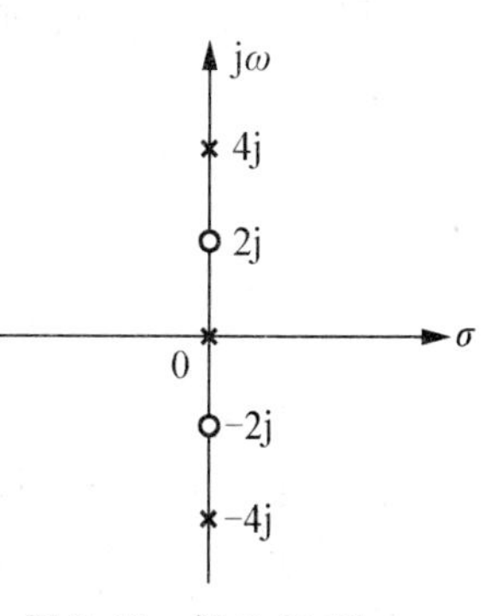

图 6.11　例 6.23 图

解： 由零极点图，有

$$H(s)=\frac{b_m(s+2\mathrm{j})(s-2\mathrm{j})}{s(s+4\mathrm{j})(s-4\mathrm{j})}=\frac{b_m(s^2+4)}{s(s^2+16)}$$

运用初值定理，有

$$h(0_+)=\lim_{s\to\infty}sH(s)=b_m=1$$

故

$$H(s)=\frac{s^2+4}{s(s^2+16)}$$

$$F(s)=\frac{s}{s^2+1},\ Y_{zs}(s)=H(s)F(s)=\frac{s^2+4}{s(s^2+16)}\frac{s}{s^2+1}=\frac{\frac{4}{5}}{s^2+4^2}+\frac{\frac{1}{5}}{s^2+1^2}$$

经反变换，得

$$y_{zs}(t)=\left[\frac{1}{5}(\sin(4t)+\frac{1}{5}\sin t\right]\varepsilon(t)$$

6.6　s 域框图与流图

6.6.1　s 域框图

在系统的时域分析中，常用框图来描述系统，根据框图可以得到描述系统的微分方程。如果根据时域图画出相应 s 域框图，则可直接根据 s 域框图得到象函数的代数方程，从而使求系统响应的运算简化。

对数乘器、加法器、积分器的输入、输出取拉普拉斯变换，就可得到它们的 s 域模型，见表 6-3。

表 6-3　各基本运算方框的时域和 s 域模型

名称	时域模型	s 域模型
数乘器	$f(t)$ → (a) → $af(t)$；$f(t)$ —a→ $af(t)$	$F(s)$ → (a) → $aF(s)$；$F(s)$ —a→ $aF(s)$
加法器	$f_1(t)$, $f_2(t)$ → (Σ) → $f_1(t)+f_2(t)$	$F_1(s)$, $F_2(s)$ → (Σ) → $F_1(s)+F_2(s)$
积分器(零状态)	$f(t)$ → [∫] → $\int_{-\infty}^{t}f(\tau)\mathrm{d}\tau$	$F(s)$ → [s^{-1}] → $s^{-1}F(s)$

为了研究的方便，通常采用积分器的零状态 s 域模型，即 $f(t)=0$，$t\in(-\infty, 0_-]$。因此有

$$f^{(-1)}(0_-)=0$$

$$\mathscr{L}\left[\int_{-\infty}^{t} f(\tau)\mathrm{d}\tau\right]=s^{-1}F(s)+s^{-1}f^{(-1)}(0_-)=s^{-1}F(s)$$

【例 6.24】 某 LTI 系统的时域框图如图 6.12 所示，已知输入 $f(t)=\varepsilon(t)$，$y'(0_-)=1$，$y(0_-)=1$，求系统的零状态响应和零输入响应。

解： 根据时域框图很容易画出系统的 s 域框图(零状态)，如图 6.13 所示。在 s 域框图中，令最后一个积分器的输出为 $X(s)$，则依次可以得到各积分器的输入为 $sX(s)$，$s^2X(s)$。

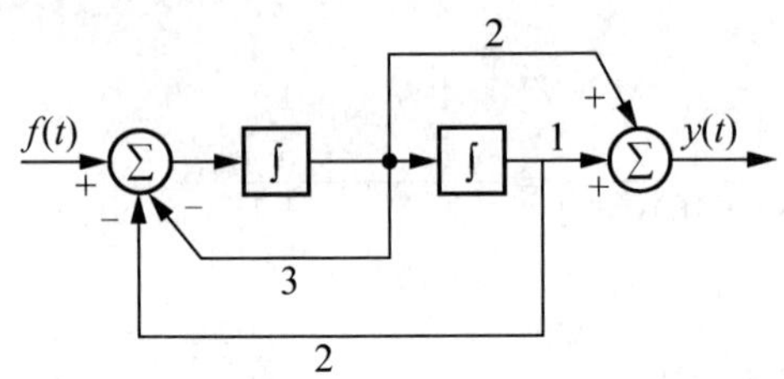

图 6.12 时域框图

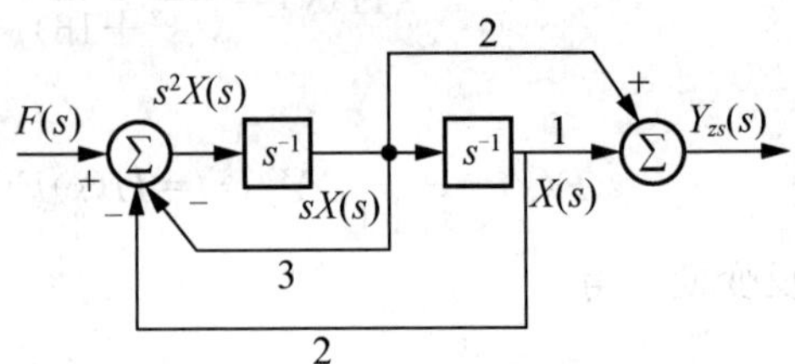

图 6.13 s 域框图

(1) 写出输入输出端加法器的方程式。

$$s^2X(s)=F(s)-3sX(s)-2X(s) \tag{6-46a}$$

$$Y_{zs}(s)=2sX(s)+X(s) \tag{6-46b}$$

(2) 根据式(6-46a)和式(6-46b)分别写出 $X(s)$表达式。

$$X(s)=\frac{F(s)}{s^2+3s+2};\quad X(s)=\frac{Y_{zs}(s)}{2s+1}$$

(3) 消去 $X(s)$，得到 $H(s)$。

$$\frac{F(s)}{s^2+3s+2}=\frac{Y_{zs}(s)}{2s+1}$$

$$H(s)=\frac{Y_{zs}(s)}{F(s)}=\frac{2s+1}{s^2+3s+2}$$

由 $f(t)=\varepsilon(t)$，有 $F(s)=\frac{1}{s}$，故

$$Y_{zs}(s)=H(s)F(s)=\frac{2s+1}{(s^2+3s+2)s}$$

当输入 $f(t)=\varepsilon(t)$时的零状态响应为

$$y_{zs}(t)=\left(-\frac{3}{2}\mathrm{e}^{-2t}+\mathrm{e}^{-t}+\frac{1}{2}\right)\varepsilon(t)$$

求零输入响应时，先根据 $H(s)$写出零输入微分方程

$$y''_{zi}(t)+3y'_{zi}(t)+2y_{zi}(t)=0$$

对上式求拉普拉斯变换，得

$$s^2Y_{zi}(s)-sy_{zi}(0_-)-y'_{zi}(0_-)+3sY_{zi}(s)-3y_{zi}(0_-)+2Y_{zi}(s)=0$$

解得

$$Y_{zi}(s)=\frac{sy_{zi}(0_-)+y'_{zi}(0_-)+3y_{zi}(0_-)}{s^2+3s+2}$$

由于 $y^{(j)}(0_-)=y_{zi}^{(j)}(0_-)+y_{zs}^{(j)}(0_-)$，而 $y_{zs}^{(j)}(0_-)\equiv 0$，故 $y_{zi}^{(j)}(0_-)=y^{(j)}(0_-)$。得

$$Y_{zi}(s)=\frac{s+4}{s^2+3s+2}$$

零输入响应为

$$y_{zi}(t)=(3\mathrm{e}^{-t}-2\mathrm{e}^{-2t})\varepsilon(t)$$

6.6.2 信号流图

1. 流图的术语

信号流图是由节点和支路组成的一种信号传递网络，信号只能沿支路的箭头方向传递，如图 6.14 所示。信号流图首先由梅森于 1953 年提出，应用非常广泛。它与框图本质一样，但描述系统更加简便。在信号流图中，常使用以下名词术语。

(1) 节点。节点代表系统的变量或信号，如图 6.14 中的 $x_1\cdots x_6$。节点又可分为源点、阱节点和混合节点。源点是信号的发源点，它只有输出支路没有输入支路，如图 6.14 中的 x_1。阱节点只有输入支路没有输出支路，代表系统的输出信号，如图 6.14 中的 x_6。混合节点是既有输入支路又有输出支路的节点，如图 6.14 中的 x_2，x_3，x_4，x_5。

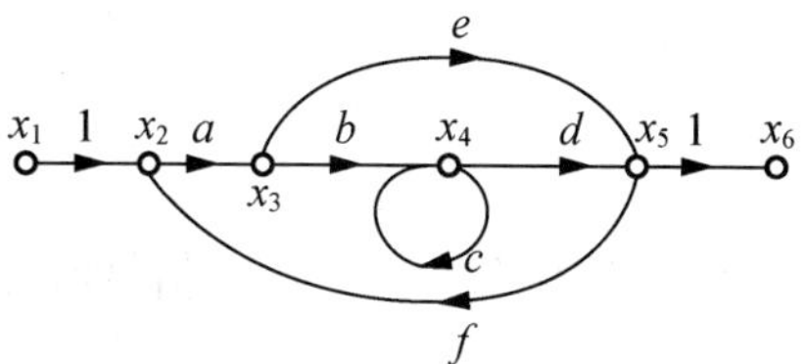

图 6.14 信号的流图

(2) 支路。支路是连接两个节点的定向线段，信号流经支路时，乘以支路的增益而变成另一信号，因此支路相当于乘法器。如图 6.14 中的信号 x_2，乘以增益 a 变成了 x_3，即 $x_3=ax_2$。支路没标增益，则表示增益为 1。

(3) 前向通路。信号从源点到阱节点传递时，每个节点只通过一次的通路，称为前向通路。在图 6.14 中有两条前向通路，分别是 $x_1\to x_2\to x_3\to x_4\to x_5\to x_6$ 和 $x_1\to x_2\to x_3\to x_5\to x_6$。

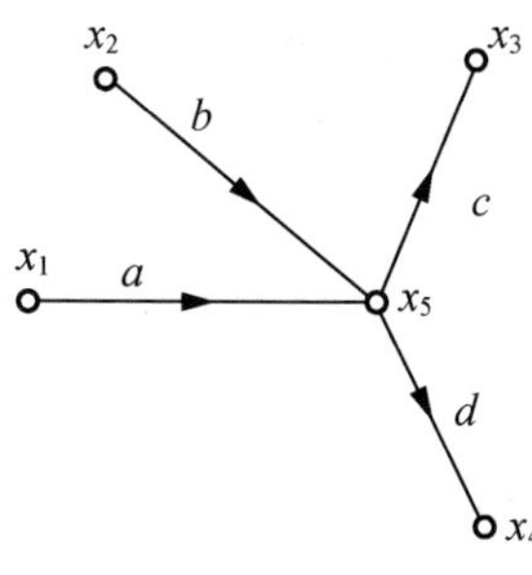

图 6.15 流图中的节点

(4) 回路。信号从某个节点出发又回到该节点，且信号通过其他节点不多于一次的闭合通路称为回路。在图 6.14 中有 3 个回路，分别是 $x_2\to x_3\to x_4\to x_5\to x_2$、$x_2\to x_3\to x_5\to x_2$ 和 $x_4\to x_4$。

(5) 互不接触回路。若各回路之间没有公共节点时，这些回路称为互不接触回路。在信号流图中可以有两个或两个以上的互不接触回路。在图 6.14 中，$x_2\to x_3\to x_5\to x_2$ 与 $x_4\to x_4$ 为互不接触回路。

当节点有多个输入输出时，该节点的信号为所有流向该节点的支路信号之和，与输出支路无关，如图 6.15 所示。

在图 6.15 中，有

$$x_5=ax_1+bx_2,\ x_3=cx_5,\ x_4=\mathrm{d}x_5。$$

知识联想

在电路中，节点电流之和为零，也就是各节点的电流等于输入输出支路电电流之和。信号流图中，求某个节点的信号时，只需考虑输入支路，这两者有本质的区别。

1. 流图化简

流图化简的基本规则如下。

(1) 串联支路可合并为一条支路，增益为各支路的增益之积，如图 6.16(a)所示。

(2) 并联支路可合并为一条支路，增益为各支路的增益之和，如图 6.16(b)所示。

(3) 自环可以消去环后，简化为一条支路。如图 6.16(c)所示，简化后支路的增益为 $\frac{ac}{1-b}$。这是由于 $x_2=ax_1+bx_2$，$x_3=cx_2$，可解得 $x_3=\frac{ac}{1-b}x_1$。

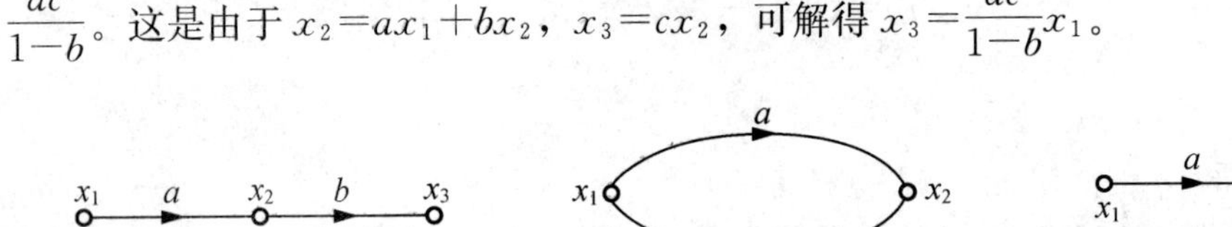

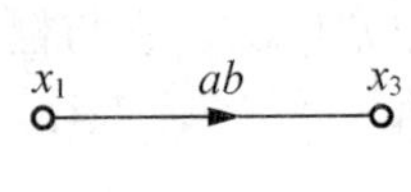

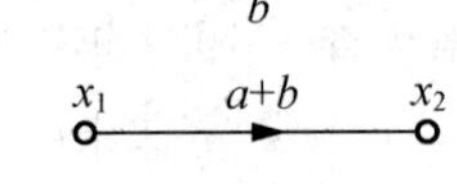

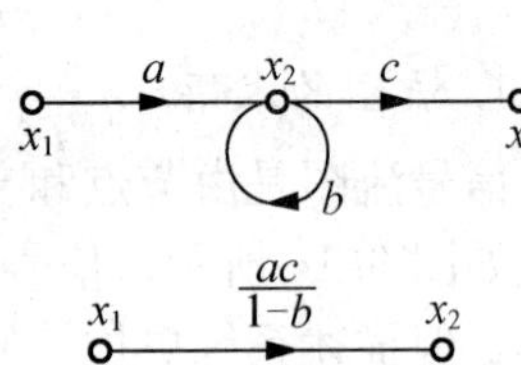

(a) 串联支路合并　(b) 并联支路合并　(c) 自环消除

图 6.16　流图化简

利用化简方法可以将信号流化简，从而求出系统函数。

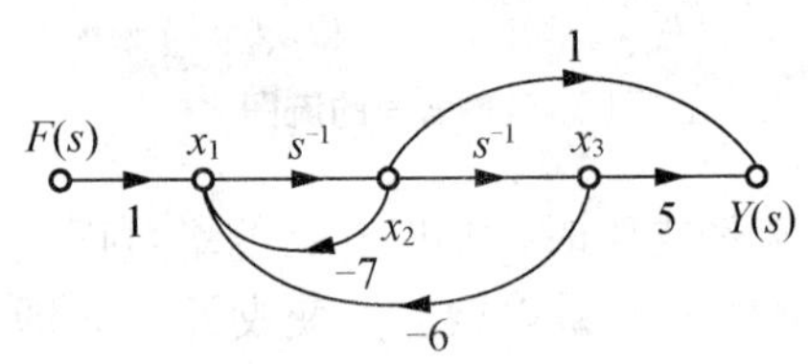

图 6.17　例 6.25 图

【例 6.25】 求图 6.17 所示信号流图的系统函数。

解：根据串联支路的合并规则，将图 6.17 中的回路 $x_1 \to x_2 \to x_1$ 和 $x_1 \to x_2 \to x_3 \to x_1$ 化简为自环，如图 6.18(a)所示。

根据并联支路的合并规则，将图 6.17 中的前向通路 $F(s) \to x_1 \to x_2 \to Y(s)$ 和 $F(s) \to x_1 \to x_2 \to x_3 \to Y(s)$ 合并为一条前向通路，如图 6.18(b)所示。

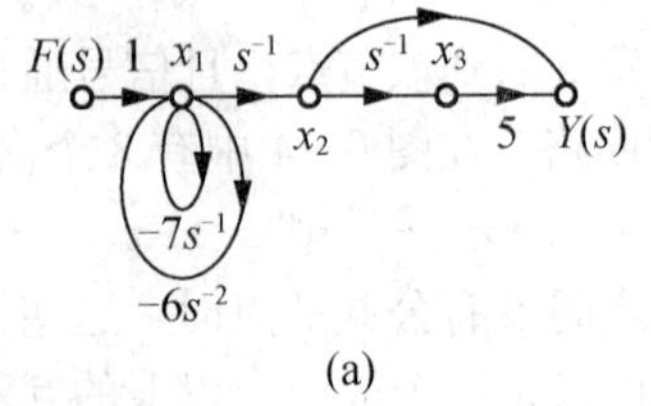

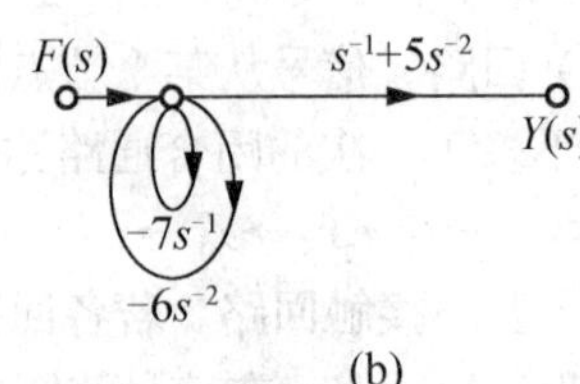

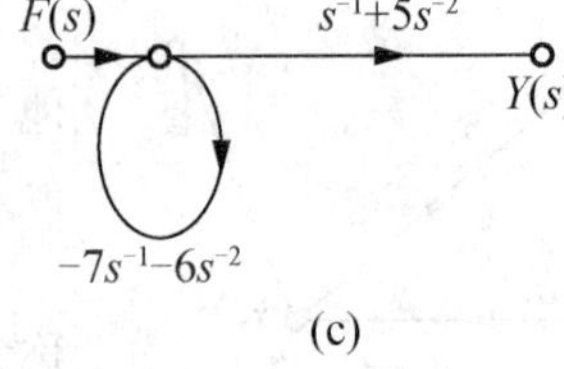

(a)　(b)　(c)

图 6.18　流图化简过程

将两个自环合并为一个自环，如图 6.18(c)所示，并消去自环，得到系统函数

$$H(s)=\frac{s^{-1}+5s^{-2}}{1+7s^{-1}+6s^{-2}}=\frac{s+5}{s^2+7s+6}$$

对一些复杂的流图，化简法得理起来过于繁杂，这时，可用梅森公式来处理，比较方便。

2. 梅森公式

用梅森公式可以直接求取从源点到阱节点的系统函数。梅森公式为

$$H=\frac{1}{\Delta}\sum_i P_i\Delta_i \tag{6-47}$$

式(6－47)中，Δ 称为信号流图的特征行列式

$$\Delta = 1 - \sum_j L_j + \sum_{m,n} L_m L_n - \sum_{p,q,r} L_p L_q L_r + \cdots \tag{6-48}$$

$\sum_j L_j$ 是所有不同回路的增益之和；$\sum_{m,n} L_m L_n$ 是所有两两互不接触回路的增益之积的和；$\sum_{p,q,r} L_p L_q L_r$ 是所有 3 个都互不接触回路的增益之积的和；…。

P_i 是第 i 条前向通路的增益，Δ_i 是除去第 i 条前向通路后，剩下子流图的特征行列式。

【例 6.26】 求图 6.14 信号流图的系统函数。

解： 为了运用梅森公式，先要找出流图中的回路、前向通路、互不接触的回路。

(1) 该流图中共有 3 个回路，分别是

$x_2 \to x_3 \to x_4 \to x_5 \to x_2$，其增益为 $L_1 = ab\mathrm{d}f$；

$x_2 \to x_3 \to x_5 \to x_2$，其增益为 $L_2 = aef$；

$x_4 \to x_4$；其增益为 $L_3 = c$。

两两互不接触的回路为 $x_2 \to x_3 \to x_5 \to x_2$ 与 $x_4 \to x_4$，其增益之积为

$$L_2 L_3 = aefc$$

由于没有 3 个以上的互不接触回路，故

$$\Delta = 1 - \sum_{j=1}^{3} L_j + L_2 L_3 = 1 - abdf - aef - c + acef$$

(2) 该流图中共有两条前向通路，分别是

$x_1 \to x_2 \to x_3 \to x_4 \to x_5 \to x_6$，其增益为 $P_1 = abd$。除开这条前向通路后，子流图中再无任何回路，故 $\Delta_1 = 1$

$x_1 \to x_2 \to x_3 \to x_5 \to x_6$，其增益为 $P_2 = ae$。除开这条前向通路后的子流图如图 6.19 所示。

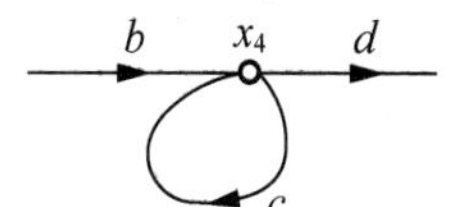

图 6.19　子流图

故 $\Delta_2 = 1 - c$。

最后根据梅森公式，得

$$H = \frac{1}{\Delta} \sum_i P_i \Delta_i = \frac{abd + ae(1-c)}{1 - abdf - aef - c + acef}$$

【例 6.27】 求图 6.20(a)信号流图的系统函数。

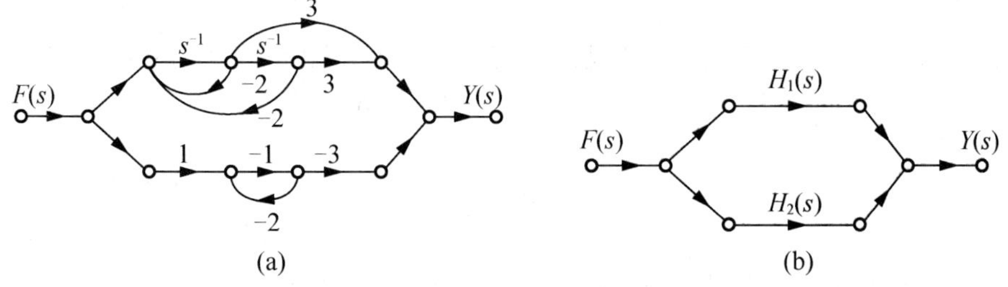

图 6.20　例 6.27 图

解： 直接用梅森公式求该系统的 $H(s)$会很复杂，这里首先将该系统看成是两个子系统的并联，如图 6.20(b)所示。运用梅森公式求出各子系统的系统函数

$$H_1(s)=\frac{3s+3}{s^2+2s+2}$$

$$H_2(s)=\frac{3}{1-2}=-3$$

$$H(s)=H_1(s)+H_2(s)=\frac{3s+3}{s^2+2s+2}-3=\frac{-3(s^2+s+1)}{s^2+2s+2}$$

6.6.3 由框图绘流图

由系统的 s 域框图绘制信号流图时，只需在信号的起点补上源点，信号的终点补上阱节点，用表示系统内部状态的节点表示加法器，以及各积分方框的输出，并用标有增益的线段代替各积分方框，系统的框图便转化为了信号流图。

【例 6.28】 根据图 6.21 的系统框图，绘制信号流图。

解： 在图 6.21 框图的输入端加上源点，输出端加上阱节点；将加法器转变为节点，每个积分器方框后面加上节点；用标有增益的线段代替方框，就得到信号的流图，如图 6.22 所示。

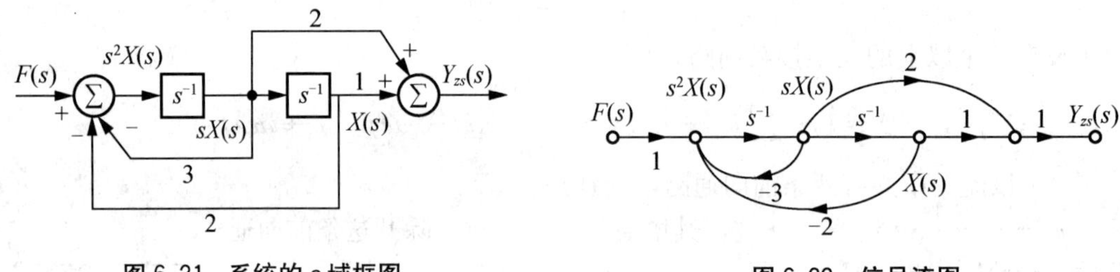

图 6.21　系统的 s 域框图

图 6.22　信号流图

6.7　连续系统的结构

在连续系统的具体实现时，需要根据系统的微分方程或系统函数构造出合适的结构。对于具有相同功能的系统，实现起来往往有多种不同的方式，常用的有直接形式、级联形式和并联形式。

1. 直接实现

直接实现就是根据系统函数的表达式，直接画出信号流图。设某系统函数为

$$\begin{aligned}H(s)&=\frac{b_m s^m+b_{m-1}s^{m-1}+\cdots+b_1 s+b_0}{s^n+a_{n-1}s^{n-1}+\cdots+a_1 s+a_0}\\&=\frac{b_m s^{-(n-m)}+b_{m-1}s^{-(n-m+1)}+\cdots+b_1 s^{-(n-1)}+b_0 s^{-n}}{1+a_{n-1}s^{-1}+\cdots+a_1 s^{-(n-1)}+a_0 s^{-n}}\end{aligned}\tag{6-49}$$

由于 $m>n$ 的系统是物理不可实现的，这里只讨论 $m\leqslant n$ 的情况。

为了使流图比较简洁，实现时使流图中没有不接触的回路。根据梅森公式，将式(6-49)的分母看成是特征行列式 Δ，分子看成是 $\sum_i P_i\Delta_i$，且 $\Delta_i=1$，则式(6-49)可写为

$$H(s)=\frac{b_m s^{-(n-m)}\cdot 1+b_{m-1}s^{-(n-m+1)}\cdot 1+\cdots+b_1 s^{-(n-1)}\cdot 1+b_0 s^{-n}\cdot 1}{1-[-a_{n-1}s^{-1}-\cdots-a_1 s^{-(n-1)}-a_0 s^{-n}]}$$

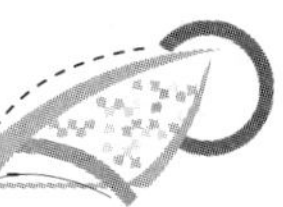

则系统直接实现时，有 n 个相互接触的回路，m 条前向通路，如图 6.23 所示。

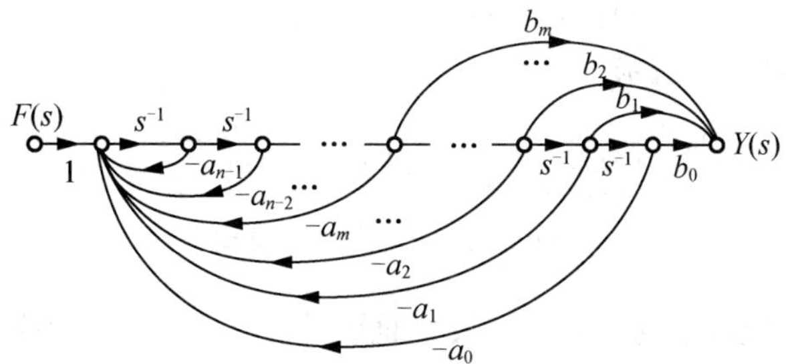

图 6.23　式(6-49)的直接实现流图

转置定理 如果将信号流图中所有支路的信号传输方向反转，并将源点和阱节点对调，则系统函数 $H(s)$不变。

根据转置定理，可得到图 6.23 转置后的流图，如图 6.24 所示。

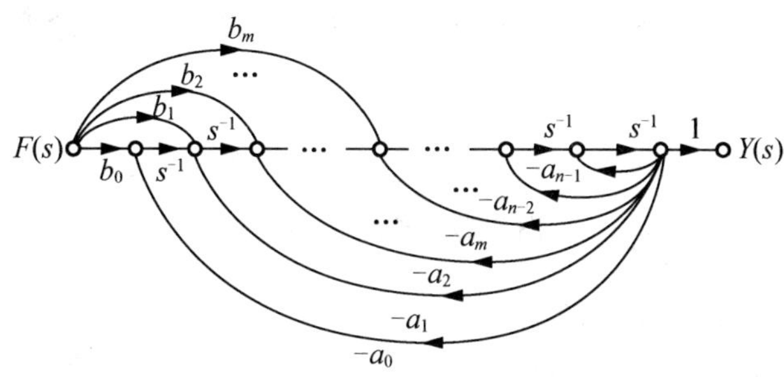

图 6.24　转置后的流图

【例 6.29】　某连续系统的系统函数为

$$H(s)=\frac{s+5}{s^3+4s^2+7s+6}$$

绘出此系统的直接实现结构。

解：将 $H(s)$写为

$$H(s)=\frac{s^{-2}+5s^{-3}}{1-(-4s^{-1}-7s^{-2}-6s^{-3})}$$

根据梅森公式，可绘出此系统的直接实现结构，如图 6.25 所示。

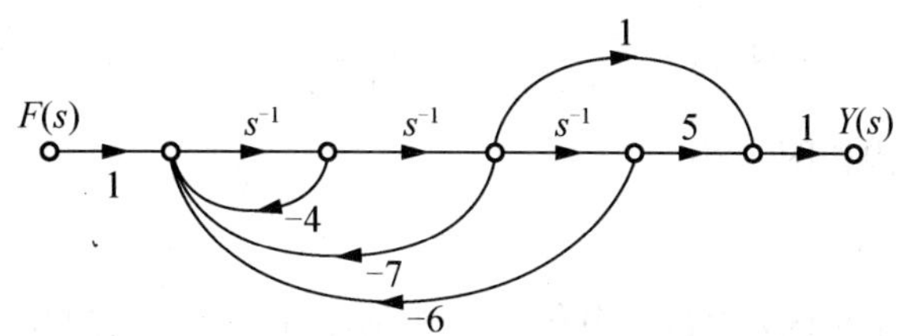

图 6.25　例 6.29 系统的直接实现结构

2. 级联实现

级联实现要先将系统函数 $H(s)$分解为几个简单子系统函数的乘积，然后分别画出各

子系的结构，原系统就是各子系统函数的级联。

$$H(s)=H_1(s)H_2(s)\cdots H_l(s)$$

级联实现的框图如图 6.26 所示。

图 6.26　系统的级联结构

为了保证各子系统函数的系数为实数，通常子系统函数为一阶或二阶形式，即

$$H_i(s)=\frac{b_{0i}s^{-1}}{1+a_{0i}s^{-1}};\qquad H_j(s)=\frac{b_{1j}s^{-1}+b_{0j}s^{-2}}{1+a_{1j}s^{-1}+a_{0j}s^{-2}}$$

对应的流图如图 6.27 所示。

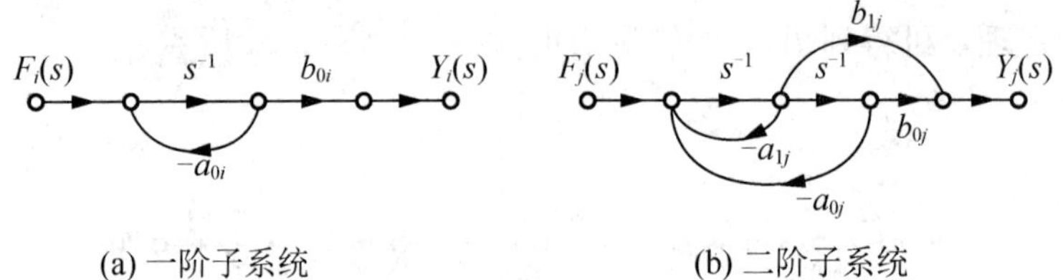

(a) 一阶子系统　　(b) 二阶子系统

图 6.27　子系统的结构

【例 6.30】 某连续系统的系统函数为

$$H(s)=\frac{s+5}{s^3+4s^2+7s+6}$$

绘出此系统的级联实现结构。

解： 首先将 $H(s)$分解为一阶或二阶的子系统函数的积(系数均为实系数)，即

$$H(s)=H_1(s)H_2(s)=\frac{s+5}{(s+2)(s^2+2s+3)}$$

一阶子系统函数为

$$H_1(s)=\frac{1}{s+2}=\frac{s^{-1}}{1+2s^{-1}}$$

二阶子系统函数为

$$H_2(s)=\frac{s+5}{s^2+2s+3}=\frac{s^{-1}+5s^{-2}}{1+2s^{-1}+3s^{-2}}$$

此系统的级联实现结构如图 6.28 所示。

3. 并联实现

级联实现要先将系统函数 $H(s)$分解为几个简单子系统函数的和，然后分别画出各子系的结构，原系统就是各子系统函数的并联。

$$H(s)=H_1(s)+H_2(s)+\cdots+H_l(s)$$

并联实现的框图如图 6.29 所示。

同样为了保证分解后各子系统函数的系数为实数，子系统函数为一阶或二阶。

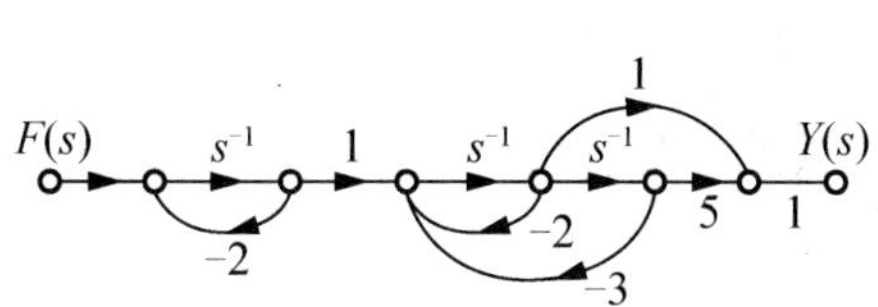

图 6.28　系统的级联实现

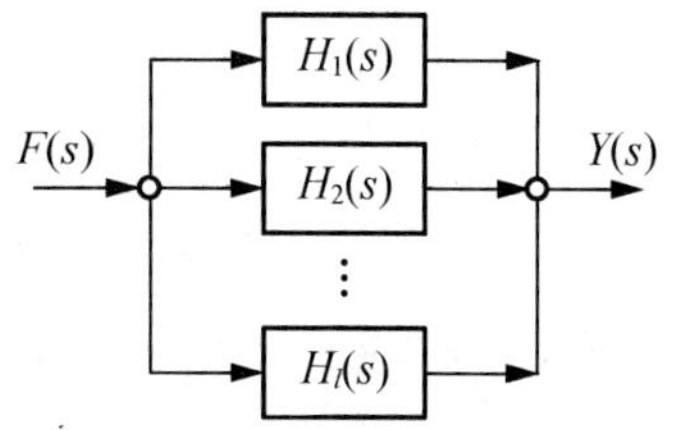

图 6.29　系统的并联结构

知识要点提醒

如果系统函数 $H(s)$有复数极点，则复数极点必然是共轭出现的，将共轭极点所对应的部分分式合并，所得二阶子系统的系数必为实数。

【例 6.31】 某连续系统的系统函数为

$$H(s)=\frac{s+5}{s^3+4s^2+7s+6}$$

绘出此系统的并联实现结构。

解： 用部分分式展开法，将系统函数展开为部分分式相加的形式。

$$H(s)=\frac{K_1}{s+2}+\frac{K_2}{s+1-\sqrt{2}\mathrm{j}}+\frac{K_2^*}{s+1+\sqrt{2}\mathrm{j}}$$

$$K_1=(s+2)H(s)|_{s=-2}=1$$

$$K_2=(s+1-\sqrt{2}\mathrm{j})H(s)|_{s=-1+\sqrt{2}\mathrm{j}}=-\frac{1+\sqrt{2}\mathrm{j}}{2}$$

$$K_2^*=-\frac{1-\sqrt{2}\mathrm{j}}{2}$$

故

$$H(s)=\frac{1}{s+2}+\frac{\frac{-1+\sqrt{2}\mathrm{j}}{2}}{s-(-1+\sqrt{2}\mathrm{j})}+\frac{\frac{-1-\sqrt{2}\mathrm{j}}{2}}{s-(-1-\sqrt{2}\mathrm{j})}$$

共轭极点对应的部分分式合并，使子系统函数的系数均为实数，得

一阶子系统函数为

$$H_1(s)=\frac{1}{s+2}=\frac{s^{-1}}{1+2s^{-1}}$$

二阶子系统函数为

$$H_2(s)=\frac{-s+1}{s^2+2s+3}=\frac{-s^{-1}+s^{-2}}{1+2s^{-1}+3s^{-2}}$$

此系统的并联实现结构如图 6.30 所示。

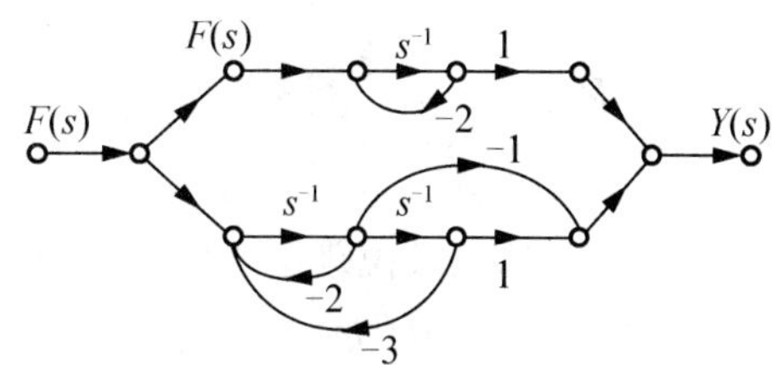

图 6.30　例 6.31 系统的并联结构

实用小窍门

考虑到复数的运算比较烦锁，对【例 6.31】中系统函数的分解可以用以下方法进行。

$$H(s)=\frac{s+5}{s^3+4s^2+7s+6}=\frac{(s+5)}{(s+2)(s^2+2s+3)}$$

由于 $H(s)$ 为有理真分式，必可以展成如下形式

$$H(s)=\frac{(s+5)}{(s+2)(s^2+2s+3)}=\frac{K_1}{s+2}+\frac{K_2s+K_3}{s^2+2s+3}$$

用部分分式展开法中确定系数的方法，确定 K_1。

$$K_1=(s+2)H(s)\big|_{s=-2}=1$$

有

$$H(s)=\frac{1}{s+2}+\frac{K_2s+K_3}{s^2+2s+3}=\frac{(s^2+2s+3)+(s+2)(K_2s+K_3)}{(s+2)(s^2+2s+3)}$$

根据等式中

$$(s^2+2s+3)+(s+2)(K_2s+K_3)=s+5$$

s^2、s^1、s^0 系数两边相等，很容易求得 $K_2=-1$，$K_3=1$。

拓展阅读

拉普拉斯变换方法是求解常系数线性微分方程的工具，它分别将“微分”与“积分”运算转换为“乘法”和“除法”运算，即把微分方程转换为了只包含加、减、乘、除运算的代数方程，在相当大的程度上简化了求系统零输入应、零状态响应、全响应的运算量。拉普拉斯变换方法在许多工程与科学领域中，都有较好的应用。

20 世纪 70 年代以后，随着电子线路计算机辅助设计(CAD)技术的迅速发展。由于利用 CAD 程序可以很方便地求解电路分析问题，拉普拉斯变换在这方面的应用在减少。另外，随着人类需求的不断发展，数字系统、非线性系统、时变系统的应用也日益广泛。拉普拉斯变换方法，对这些系统的分析却显得无能为力。

本章小结

本章首先介绍了拉普拉斯变换的定义、性质、拉普拉斯反变换的方法。

在此基础上，借助拉普拉斯变换法，对连续系统的零输入响应、零状态响应和全响应进行了分析求解(s 域分析法)。

对于系统特性的分析，本章介绍了系统函数 $H(s)$ 及根据系统函数 $H(s)$ 来判断系统因果性和稳定性的方法，以及系统函数 $H(s)$ 与频率响应 $H(j\omega)$ 的关系。

最后，本章对 s 域框图、信号流图实现连续系统的结构进行了讨论。

【习题 6】

6.1 填空题。

(1) 常用的求拉普拉斯反变换的方法有________、________。

(2) 系统函数 $H(s)$ 是系统________的拉普拉斯变换。

(3) 常用的实现连续系统的方式有________、________和________。

6.2 判断题，正确的打“√”，错误的打“×”。

(1) 因果信号的收敛域为 s 平面的右半开平面。(　　)

(2) 反因果信号的收敛域为 $\sigma<\beta$ 的形式。(　　)

(3) 任何信号都存在拉普拉斯变换。(　　)

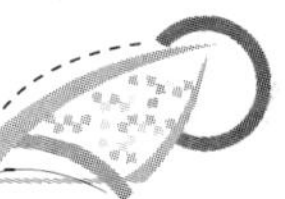

(4) 若因果系统 $H(s)$ 的极点均在左半开平面，则系统稳定。(　　)

(5) 若系统 $H(s)$ 的极点均在右半开平面，则系统不稳定。(　　)

(6) 系统的频率响应与系统函数的关系为 $H(\mathrm{j}\omega)=H(s)|_{s=\mathrm{j}\omega}$。(　　)

(7) 若因果系统 $H(s)$ 的极点均在虚轴上，则系统临界稳定。(　　)

(8) 若信号的傅里叶变换存在，它的拉普拉斯变换一定存在。(　　)

6.3 求下列函数的拉普拉斯变换。

(1) $(1-\mathrm{e}^{-t})\varepsilon(t)$　　(2) $(3\sin t+2\cos t)\varepsilon(t)$

(3) $\mathrm{e}^{-t}\sin(2t)\varepsilon(t)$　　(4) $t\mathrm{e}^{-t}\varepsilon(t)$

(5) $t\cos(\omega t)\varepsilon(t)$　　(6) $t^2\varepsilon(t)$

(7) $(\mathrm{e}^{-\alpha t}+\alpha t-1)\varepsilon(t)$　　(8) $(t+2)\varepsilon(t)+3\delta(t)$

6.4 利用性质求下列函数的拉普拉斯变换。

(1) $\mathrm{e}^{-(t-2)}\varepsilon(t-2)$　　(2) $\sin(2t)\varepsilon(t-1)$

(3) $\sin(\pi t)[\varepsilon(t)-\varepsilon(t-1)]$　　(4) $\cos(3t-2)\varepsilon(3t-2)$

(5) $\int_0^t \sin(\pi x)\mathrm{d}x$　　(6) $\frac{\mathrm{d}^2}{\mathrm{d}t^2}[\sin(\pi t)\varepsilon(t)]$

(7) $t^2\cos(t)\varepsilon(t)$　　(8) $t\mathrm{e}^{-\alpha t}\cos(\beta t)\varepsilon(t)$

6.5 求下列象函数 $F(s)$ 的原函数 $f(t)$ 的初值 $f(0_+)$ 与终值 $f(\infty)$。

(1) $F(s)=\frac{s^2+2s+1}{s^3-s^2-s+1}$　　(2) $F(s)=\frac{s^3}{s^2+s+1}$

(3) $F(s)=\frac{2s+1}{s^3+3s^2+2s}$　　(4) $F(s)=\frac{1-\mathrm{e}^{-s}}{s(s^2+4)}$

6.6 求下列象函数 $F(s)$ 的拉普拉斯反变换 $f(t)$。

(1) $F(s)=\frac{1}{(s+2)(s+4)}$　　(2) $F(s)=\frac{s}{(s+2)(s+4)}$

(3) $F(s)=\frac{(s+1)(s+4)}{s(s+2)(s+3)}$　　(4) $F(s)=\frac{s(s+4)}{(s+1)(s^2-4)}$

(5) $F(s)=\frac{1}{s(s-1)^2}$　　(6) $F(s)=\frac{s^3}{s(s^2+3s+2)}$

(7) $F(s)=\frac{5}{s^3+s^2+4s+4}$　　(8) $F(s)=\frac{2s^2+16}{(s^2+5s+6)(s+12)}$

6.7 求下列象函数 $F(s)$ 的拉普拉斯反变换 $f(t)$。

(1) $F(s)=\frac{1}{s(1-\mathrm{e}^{-s})}$　　(2) $F(s)=\left(\frac{1-\mathrm{e}^{-s}}{s}\right)^2$

(3) $F(s)=\frac{s\mathrm{e}^{-3s}+2}{s^2+2s+2}$　　(4) $F(s)=\frac{\pi(1-\mathrm{e}^{-2s})}{s^2+\pi^2}$

6.8 描述某 LTI 连续系统的微分方程为

$$y''(t)+5y'(t)+6y(t)=3f(t)$$

求下列情况下的零输入响应和零状态响应。

(1) $f(t)=\varepsilon(t)$，$y(0_-)=1$，$y'(0_-)=2$。

(2) $f(t)=\mathrm{e}^{-t}\varepsilon(t)$，$y(0_-)=0$，$y'(0_-)=1$。

6.9 描述某 LTI 连续系统的微分方程为

$$y''(t)+3y'(t)+2y(t)=f'(t)+4f(t)$$

求下列情况下的零输入响应和零状态响应。

(1) $f(t)=\varepsilon(t)$，$y(0_-)=0$，$y'(0_-)=1$。

(2) $f(t)=e^{-2t}\varepsilon(t)$，$y(0_-)=1$，$y'(0_-)=1$。

6.10 已知描述某 LTI 连续系统的微分方程为

$$y''(t)+4y'(t)+3y(t)=f''(t)$$

$y(0_-)=1$，$y'(0_-)=-2$，求激励为何值时系统的全响应为零?

6.11 题 6.11 图所示电路，已知 $i(0_-)=1\text{A}$，$u(0_-)=1\text{V}$，$f(t)=\sin t\,\varepsilon(t)$，求全响应 $u(t)$。

6.12 题 6.12 图所示电路，激励 $i_s(t)=\varepsilon(t)\text{A}$，求下列情况下的零状态响应 $u(t)$。

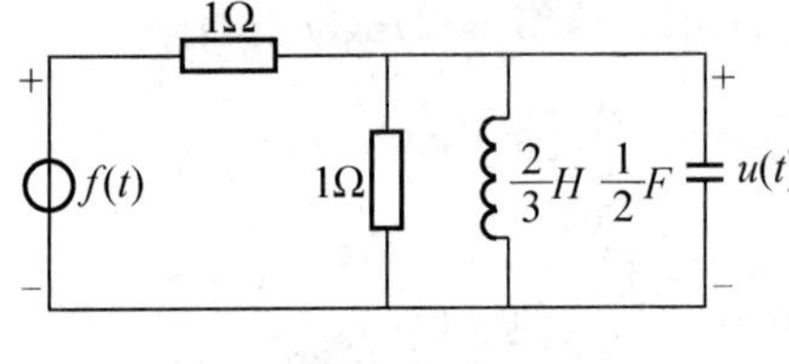

题 6.11 图

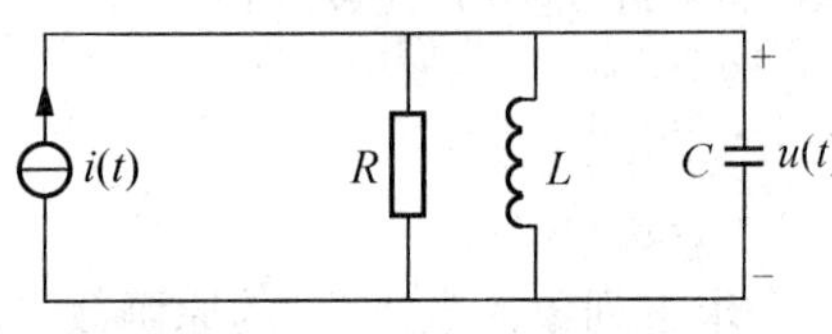

题 6.12 图

(1) $L=0.1H$，$C=0.1F$，$R=0.5\Omega$。

(2) $L=0.1H$，$C=0.1F$，$R=0.4\Omega$。

6.13 题 6.13 图所示电路，$t<0$ 时 S 打开，电路已工作于稳定状态，于 $t=0$ 时闭合 S，求 $t>0$ 时的零输入响应、零状态响应和全响应。

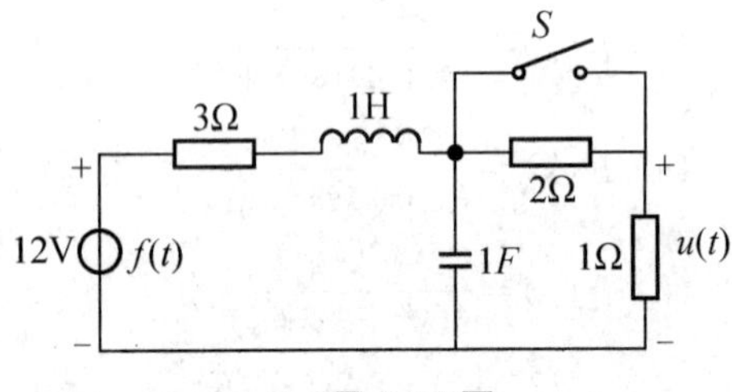

题 6.13 图

6.14 求下列微分方程所描述系统的系统函数 $H(s)$ 和 $h(t)$，并画出零极点分布图。

(1) $y''(t)+2y'(t)+2y(t)=3f(t)+f'(t)$

(2) $y''(t)+5y'(t)+6y(t)=8f(t)+2f'(t)$

(3) $y''(t)+3y'(t)+2y(t)=3f(t)+f'(t)$

6.15 判断下列因果系统的稳定性。

(1) $H(s)=\dfrac{s+1}{s^2+7s+10}$　　(2) $H(s)=\dfrac{3s+1}{s^3+6s^2+11s+6}$

(3) $H(s)=\dfrac{2s+4}{(s+1)(s^2+4s+3)}$　　(4) $H(s)=\dfrac{s+4}{(s-1)(s^2+4s+3)}$

6.16 因果系统的系统函数为 $H(s)=\dfrac{1}{s^2+3s+2-K}$，当常数 K 满足什么条件时，系统是稳定的?

6.17 题 6.16 图所求的因果系统，已知 $G(s)=\dfrac{s}{s^2+5s+6}$，K 为常数。

(1) 为使系统稳定，试确定 K 值的范围。

(2) 若系统为临界稳定，求 K 及单位冲激响应。

6.18 连续因果系统 a 和 b，其系统函数 $H(s)$的零极点分布如题 6.17 图所示，且已知当 $s\to\infty$时，$H(\infty)=1$。

(1) 求系统函数 $H(s)$的表达式。

(2) 写出幅频响应$|H(\mathrm{j}\omega)|$的表达式。

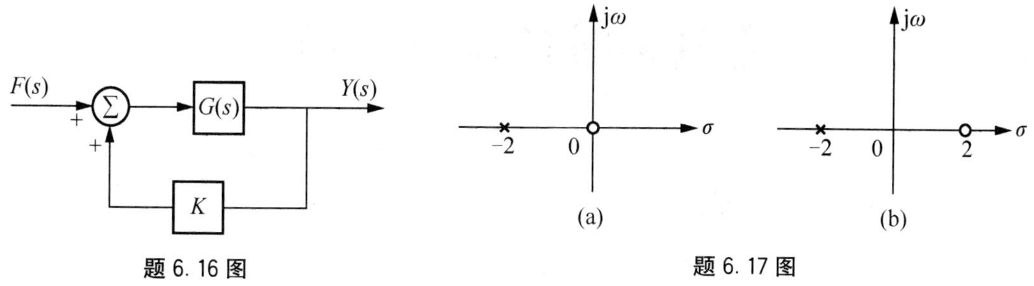

题 6.16 图　　　　题 6.17 图

6.19 求题 6.18 图所示连续系统的系统函数 $H(s)$。

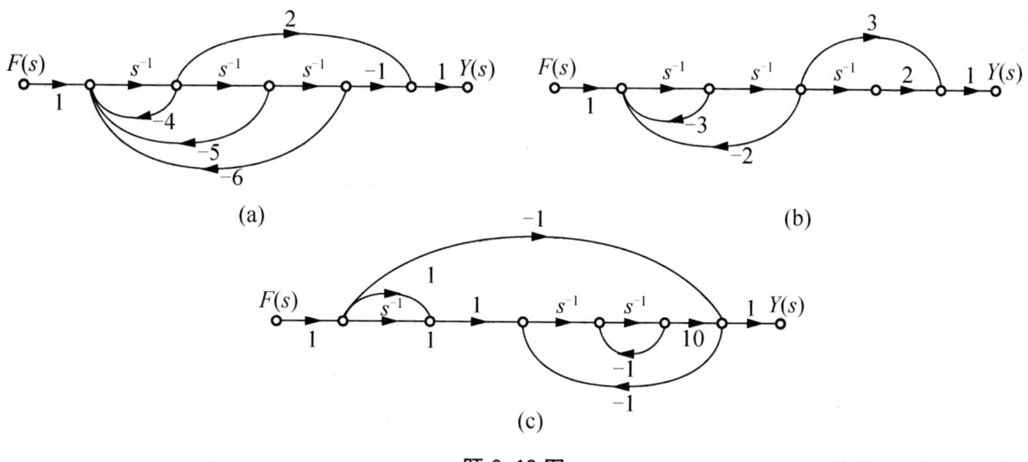

题 6.18 图

6.20 连续系统的系统函数如下，试写出它们所对应的微分方程，并用直接形式、级联形式、并联形式实现各系统。

(1) $H(s)=\dfrac{s-2}{(s+1)(s+2)(s+3)}$　　　　(2) $H(s)=\dfrac{s^2-2}{(s+1)(s+2s+2)}$

(3) $H(s)=\dfrac{s-1}{s^3+5s^2+8s+4}$　　　　(4) $H(s)=\dfrac{s^2+3s}{s^3+4s^2+5s+2}$

第 7 章

离散系统的 z 域分析

本章知识架构

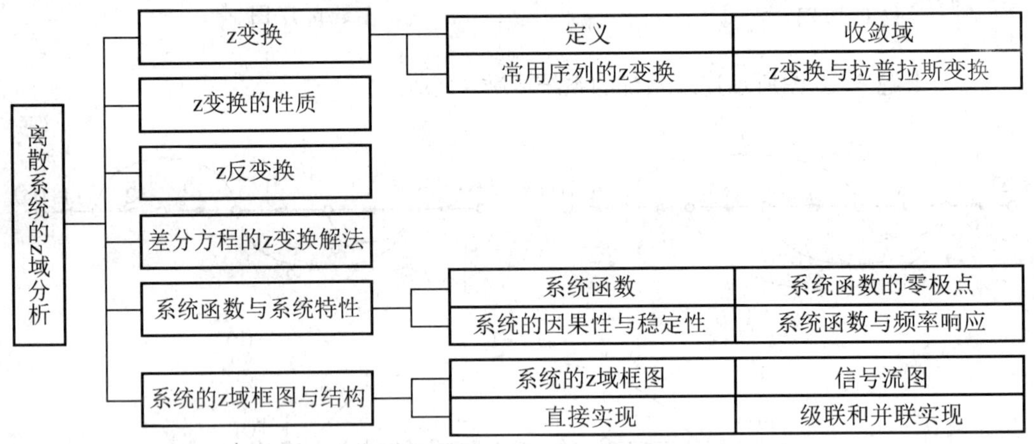

本章教学目标与要求

- 理解 z 变换的定义、收敛域、性质，会求信号的 z 变换。
- 会用部分分式展开法求 z 的反变换。
- 掌握差分方程的 z 变换解法。
- 理解离散系统函数的定义、零极点的概念。
- 掌握根据 z 域里判断系统因果性与稳定性的依据，系统函数与频率响应的关系。
- 掌握系统 z 域框图、信号流图的画法，能够熟练实现框图、流图与系统函数的互换。
- 掌握实现离散系统的 3 种结构。

引例

离散系统的 z 域分析，是借助 z 变换来实现的。z 变换是对离散序列进行的一种数学变换。它在离散时间系统中的地位，同拉普拉斯变换在连续时间系统中的地位一样。z 变换方法与普拉斯变换很相似。特别是它的定义、收敛域、性质都与拉普拉斯变换的相对应。

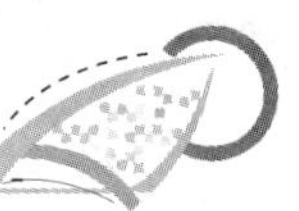

用z变换分析离散系统，能够达到用拉普拉斯变换分析连续系统的效果。它能将描述离散系统的差分方程，变换成代数方程，从而使求解离散系统零输入响应、零状态响应、全响应的过程得到简化。另外，用离散系统的系统函数$H(z)$，分析系统的因果性、稳定性比较方便。z域分析法已成为分析线性时不变离散时间系统问题的重要工具。在数字信号处理、计算机控制系统等领域有着广泛的应用。

7.1　z变换

7.1.1　定义

离散序列$f(k)$的z变换定义如下

$$F(z)=\sum_{k=-\infty}^{\infty}f(k)z^{-k} \tag{7-1}$$

式(7-1)中，z为复变量。常将$f(k)$的z变换简记为$F(z)=\mathscr{Z}[f(k)]$，$F(z)$的z反变换简记为$f(k)=\mathscr{Z}^{-1}[F(z)]$(z反变换将在7.3节中讨论)。$f(k)$与它的z变换$F(z)$也可简记为

$$f(k)\leftrightarrow F(z)$$

同拉普拉斯变换一样，z变换也有双边和单边之分。式(7-1)所示的是双边z变换，单边z变换的定义为

$$F(z)=\sum_{k=0}^{\infty}f(k)z^{-k} \tag{7-2}$$

由于实际的激励均是有始序列，在系统分析时，用到的是单边的z变换。

7.1.2　收敛域

z变换的收敛域，就是使式(7-1)的求和存在时，复变量z的取值范围。根据级数理论，式(7-1)的级数收敛的充要条件是级数绝对可和，即

$$\sum_{k=-\infty}^{\infty}|f(k)z^{-k}|=M<\infty \tag{7-3}$$

因此，使式(7-3)式成立的$|z|$的取值范围，就是$f(k)$的z变换的收敛域。

【例7.1】　求下列序列的z变换及其收敛域，a、b均为实数，且$|a|<|b|$。

(1) $f_1(k)=2\delta(k+1)+\delta(k)+3\delta(k-1)$　　(2) $f_2(k)=a^k\varepsilon(k)$

(3) $f_3(k)=b^k\varepsilon(-k-1)$　　(4) $f_4(k)=a^k\varepsilon(k)+b^k\varepsilon(-k-1)$

解:

(1) $f_1(k)$是有限长序列

$$F_1(z)=\sum_{k=-\infty}^{\infty}f_1(k)z^{-k}=2z^2+1+3z^{-1}$$

要使$F_1(z)$存在，$|2z^2|$和$|3z^{-1}|$都不能为∞，故收敛域为$0<|z|<\infty$。

(2) $f_2(k)$是因果序列

$$F_2(z)=\sum_{k=-\infty}^{\infty}f_2(k)z^{-k}=\sum_{k=0}^{\infty}a^kz^{-k}=\sum_{k=0}^{\infty}(az^{-1})^k$$

要使$F_2(z)$存在，则$|az^{-1}|<1$，即$|z|>|a|$。故$f_2(k)$的z变换

$$F_2(z)=\sum_{k=0}^{\infty}(az^{-1})^k=\frac{1}{1-az^{-1}}=\frac{z}{z-a}$$

收敛域为$|z|>|a|$，如图 7.1(a)所示。

(3) $f_3(k)$是反因果序列

$$F_3(z)=\sum_{k=-\infty}^{\infty}f_3(k)z^{-k}=\sum_{k=-\infty}^{-1}b^kz^{-k}=\sum_{k=-\infty}^{-1}(bz^{-1})^k=\sum_{k=-1}^{-\infty}(bz^{-1})^k=\sum_{n=1}^{\infty}(b^{-1}z)^n$$

要使$F_3(z)$存在，则$|b^{-1}z|<1$，即$|z|<|b|$。故$f_3(k)$的z变换

$$F_3(z)=\sum_{n=1}^{\infty}(b^{-1}z)^n=\frac{b^{-1}z}{1-b^{-1}z}=\frac{-z}{z-b}$$

收敛域为$|z|<|b|$，如图 7.1(b)所示。

(4) $f_4(k)$是双边序列，$f_4(k)=f_2(k)+f_3(k)$，故

$$F_4(z)=F_2(z)+F_3(z)=\frac{z}{z-a}-\frac{z}{z-b}$$

$F_4(z)$的收敛域为$F_2(z)$的收敛域与$F_3(z)$收敛域的交集。即$|a|<|z|<|b|$，如图 7.1(c)所示。

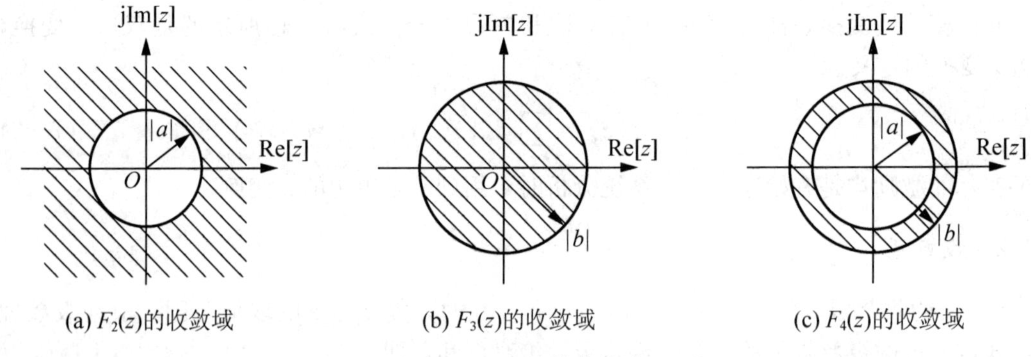

(a) $F_2(z)$的收敛域　　(b) $F_3(z)$的收敛域　　(c) $F_4(z)$的收敛域

图 7.1　z 变换的收敛域

如果序列$f(k)$的z变换$F(z)$存在，$F(z)$的收敛域具有如下特点。

(1) 对于有限长序列$f(k)$，$F(z)$的收敛域至少为$0<|z|<\infty$。若$k<0$时，$f(k)=0$，$F(z)$的收敛域为$0<|z|\leqslant\infty$；若$k>0$时，$f(k)=0$，$F(z)$的收敛域为$0\leqslant|z|<\infty$。

(2) 对于因果序列$f(k)$，$F(z)$的收敛域为$|z|>R_1$的形式，即圆(半径为R_1)外部的区域。

(3) 对于反因果序列$f(k)$，$F(z)$的收敛域为$|z|<R_2$的形式，即圆(半径为R_2)内部的区域。

(4) 对于双边序列$f(k)$，$F(z)$的收敛域为$R_1<|z|<R_2$的形式，即圆(半径为R_1)外与圆(半径为R_2)相交的环状区域。

7.1.3　常用序列的 z 变换

1. 单位序列$\delta(k)$

$$\mathscr{Z}[\delta(k)]=\sum_{k=-\infty}^{\infty}\delta(k)z^{-k}=1$$

收敛域为整个 z 平面。

2. 单位阶跃序列 $\varepsilon(k)$

$$\mathscr{Z}[\varepsilon(k)]=\sum_{k=-\infty}^{\infty}\varepsilon(k)z^{-k}=\sum_{k=0}^{\infty}z^{-k}=\frac{z}{z-1}$$

收敛域为 $|z|>1$。

3. 虚指数序列 $e^{\pm j\omega_0 k}\varepsilon(k)$

$$\mathscr{Z}[e^{\pm j\omega_0 k}\varepsilon(k)]=\sum_{k=-\infty}^{\infty}e^{\pm j\omega_0 k}\varepsilon(k)z^{-k}=\sum_{k=0}^{\infty}(e^{\pm j\omega_0}z^{-1})^k=\frac{z}{z-e^{\pm j\omega_0}}$$

收敛域为 $|z|>1$。

4. 反因果序列 $\varepsilon(-k-1)$

$$\mathscr{Z}[\varepsilon(-k-1)]=\sum_{k=-\infty}^{\infty}\varepsilon(-k-1)z^{-k}=\sum_{k=-\infty}^{-1}z^{-k}=-\frac{z}{z-1}$$

收敛域为 $|z|<1$。

7.1.4　z 变换与拉普拉斯变换

在 4.7 节中已经讨论了连续时间信号的抽样，在这一节中，我们讨论抽样序列 $f(k)$[如图 7.2(a)所示]的 z 变换，与理想抽样信号 $\hat{f}(t)$[如图 7.2(b)所示]拉普拉斯变换之间的关系。

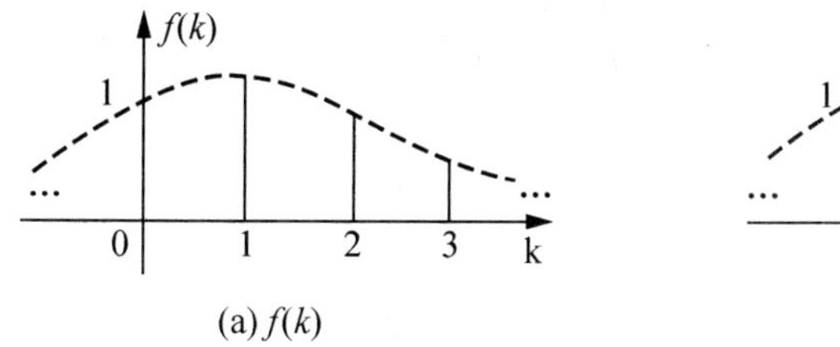

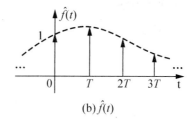

图 7.2　序列与理想抽样信号

由 z 变换的定义可知抽样序列 $f(k)$的 z 变换为

$$F(z)=\sum_{k=-\infty}^{\infty}f(k)z^{-k} \tag{7-4}$$

根据第 1.2 节的内容可知，式(7-4)中的 k 是 kT 的简写形式。

由 4.7 节的内容可知

$$\hat{f}(t)=f(t)\delta_T(t)=\sum_{k=-\infty}^{\infty}f(kT)\delta(t-kT)$$

$\hat{f}(t)$的拉普拉斯变换为

$$\begin{aligned}\hat{F}(s)&=\int_{-\infty}^{\infty}\hat{f}(t)e^{-st}dt=\int_{-\infty}^{\infty}\sum_{k=-\infty}^{\infty}f(kT)\delta(t-kT)e^{-st}dt\\&=\sum_{k=-\infty}^{\infty}f(kT)\int_{-\infty}^{\infty}\delta(t-kT)e^{-st}dt=\sum_{k=-\infty}^{\infty}f(kT)\int_{-\infty}^{\infty}\delta(t-kT)e^{-skT}dt\end{aligned}$$

$$= \sum_{k=-\infty}^{\infty} f(kT)\mathrm{e}^{-skT} \tag{7-5}$$

比较式(7-4)和式(7-5)，有

$$\hat{F}(s)=F(z)\big|_{z=\mathrm{e}^{sT}}, \qquad F(z)=\hat{F}(s)\big|_{s=\frac{1}{T}\ln z}$$

也就是说抽样序列 $f(k)$的 z 变换，等于其理想抽样信号 $\hat{f}(t)$的拉普拉斯变换。

s 平面与 z 平面的映射关系为

$$z=\mathrm{e}^{sT}, \qquad s=\frac{1}{T}\ln z \tag{7-6}$$

将 s 平面用直角坐标表示

$$s=\sigma+\mathrm{j}\omega$$

z 平面用极坐标表示

$$z=r\mathrm{e}^{\mathrm{j}\theta}$$

将它们代入式(7-6)，得到

$$r\mathrm{e}^{\mathrm{j}\theta}=\mathrm{e}^{(\sigma+\mathrm{j}\omega)T}=\mathrm{e}^{\sigma T}\mathrm{e}^{\mathrm{j}\omega T}$$

有

$$r=\mathrm{e}^{\sigma T}, \qquad \theta=\omega T$$

不难发现，r 与σ，θ 与ω 之间的关系如下。

1. r 与σ 的关系

$\sigma<0$(s 平面的左半开平面)，对应于 $r<1$(z 平面单位圆内部)。

$\sigma=0$(s 平面的虚轴)，对应于 $r=1$(z 平面的单位圆)。

$\sigma>0$(s 平面的右半开平面)，对应于 $r>1$(z 平面单位圆外部)。

r 与 σ 的映射关系如图 7.3 所示。

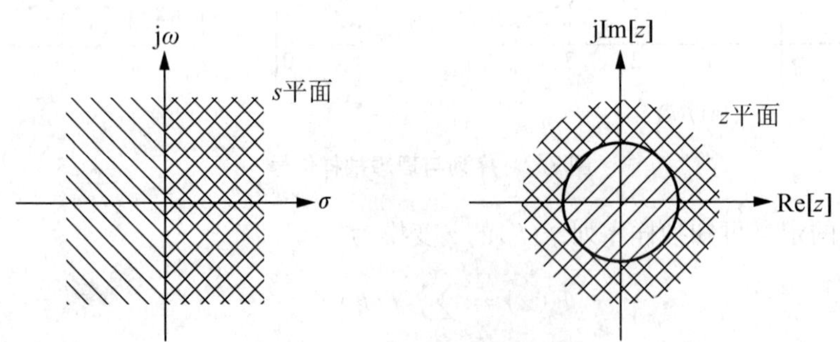

图 7.3　r 与 σ 的映射关系

2. θ 与 ω 的关系

$\omega=0$(s 平面的实轴)，对应于 $\theta=0$(z 平面的正实轴)。

$\omega=\omega_0$(s 平面平行于实轴的直线)，对应于 $\theta=\omega_0 T$(z 始于原点辐角为 $\omega_0 T$ 的辐射线)。

ω 由 $-\pi/T$ 增长到 π/T，对应于 θ 由 $-\pi$ 增长到 π。在 s 平面 ω 每变化 $2\pi/T$，在 z 平面 θ 就变化 2π。因此从 s 平面到 z 平面是多对一的映射，如图 7.4 所示。

由 s 平面与 z 平面的映射关系和根据拉普拉斯变换与傅里叶变换的关系，不难得到这样的结论：抽样序列 $f(k)$在单位圆上的 z 变换，等于其理想抽样信号 $\hat{f}(t)$的傅里叶变换。

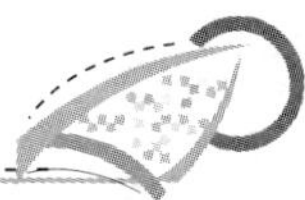

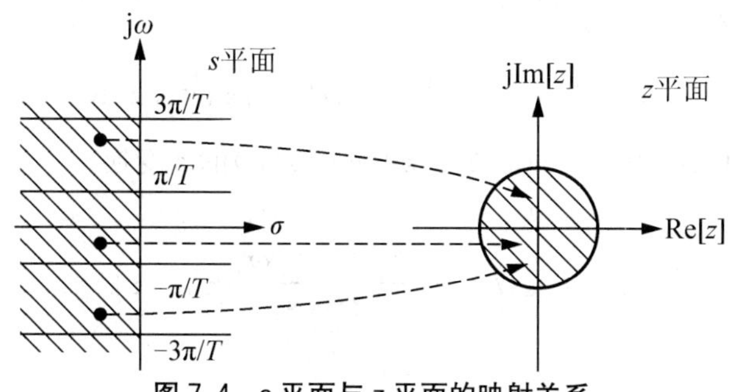

图 7.4　s 平面与 z 平面的映射关系

7.2　z 变换性质

掌握 z 变换的性质并将其灵活运用，对于求序列的 z 变换和分析 LTI 离散系统都非常重要。下面讨论 z 变换的一些基本性质和定理。

1. 线性

若

$$f_1(k)\leftrightarrow F_1(z),\ R_1<|z|<R_2$$
$$f_2(k)\leftrightarrow F_2(z),\ r_1<|z|<r_2$$

则对任意常数 α 和 β，有

$$\alpha f_1(k)+\beta f_2(k)\leftrightarrow\alpha F_1(z)+\beta F_2(z)$$

一般收敛域为 $\max(R_1,\ r_1)<|z|<\min(R_2,\ r_2)$，如果线性组合中有零点和极点相互抵消，收敛域可能会扩大。

【例 7.2】　求因果序列 $\sin(\omega_0 k)\varepsilon(k)$ 和 $\cos(\omega_0 k)\varepsilon(k)$ 的 z 变换。

解：

$$\sin(\omega_0 k)\varepsilon(k)=\frac{1}{2\mathrm{j}}(\mathrm{e}^{\mathrm{j}\omega_0 k}-\mathrm{e}^{-\mathrm{j}\omega_0 k})\varepsilon(k)$$

$$\cos(\omega_0 k)\varepsilon(k)=\frac{1}{2}(\mathrm{e}^{\mathrm{j}\omega_0 k}+\mathrm{e}^{-\mathrm{j}\omega_0 k})\varepsilon(k)$$

根据线性性质，得

$$\mathscr{Z}[\sin(\omega_0 k)\varepsilon(k)]=\frac{1}{2\mathrm{j}}\{\mathscr{Z}[\mathrm{e}^{\mathrm{j}\omega_0 k}\varepsilon(k)]-\mathscr{Z}[\mathrm{e}^{-\mathrm{j}\omega_0 k}\varepsilon(k)]\}$$
$$=\frac{1}{2\mathrm{j}}\left[\frac{z}{z-\mathrm{e}^{\mathrm{j}\omega_0}}-\frac{z}{z-\mathrm{e}^{-\mathrm{j}\omega_0}}\right]=\frac{z\sin\omega_0}{z^2-2z\cos\omega_0+1},\ |z|>1$$

$$\mathscr{Z}[\cos(\omega_0 k)\varepsilon(k)]=\frac{1}{2}\{\mathscr{Z}[\mathrm{e}^{\mathrm{j}\omega_0 k}\varepsilon(k)]+\mathscr{Z}[\mathrm{e}^{-\mathrm{j}\omega_0 k}\varepsilon(k)]\}$$
$$=\frac{1}{2}\left[\frac{z}{z-\mathrm{e}^{\mathrm{j}\omega_0}}+\frac{z}{z-\mathrm{e}^{-\mathrm{j}\omega_0}}\right]=\frac{z^2-z\cos\omega_0}{z^2-2z\cos\omega_0+1},\ |z|>1$$

2. z 域尺度变换

若

$$f(k)\leftrightarrow F(z),\ R_1<|z|<R_2$$

则对实常数 $a\neq0$，有

$$a^k f(k)\leftrightarrow F\left(\frac{z}{a}\right),\ |a|R_1<|z|<|a|R_2$$

【例 7.3】 求因果序列 $a^k\cos(\omega_0 k)\varepsilon(k)$ 和 $a^k\varepsilon(k)$ 的 z 变换。

解： 由

$$\cos(\omega_0 k)\varepsilon(k)\leftrightarrow\frac{z^2-z\cos\omega_0}{z^2-2z\cos\omega_0+1},\ |z|>1$$

可得

$$a^k\cos(\omega_0 k)\varepsilon(k)\leftrightarrow\frac{\left(\frac{z}{a}\right)^2-\left(\frac{z}{a}\right)\cos\omega_0}{\left(\frac{z}{a}\right)^2-2\left(\frac{z}{a}\right)\cos\omega_0+1}=\frac{z^2-za\cos\omega_0}{z^2-2za\cos\omega_0+a^2},\ |z|>a$$

由

$$\varepsilon(k)\leftrightarrow\frac{z}{z-1},\ |z|>1$$

可得

$$a^k\varepsilon(k)\leftrightarrow\frac{\left(\frac{z}{a}\right)}{\left(\frac{z}{a}\right)-1}=\frac{z}{z-a},\ |z|>a$$

3. 移位特性

1) 双边 z 变换

若

$$f(k)\leftrightarrow F(z),\ R_1<|z|<R_2$$

则对整数 m，有

$$f(k\pm m)\leftrightarrow z^{\pm m}F(z),\ R_1<|z|<R_2$$

证明：由双边 z 变换的定义式(7-1)有

$$\mathscr{Z}[f(k\pm m)]=\sum_{k=-\infty}^{\infty}f(k\pm m)z^{-k}$$

令 $n=k\pm m$，则 $k=n\mp m$，上式可写为

$$\mathscr{Z}[f(k\pm m)]=\sum_{n=-\infty}^{\infty}f(n)z^{-(n\mp m)}=z^{\pm m}\sum_{n=-\infty}^{\infty}f(n)z^{-n}=z^{\pm m}F(z)$$

2) 单边 z 变换

若

$$f(k)\leftrightarrow F(z),\ |z|>R_1$$

则对整数 $m>0$，有

$$\left.\begin{aligned}f(k-1)&\leftrightarrow z^{-1}F(z)+f(-1)\\ f(k-2)&\leftrightarrow z^{-2}F(z)+z^{-1}f(-1)+f(-2)\\ &\cdots\\ f(k-m)&\leftrightarrow z^{-m}F(z)+\sum_{k=0}^{m-1}f(k-m)z^{-k}\end{aligned}\right\},\ |z|>R_1 \tag{7-7a}$$

$$\left.\begin{array}{c} f(k+1) \leftrightarrow zF(z)-f(0) \\ f(k+2) \leftrightarrow z^2F(z)-z^2f(0)-zf(1) \\ \cdots \\ f(k+m) \leftrightarrow z^mF(z)-\sum_{k=0}^{m-1}f(k)z^{m-k} \end{array}\right\}, \quad |z|>R_1 \tag{7-7b}$$

证明：由单边z变换的定义式(7-2)有

$$\begin{aligned} \mathscr{Z}[f(k-m)] &= \sum_{k=0}^{\infty}f(k-m)z^{-k} = \sum_{k=0}^{m-1}f(k-m)z^{-k} + \sum_{k=m}^{\infty}f(k-m)z^{-k} \\ &= \sum_{k=0}^{m-1}f(k-m)z^{-k} + \sum_{k=m}^{\infty}f(k-m)z^{-(k-m)}z^{-m} \end{aligned}$$

将上式第二项中的$k-m=n$，有

$$\mathscr{Z}[f(k-m)] = \sum_{k=0}^{m-1}f(k-m)z^{-k} + [\sum_{n=0}^{\infty}f(n)z^{-n}]z^{-m} = \sum_{k=0}^{m-1}f(k-m)z^{-k} + z^{-m}F(z)$$

式(7-7a)得证。同样的思路可以证明式(7-7b)，这里不再赘述。

4. z域微分(序列乘k)

若

$$f(k) \leftrightarrow F(z),\ R_1<|z|<R_2$$

则有

$$kf(k) \leftrightarrow -z\frac{\mathrm{d}}{\mathrm{d}z}F(z),\ R_1<|z|<R_2$$

$$k^2f(k) \leftrightarrow -z\frac{\mathrm{d}}{\mathrm{d}z}\left[-z\frac{\mathrm{d}}{\mathrm{d}z}F(z)\right],\ R_1<|z|<R_2$$

$$\cdots$$

$$k^mf(k) \leftrightarrow \left[-z\frac{\mathrm{d}}{\mathrm{d}z}\right]^mF(z),\ R_1<|z|<R_2$$

也就是说，序列$f(k)$乘一次k，z域中的$F(z)$就求一次导并乘一次$-z$。

【例7.4】 求因果序列$k\varepsilon(k)$和$k^2a^k\varepsilon(k)$的z变换。

解： 由

$$\varepsilon(k) \leftrightarrow \frac{z}{z-1},\ |z|>1$$

有

$$k\varepsilon(k) \leftrightarrow -z\frac{\mathrm{d}}{\mathrm{d}z}\left(\frac{z}{z-1}\right) = \frac{z}{(z-1)^2},\ |z|>1$$

由

$$a^k\varepsilon(k) \leftrightarrow \frac{z}{z-a},\ |z|>|a|$$

有

$$k^2a^k\varepsilon(k) \leftrightarrow -z\frac{\mathrm{d}}{\mathrm{d}z}\left[-z\frac{\mathrm{d}}{\mathrm{d}z}\left(\frac{z}{z-a}\right)\right] = \frac{az^2+a^2z}{(z-a)^3},\ |z|>|a|$$

5. z 域积分(序列除 $k+m$)

若

$$f(k) \leftrightarrow F(z),\ R_1 < |z| < R_2$$

则对于整数 $k+m>0$，有

$$\frac{f(k)}{k+m} \leftrightarrow z^m \int_z^\infty \frac{F(\gamma)}{\gamma^{m+1}} \mathrm{d}\gamma,\ R_1 < |z| < R_2$$

【例 7.5】 求因果序列$\dfrac{\varepsilon(k)}{k+1}$的 z 变换。

解： 由

$$\varepsilon(k) \leftrightarrow \frac{z}{z-1},\ |z|>1$$

有

$$\frac{\varepsilon(k)}{k+1} \leftrightarrow z \int_z^\infty \frac{1}{(\gamma-1)\gamma} \mathrm{d}\gamma = \ln \frac{\gamma-1}{r} \Big|_z^\infty = z \ln\left(\frac{z}{z-1}\right),\ |z|>1$$

6. 时域反转

若

$$f(k) \leftrightarrow F(z),\ R_1 < |z| < R_2$$

则

$$f(-k) \leftrightarrow F(z^{-1}),\ \frac{1}{R_2} < |z| < \frac{1}{R_1}$$

7. 因果序列的部分和

对于因果序列 $f(k)$，若

$$f(k) \leftrightarrow F(z),\ |z| > R_1$$

则

$$\sum_{i=0}^{k} f(i) \leftrightarrow \frac{z}{z-1} F(z),\ |z| > \max(R_2,\ 1)$$

上式证明如下。

$$f(k) * \varepsilon(k) = \sum_{i=-\infty}^{\infty} f(i)\varepsilon(k-i) = \sum_{i=-\infty}^{k} f(i)$$

应用卷积定理，有

$$\sum_{i=-\infty}^{k} f(i) \leftrightarrow f(k) * \varepsilon(k) = F(z) \frac{z}{z-1}$$

【例 7.6】 求序列 $\sum\limits_{i=0}^{k} a^i \varepsilon(i)$ (a 为实数)的 z 变换。

解： 由

$$a^k \varepsilon(k) \leftrightarrow \frac{z}{z-a},\ |z| > |a|$$

有

$$\sum_{i=0}^{k} a^i \varepsilon(i) \leftrightarrow \frac{z}{z-1} \frac{z}{z-a} = \frac{z^2}{(z-1)(z-a)},\ |z| > \max(|a|,\ 1)$$

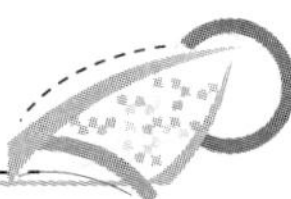

8. 时域卷积定理

若

$$f_1(k)\leftrightarrow F_1(z),\ R_1<|z|<R_2$$
$$f_2(k)\leftrightarrow F_2(z),\ r_1<|z|<r_2$$

有

$$f_1(k)*f_2(k)\leftrightarrow F_1(z)F_2(z)$$

一般收敛为 $\max(R_1,\ r_1)<|z|<\min(R_2,\ r_2)$，如果线性组合中有零点和极点相互抵消，收敛域可能扩大。

9. 初值定理和终值定理

1) 初值定理

对于因果序列 $f(k)$，若

$$f(k)\leftrightarrow F(z),\ |z|>R_1$$

有

$$f(0)=\lim_{z\to\infty}F(z)$$

$$f(m)=\lim_{z\to\infty}\left[z^mF(z)-\sum_{k=0}^{m-1}f(k)z^{m-k}\right]$$

证明：

$$F(z)=\sum_{k=0}^{\infty}f(k)z^{-k}=f(0)+f(1)z^{-1}+f(2)z^{-2}+\cdots \tag{7-8}$$

当 $z\to\infty$，由式(7-8)得

$$f(0)=\lim_{z\to\infty}F(z)$$

将式(7-8)两边乘以 z，得

$$zF(z)=zf(0)+f(1)+f(2)z^{-1}+\cdots \tag{7-9}$$

当 $z\to\infty$，由式(7-9)得

$$f(1)=\lim_{z\to\infty}[zF(z)-zf(0)]$$

依次可推得

$$f(m)=\lim_{z\to\infty}\left[z^mF(z)-\sum_{k=0}^{m-1}f(k)z^{m-k}\right]$$

2) 终值定理

对于因果序列 $f(k)$，若

$$f(k)\leftrightarrow F(z),\ |z|>R_1$$

且 $F(z)$的极点均单位圆内，或在 $z=1$ 处只允许有单极点，则

$$f(\infty)=\lim_{z\to 1}(z-1)F(z)$$

证明：利用序列的移位特性有

$$\mathscr{Z}[f(k+1)-f(k)]=(z-1)F(z)=\sum_{k=-\infty}^{\infty}[f(k+1)-f(k)]z^{-k}$$

由于 $f(k)$为因果序列，有 $f(k)=0$，$k<0$；$f(k+1)=0$，$k<-1$。故

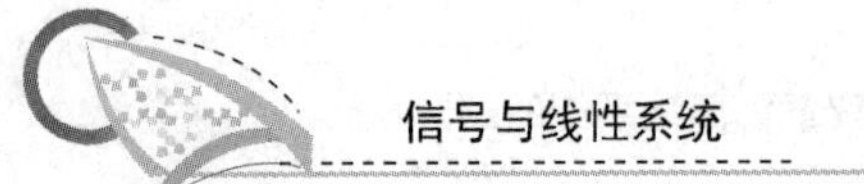

$$(z-1)F(z)=\sum_{k=-1}^{\infty}[f(k+1)-f(k)]z^{-k} \tag{7-10}$$

当 $z\to 1$，由式(7-10)得

$$\lim_{z\to 1}(z-1)F(z)=\sum_{k=-1}^{\infty}[f(k+1)-f(k)]=[f(0)]+[f(1)-f(0)]+\cdots=f(\infty)$$

理解

终值定理只有在 $f(k)$ 的终值存在，即 $f(\infty)$ 为定值时，才能使用。若 $F(z)$ 的极点在单位圆内，因果序列 $f(k)$ 收敛，$f(\infty)$ 存在。若 $F(z)$ 在 $z=1$ 处有一阶的极点，$f(\infty)$ 存在。

此外，根据 s 平面与 z 平面的映射关系可知：s 平面左半开平面内的点，映射到 z 平面的单位圆内；s 平面的原点($\sigma=\omega=0$)，映射到 z 平面的 $z=1(r=1,\ \theta=0)$ 处。这样比较后，读者就会发现拉普拉斯变换和 z 变换终值定理的条件实质一样。

【例 7.7】 某因果序列的 z 变换为

$$F(z)=\frac{z^2+2}{\left(z+\frac{1}{2}\right)(z-1)}$$

求 $f(0)$、$f(1)$、$f(\infty)$。

解：

$$f(0)=\lim_{z\to\infty}F(z)=\lim_{z\to\infty}\frac{z^2+2}{\left(z+\frac{1}{2}\right)(z-1)}=1$$

$$f(1)=\lim_{z\to\infty}[zF(z)-zf(0)]=\lim_{z\to\infty}\frac{\frac{1}{2}z^2-\frac{5}{2}z}{\left(z+\frac{1}{2}\right)(z-1)}=\frac{1}{2}$$

$F(z)$ 的极点为 $z_1=-\frac{1}{2}$，$z_2=1$。满足应用终值定理的条件，故

$$f(\infty)=\lim_{z\to 1}(z-1)F(z)=\lim_{z\to 1}\frac{z^2+2}{z+\frac{1}{2}}=2$$

常用序列的 z 变换见表 7-1。

表 7-1 常用序列的 z 变换

序号	$f(k)$	$F(z)$
1	$\delta(k)$	1
2	$\delta(k-m)$，$m\geqslant 0$	z^{-m}
3	$\varepsilon(k)$	$\frac{z}{z-1}$
4	$\varepsilon(k-m)$，$m\geqslant 0$	$\frac{z}{z-1}\cdot z^{-m}$
5	$k\varepsilon(k)$	$\frac{z}{(z-1)^2}$

续表

序号	f(k)	F(z)
6	$k^2\varepsilon(k)$	$\dfrac{z^2+z}{(z-1)^3}$
7	$a^k\varepsilon(k)$	$\dfrac{z}{z-a}$
8	$ka^k\varepsilon(k)$	$\dfrac{az}{(z-a)^2}$
9	$\dfrac{k(k-1)}{2}\varepsilon(k)$	$\dfrac{z}{(z-1)^3}$
10	$\dfrac{(k+1)k}{2}\varepsilon(k)$	$\dfrac{z^2}{(z-1)^3}$
11	$\dfrac{k(k-1)\cdots(k-m+1)}{m!}\varepsilon(k)$	$\dfrac{z}{(z-1)^{m+1}}$
12	$\dfrac{(k+1)\cdots(k+m)a^k}{m!}\varepsilon(k)，m\geqslant 1$	$\dfrac{z^{m+1}}{(z-a)^{m+1}}$
13	$\cos(\beta k)\varepsilon(k)$	$\dfrac{z(z-\cos\beta)}{z^2-2z\cos\beta+1}$
14	$\sin(\beta k)\varepsilon(k)$	$\dfrac{z\sin\beta}{z^2-2z\cos\beta+1}$

z 变换的性质见表 7－2。

表 7－2　z 变换的性质

名称		f(k)	$F(z)R_1<\|z\|<R_2$
线性		$\alpha f_1(k)+\beta f_2(k)$	$\alpha F_1(z)+\beta F_2(z)$ $\max(R_1，r_1)<\|z\|<\min(R_2，r_2)$
z 域尺度变换		$a^k f(k)$	$F\left(\dfrac{z}{a}\right)，\|a\|R_1<\|z\|<\|a\|R_2$
移位特性	双边 z 变换	$f(k\pm m)$	$z^{\pm m}F(z)，R_1<\|z\|<R_2$
	单边 z 变换	$f(k-m)$	$z^{-m}F(z)+\sum_{k=0}^{m-1}f(k-m)z^{-k}，\|z\|>R_1$
		$f(k+m)$	$z^m F(z)-\sum_{k=0}^{m-1}f(k)z^{m-k}，\|z\|>R_1$
z 域微分(序列乘 k)		$k^m f(k)$	$\left[-z\dfrac{\mathrm{d}}{\mathrm{d}z}\right]^m F(z)，R_1<\|z\|<R_2$
z 域积分(序列除 $k+m$)		$\dfrac{f(k)}{k+m}$	$z^m\int_z^{\infty}\dfrac{F(\gamma)}{\gamma^{m+1}}\mathrm{d}\gamma，R_1<\|z\|<R_2$

续表

名称	$f(k)$	$F(z)\ R_1<\lvert z\rvert<R_2$
时域反转	$f(-k)$	$F(z^{-1})$，$\frac{1}{R_2}<\lvert z\rvert<\frac{1}{R_1}$
因果序列的部分和	$\sum_{i=0}^{k} f(i)$	$\frac{z}{z-1}F(z)$
时域卷积定理	$f_1(k)*f_2(k)$	$F_1(z)F_2(z)$， $\max(R_1,\ r_1)<\lvert z\rvert<\min(R_2,\ r_2)$
因果序列初值定理	$f(m)=\lim_{z\to\infty}[z^m F(z)-\sum_{k=0}^{m-1} f(k)z^{m-k}]$	
因果序列终值定理	$f(\infty)=\lim_{z\to 1}(z-1)F(z)$，$F(z)$的极点均单位圆内，在 $z=1$ 处只允许有单极点	

7.3 z 反变换

从 $F(z)$中还原出序列 $f(k)$的变换，称为 z 反变换。求 z 反变换的方法通常有 3 种：围线积分法(留数法)、长除法和部分分式展开法，这里只介绍幂级数展开法和部分分式展开法。

7.3.1 基本分式的反变换

同拉普拉斯反变换一样，用部分分式展开法求 $F(z)$的反变换，必须要熟悉部分分式的反变换。表 7-3 是一些其本分式的反变换。

表 7-3 z 反变换表

序号	反因果序列 $f(k)$，$k<0$	收敛域 $\lvert z\rvert<R$	象函数 $F(z)$	收敛域 $\lvert z\rvert>r$	因果序列 $f(k)$，$k\geqslant 0$
1	/	/	1	全平面	$\delta(k)$
2	/	/	z^{-m}，$m>0$	$\lvert z\rvert>0$	$\delta(k-m)$，$m>0$
3	$\delta(k+m)$，$m>0$	$\lvert z\rvert<\infty$	z^m，$m>0$	/	/
4	$-\varepsilon(-k-1)$	$\lvert z\rvert<1$	$\frac{z}{z-1}$	$\lvert z\rvert>1$	$\varepsilon(k)$
5	$-k\varepsilon(-k-1)$	$\lvert z\rvert<1$	$\frac{z}{(z-1)^2}$	$\lvert z\rvert>1$	$k\varepsilon(k)$
6	$\frac{-k\cdots(k-m+1)}{m!}\varepsilon(-k-1)$	$\lvert z\rvert<1$	$\frac{z}{(z-1)^{m+1}}$	$\lvert z\rvert>1$	$\frac{k\cdots(k-m+1)}{m!}\varepsilon(k)$
7	$-a^k\varepsilon(-k-1)$	$\lvert z\rvert<\lvert a\rvert$	$\frac{z}{z-a}$	$\lvert z\rvert>\lvert a\rvert$	$a^k\varepsilon(k)$

续表

序号	反因果序列 $f(k)$，$k<0$	收敛域 $\lvert z\rvert<R$	象函数 $F(z)$	收敛域 $\lvert z\rvert>r$	因果序列 $f(k)$，$k\geqslant 0$
8	$-ka^{k-1}\varepsilon(-k-1)$	$\lvert z\rvert<\lvert a\rvert$	$\dfrac{z}{(z-a)^2}$	$\lvert z\rvert>\lvert a\rvert$	$ka^{k-1}\varepsilon(k)$
9	$\dfrac{-k\cdots(k-m+1)}{m!}a^{k-m}\varepsilon(-k-1)$	$\lvert z\rvert<\lvert a\rvert$	$\dfrac{z}{(z-a)^{m+1}}$	$\lvert z\rvert>\lvert a\rvert$	$\dfrac{k\cdots(k-m+1)}{m!}a^{k-m}\varepsilon(k)$

观察表 7-3 不难发现，同样的 $F(z)$，因收敛域不同，对应的序列不同。收敛域为 $\lvert z\rvert>r$ 形式时，$f(k)$ 为因果序列；收敛域为 $\lvert z\rvert<R$ 形式时，$f(k)$ 为反因果序列。如何根据所给象函数的收敛域，确定各基本分式对应的是因果序列还是反因果序列呢？

在象函数的收敛域里画一条逆时针方向的围线 c，被围线 c 包围(或在围线 c 内)的极点所对应部分分式，反变换为因果序列；未被围线 c 包围(或在围线 c 外)的极点所对应部分分式，反变换为反因果序列。

【例 7.8】 已知象函数

$$F(z)=\frac{z}{z+2}+\frac{z}{z-3}$$

在收敛域分别为① $\lvert z\rvert<2$，② $\lvert z\rvert>3$，③ $2<\lvert z\rvert<3$ 的情况下，求原序列。

解：$F(z)$ 有两个极点分别为 $p_1=-2$，$p_2=3$。

①当 $F(z)$ 的收敛域为 $\lvert z\rvert<2$ 时，在收敛域里，画一条逆时针方向的围线 c，极点 p_1、p_2 均在围线 c 外部，如图 7.5(a)所示。故极点 $p_1=-2$ 和极点 $p_2=3$ 所对应的部分分式，均反变换为反因果序列，根据表 7-3 有

$$f(k)=-[(-2)^k+3^k]\varepsilon(-k-1)$$

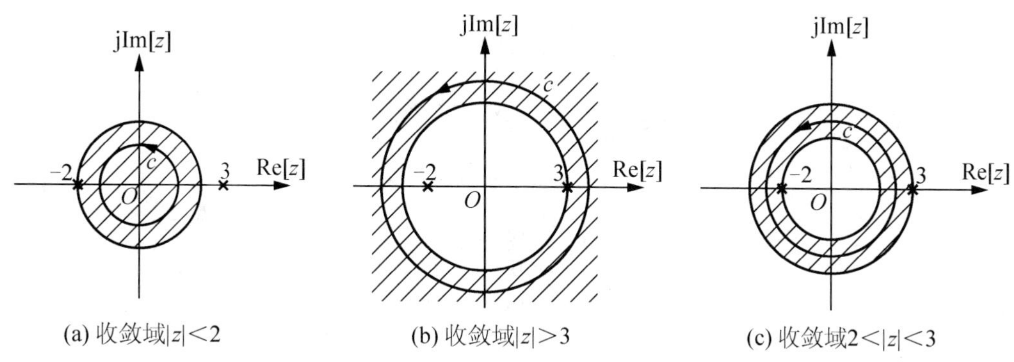

图 7.5　例 7.6 的 3 种收敛域

②当 $F(z)$ 的收敛域为 $\lvert z\rvert>3$ 时，在收敛域里，画一条逆时针方向的围线 c，极点 p_1、p_2 均在围线 c 内部，如图 7.5(b)所示。故极点 $p_1=-2$ 和极点 $p_2=3$ 所对应的部分分式，均反变换为因果序列，根据表 7-3 有

$$f(k)=[(-2)^k+3^k]\varepsilon(k)$$

③当 $F(z)$ 的收敛域为 $2<\lvert z\rvert<3$ 时，在收敛域里，画一条逆时针方向的围线 c，极点 $z_1=-2$ 在围线 c 的内部，极点 $z_2=3$ 在围线 c 的外部，如图 7.5(c)所示。故极点 $p_1=$

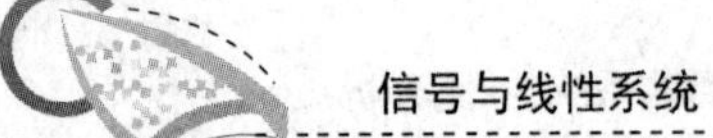

-2 所对应的部分分式反变换为因果序列，极点 $p_2=3$ 所对应的部分分式反变换为反因果序列，根据表 7－3 有

$$f(k)=(-2)^k\varepsilon(k)-3^k\varepsilon(-k-1)$$

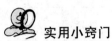

实用小窍门

根据 z 变换收敛域的特点可知，当 $F(z)$ 的收敛域为 $|z|<R$ 的形式，则 $F(z)$ 的各基本分式对应的均为反因果序列；当 $F(z)$ 的收敛域为 $|z|>r$ 的形式，$F(z)$ 的各基本分式对应的均为因果序列。实际处理时，只需对收敛域为 $r<|z|<R$ 的情况，用围线法来判断各部分分式是因果还是反因果序列。

7.3.2 幂级数展开法

根据 z 变换的定义可知，当 $f(k)$ 为因果序列时，象函数是 z^{-1} 的幂级数。

$$F(z)=\sum_{k=0}^{\infty}f(k)z^{-k}=f(0)+f(1)z^{-1}+f(2)z^{-2}+\cdots$$

当 $f(k)$ 为反因果序列时，象函数是 z 的幂级数。

$$F(z)=\sum_{k=-\infty}^{-1}f(k)z^{-k}=f(-1)z+f(-2)z^2+f(-3)z^3+\cdots$$

因此可根据给定的收敛域，用长除法将象函数展开为 z^{-1} 或 z 的幂级数，幂级数的系数就是序列的值。

【例 7.9】 已知象函数 $F(z)=\dfrac{2z^2-z}{z^2-z-6}$

在收敛域分别为① $|z|<2$，② $|z|>3$ 的情况下，求原序列。

解：①收敛域为 $|z|<2$，$f(k)$ 为反因果序列，将 $F(z)$ 的分子、分母按 z 的升幂排列，有

$$\begin{array}{r}
\frac{1}{6}z-\frac{13}{6}z^2+\frac{19}{6^3}z^3+\cdots \\
-6-z+z^2\,\overline{\big)\,-z+2z^2} \\
\underline{-z-\frac{1}{6}z^2+\frac{1}{6}z^3} \\
\frac{13}{6}z^2-\frac{1}{6}z^3 \\
\underline{\frac{13}{6}z^2+\frac{13}{6}z^3-\frac{13}{6}z^4} \\
-\frac{19}{6^2}z^3+\frac{13}{6^3}z^4 \\
\underline{\frac{19}{6^3}z^3+\frac{19}{6^4}z^4-\frac{19}{6^4}z^5} \\
\cdots
\end{array}$$

$$f(k)=\left\{\cdots,\ \frac{19}{6^3},\ -\frac{13}{6^2},\ \frac{1}{6},\ \underset{\uparrow}{0}\right\}$$

②收敛域为 $|z|>3$，$f(k)$ 为因果序列，将 $F(z)$ 的分子、分母按 z 的降幂排列，有

$$
\begin{array}{r}
2+z^{-1}+13z^{-2}+\cdots \\
z^2-z-6\overline{\big)\, 2z^2-z\qquad\qquad} \\
\underline{2z^2-2z-12} \\
z+12 \\
\underline{z-1-6z^{-1}} \\
13+6z^{-1} \\
\underline{13-13z^{-1}-78z^{-2}} \\
\cdots
\end{array}
$$

$$f(k)=\{\underset{\uparrow}{2},\ 1,\ 13,\ \cdots\}$$

知识联想

由于幂级数展开法能方便地得到 $k=0$ 附近的序列值，因此可用来求序列的初值。例如在【例 7.7】中求 $f(0)$、$f(1)$，有

$$
\begin{array}{r}
1+\frac{1}{2}z^{-1}+\cdots \\
z^2-\frac{1}{2}z-\frac{1}{2}\overline{\big)\, z^2+0z+2\qquad} \\
\underline{z^2-\frac{1}{2}z-\frac{1}{2}} \\
\frac{1}{2}z+\frac{5}{2} \\
\underline{\frac{1}{2}z-\frac{1}{4}-\frac{1}{4}z^{-1}} \\
\cdots
\end{array}
$$

$$f(0)=1,\ f(1)=\frac{1}{2}$$

7.3.3 部分分式展开法

z 反变换中，基本分式的分子都为 z，而在拉普拉斯反变换中，基本分式的分子均为常数。如：

$$\frac{z}{z-a},\ |z|>|a|\leftrightarrow a^k\varepsilon(k)$$

$$\frac{1}{s-\alpha},\ \sigma>\alpha\leftrightarrow e^{\alpha t}\varepsilon(t)$$

为了方便反变换，在对 $F(z)$进行部分分式展开时，尽量使各部分分式的分子为 z。因此，在对 $F(z)$进行部分分式展开式时，通常先将$\frac{F(z)}{z}$，然后针对$\frac{F(z)}{z}$进行部分分式展开。确定完各系数后，再将$\frac{F(z)}{z}$乘以 z，得到分子为 z 的部分分式。

$F(z)$可表示为 z 的有理分式，即

$$F(z)=\frac{b_m z^m+b_{m-1}z^{m-1}+\cdots+b_1 z+b_0}{z^n+a_{n-1}z^{n-1}+\cdots+a_1 z+a_0}$$

通常有 $m\leqslant n$，则$\frac{F(z)}{z}$为 z 的有理真分式，即

$$\frac{F(z)}{z}=\frac{B(z)}{A(z)}=\frac{b_m z^m+b_{m-1}z^{m-1}+\cdots+b_1 z+b_0}{z^{n+1}+a_{n-1}z^n+\cdots+a_1 z^2+a_0 z}, \quad m<n+1$$

1. 单极点

如果 $A(z)=0$ 的根均是单根，即 n 个根 p_1，p_2，$\cdots p_n$ 互不相等，那么 $F(z)/z$ 可展开成如下的形式

$$\frac{F(z)}{z}=\frac{K_1}{z-p_1}+\cdots+\frac{K_i}{z-p_i}+\cdots+\frac{K_n}{z-p_n}=\sum_{i=1}^{n}\frac{K_i}{z-p_i}$$

系数

$$K_i=(z-p_i)F(z)\big|_{z=p_i} \tag{7-11}$$

则 $F(z)$的展开式为

$$F(z)=\frac{zK_1}{z-p_1}+\cdots+\frac{zK_i}{z-p_i}+\cdots+\frac{zK_n}{z-p_n}=\sum_{i=1}^{n}\frac{zK_i}{z-p_i} \tag{7-12}$$

1) 实数单极点

如果这 n 个根 p_1，p_2，$\cdots p_n$ 均为实数，则 $K_i(i=1，2，\cdots n)$也均为实数。若 p_i 在收敛域里围线的内部，则

$$\mathscr{Z}^{-1}\left[\frac{zK_i}{z-p_i}\right]=K_i p_i^k\varepsilon(k) \tag{7-13a}$$

若 p_i 在收敛域里围线的外部，则

$$\mathscr{Z}^{-1}\left[\frac{zK_i}{z-p_i}\right]=-K_i p_i^k\varepsilon(-k-1) \tag{7-13b}$$

【例 7.10】 已知象函数 $F(z)=\dfrac{z^2}{z^2-z-6}$，求收敛域分别为①$|z|<2$，②$|z|>3$，③$2<|z|<3$ 时，所对应的序列 $f(k)$。

解：

$$\frac{F(z)}{z}=\frac{z}{z^2-z-6}=\frac{K_1}{z+2}+\frac{K_2}{z-3}$$

$A(z)=z^2-z-6=0$ 的根 $p_1=-2$，$p_2=3$ 均为单实根。$F(z)/z$ 的展开形式为

$$\frac{F(z)}{z}=\frac{K_1}{z+2}+\frac{K_2}{z-3}$$

用式(7-11)求出各系数

$$K_1=(z+2)\frac{F(z)}{z}\bigg|_{z=-2}=\frac{2}{5}$$

$$K_2=(z-3)\frac{F(z)}{z}\bigg|_{z=3}=\frac{3}{5}$$

所以有

$$\frac{F(z)}{z}=\frac{\frac{2}{5}}{z+2}+\frac{\frac{3}{5}}{z-3}$$

即

$$F(z)=\frac{\frac{2}{5}z}{z+2}+\frac{\frac{3}{5}z}{z-3}$$

①收敛域为$|z|<2$，$F(z)$的各基本分式对应的均为因果序列，故

$$f(k)=\left[\frac{2}{5}(-2)^k+\frac{3}{5}(3)^k\right]\varepsilon(k)$$

②收敛域为$|z|>3$，$F(z)$的各基本分式对应的均为反因果序列，故

$$f(k)=\left[-\frac{2}{5}(-2)^k-\frac{3}{5}(3)^k\right]\varepsilon(-k-1)$$

③收敛域为$2<|z|<3$，基本分式$\frac{\frac{2}{5}z}{z+2}$对应的为因果序列，而基本分式$\frac{\frac{3}{5}z}{z-3}$对应的为反因果序列，故

$$f(k)=\frac{2}{5}(-2)^k\varepsilon(k)-\frac{3}{5}(3)^k\varepsilon(-k-1)$$

2）共轭单极点

设$F(z)/z$的展开式

$$\frac{F(z)}{z}=\frac{F_1(z)}{z}+\frac{F_2(z)}{z}=\frac{K_1}{z-p_1}+\frac{K_2}{z-p_2}+\frac{F_2(z)}{z} \tag{7-14}$$

p_1与p_2为$F_1(z)/z$的共轭单极点，即

$$\frac{F_1(z)}{z}=\frac{K_1}{z-p_1}+\frac{K_2}{z-p_2} \tag{7-15}$$

令$p_1=\alpha+\mathrm{j}\beta$，$K_1=|K_1|\mathrm{e}^{\mathrm{j}\theta}$，则有$p_2=\alpha-\mathrm{j}\beta$，$K_2=|K_1|\mathrm{e}^{-\mathrm{j}\theta}$。式(7-15)可表示为

$$\frac{F_1(z)}{z}=\frac{|K_1|\mathrm{e}^{\mathrm{j}\theta}}{z-(\alpha+\mathrm{j}\beta)}+\frac{|K_1|\mathrm{e}^{-\mathrm{j}\theta}}{z-(\alpha-\mathrm{j}\beta)}$$

即

$$F_1(z)=\frac{|K_1|\mathrm{e}^{\mathrm{j}\theta}z}{z-(\alpha+\mathrm{j}\beta)}+\frac{|K_1|\mathrm{e}^{-\mathrm{j}\theta}z}{z-(\alpha-\mathrm{j}\beta)} \tag{7-16}$$

为了方便后续的计算，将p_1和p_2也写为指数形式，即令

$$p_{1,2}=r\mathrm{e}^{\pm\mathrm{j}\varphi},\quad\left[r=\sqrt{\alpha^2+\beta^2},\ \varphi=\arctan\left(\frac{\beta}{\alpha}\right)\right]$$

则式(7-16)可写为

$$F_1(z)=\frac{|K_1|\mathrm{e}^{\mathrm{j}\theta}z}{z-r\mathrm{e}^{\mathrm{j}\varphi}}+\frac{|K_1|\mathrm{e}^{-\mathrm{j}\theta}z}{z-r\mathrm{e}^{-\mathrm{j}\varphi}} \tag{7-17}$$

若收敛域$|z|>r$，则极点p_1和p_2必然在围线内部。对式(7-17)取z反变换，得

$$\begin{aligned}\mathscr{Z}^{-1}[F_1(z)]&=(|K_1|\mathrm{e}^{\mathrm{j}\theta}r^k\mathrm{e}^{\mathrm{j}\varphi k}+|K_1|\mathrm{e}^{-\mathrm{j}\theta}r^k\mathrm{e}^{-\mathrm{j}\varphi k})\varepsilon(k)\\&=|K_1|r^k[\mathrm{e}^{\mathrm{j}(\varphi k+\theta)}+\mathrm{e}^{-\mathrm{j}(\varphi k+\theta)}]\varepsilon(k)\\&=2|K_1|r^k\cos(\varphi k+\theta)\varepsilon(k)\end{aligned} \tag{7-18a}$$

若收敛域$|z|<r$，则极点p_1和p_2必然在围线外部。对式(7-17)取z反变换，得

$$\begin{aligned}\mathscr{Z}^{-1}[F_1(z)]&=(-|K_1|\mathrm{e}^{\mathrm{j}\theta}r^k\mathrm{e}^{\mathrm{j}\varphi k}-|K_1|\mathrm{e}^{-\mathrm{j}\theta}r^k\mathrm{e}^{-\mathrm{j}\varphi k})\varepsilon(-k-1)\\&=-2|K_1|r^k\cos(\varphi k+\theta)\varepsilon(-k-1)\end{aligned} \tag{7-18b}$$

知识要点提醒

在z反变换时，为了方便计算，通常需要将复数极点写为指数形式。

【例 7.11】 求象函数

$$F(z)=\frac{z^2+2}{z^2+1},\ |z|>1$$

的原序列。

解：

$$\frac{F(z)}{z}=\frac{z^2+2}{z(z^2+1)}=\frac{K_1}{z}+\frac{K_2}{z-\mathrm{j}}+\frac{K_2^*}{z+\mathrm{j}}$$

$$K_1=z\frac{F(z)}{z}\Big|_{z=0}=2$$

$$K_2=(z-\mathrm{j})\frac{F(z)}{z}\Big|_{z=\mathrm{j}}=-\frac{1}{2}$$

$$K_2^*=-\frac{1}{2}$$

于是有

$$F(z)=2+\frac{-\frac{1}{2}z}{z-\mathrm{j}}+\frac{-\frac{1}{2}z}{z+\mathrm{j}}$$

将$\pm\mathrm{j}$写为指数形式，为

$$\pm\mathrm{j}=\mathrm{e}^{\pm\frac{\pi}{2}\mathrm{j}}$$

故

$$f(k)=2\delta(k)-\frac{1}{2}(\mathrm{e}^{\frac{\pi k}{2}\mathrm{j}}+\mathrm{e}^{-\frac{\pi k}{2}\mathrm{j}})\varepsilon(k)$$

$$=2\delta(k)-\cos\left(\frac{\pi}{2}k\right)\varepsilon(k)$$

2. 重极点

如果在$A(z)=0$的根中，p_1为r重根，即$p_1=p_2=\cdots=p_r$，而其余的$n-r$根都不等于p_1。那么$F(z)/z$可展开成如下的形式

$$\frac{F(z)}{z}=\frac{F_1(z)}{z}+\frac{F_2(z)}{z}=\frac{K_{11}}{(z-p_1)^r}+\frac{K_{12}}{(z-p_1)^{r-1}}+\cdots+\frac{K_{1r}}{(z-p_1)}+\frac{F_2(z)}{z}$$

有

$$K_{1l}=\frac{1}{(l-1)!}\frac{\mathrm{d}^{l-1}}{\mathrm{d}z^{l-1}}\left[(z-p_1)^r\frac{F(z)}{z}\right]\Big|_{z=p_1}$$

则$F(z)$的展开式为

$$F(z)=F_1(z)+F_2(z)=\frac{zK_{11}}{(z-p_1)^r}+\frac{zK_{12}}{(z-p_1)^{r-1}}+\cdots+\frac{zK_{1r}}{(z-p_1)}+F_2(z)$$

1）实数重极点

如果m重根p_1为实数，则$K_{1l}(l=1,2,\cdots r)$也均为实数。若p_1在收敛域里围线的内部，则根据

$$\mathscr{Z}^{-1}\left[\frac{z}{(z-p_1)^m}\right]=\frac{k(k-1)\cdots(k-m+2)}{(m-1)!}p_1^{k-m+1}\varepsilon(k)$$

可求得$F_1(z)$对应的因果序列。

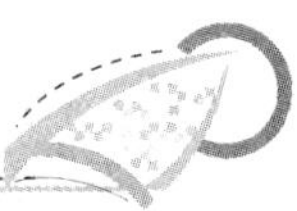

若 p_1 在收敛域里围线的外部，则根据

$$\mathscr{Z}^{-1}\left[\frac{z}{(z-p_1)^m}\right]=\frac{-k(k-1)\cdots(k-m+2)}{(m-1)!}p_1^{k-m+1}\varepsilon(-k-1)$$

可求得 $F_1(z)$ 对应的反因果序列。

【例 7.12】 求 $F(z)=\dfrac{z^3-z}{(z+2)^3}$，$|z|<2$ 的反变换 $f(k)$。

解：

$$\frac{F(z)}{z}=\frac{z^2-1}{(z+2)^3}=\frac{K_{11}}{(z+2)^3}+\frac{K_{12}}{(z+2)^2}+\frac{K_{13}}{z+2}$$

$$K_{11}=(z+2)^3\frac{F(z)}{z}\Big|_{z=-2}=3;\quad K_{12}=\frac{\mathrm{d}\left[(z+2)^3\dfrac{F(z)}{z}\right]}{\mathrm{d}z}\Big|_{z=-2}=-4;$$

$$K_{13}=\frac{1}{2!}\frac{\mathrm{d}^2\left[(z+2)^3\dfrac{F(z)}{z}\right]}{\mathrm{d}z^2}\Big|_{z=-2}=1$$

有

$$F(z)=\frac{3z}{(z+2)^3}+\frac{-4z}{(z+2)^2}+\frac{z}{z+2}$$

由于极点 $z=-2$ 在围线外，故 $F(z)$ 的反变换为

$$f(k)=-\left[\frac{3}{2}k(k-1)(-2)^{k-2}-4k(-2)^{k-1}+(-2)^k\right]\varepsilon(-k-1)$$

2) 共轭重极点

如果 $A(z)=0$ 有共轭的重根，这里假设 $A(z)=0$ 有二重共轭复根 $p_1=p_2=\alpha+\mathrm{j}\beta$，$p_3=p_4=\alpha-\mathrm{j}\beta$，则

$$\frac{F_1(z)}{z}=\frac{K_{11}}{(z-\alpha-\mathrm{j}\beta)^2}+\frac{K_{12}}{z-\alpha-\mathrm{j}\beta}+\frac{K_{11}^*}{(z-\alpha+\mathrm{j}\beta)^2}+\frac{K_{12}^*}{z-\alpha+\mathrm{j}\beta}$$

将 p_1，p_2，p_3，p_4，K_{11}，K_{11}^*，K_{12}，K_{12}^* 分别写成指数形式，即

$$p_1=p_2=r\mathrm{e}^{\mathrm{j}\varphi},\ p_3=p_4=r\mathrm{e}^{-\mathrm{j}\varphi}\left[r=\sqrt{\alpha^2+\beta^2},\ \varphi=\arctan\left(\frac{\beta}{\alpha}\right)\right]$$

$$K_{11}=|K_{11}|\mathrm{e}^{\mathrm{j}\theta_1},\ K_{12}=|K_{12}|\mathrm{e}^{\mathrm{j}\theta_2}$$

则

$$F_1(z)=\frac{z|K_{11}|\mathrm{e}^{\mathrm{j}\theta_1}}{(z-r\mathrm{e}^{\mathrm{j}\varphi})^2}+\frac{z|K_{12}|\mathrm{e}^{\mathrm{j}\theta_2}}{z-r\mathrm{e}^{\mathrm{j}\varphi}}+\frac{z|K_{11}|\mathrm{e}^{-\mathrm{j}\theta_1}}{(z-r\mathrm{e}^{-\mathrm{j}\varphi})^2}+\frac{z|K_{12}|\mathrm{e}^{-\mathrm{j}\theta_2}}{z-r\mathrm{e}^{-\mathrm{j}\varphi}}\tag{7-19}$$

若收敛域 $|z|>r$，则极点 p_1，p_2，p_3，p_4 必然在围线内部。对式(7-19)取 z 反变换，得

$$\begin{aligned}\mathscr{Z}^{-1}[F_1(z)]=&[|K_{11}|\mathrm{e}^{\mathrm{j}\theta_1}k(r\mathrm{e}^{\mathrm{j}\varphi})^{k-1}+|K_{12}|\mathrm{e}^{\mathrm{j}\theta_2}(r\mathrm{e}^{\mathrm{j}\varphi})^k+|K_{11}|\mathrm{e}^{-\mathrm{j}\theta_1}k(r\mathrm{e}^{-\mathrm{j}\varphi})^{k-1}\\&+|K_{12}|\mathrm{e}^{-\mathrm{j}\theta_2}k(r\mathrm{e}^{-\mathrm{j}\varphi})^{k-1}]\varepsilon(k)\\=&2\{|K_{11}|kr^{k-1}\cos[\varphi(k-1)+\theta_1]+|K_{12}|r^k\cos(\varphi k+\theta_2)\}\varepsilon(k)\end{aligned}$$

若收敛域 $|z|<r$，则极点 p_1，p_2，p_3，p_4 必然在围线外部。对式(7-19)取 z 反变换，得

$$\mathscr{Z}^{-1}[F_1(z)]=-2\{|K_{11}|kr^{k-1}\cos[\varphi(k-1)+\theta_1]+|K_{12}|r^k\cos(\varphi k+\theta_2)\}\varepsilon(-k-1)$$

【例 7.13】 求 $F(z)=\dfrac{z^4}{(z^2+4)^2}$，$|z|>2$ 的反变换 $f(k)$。

解：$F(z)/z$ 有一对共轭二重极点，$p_1=p_2=2\mathrm{j}=2\mathrm{e}^{\mathrm{j}\frac{\pi}{2}}$，$p_3=p_4=-2\mathrm{j}=2\mathrm{e}^{-\mathrm{j}\frac{\pi}{2}}$，将 $F(z)/z$ 展开

$$\frac{F(z)}{z}=\frac{z^3}{(z^2+4)^2}=\frac{K_{11}}{(z-2\mathrm{j})^2}+\frac{K_{12}}{z-2\mathrm{j}}+\frac{K_{11}^*}{(z+2\mathrm{j})^2}+\frac{K_{12}^*}{z+2\mathrm{j}}$$

求得

$$K_{11}=(z-2\mathrm{j})^2\,\frac{F(z)}{z}\Big|_{z=2\mathrm{j}}=\frac{1}{2}\mathrm{j}=\frac{1}{2}\mathrm{e}^{\mathrm{j}\frac{\pi}{2}};\qquad K_{11}^*=-\frac{1}{2}\mathrm{j}=\frac{1}{2}\mathrm{e}^{-\mathrm{j}\frac{\pi}{2}};$$

$$K_{12}=\frac{\mathrm{d}}{\mathrm{d}z}\left[(z-2\mathrm{j})^2\,\frac{F(z)}{z}\right]\Big|_{z=2\mathrm{j}}=\frac{1}{2};\qquad K_{12}^*=\frac{1}{2}$$

$$F(z)=\frac{\frac{1}{2}\mathrm{e}^{\mathrm{j}\frac{\pi}{2}}z}{(z-2\mathrm{e}^{\mathrm{j}\frac{\pi}{2}})^2}+\frac{\frac{1}{2}z}{z-2\mathrm{e}^{\mathrm{j}\frac{\pi}{2}}}+\frac{\frac{1}{2}\mathrm{e}^{-\mathrm{j}\frac{\pi}{2}}z}{(z-2\mathrm{e}^{\mathrm{j}\frac{\pi}{2}})^2}+\frac{\frac{1}{2}z}{z-2\mathrm{e}^{-\mathrm{j}\frac{\pi}{2}}}$$

由收敛域$|z|>2$ 可知，极点 p_1，p_2，p_3，p_4 均在围线内部。故

$$\begin{aligned}f(k)&=\left\{k2^{k-1}\cos\left[\frac{\pi}{2}(k-1)+\frac{\pi}{2}\right]+2^k\cos\left(\frac{\pi}{2}k\right)\right\}\varepsilon(k)\\&=(k2^{k-1}+2^k)\cos\left(\frac{\pi}{2}k\right)\varepsilon(k)\end{aligned}$$

7.4 差分方程的 z 变换解

描述 n 阶 LTI 离散系统输入输出关系的差分方程为

$$\sum_{i=0}^{n}a_{n-i}y(k-i)=\sum_{j=0}^{m}b_{m-j}f(k-j)\tag{7-20}$$

式(7-20)中，系数 $a_{n-i}(i=0,1,\cdots n)$、$b_{m-j}(j=1,2,\cdots m)$均为实数。设系统的初始状态为 $y(-1)$，$y(-2)\cdots$，$y(-n)$，$f(k)$为因果信号，即 $f(k)=0$，$(k<0)$。对式(7-20)两边进行 z 变换，得

$$\sum_{i=0}^{n}a_{n-i}\left[z^{-i}Y(z)+\sum_{k=0}^{n-1}y(k-i)z^{-k}\right]=\sum_{j=0}^{m}b_{m-j}\left[z^{-j}F(z)\right]$$

$$\left(\sum_{i=0}^{n}a_{n-i}z^{-i}\right)Y(z)+\sum_{i=0}^{n}a_{n-i}\left[\sum_{k=0}^{i-1}y(k-i)z^{-k}\right]=\left(\sum_{j=0}^{m}b_{m-j}z^{-j}\right)F(z)$$

解得

$$Y(z)=\frac{M(z)}{A(z)}+\frac{B(z)}{A(z)}F(z)\tag{7-21}$$

式(7-21)中，$A(z)=\left(\sum\limits_{i=0}^{n}a_{n-i}z^{-i}\right)$ 称为系统的特征多项式，$A(z)=0$ 称为系统的特征方程，特征根对应于系统的固有频率。$B(z)=\sum\limits_{j=0}^{m}b_{m-j}z^{-j}$，$M(z)=-\sum\limits_{i=0}^{n}a_{n-i}\left[\sum\limits_{k=0}^{i-1}y(k-i)z^{-k}\right]$。$\dfrac{M(z)}{A(z)}$与系统的初始状态有关，而与输入 $f(k)$的变换 $F(z)$无关，故对应的是系

统的零输入响应。$\frac{B(z)}{A(z)}F(z)$与输入 $f(k)$的变换 $F(z)$有关，而与系统的初始状态无关，故对应的是系统的零状态响应。即

$$Y_{zi}(z)=\frac{M(z)}{A(z)} \tag{7-22a}$$

$$Y_{zs}(z)=\frac{B(z)}{A(z)}F(z) \tag{7-22b}$$

对式(7-21)求反变换，可得系统的全响应，对式(7-21a)和(7-22b)求反变换，可分别得到系统的零输入响应和零状态响应。

【例 7.14】 若描述 LTI 系统的差分方程为

$$y(k)-\frac{1}{6}y(k-1)-\frac{1}{6}y(k-2)=f(k)+f(k-1)$$

已知 $y(-1)=1$，$y(-2)=1$，$f(k)=\varepsilon(k)$。求零输入响应、零状态响应和全响应。

解：对差分方程进行 z 变换，得

$$Y(z)-\frac{1}{6}[z^{-1}Y(z)+y(-1)]-\frac{1}{6}[z^{-2}Y(z)+y(-1)z^{-1}+y(-2)]=F(z)+z^{-1}F(z)$$

整理得

$$\left(1-\frac{1}{6}z^{-1}-\frac{1}{6}z^{-2}\right)Y(z)=\left[\frac{1}{6}y(-1)+\frac{1}{6}y(-1)z^{-1}+\frac{1}{6}y(-2)\right]+(1+z^{-1})F(z)$$

解得

$$Y(z)=\frac{\frac{1}{6}y(-1)+\frac{1}{6}y(-1)z^{-1}+\frac{1}{6}y(-2)}{1-\frac{1}{6}z^{-1}-\frac{1}{6}z^{-2}}+\frac{(1+z^{-1})F(z)}{1-\frac{1}{6}z^{-1}-\frac{1}{6}z^{-2}}$$

$$=\frac{\frac{1}{3}+\frac{1}{6}z^{-1}}{1-\frac{1}{6}z^{-1}-\frac{1}{6}z^{-2}}+\frac{(1+z^{-1})F(z)}{1-\frac{1}{6}z^{-1}-\frac{1}{6}z^{-2}}$$

故

$$Y_{zi}(z)=\frac{\frac{1}{3}+\frac{1}{6}z^{-1}}{1-\frac{1}{6}z^{-1}-\frac{1}{6}z^{-2}}=\frac{\frac{1}{3}z^2+\frac{1}{6}z}{z^2-\frac{1}{6}z-\frac{1}{6}}$$

$$Y_{zs}(z)=\frac{(1+z^{-1})F(z)}{1-\frac{1}{6}z^{-1}-\frac{1}{6}z^{-2}}=\frac{z^3+z^2}{\left(z^2-\frac{1}{6}z-\frac{1}{6}\right)(z-1)}$$

先将 $Y_{zi}(z)/z$ 和 $Y_{zs}(z)/z$ 展开为部分分式，得

$$\frac{Y_{zi}(z)}{z}=\frac{\frac{1}{3}z+\frac{1}{6}}{z^2-\frac{1}{6}z-\frac{1}{6}}=\frac{\frac{2}{5}}{z-\frac{1}{2}}+\frac{-\frac{1}{15}}{z+\frac{1}{3}}$$

$$\frac{Y_{zs}(z)}{z}=\frac{z^2+z}{\left(z^2-\frac{1}{6}z-\frac{1}{6}\right)(z-1)}=\frac{-\frac{9}{5}}{z-\frac{1}{2}}+\frac{-\frac{1}{5}}{z+\frac{1}{3}}+\frac{3}{z-1}$$

于是有

$$Y_{zi}(z)=\frac{\frac{2}{5}z}{z-\frac{1}{2}}+\frac{-\frac{1}{15}z}{z+\frac{1}{3}}$$

$$Y_{zs}(z)=\frac{-\frac{9}{5}z}{z-\frac{1}{2}}+\frac{-\frac{1}{5}z}{z+\frac{1}{3}}+\frac{3z}{z-1}$$

对上式进行反变换，得零输入响应和零状态响应分别为

$$y_{zi}(k)=\left[\frac{2}{5}\left(\frac{1}{2}\right)^k-\frac{1}{15}\left(-\frac{1}{3}\right)^k\right]\varepsilon(k)$$

$$y_{zs}(k)=\left[-\frac{9}{5}\left(\frac{1}{2}\right)^k-\frac{1}{5}\left(-\frac{1}{3}\right)^k+3\right]\varepsilon(k)$$

系统的全响应为

$$y(k)=y_{zi}(k)+y_{zs}(k)=\left[-\frac{7}{5}\left(\frac{1}{2}\right)^k-\frac{4}{15}\left(-\frac{1}{3}\right)^k+3\right]\varepsilon(k)$$

理解

由于差分方程所描述的实际LTI离散系统均是因果系统，当输入 $f(k)$是因果序列时，系统的零输入响应 $y_{zi}(k)$、零状态响应 $y_{zs}(k)$和全响应 $y(k)$也是因果序列，故在对 $Y_{zi}(z)$、$Y_{zs}(z)$和 $Y(z)$反 z 变换时均为因果序列。

离散系统的响应除了可以分为零输入响应和零状态响应外，还可以分为自由响应和强迫响应，稳态响应和瞬态响应。与特征方程 $A(z)=0$ 极点相关的是自由响应分量，与 $F(z)$ 极点相关的是强迫响应分量。在【例 7.14】的响应 $y(k)$中，$A(z)=0$ 的极点为 $z_1=1/2$，$z_2=-1/3$；$F(z)$的极点为 $z_3=1$。故自由响应分量为

$$y_{自由}=\left[-\frac{7}{5}\left(\frac{1}{2}\right)^k-\frac{4}{15}\left(-\frac{1}{3}\right)^k\right]\varepsilon(k)$$

强迫响应分量为

$$y_{强迫}=3\varepsilon(k)$$

当 $k\to\infty$时，$\left[-\frac{7}{5}\left(\frac{1}{2}\right)^k-\frac{4}{15}\left(-\frac{1}{3}\right)^k\right]\varepsilon(k)\to 0$，$y(k)=3\varepsilon(k)$，故 $3\varepsilon(k)$又是稳态响应分量，$\left[-\frac{7}{5}\left(\frac{1}{2}\right)^k-\frac{4}{15}\left(-\frac{1}{3}\right)^k\right]\varepsilon(k)$又是瞬态响应分量。

【例 7.15】 若描述 LTI 系统的差分方程为

$$y(k)-y(k-1)-2y(k-2)=f(k)+2f(k-1)$$

已知 $y(-1)=1$，$y(-2)=1$，$f(k)=\varepsilon(k)$。求零输入响应、零状态响应和全响应。

解：对差分方程进行 z 变换，得

$$Y(z)-[z^{-1}Y(z)+y(-1)]-2[z^{-2}Y(z)+y(-1)z^{-1}+y(-2)]=F(z)+2z^{-1}F(z)$$

整理得

$$(1-z^{-1}-2z^{-2})Y(z)=[y(-1)+2y(-1)z^{-1}+2y(-2)]+(1+2z^{-1})F(z)$$

解得

$$Y(z)=\frac{y(-1)+2y(-1)z^{-1}+2y(-2)}{1-z^{-1}-2z^{-2}}+\frac{(1+2z^{-1})F(z)}{1-z^{-1}-2z^{-2}}$$
$$=\frac{3+2z^{-1}}{1-z^{-1}-2z^{-2}}+\frac{(1+2z^{-1})F(z)}{1-z^{-1}-2z^{-2}}$$

故

$$Y_{zi}(z)=\frac{3+2z^{-1}}{1-z^{-1}-2z^{-2}}=\frac{3z^2+2z}{z^2-z-2}$$
$$Y_{zs}(z)=\frac{(1+2z^{-1})F(z)}{1-z^{-1}-2z^{-2}}=\frac{z^3+2z^2}{(z^2-z-2)(z-1)}$$

将 $Y_{zi}(z)$ 和 $Y_{zs}(z)$ 展为部分分式，得

$$Y_{zi}(z)=\frac{\frac{8}{3}z}{z-2}+\frac{\frac{1}{3}z}{z+1}$$
$$Y_{zs}(z)=\frac{\frac{8}{3}z}{z-2}+\frac{-\frac{1}{6}z}{z+1}+\frac{-\frac{3}{2}z}{z-1}$$

对上式进行反变换，得零输入响应和零状态响应分别为

$$y_{zi}(k)=\left[\frac{8}{3}2^k+\frac{1}{3}(-1)^k\right]\varepsilon(k)$$
$$y_{zs}(k)=\left[\frac{8}{3}2^k-\frac{1}{6}(-1)^k-\frac{3}{2}\right]\varepsilon(k)$$

系统的全响应为

$$y(k)=y_{zi}(k)+y_{zs}(k)=\left[5\frac{1}{3}\times 2^k+\frac{1}{6}(-1)^k-\frac{3}{2}\right]\varepsilon(k)$$

其中自由响应分量为

$$y_{自由}=\left[5\frac{1}{3}\times 2^k+\frac{1}{6}(-1)^k\right]\varepsilon(k)$$

强迫响应分量为

$$y_{强迫}=-\frac{3}{2}\varepsilon(k)$$

当 $k\to\infty$ 时，$y(k)\to\infty$，此时不讨论稳态响应分量和瞬态响应分量。

【例 7.16】 若描述 LTI 系统的差分方程为

$$y(k)-y(k-1)-2y(k-2)=f(k)+f(k-2)$$

已知 $y(0)=2$，$y(1)=2$，$f(k)=2^k\varepsilon(k)$。求零输入响应、零状态响应和全响应。

解：由于给定的是系统的初始值 $y(0)$、$y(1)$，要用 z 变换来解此差分方程，必须要先求出系统的初始状态 $y(-1)$、$y(-2)$。根据系统的差分方程有

$$y(k-2)=\frac{1}{2}[y(k)-y(k-1)-f(k)-f(k-2)]$$

令 $k=1$，有

$$y(-1)=\frac{1}{2}[y(1)-y(0)-f(1)-f(-1)]=-1$$

令 $k=0$，有

$$y(-2)=\frac{1}{2}[y(0)-y(-1)-f(0)-f(-2)]=1$$

对差分方程进行 z 变换，得

$$Y(z)-2[z^{-1}Y(z)+y(-1)]-[z^{-2}Y(z)+y(-1)z^{-1}+y(-2)]=F(z)+z^{-2}F(z)$$

整理得

$$(1-z^{-1}-2z^{-2})Y(z)=[y(-1)+2y(-1)z^{-1}+2y(-2)]+(1+z^{-2})F(z)$$

解得

$$\begin{aligned}Y(z)&=\frac{y(-1)+2y(-1)z^{-1}+2y(-2)}{1-z^{-1}-2z^{-2}}+\frac{(1+z^{-2})F(z)}{1-z^{-1}-2z^{-2}}\\&=\frac{1-2z^{-1}}{1-z^{-1}-2z^{-2}}+\frac{(1+z^{-2})F(z)}{1-z^{-1}-2z^{-2}}\end{aligned}$$

故

$$Y_{zi}(z)=\frac{1-2z^{-1}}{1-z^{-1}-2z^{-2}}=\frac{z}{z+1}$$

$$Y_{zs}(z)=\frac{(1+z^{-2})F(z)}{1-z^{-1}-2z^{-2}}=\frac{z^3+z}{(z^2-z-2)(z-2)}$$

将 $Y_{zs}(z)$展为部分分式，得

$$Y_{zs}(z)=\frac{\frac{5}{3}z}{(z-2)^2}+\frac{\frac{7}{9}z}{z-2}+\frac{\frac{2}{9}z}{z+1}$$

对上式进行反变换，得零输入响应和零状态响应分别为

$$y_{zi}(k)=(-1)^k\varepsilon(k)$$

$$y_{zs}(k)=\left[\frac{5}{3}k2^{k-1}+\frac{7}{9}2^k+\frac{2}{9}(-1)^k\right]\varepsilon(k)$$

系统的全响应为

$$y(k)=y_{zi}(k)+y_{zs}(k)=\left[\frac{5}{3}k2^{k-1}+\frac{7}{9}2^k+\frac{11}{9}(-1)^k\right]\varepsilon(k)$$

7.5　系统函数与系统特征

7.5.1　系统函数

设 LTI 离散的单位序列响应为 $h(k)$，则该系统的系统函数定义为

$$H(z)=\sum_{i=-\infty}^{\infty}h(k)z^{-k} \tag{7-23}$$

单位序列响应 $h(k)$与系统函数 $H(z)$是一对 z 变换。

在时域里零状态响应与激励和单位序列响应 $h(k)$的关系为

$$y_{zs}(k)=f(k)*h(k)$$

根据 z 变换的时域卷积定理有

$$Y_{zs}(z)=F(z)H(z) \tag{7-24}$$

因此系统函数也可定义为，零状态响应的 z 变换与激励 z 变换之比，即

$$H(z)=\frac{Y_{zs}(z)}{F(z)} \tag{7-25}$$

若描述 n 阶 LTI 离散系统的差分方程为

$$\sum_{i=0}^{n}a_{n-i}y(k-i)=\sum_{j=0}^{m}b_{m-j}f(k-j)$$

在初始状态为零的情况下，即 $y(-1)=y(-2)=\cdots=y(-n)=0(n>0)$，对上式进行 z 变换，得

$$\sum_{i=0}^{n}a_{n-i}z^{-i}Y_{zs}(z)=\sum_{j=0}^{m}b_{m-j}z^{-j}F(z)$$

有

$$H(z)=\frac{Y_{zs}(z)}{F(z)}=\frac{B(z)}{A(z)} \tag{7-26}$$

式中 $A(z)=\sum_{i=0}^{n}a_{n-i}z^{-i}$ ，$B(z)=\sum_{j=0}^{m}b_{m-j}z^{-j}$ 。

理解

求系统函数 $H(z)$有 3 种途径：一是根据 $h(k)$，用式(7-23)来求；二是根据零状态响应 $y_{zs}(k)$和激励 $f(k)$，用式(7-24)来求；三是根据描述系统的差分方程来求。

同连续系统一样，对于离散系统

$$H(z)=\frac{B(z)}{A(z)}=\frac{b_m+b_{m-1}z^{-1}+\cdots+b_1z^{-(m-1)}+b_0z^{-m}}{a_n+a_{n-1}z^{-1}+\cdots+a_1z^{-(n-1)}+a_0z^{-n}}$$

常常也只讨论有限的零极点，即系统函数的零点为 $B(z)=0$ 的根[用 ζ_j(j=1，2，…，m)表示]，极点为 $A(z)=0$ 的根[用 p_i(i=1，2，…，n)表示]。在 z 平面里，零点也用“o”标示，极点也用“×”标示。

【例 7.17】 若描述 LTI 系统的差分方程为

$$y(k)-\frac{1}{6}y(k-2)-\frac{1}{6}y(k-2)=f(k)+f(k-1)$$

求①系统函数 $H(z)$；②系统函数的零点和极点。

解：①在零状态下，对系统的差分方程进行 z 变换，得

$$Y_{zs}(z)-\frac{1}{6}z^{-1}Y_{zs}(z)-\frac{1}{6}z^{-2}Y_{zs}(z)=F(z)+z^{-1}F(z)$$

有

$$H(z)=\frac{Y_{zs}(z)}{F(z)}=\frac{1+z^{-1}}{1-\frac{1}{6}z^{-1}-\frac{1}{6}z^{-2}}$$

②由 $1+z^{-1}=0$，求得零点 $\zeta=-1$；由 $1-\frac{1}{6}z^{-1}-\frac{1}{6}z^{-2}=0$，求得极点 $p_1=\frac{1}{2}$，$p_2=-\frac{1}{3}$。

7.5.2　系统的因果性与稳定性

1. 系统的因果性

时域里，LTI 离散系统是因果系统的充要条件是

$$h(k)=0,\ k<0$$

由于 $H(z)$是 $h(k)$的 z 变换，不难得到 z 域里，LTI 离散系统是因果系统的充要条件是，$H(z)$的收敛域为

$$|z|>r$$

即收敛域为半径大于 r 的区域。

2. 系统的稳定性

时域里，一个因果的 LTI 离散系统，稳定的充要条件是，它的单位序列响应绝对可和，即

$$\sum_{i=0}^{\infty}|h(t)|\leqslant M \tag{7-27}$$

根据反 z 变换可知，对于因果系统 $H(z)$，若有实数单极点 $p=r$，则展开式中必有 $\dfrac{Kz}{z-r}$的分式，$h(k)$中必有 $Kr^k\varepsilon(k)$分量。若有 m 重的实数极点 $p=r$，则展开式中必有 $\dfrac{K}{(z-r)^m}$的分式，$h(k)$中必有$\dfrac{Kk(k-1)\cdots(k-m+2)r^{k-m+1}}{(m-1)!}\varepsilon(k)$分量。若有共轭复数单极点 $p_{1,2}=r\mathrm{e}^{\pm\mathrm{j}\varphi}$，则展开式中必有$\dfrac{|K|\mathrm{e}^{\mathrm{j}\theta}}{z-r\mathrm{e}^{\mathrm{j}\varphi}}+\dfrac{|K|\mathrm{e}^{-\mathrm{j}\theta}}{z-r\mathrm{e}^{-\mathrm{j}\varphi}}$的分式，$h(k)$中必有 $2|K|r^k\cos(\varphi k+\theta)\varepsilon(k)$分量。若有 m 重共轭复数极点 $p_{1,2}=r\mathrm{e}^{\pm\mathrm{j}\varphi}$，则展开式中必有$\dfrac{|K|\mathrm{e}^{\mathrm{j}\theta}}{(z-r\mathrm{e}^{\mathrm{j}\varphi})^m}+\dfrac{|K|\mathrm{e}^{-\mathrm{j}\theta}}{(z-r\mathrm{e}^{-\mathrm{j}\varphi})^m}$，$h(k)$中必有$\dfrac{2|K|k(k-1)\cdots(k-m+2)r^{k-m+1}}{(m-1)!}\cos(\varphi k+\theta)\varepsilon(k)$分量。

根据上述分析，不难得到根据 $H(z)$判断系统稳定的条件如下。

(1) 若因果系统 $H(z)$的极点均在单位圆内，即$|r|<1$，则 $h(k)$的各个分量中都含有衰减因子 $Kr^k\varepsilon(k)$，$\lim\limits_{k\to\infty}h(k)=0$。此时有式(7-27)成立，系统稳定。

(2) 若因果系统 $H(z)$的极点均在单位圆内外，即$|r|>1$，则 $h(k)$的各个分量中都含有指数增长因子 $Kr^k\varepsilon(k)$，$\lim\limits_{k\to\infty}h(k)\to\infty$。此时式(7-27)不成立，系统不稳定。

(3) 若因果系统 $H(z)$的极点均在单位圆内上，即$|r|=1$。当极点均为单极点时，$h(k)$ 中的 $K\varepsilon(k)$或 $2|K|\cos(\varphi k+\theta)\varepsilon(k)$分量均有界。虽然式(7-27)不成立，但由于 $h(k)$ 的幅度有界，常称系统临界稳定；当有重极点时，$h(k)$中有$\dfrac{Kk(k-1)\cdots(k-m+2)}{(m-1)!}\varepsilon(k)$或$\dfrac{2|K|k(k-1)\cdots(k-m+2)}{(m-1)!}\cos(\varphi k+\theta)\varepsilon(k)$分量，$\lim\limits_{k\to\infty}h(k)\to\infty$。此时式(7-27)不成立，系统不稳定。

知识要点提醒

根据 s 平面与 z 平面的映射关系，可以把用 $H(s)$和 $H(z)$分别判断连续和离散系统稳定的条件联系起来。因为 s 平面左半开平面里的极点映射到 z 平面的单位圆内部；s 平面虚轴上的极点映射到 z 平面的单位圆上；s 平面右半开平面的极点映射到 z 平面的单位圆外部。

【例 7.18】　某因果 LTI 离散系统的系统函数为

$$H(z)=\frac{1+z^{-1}+2z^{-2}}{1+2\frac{1}{2}z^{-1}+z^{-2}}$$

判断该系统是否为稳定系统。

解：令

$$1+2\frac{1}{2}z^{-1}+z^{-2}=0$$

求得 $H(z)$的极点为

$$p_1=-\frac{1}{2},\ p_2=-2$$

极点 p_2 在单位圆外。可见并不是所有极点均在在单位圆内，故系统为不稳定系统。

【例 7.19】　某因果 LTI 离散系统的系统函数为

$$H(z)=\frac{z^2+3z+1}{z^2+z+K}$$

当 K 满足什么条件时，系统是稳定的?

解：求极点

$$p_{1,2}=\frac{-1\pm\sqrt{1-4K}}{2}$$

当 $1-4K<0$ 时，

$$p_{1,2}=\frac{-1\pm \mathrm{j}\sqrt{4K-1}}{2}$$

需要$|p_{1,2}|<1$，即

$$\frac{(-1)^2+(\sqrt{4K-1})^2}{4}<1$$

解得 $K<1$

当 $1-4K\geqslant0$ 时，由$|p_{1,2}|<1$，有

$$-1<\left|\frac{-1\pm\sqrt{1-4K}}{2}\right|<1$$

即

$$\frac{-1-\sqrt{1-4K}}{2}>-1\ 且\ \frac{-1+\sqrt{1-4K}}{2}<1$$

解得 $K>-2$ 且 $K>0$，即 $K>0$

综合以上结论得到，$0<K<1$ 时，该系统稳定。

对于三阶以上的系统，求 $H(z)$极点有时并不容易，这时要用朱里准则来判定系统的稳定性，有兴趣的同学可以参阅相关资料。

7.5.3　系统函数与频率响应

如果因果系统 $H(z)$的极点均在单位圆内，$H(z)$的收敛域必包括了单位圆($|z|=1$)，此时有

$$H(e^{j\omega})=H(z)\big|_{z=e^{j\omega}}=\frac{b_m\prod\limits_{j=1}^{m}(e^{j\omega}-\zeta_j)}{\prod\limits_{i=1}^{n}(e^{j\omega}-p_i)} \tag{7-28}$$

即系统频率响应 $H(e^{j\omega})$ 正是系统函数 $H(z)$ 在单位圆上的值。

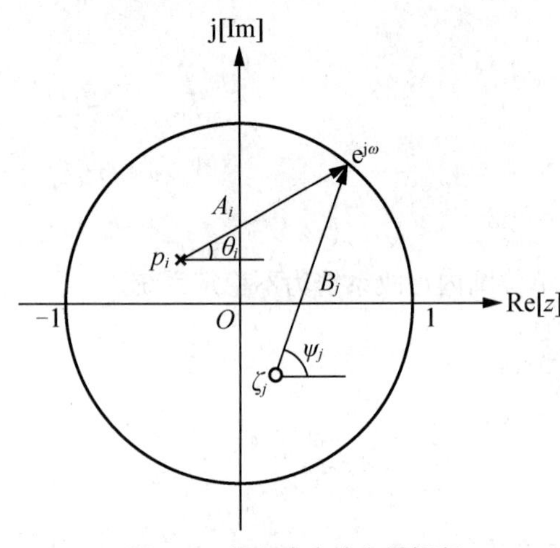

图 7.6　频率响应的矢量解释

在 z 平面上，$e^{j\omega}$ 与零点 ζ_j 的差矢量 $e^{j\omega}-\zeta_j$ 可以表示为

$$e^{j\omega}-\zeta_j=B_j e^{j\psi} \tag{7-29a}$$

$e^{j\omega}$ 与极点 p_i 的差矢量 $e^{j\omega}-p_i$ 可以表示为

$$e^{j\omega}-p_i=A_i e^{j\theta} \tag{7-29b}$$

如图 7.6 所示。

于是式(7-28)可写成

$$H(e^{j\omega})=\frac{b_m\prod\limits_{j=1}^{m}B_j e^{j\psi_j}}{\prod\limits_{i=1}^{n}A_i e^{j\theta_i}}=\frac{b_m B_1 B_2\cdots B_m e^{j(\psi_1+\psi_2+\cdots\psi_m)}}{A_1 A_2\cdots A_n e^{j(\theta_1+\theta_2+\cdots\theta_n)}}=|H(e^{j\omega})|e^{j\varphi(\omega)} \tag{7-30}$$

幅频响应为

$$|H(e^{j\omega})|=\frac{b_m B_1 B_2\cdots B_m}{A_1 A_2\cdots A_n} \tag{7-31}$$

相频响应为

$$\varphi(\omega)=(\psi_1+\psi_2+\cdots\psi_m)-(\theta_1+\theta_2+\cdots\theta_n) \tag{7-32}$$

在单位圆上，当 ω 从 0 到 2π 变动时，各零点差矢量与极点差矢量的模和辐角会发生变动，根据式(7-31)和式(7-32)就能得到系统的幅频相应和相频相应曲线。

理解

单位圆附近的零点位置将对幅频响应的位置和深度有明显的影响，零点在单位圆上，则谷点为零，即为响应的零点。在单位圆内且在单位圆附近的极点，对幅频响应的凸峰点的位置和高度有明显的影响。

【例 7.20】　粗略绘出系统函数 $H(z)=\frac{1}{1+z^{-1}}$ 的幅频响应曲线

解：$H(z)=\frac{1}{1+z^{-1}}=\frac{z}{z+1}$，因此频率响应函数为

$$H(e^{j\omega})=\frac{1}{1+z^{-1}}=\frac{e^{j\omega}}{e^{j\omega}+1}$$

零点 $\zeta_1=0$，令 $e^{j\omega}=Be^{j\psi}$；极点 $p_1=-1$，令 $e^{j\omega}+1=Ae^{j\theta}$。作矢量图如图 7.7(a)所示，有

$$|H(e^{j\omega})|=\frac{1}{A},\ |H(e^{j0})|=\frac{1}{2},\ |H(e^{j\frac{\pi}{2}})|=\frac{\sqrt{2}}{2},\ |H(e^{j\pi})|=\infty。$$

幅频响应曲线如图 7.7(b)所示。

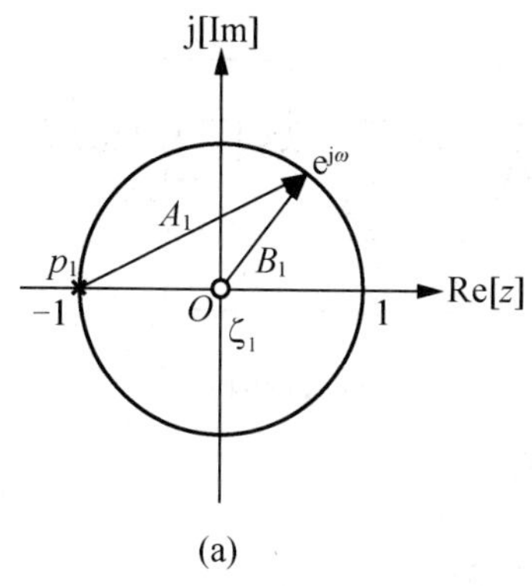

(a)

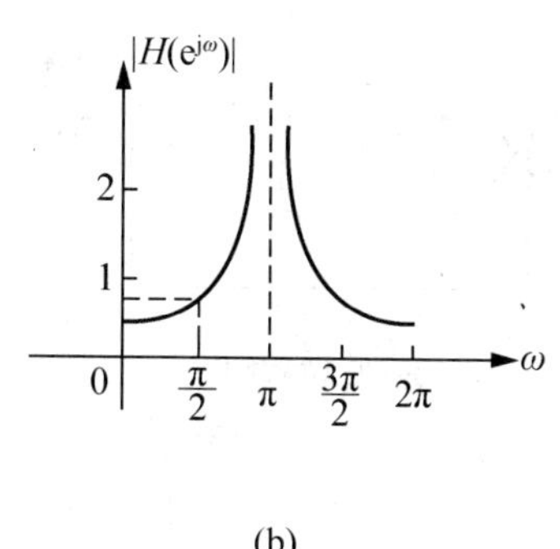

(b)

图 7.7　例 7.17 图

7.6　系统的 z 域框图与结构

7.6.1　系统的 z 域框图

分析离散系统时，也可以根据时域框图画出相应的 z 域框图，从而使对系统的分析来得简便。根据 z 变换可以得到数乘器、加法器、积分器的 z 域模型，见表 7.4。

表 7.4　各基本运算方框的时域和 z 域模型

名称	时域模型	z 域模型
数乘器	$f(k)$ → ⓐ → $af(k)$ $f(k)$ —a→ $af(k)$	$F(z)$ → ⓐ → $aF(z)$ $F(z)$ —a→ $aF(z)$
加法器	$f_1(k)$, $f_2(k)$ → Σ → $f_1(k)+f_2(k)$	$F_1(z)$, $F_2(z)$ → Σ → $F_1(z)+F_2(z)$
迟延单元 (零状态)	$f(k)$ → D → $f(k-1)$	$F(z)$ → z^{-1} → $z^{-1}F(z)$

【例 7.21】　某 LTI 系统的时域框图如图 7.8(a)所示。已知输入 $f(k)=\varepsilon(k)$，求

(1) 系统的单位序列响应 $h(k)$和零状态响应 $y_{zs}(k)$；

(2) 若 $y(-1)=1$，$y(-2)=1$，求零输入响应。

解： 根据时域框图，很容易画出相应的 z 域框图，如图 7.8(b)所示。

(1) 求 $h(k)$，先求系统函数 $H(z)$，因为 $h(k)$与 $H(z)$是一对 z 变换。令第一个积分器的输入为 $X(z)$，则依次可以得到各积分器的输出分别为 $z^{-1}X(z)$和 $z^{-2}X(z)$。

①写出加法器的输入输出方程式。

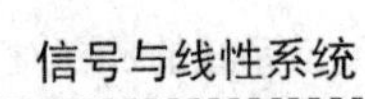

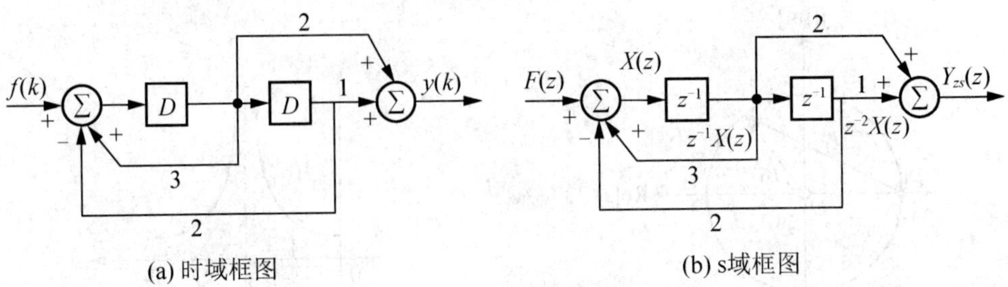

(a) 时域框图　　　　(b) s域框图

图 7.8　例 7.21 图

$$X(z)=F(z)-2z^{-2}X(z)+3z^{-1}X(z) \tag{7-33}$$

$$Y_{zs}(z)=z^{-2}X(z)+2z^{-1}X(z) \tag{7-34}$$

②根据式(7-33)和式(7-34)分别写出 $X(z)$表达式。

$$X(z)=\frac{F(z)}{1-3z^{-1}+2z^{-2}};\quad X(z)=\frac{Y_{zs}(z)}{2z^{-1}+z^{-2}}$$

③消去 $X(z)$，得到 $H(z)$。

$$\frac{F(z)}{1-3z^{-1}+2z^{-2}}=\frac{Y_{zs}(z)}{2z^{-1}+z^{-2}}$$

$$H(z)=\frac{Y_{zs}(z)}{F(z)}=\frac{2z^{-1}+z^{-2}}{1-3z^{-1}+2z^{-2}}$$

经 z 反变换，得

$$h(k)=\left[\frac{5}{2}(2)^k-3\right]\varepsilon(k)+\frac{1}{2}\delta(k)$$

由 $f(k)=\varepsilon(k)$，有 $F(z)=\frac{z}{z-1}$，故

$$Y_{zs}(z)=H(z)F(z)=\frac{2z+1}{z^2-3z+2}\cdot\frac{z}{z-1}$$

当输入 $f(k)=\varepsilon(k)$时的零状态响应为

$$y_{zs}(k)=[5(2)^k-3k-5]\varepsilon(k)$$

(2) 求零输入响应，先根据 $H(z)$写出输入信号为零时的差分方程

$$y_{zi}(k)-3y_{zi}(k-1)+2y_{zi}(k-2)=0$$

对上式求 z 变换，得

$$Y_{zi}(z)-3[z^{-1}Y_{zi}(z)+y_{zi}(-1)]+2[z^{-2}Y_{zi}(z)+y_{zi}(-2)+y_{zi}(-1)z^{-1}]=0$$

解得

$$Y_{zi}(z)=\frac{3y_{zi}(-1)-2y_{zi}(-2)-2y_{zi}(-1)z^{-1}}{1-3z^{-1}+2z^{-2}}$$

由于 $y(-n)=y_{zi}(-n)+y_{zs}(-n)$，而 $y_{zs}(-n)\equiv 0$，故 $y_{zi}(-1)=y(-1)=1$，$y_{zi}(-2)=y(-2)=1$。得

$$Y_{zi}(z)=\frac{1-2z^{-1}}{1-3z^{-1}+2z^{-2}}=\frac{z}{z-1}$$

零输入响应为

$$y_{zi}(k)=\varepsilon(k)$$

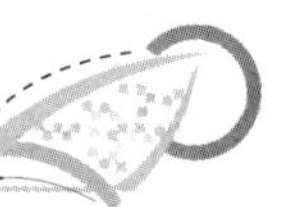

7.6.2　信号流图

在第6章连续系统的s域分析中，已详细地讲述了如何由框图绘出信号流图，如何运用梅森公式求系统函数。离散系统与连续系统的基本一样，主要的不同之处在于积分器s^{-1}变成了迟延单元z^{-1}。因此这里不再赘述，仅举例说明。

【例7.22】 已知离散系统的信号流图如图7.9所示，求系统函数$H(z)$。

解： 先找出流图中的回路、前向通路、互不接触的回路。

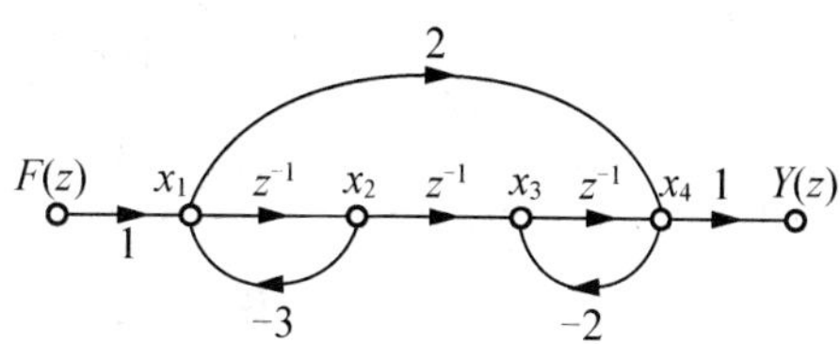

图7.9　例7.22图

(1) 该流图中共有两个回路，分别是

$x_1 \to x_2 \to x_1$，其增益为$L_1=-3z^{-1}$；

$x_3 \to x_4 \to x_3$，其增益为$L_2=-2z^{-1}$。

两两互不接触的回路为$x_1 \to x_2 \to x_1$与$x_3 \to x_4 \to x_3$，其增益之积为

$$L_1L_2=6z^{-2}$$

由于没有3个以上的互不接触回路，故

$$\Delta=1-\sum_{j=1}^{2}L_j+L_1L_2=1+3z^{-1}+2z+6z^{-2}$$

(2) 该流图中共有两条前向通路，分别是

$F(z) \to x_1 \to x_2 \to x_3 \to x_4 \to Y(z)$，其增益为$P_1=z^{-3}$。除开这条前向通路后，子流图中再无任何回路，故$\Delta_1=1$

$F(z) \to x_1 \to x_4 \to Y(z)$，其增益为$P_2=2$。除开这条前向通路后，子流图中再无任何回路，故$\Delta_2=1$

最后根据梅森公式，得

$$H(z)=\frac{1}{\Delta}\sum_i P_i\Delta_i=\frac{z^{-3}+2}{1+3z^{-1}+2z+6z^{-2}}$$

【例7.23】 描述某离散系统的差分方程为

$$y(k)+2y(k-1)+y(k-2)+2y(k-3)=f(k)$$

分别用级联和并联形式模拟该系统。

解： 根据差分方程不难求得该系统的$H(z)$。

$$H(z)=\frac{1}{1+2z^{-1}+z^{-2}+2z^{-3}}$$

用级联形式模拟，先将$H(z)$分解为一阶或二阶的子系统函数的乘积(系数均为实系数)，即

$$H(z)=\frac{1}{(1+2z^{-1})(1+z^{-2})}$$

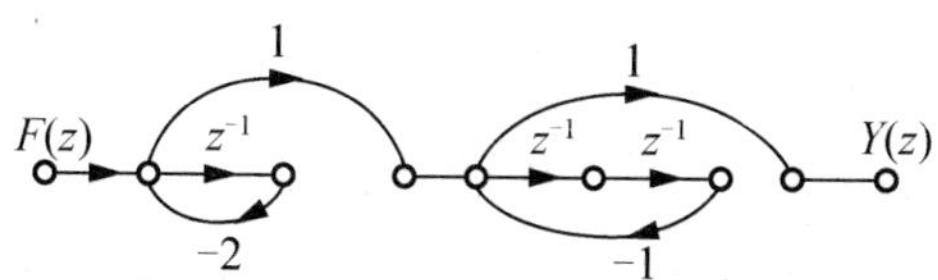

图7.10　例7.23系统的级联实现

一阶子系统函数和二阶子系统函数分别为

$$H_1(z)=\frac{1}{1+2z^{-1}}；\ H_2(s)=\frac{1}{(1+z^{-2})}$$

此系统的级联实现结构如图7.10所示。

用并联形式模拟，先将$H(z)$分解为一阶或二阶的子系统函数的和

$$\frac{H(z)}{z}=\frac{z^2}{z^3+2z^2+z+2}=\frac{K_1}{z+2}+\frac{K_2z+K_3}{z^2+1}$$

$$K_1=(z+2)\frac{H(z)}{z}\Big|_{z=-2}=\frac{4}{5}$$

由

$$\frac{z^2}{z^3+2z^2+z+2}=\frac{\frac{4}{5}}{z+2}+\frac{K_2z+K_3}{z^2+1}$$

可解得

$$K_2=\frac{1}{5};\quad K_3=-\frac{2}{5}$$

一阶子系统函数和二阶子系统函数分别为

$$H_1(z)=\frac{\frac{4}{5}z}{z+2}=\frac{\frac{4}{5}}{1+2z^{-1}};$$

$$H_2(z)=\frac{\frac{1}{5}z^2-\frac{2}{5}z}{z^2+1}=\frac{\frac{1}{5}-\frac{2}{5}z^{-1}}{1+z^{-2}}$$

此系统的级联实现结构如图 7.11 所示。

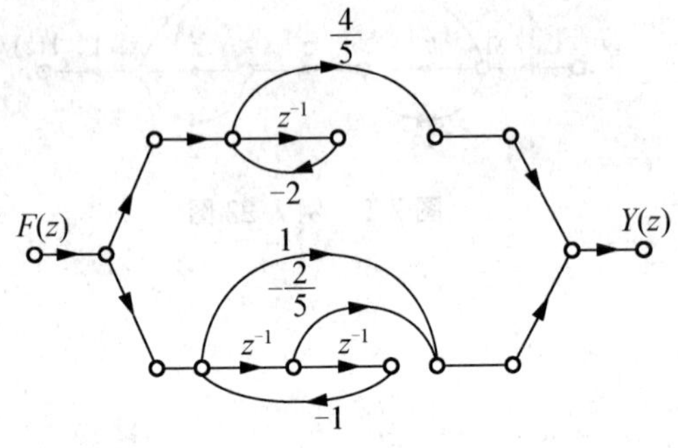

图 7.11　例 7.23 系统的级联实现

拓展阅读

z 变换的理论形成得较早，早在 1730 年，英国数学家棣莫弗(De Moivre)就初步提出了 z 变换理论。后来，拉普拉斯(P. S. Laplace)和沙尔(H. L. Seal)等做了大量的研究工作，并形成了成熟的 z 变换理论，但直到 20 世纪五六十年代，随着数字产品和计算机的应用与发展，z 变换才真正得到实际应用。

本章小结

本章首先介绍了 z 变换的定义、性质及反 z 变换的方法。

本章在此基础上，借助 z 变换法，对离散系统的零输入响应、零状态响应和全响应进行了分析求解(z 域分析法)。

对于离散系统特性的分析，本章介绍了系统函数 $H(z)$，以及根据系统函数 $H(z)$ 来判断系统因果性和稳定性的方法。

最后，本章对 z 域框图、信号流图以及实现离散系统的结构进行了讨论。

【习题 7】

7.1 填空题。

(1) 常用的求 z 反变换的方法有 3 种________、________、________。

(2) s 平面的左半开平面对应于 z 平面________，s 平面的右半开平面对应于 z 平面________，s 平面的虚轴对应于 z 平面________。

(3) 系统函数 $H(z)$ 是系统________的 z 变换。

(4) 常用的实现离散系统的方式有________、________和________。

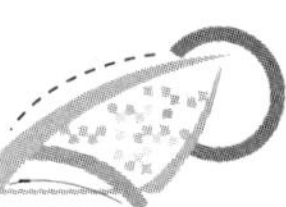

7.2 判断题，正确的打“√”，错误的打“×”。

(1) 因果离散序列的收敛域为 z 平面的右半开平面。(　　)

(2) 反因果离散序列的收敛域为 $|z|<\beta$ 的形式。(　　)

(3) 信号 $f(k)$ 与它 z 变换的形式 $F(z)$ 是一一对应的。(　　)

(4) 若因果系统 $H(z)$ 的极点均在左半开平面，则系统稳定。(　　)

(5) 若因果系统 $H(z)$ 有极点在右单位圆外，则系统不稳定。(　　)

(6) 复变量 s 与 z 的关系是 $s=e^{zT}$。(　　)

(7) s 平面与 z 平面的点是一对一的映射关系。(　　)

7.3 求下列函数的 z 变换，并注明收敛域。

(1) $\left(\frac{1}{3}\right)^k\varepsilon(k)$　　(2) $\delta(n+1)$

(3) $\left(-\frac{1}{3}\right)^{-k}\varepsilon(k)$　　(4) $\left[\left(\frac{1}{2}\right)^k+\left(\frac{1}{3}\right)^{-k}\right]\varepsilon(k)$

(5) $(-2)^k\varepsilon(-k)$　　(6) $\left(\frac{1}{2}\right)^k[\varepsilon(k)-\varepsilon(k-10)]$

(7) $\left(\frac{1}{2}\right)^{|k|}$　　(8) $\cos\left(\frac{k\pi}{4}\right)\varepsilon(k)$

7.4 利用性质求下列函数的 z 变换。

(1) $(-1)^k k\varepsilon(k)$　　(2) $\frac{a^k}{k+1}\varepsilon(k)$

(3) $(k-1)^2\varepsilon(k-1)$　　(4) $\sum_{i=0}^{k}(-1)^i$

(5) $\left(\frac{1}{2}\right)^k\cos\left(\frac{k\pi}{2}\right)\varepsilon(k)$　　(6) $\left(\frac{1}{2}\right)^k\cos\left(\frac{k\pi}{2}+\frac{\pi}{4}\right)\varepsilon(k)$

(7) $\frac{a^k-b^k}{k}\varepsilon(k-1)$　　(8) $(k+1)[\varepsilon(k)-\varepsilon(k-3)]*[\varepsilon(k)-\varepsilon(k-4)]$

7.5 已知因果序列 $f(k)$ 的 z 变换 $F(z)$，求 $f(k)$ 的初值 $f(0)$、$f(1)$ 和终值 $f(\infty)$。

(1) $\frac{z(z+1)}{(z^2-1)(z+0.5)}$　　(2) $\frac{2z^2}{\left(z-\frac{1}{2}\right)\left(z+\frac{1}{3}\right)}$

7.6 求下列象函数 $F(z)$ 的 z 反变换。

(1) $\frac{1}{1-0.5z^{-1}}$，$|z|>0.5$　　(2) $\frac{3z}{z+0.5}$，$|z|>0.5$

(3) $\frac{10}{(1-0.5z^{-1})(1-0.25z^{-1})}$，$|z|>0.5$　　(4) $\frac{2z^2-3z+1}{z^2-4z-5}$，$|z|>5$

(5) $\frac{z}{z^2+z+1}$，$|z|>1$　　(6) $\frac{1}{z^3(2z-1)}$，$|z|>0.5$

(7) $\frac{z}{(z-1)^2(z-2)}$，$|z|>2$　　(8) $\frac{z^3+2z^2+1}{z^3-1.5z^2+0.5z}$，$|z|>1$

7.7 求 $F(z)=\frac{-3z^{-1}}{2-5z^{-1}+2z^{-2}}$ 在下列 3 种情况下，所对应的 $f(k)$。

(1) $|z|>2$　　(2) $|z|<0.5$　　(3) $0.5<|z|<2$

7.8 用z变换求解下列差分方程。

(1) $y(k)-0.9y(k-1)=0.1\varepsilon(k)$，$y(-1)=2$。

(2) $y(k)+3y(k-1)+2y(k-2)=\varepsilon(k)$，$y(-1)=0$，$y(-2)=0.5$。

(3) $y(k)+3y(k-1)+2y(k-2)=3^k\varepsilon(k)$，$y(0)=2$，$y(1)=1$。

(4) $y(k)+2y(k-1)+y(k-2)=2^k\varepsilon(k)$，$y(-1)=1$，$y(0)=-1$。

(5) $y(k)-y(k-1)-2y(k-2)=\varepsilon(k)$，$y(0)=1$，$y(1)=1$。

7.9 描述LTI离散系统的差分为 $y(k)-y(k-1)-2y(k-2)=f(k)$，$y(-1)=-1$，$y(-2)=\dfrac{1}{4}$，$f(k)=\varepsilon(k)$。求该系统的零输入响应 $y_{zi}(k)$、零状态响应 $y_{zs}(k)$ 和全响应 $y(k)$。

7.10 描述LTI离散系统的差分为 $y(k)+4y(k-1)+3y(k-2)=4f(k)+2f(k-1)$，$y(0)=9$，$y(1)=-33$，$f(k)=(-2)^k\varepsilon(k)$。求该项系统的零输入响应 $y_{zi}(k)$、零状态响应 $y_{zs}(k)$ 和全响应 $y(k)$。

7.11 求下列差分方程所描述系统的 $H(z)$ 和 $h(k)$。

(1) $y(k)-3y(k-1)+3y(k-2)-y(k-3)=f(k)$

(2) $y(k)-5y(k-1)+6y(k-2)=f(k)-3f(k-2)$

7.12 因果系统的系统函数 $H(z)$ 如下所求，判断这些系统是否稳定。

(1) $\dfrac{z+2}{8z^2-2z-3}$　　(2) $\dfrac{(1-z^{-1}-z^{-2})}{2+5z^{-1}+2z^{-2}}$

(3) $\dfrac{2z-4}{2z^2+z-1}$　　(4) $\dfrac{1+z^{-1}}{1-z^{-1}+z^{-2}}$

7.13 某离散因果系统的系统函数为

$$H(z)=\frac{z^2+3z+2}{2z^2-(k-1)z+1}$$

为使系统稳定，k 应满足什么条件?

7.14 求下列系统函数在两种收敛域情况下的单位序列响应 $h(k)$，并依据 $h(k)$ 判断系统的稳定性与因果性(结合第3章的知识)。

$$H(z)=\frac{9.5z}{(z-0.5)(10-z)}$$

(1) $10<|z|<\infty$　　(2) $0.5|z|<10$

7.15 粗略绘出系统函数 $H(z)=\dfrac{(1+z^{-1})^2}{1+0.16z^{-2}}$ 的幅频响应曲线。

7.16 当输入 $f(k)=\varepsilon(k)$ 时，某LTI离散系统的零状态响应为

$$y_{zs}(k)=[2-(0.5)^k+(-1.5)^k]\varepsilon(k)$$

求系统函数 $H(z)$ 并列出描述该系统的差分方程。

7.17 LTI离散系统，当输入 $f(k)=k\varepsilon(k)$ 时，其零状态响应 $y_{zs}(k)=2[(0.5)^k-1]\varepsilon(k)$，求系统的单位序列响应 $h(k)$，并画出z域框图。

7.18 因果LTI离散系统的信号流图如题7.18图所示。

(1) 求系统函数 $H(z)$；

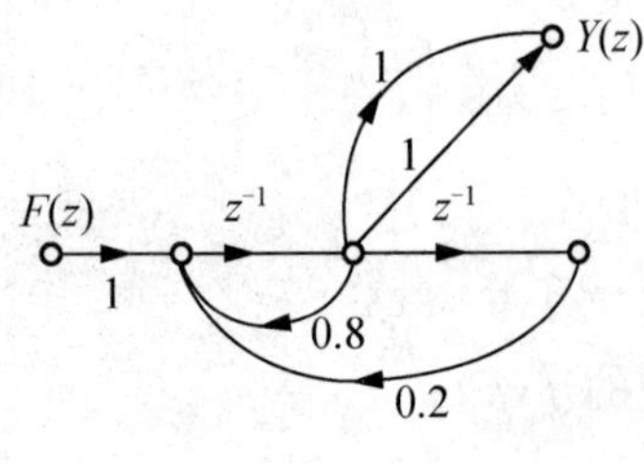

题7.18图

(2) 写出系统的差分方程；

(3) 判断该系统是否稳定。

7.19 因果 LTI 离散系统的信号流图如题 7.19 图所示。

(1) 求系统函数 $H(z)$；

(2) 写出系统的差分方程；

(3) 判断该系统是否稳定；

(4) 求 $h(k)$；

(5) 已知零状态响应 $y_{zs}(k)=\left[\frac{7}{8}\left(\frac{1}{2}\right)^k-\frac{7}{120}\left(-\frac{1}{2}\right)^k-\frac{9}{10}\left(\frac{1}{3}\right)^k+\frac{5}{6}\right]\varepsilon(k)$，求输入 $f(k)$。

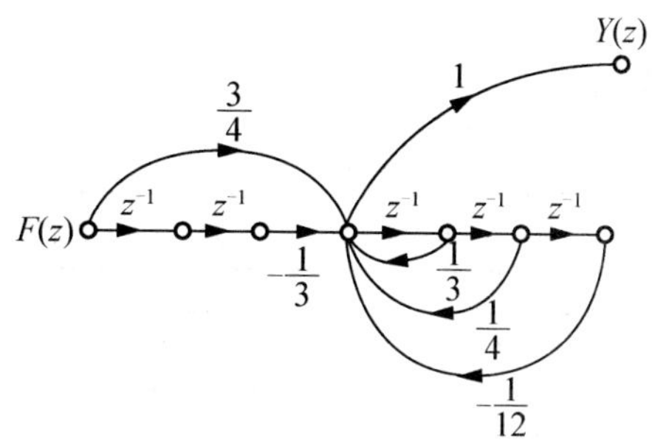

题 7.19 图

7.20 若离散系统的系统函数如下，用直接形式、级联形式和并联形式实现这些系统。

(1) $\dfrac{z(z+2)}{(z-0.1)(z-0.2)(z-0.3)}$　　(2) $\dfrac{z^2}{(z-0.2)^2(z-0.4)}$

(3) $\dfrac{z^3}{(z-0.3)(z^2-0.6z+0.09)}$　　(4) $\dfrac{(z-1)(z^2-z+1)}{(z-0.4)(z^2-0.6z+0.25)}$

第8章

系统的状态变量分析

本章知识架构

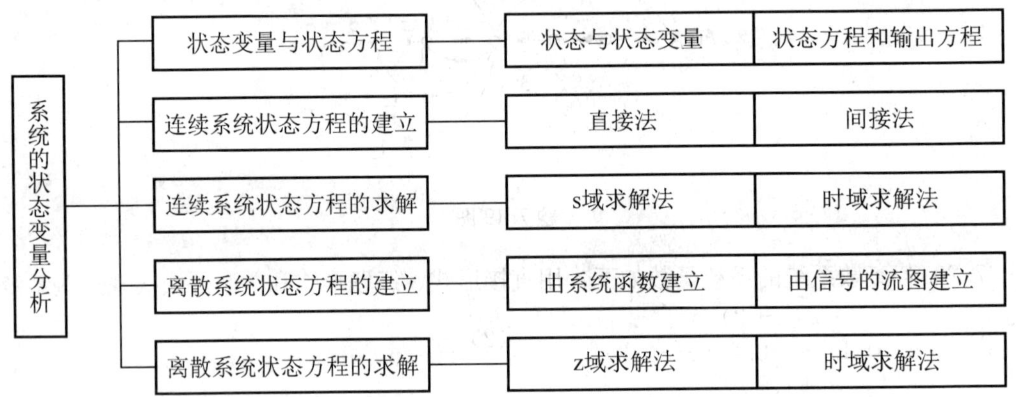

本章教学目标与要求

- 理解状态方程的含义。
- 掌握建立连续和离散系统状态方程的方法。
- 掌握用拉普拉斯变换法求解连续系统状态方程的方法。
- 掌握用z变换法求解离散系统状态方程的方法。

前面7章所讨论的均是单输入单输出系统，描述的方法是输入输出法，即用系统的输入、输出变量之间的关系来描述系统的特性，既不能分析系统内部的情况，也不便用于研究多输入输出系统。

状态变量分析法不仅能够较好地用于研究多输入输出系统，而且还可以分析系统内部的情况。具体而言，它有以下优点。

(1) 既能给出系统的响应，还能提供系统内部的状态情况，以便更好地分析和设计系统。

(2) 不仅适用于分析线性时不变系统，还能用于分析非线性时变系统。

(3) 用状态变量分析法，分析复杂系统和简单系统的数学形式相似，都表示为一些状态变量的线性组合，易于推广到复杂系统和非线性系统。

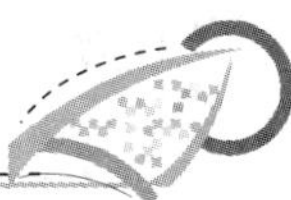

8.1　状态变量与状态方程

系统的状态变量分析法是建立在状态变量和状态概念上的，因此首先需要对状态变量和状态的基本概念进行讨论。

8.1.1　状态变量与状态

一个系统可以用图 8.1 的方框来表征。方框外的变量 $f_1(\cdot)$，…，$f_p(\cdot)$为输入变量，$y_1(\cdot)$，…，$y_q(\cdot)$为输出变量。方框内的变量 $x_1(\cdot)$，…，$x_n(\cdot)$用来描述系统内部的态势，称为状态变量。

一个系统的状态是指由描述系统内部态势所必需的最少状态变量所组成的一个列向量，表示为

$$x(\cdot)=[x_1(\cdot)\cdots x_n(\cdot)]^{\mathrm{T}}$$

式中的上标 T 表示转置运算。一个 n 阶系统，它的状态 $x(\cdot)$是一个 n 维数的向量，常称为状态向量。对于某个系统，状态变量的选取不是唯一的，但组成状态向量 $x(\cdot)$的状态变量 $x_1(\cdot)$，…，$x_n(\cdot)$是线性无关的。若 $x(\cdot)=[x_1(\cdot)\cdots x_n(\cdot)]^{\mathrm{T}}$ 和 $\overline{x}(\cdot)=[\overline{x}_1(\cdot)\cdots\overline{x}_n(\cdot)]^{\mathrm{T}}$ 都是描述某系统的状态向量，则 $x_i(\cdot)(i=1,\cdots,n)$必可表示为 $\overline{x}_1(\cdot)$，…，$\overline{x}_n(\cdot)$的线性组合，即

$$\begin{cases}x_1(\cdot)=p_{11}\overline{x}_1(\cdot)+\cdots+p_{1n}\overline{x}_n(\cdot)\\ \qquad\cdots\\ x_n(\cdot)=p_{n1}\overline{x}_1(\cdot)+\cdots+p_{nn}\overline{x}_n(\cdot)\end{cases}$$

可简写为

$$\boldsymbol{x}=\boldsymbol{P}\overline{\boldsymbol{x}}$$

$$\boldsymbol{P}=\begin{bmatrix}p_{11} & p_{12} & \cdots & p_{1n}\\ p_{21} & p_{22} & \cdots & p_{2n}\\ \vdots & \vdots & \ddots & \vdots\\ p_{n1} & p_{n2} & \cdots & p_{nn}\end{bmatrix}$$

下面用一个电路实例来理解状态变量和状态的概念。图 8.2 是一个二阶电路系统，电压 $u_i(t)$为输入变量，电阻 R_2 上的电压 $u_o(t)$为输出变量，电容上的电压 $u_c(t)$和电感上的电流 $i_L(t)$可作为该系统的状态变量。

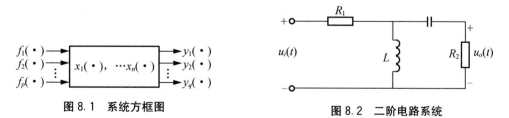

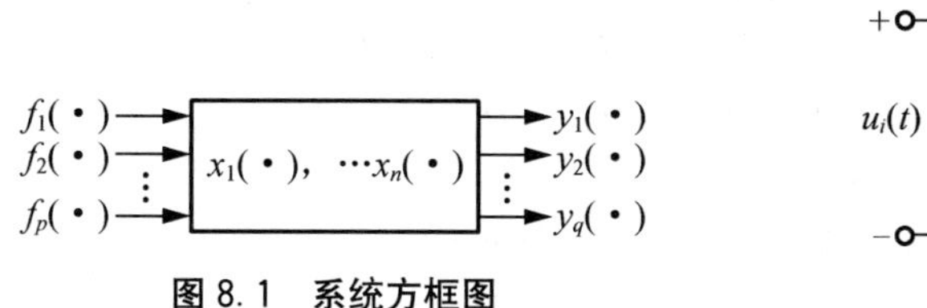

图 8.1　系统方框图

图 8.2　二阶电路系统

描述系统的状态为

$$x(t)=[u_C(t)\ i_L(t)]^{\mathrm{T}}$$

8.1.2 状态方程与输出方程

状态方程是描述状态变量的一阶导数(或一阶前向差分)与状态变量和输入变量之间关系的方程；输出方程是描述输出变量与状态变量和输入变量之间关系的方程。

若图 8.1 所表示的系统为 n 阶的连续系统，则其状态方程和输出方程的标准形式为

$$\left.\begin{aligned}\dot{x}_1(t)&=a_{11}x_1(t)+\cdots+a_{1n}x_n(t)+b_{11}f_1(t)+\cdots+b_{1p}f_p(t)\\ \dot{x}_2(t)&=a_{21}x_1(t)+\cdots+a_{2n}x_n(t)+b_{21}f_1(t)+\cdots+b_{2p}f_p(t)\\ &\cdots\\ \dot{x}_n(t)&=a_{n1}x_1(t)+\cdots+a_{nn}x_n(t)+b_{n1}f_1(t)+\cdots+b_{np}f_p(t)\end{aligned}\right\}\text{状态方程}$$

$$\left.\begin{aligned}y_1(t)&=c_{11}x_1(t)+\cdots+c_{1n}x_n(t)+d_{11}f_1(t)+\cdots+d_{1p}f_p(t)\\ y_2(t)&=c_{21}x_1(t)+\cdots+c_{2n}x_n(t)+d_{21}f_1(t)+\cdots+d_{2p}f_p(t)\\ &\cdots\\ y_q(t)&=c_{q1}x_1(t)+\cdots+c_{qn}x_n(t)+d_{q1}f_1(t)+\cdots+d_{qp}f_p(t)\end{aligned}\right\}\text{输出方程}$$

式中 $\dot{x}_1(t)$，…，$\dot{x}_n(t)$为系统 n 个状态变量的一阶导数，运用矩阵理论可将状态方程和输出方程分别简写为

$$\dot{\boldsymbol{x}}(t)=\boldsymbol{A}\boldsymbol{x}(t)+\boldsymbol{B}\boldsymbol{f}(t) \tag{8-1}$$

和

$$\boldsymbol{y}(t)=\boldsymbol{C}\boldsymbol{x}(t)+\boldsymbol{D}\boldsymbol{f}(t) \tag{8-2}$$

式中 $\boldsymbol{x}(t)=[x_1(t)\cdots x_n(t)]^{\mathrm{T}}$，$\dot{\boldsymbol{x}}(t)=[\dot{x}_1(t)\cdots\dot{x}_n(t)]^{\mathrm{T}}$，$\boldsymbol{f}(t)=[f_1(t)\cdots f_p(t)]^{\mathrm{T}}$，$\boldsymbol{y}(t)=[y_1(t)\cdots y_q(t)]^{\mathrm{T}}$ 分别为状态向量，状态向量的一阶导数，输入向量和输出向量。

$$\boldsymbol{A}=\begin{bmatrix}a_{11}&a_{12}&\cdots&a_{1n}\\a_{21}&a_{22}&\cdots&a_{2n}\\\vdots&\vdots&\ddots&\vdots\\a_{n1}&a_{n2}&\cdots&a_{nn}\end{bmatrix}\qquad \boldsymbol{B}=\begin{bmatrix}b_{11}&b_{12}&\cdots&b_{1p}\\b_{21}&b_{22}&\cdots&b_{2p}\\\vdots&\vdots&\ddots&\vdots\\b_{n1}&b_{n2}&\cdots&b_{np}\end{bmatrix}$$

$$\boldsymbol{C}=\begin{bmatrix}c_{11}&c_{12}&\cdots&c_{1n}\\c_{21}&c_{22}&\cdots&c_{2n}\\\vdots&\vdots&\ddots&\vdots\\c_{q1}&c_{q2}&\cdots&c_{qn}\end{bmatrix}\qquad \boldsymbol{D}=\begin{bmatrix}d_{11}&d_{12}&\cdots&d_{1p}\\d_{21}&d_{22}&\cdots&d_{2p}\\\vdots&\vdots&\ddots&\vdots\\d_{q1}&d_{q2}&\cdots&d_{qp}\end{bmatrix}$$

$\boldsymbol{A}$ 为$n\times n$ 的方阵，称为系统矩阵；$\boldsymbol{B}$ 为$n\times p$ 的矩阵，称为控制矩阵；$\boldsymbol{C}$ 为$q\times n$ 的矩阵，称为输出矩阵；$\boldsymbol{D}$ 为$q\times p$ 的矩阵，称为传输矩阵。

若图 8.1 所表示的系统为 n 阶的离散系统，则其状态方程和输出方程的标准形式为

$$\left.\begin{aligned}x_1(k+1)&=a_{11}x_1(k)+\cdots+a_{1n}x_n(k)+b_{11}f_1(k)+\cdots+b_{1p}f_p(k)\\ x_2(k+1)&=a_{21}x_1(k)+\cdots+a_{2n}x_n(k)+b_{21}f_1(k)+\cdots+b_{2p}f_p(k)\\ &\cdots\\ x_n(k+1)&=a_{n1}x_1(k)+\cdots+a_{nn}x_n(k)+b_{n1}f_1(k)+\cdots+b_{np}f_p(k)\end{aligned}\right\}\text{状态方程}$$

$$\left.\begin{aligned}y_1(k)&=c_{11}x_1(k)+\cdots+c_{1n}x_n(k)+d_{11}f_1(k)+\cdots+d_{1p}f_p(k)\\ y_2(k)&=c_{21}x_1(k)+\cdots+c_{2n}x_n(k)+d_{21}f_1(k)+\cdots+d_{2p}f_p(k)\\ &\cdots\\ y_q(k)&=c_{q1}x_1(k)+\cdots+c_{qn}x_n(k)+d_{q1}f_1(k)+\cdots+d_{qp}f_p(k)\end{aligned}\right\}\text{输出方程}$$

状态方程和输出方程可简写为

$$\boldsymbol{x}(k+1)=\boldsymbol{A}\boldsymbol{x}(k)+\boldsymbol{B}\boldsymbol{f}(k) \tag{8-3}$$

$$\boldsymbol{y}(k)=\boldsymbol{C}\boldsymbol{x}(k)+\boldsymbol{D}\boldsymbol{f}(k) \tag{8-4}$$

式中 $\boldsymbol{x}(k+1)=[x_1(k+1)\cdots x_n(k+1)]^{\mathrm{T}}$，$\boldsymbol{x}(k)=[x_1(k)\cdots x_n(k)]^{\mathrm{T}}$，$\boldsymbol{f}(k)=[f_1(k)\cdots f_p(k)]^{\mathrm{T}}$，$\boldsymbol{y}(k)=[y_1(k)\cdots y_q(k)]^{\mathrm{T}}$。矩阵 $\boldsymbol{A}$、$\boldsymbol{B}$、$\boldsymbol{C}$、$\boldsymbol{D}$ 的形式和含义与连续系统相同。

用状态变量分析系统，先要建立起系统的状态方程和输出方程，然后再求解出系统的状态变量和输出变量。本章只讨论单输入单输出系统。

8.2　连续系统状态方程的建立

建立连续系统状态方程的方法大体可分为两类：直接法与间接法。直接法是根据给定的具体系统直接建立系统的状态方程；间接法则是根据描述系统的方程、系统函数、系统框图或信号流图来建立系统的状态方程。

8.2.1　直接法建立状态方程

电路系统是线性系统领域内应用很广的工程系统，运用基尔霍夫电压与电流定律，可以建立起它的状态方程和输出方程。具体步骤如下。

(1) 选取状态变量。选取电路中所有独立的电容电压和电感电流作为状态变量。这里的独立是指选取出的所有电容电压和电感电流线性无关。

(2) 列出电路的方程。对含有所选电容的支路，运用基尔霍夫电流定律列出节点电流方程；对含有所选电感的回路，运用基尔霍夫电压定律列出回路的电压方程。

(3) 消去中间变量。运用基尔霍夫电压定律，消去电流方程和电压方程中既不是输入变量也不是状态变量的中间变量。

(4) 建立状态方程。将状态变量的一阶导数置于方程左边，其他的变量置于方程右边，整理得到状态方程的标准形式。

理解

之所以对所选电容的支路列出节点的电流方程；对所选电感回路列出电压方程，其目的就是要出现所选状态变量的一阶导数，这是列状态方程所必需的。

【例 8.1】 电路图如图 8.3 所示，电压 $u_i(t)$为输入变量，电阻 R_2 上的电压 $u_o(t)$为输出变量，列出该电路系统的状态方程和输出方程。

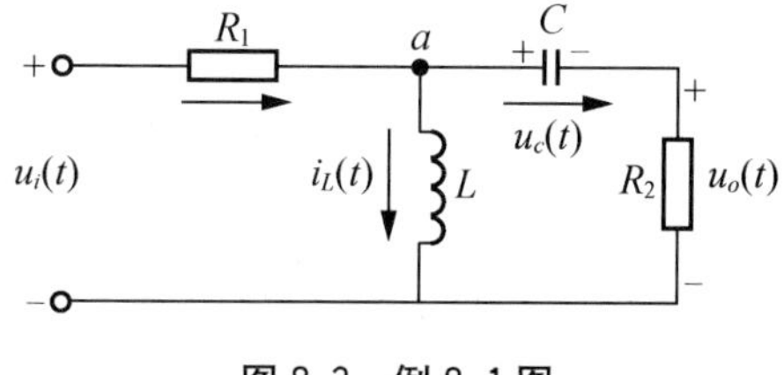

图 8.3　例 8.1 图

解：(1) 选取电容上的电压 $u_c(t)$ 和电感上的电流 $i_L(t)$ 可作为该系统的状态变量。

(2) 列出电容左端点 a 的电流方程。

$$i_{R1}(t)=C\dot{u}_C(t)+i_L(t) \tag{8-5}$$

列出电感右边回路的电压方程。

$$L\dot{i}_L(t)-u_C(t)-C\dot{u}_C(t)R_2=0 \tag{8-6}$$

(3) 消去方程式(8-5)中的 $i_{R1}(t)$，因为它既不是输入变量也不是状态变量。由

$$u_i(t)-i_{R1}(t)R_1-L\dot{i}_L(t)=0$$

有

$$i_{R1}(t)=[u_i(t)-L\dot{i}_L(t)]/R_1 \tag{8-7}$$

将式(8-7)代入式(8-5)，得

$$[u_i(t)-L\dot{i}_L(t)]/R_1=C\dot{u}_C(t)+i_L(t) \tag{8-8}$$

(4) 将式(8-8)和式(8-6)中的 $\dot{u}_c(t)$ 和 $\dot{i}_L(t)$ 均置于方程的左边。

$$C\dot{u}_C(t)R_1+L\dot{i}_L(t)=u_i(t)-i_L(t)R_1 \tag{8-9}$$

$$L\dot{i}_L(t)-C\dot{u}_C(t)R_2=u_C(t) \tag{8-10}$$

将式(8-9)减去式(8-10)，整理得

$$\dot{u}_C(t)=-\frac{1}{(R_1+R_2)C}u_C(t)-\frac{R_1}{(R_1+R_2)C}i_L(t)+\frac{1}{(R_1+R_2)C}u_i(t) \tag{8-11}$$

R_2 乘以式(8-9)加上 R_1 乘以式(8-10)，整理得

$$\dot{i}_L(t)=\frac{R_1}{(R_1+R_2)L}u_C(t)-\frac{R_1R_2}{(R_1+R_2)L}i_L(t)+\frac{R_2}{(R_1+R_2)L}u_i(t) \tag{8-12}$$

式(8-11)和式(8-12)为此电路系统的状态方程，写成矩阵形式为

$$\begin{bmatrix}\dot{u}_C(t)\\ \dot{i}_L(t)\end{bmatrix}=\boldsymbol{A}\begin{bmatrix}u_C(t)\\ i_L(t)\end{bmatrix}+\boldsymbol{B}u_i(t)$$

其中

$$\boldsymbol{A}=\begin{bmatrix}-\frac{1}{(R_1+R_2)C} & -\frac{R_1}{(R_1+R_2)C}\\ \frac{R_1}{(R_1+R_2)L} & -\frac{R_1R_2}{(R_1+R_2)L}\end{bmatrix},\quad \boldsymbol{B}=\begin{bmatrix}\frac{1}{(R_1+R_2)C}\\ \frac{R_2}{(R_1+R_2)L}\end{bmatrix}$$

(5) R_2 两端的电压为输出变量，故输出方程为

$$u_o(t)=C\dot{u}_C(t)R_2=-\frac{R_2}{(R_1+R_2)}u_C(t)-\frac{R_1R_2}{(R_1+R_2)}i_L(t)+\frac{R_2}{(R_1+R_2)}u_i(t)$$

写成矩阵形式为

$$u_o(t)=\boldsymbol{C}\begin{bmatrix}u_C(t)\\ i_L(t)\end{bmatrix}+\boldsymbol{D}u_i(t)$$

其中

$$\boldsymbol{C}=\begin{bmatrix}-\frac{R_2}{(R_1+R_2)} & -\frac{R_1R_2}{(R_1+R_2)}\end{bmatrix},\quad \boldsymbol{D}=\begin{bmatrix}\frac{R_2}{(R_1+R_2)}\end{bmatrix}$$

8.2.2　间接法建立状态方程

考虑到描述系统的方程、系统函数、系统框图和信号流图是相通的，这里只介绍根据系统函数和信号流图来建立状态方程和输出方程的方法。

1. 根据系统函数建立状态方程

若某 n 阶的 LTI 连续系统的输入为 $f(t)$，系统函数为

$$H(s)=\frac{b_m s^m+b_{m-1}s^{m-1}+\cdots+b_1 s+b_0}{s^n+a_{n-1}s^{n-1}+\cdots+a_1 s+a_0}$$

(1) 当 $m<n$ 时，对应的一个状态方程和输出方程为

$$\begin{bmatrix}\dot{x}_1(t)\\ \vdots\\ \dot{x}_n(t)\end{bmatrix}=\begin{bmatrix}0 & 1 & & \\ \vdots & & \ddots & \\ 0 & & & 1\\ -a_0 & -a_1 & \cdots & -a_{n-1}\end{bmatrix}\begin{bmatrix}x_1(t)\\ \vdots\\ x_n(t)\end{bmatrix}+\begin{bmatrix}0\\ \vdots\\ 0\\ 1\end{bmatrix}f(t) \tag{8-13}$$

$$y(t)=[b_0\ \cdots\ b_m\ 0\ \cdots\ 0]\begin{bmatrix}x_1(t)\\ \vdots\\ x_n(t)\end{bmatrix} \tag{8-14}$$

(2) 当 $m=n$ 时，有

$$H(s)=\frac{b_n s^n+b_{n-1}s^{n-1}+\cdots+b_1 s+b_0}{s^n+a_{n-1}s^{n-1}+\cdots+a_1 s+a_0}$$

该假分式总可以化成

$$H(s)=b_n+\frac{c_{n-1}s^{n-1}+\cdots+c_1 s+c_0}{s^n+a_{n-1}s^{n-1}+\cdots+a_1 s+a_0}$$

的形式。对应的一个状态方程和输出方程为

$$\begin{bmatrix}\dot{x}_1(t)\\ \vdots\\ \dot{x}_n(t)\end{bmatrix}=\begin{bmatrix}0 & 1 & & \\ \vdots & & \ddots & \\ 0 & & & 1\\ -a_0 & -a_1 & \cdots & -a_{n-1}\end{bmatrix}\begin{bmatrix}x_1(t)\\ \vdots\\ x_n(t)\end{bmatrix}+\begin{bmatrix}0\\ \vdots\\ 0\\ 1\end{bmatrix}f(t) \tag{8-15}$$

$$y(t)=[c_0\ \cdots\ c_{n-1}\ 0\ \cdots\ 0]\begin{bmatrix}x_1(t)\\ \vdots\\ x_n(t)\end{bmatrix}+[b_n]f(t) \tag{8-16}$$

式(8-16)中，$c_{n-1}=b_{n-1}-b_n a_{n-1}$。

以上给出的仅是一个状态方程和输出方程，实际上选取的状态变量不同，得到的状态方程和输出方程也不同。对于给定的系统，无论怎样选择状态变量，都不会影响对系统的实质分析。

小思考

为何不讨论 $m>n$ 的情况呢？因为 $m>n$ 时，$H(s)$所对应的连续系统，并不是一个严格意义上的因果系统，无实际意义。

【例 8.2】 已知某系统的系统函数为

$$H(s)=\frac{s^2+1}{s^3+3s^2+2s+1}$$

列出系统的状态方程和输出方程。

解：此系统为三阶系统，且 $m<n$，运用式(8-13)和式(8-14)不难得到该系统的一个状态方程和输出方程

$$\begin{bmatrix}\dot{x}_1(t)\\\dot{x}_2(t)\\\dot{x}_3(t)\end{bmatrix}=\begin{bmatrix}0&1&0\\0&0&1\\-1&-2&-3\end{bmatrix}\begin{bmatrix}x_1(t)\\x_2(t)\\x_3(t)\end{bmatrix}+\begin{bmatrix}0\\0\\1\end{bmatrix}f(t)$$

$$y(t)=\begin{bmatrix}1&0&1\end{bmatrix}\begin{bmatrix}x_1(t)\\x_2(t)\\x_3(t)\end{bmatrix}$$

【例 8.3】 已知描述某系统的微分方程为

$$y''(t)+3y'(t)+2y(t)=3f''(t)+f'(t)+4f(t)$$

列出系统的状态方程和输出方程。

解：由微分方程求得此系统的系统函数为

$$H(s)=\frac{3s^2+s+4}{s^2+3s+2}$$

有

$$H(s)=3+\frac{-8s-2}{s^2+3s+2}$$

此系统为二阶系统，且 $m=n$，运用式(8-15)和式(8-16)不难得到该系统的一个状态方程和输出方程

$$\begin{bmatrix}\dot{x}_1(t)\\\dot{x}_2(t)\end{bmatrix}=\begin{bmatrix}0&1\\-2&-3\end{bmatrix}\begin{bmatrix}x_1(t)\\x_2(t)\end{bmatrix}+\begin{bmatrix}0\\1\end{bmatrix}f(t)$$

$$y(t)=\begin{bmatrix}-2&-8\end{bmatrix}\begin{bmatrix}x_1(t)\\x_2(t)\end{bmatrix}+3f(t)$$

2. 根据流图建立状态方程

根据信号流图建立状态方程的步骤如下。

(1) 选取状态变量。选取每个积分器(s^{-1})的输出节点作为状态变量(可在变换域里进行)。

(2) 求各节点的信号。根据各支路间的关系，求出各节点(源节点和阱节点除外)的信号。

(3) 建立状态方程。根据每个积分器的输入节点的信号，以及与输出节点的关系建立状态方程，(如果为变换域里的变量，作反变换)。

(4) 导出输出方程。根据阱节点的信号，列出输出方程，并整理成标准形式。

【例 8.4】 信号的流图如图 8.4 所示，建立系统的状态方程和输出方程。

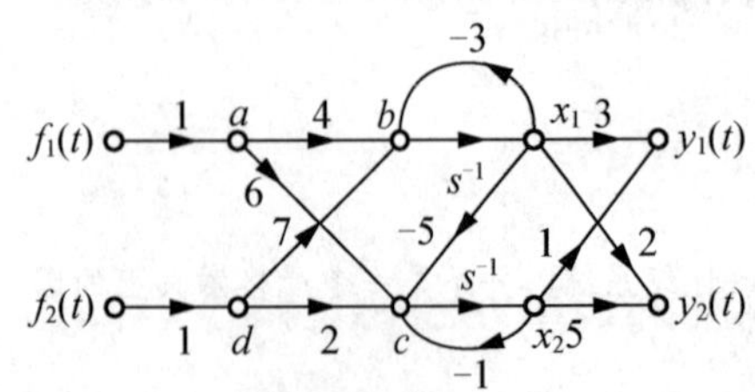

图 8.4　例 8.4 图

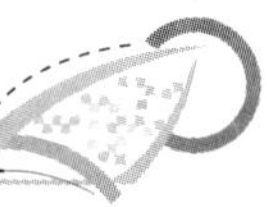

解：(1) 令两个积分器的输出节点的状态变量分别为 $x_1(t)$ 和 $x_2(t)$。

(2) 求出各节点的信号，有

$$a(t)=f_1(t),\ b(t)=-3x_1(t)+4f_1(t)+7f_2(t),\ d(t)=f_2(t),$$

$$c(t)=-5x_1(t)-x_2(t)+6a(t)+2d(t)=-5x_1(t)-x_2(t)+6f_1(t)+2f_2(t)$$

(3) $\dot{x}_1(t)=b(t)=-3x_1(t)+4f_1(t)+7f_2(t)$

$$\dot{x}_2(t)=c(t)=-5x_1(t)-x_2(t)+6f_1(t)+2f_2(t)$$

矩阵形式的状态方程为

$$\begin{bmatrix}\dot{x}_1(t)\\ \dot{x}_2(t)\end{bmatrix}=\begin{bmatrix}-3 & 0\\ -5 & -1\end{bmatrix}\begin{bmatrix}x_1(t)\\ x_2(t)\end{bmatrix}+\begin{bmatrix}4 & 7\\ 6 & 2\end{bmatrix}\begin{bmatrix}f_1(t)\\ f_2(t)\end{bmatrix}$$

(4) $y_1(t)=3x_1(t)+x_2(t)$，$y_2(t)=2x_1(t)+5x_2(t)$

矩阵形式的输出方程为

$$\begin{bmatrix}y_1(t)\\ y_2(t)\end{bmatrix}=\begin{bmatrix}3 & 1\\ 2 & 5\end{bmatrix}\begin{bmatrix}x_1(t)\\ x_2(t)\end{bmatrix}$$

8.3　连续系统状态方程的求解

在前面已讨论了连续系统状态方程和输出方程的建立，它们的一般形式为

$$\dot{\boldsymbol{x}}(t)=\boldsymbol{A}\boldsymbol{x}(t)+\boldsymbol{B}\boldsymbol{f}(t) \tag{8-17}$$

$$\boldsymbol{y}(t)=\boldsymbol{C}\boldsymbol{x}(t)+\boldsymbol{D}\boldsymbol{f}(t) \tag{8-18}$$

同输入输出法一样，求解连续系统状态方程的方法也有 s 域求解法和时域求解法。考虑到 s 域求解法相对比较简单，下面先介绍状态方程的 s 域求解法。

8.3.1　s 域求解法

用 $\boldsymbol{X}(s)$ 表示状态向量 $\boldsymbol{x}(t)$ 的拉普拉斯变换，对式(8－17)进行拉普拉斯变换，得

$$s\boldsymbol{X}(s)-\boldsymbol{x}(0_-)=\boldsymbol{A}\boldsymbol{X}(s)+\boldsymbol{B}\boldsymbol{F}(s)$$

$\boldsymbol{x}(0_-)=[x_1(0_-)\ \ \cdots\ \ x_n(0_-)]$ 称为初始状态向量。对上式移项，得

$$(s\boldsymbol{I}-\boldsymbol{A})\boldsymbol{X}(s)=\boldsymbol{x}(0_-)+\boldsymbol{B}\boldsymbol{F}(s)$$

方程两边左乘矩阵 $(s\boldsymbol{I}-\boldsymbol{A})$ 的逆 $(s\boldsymbol{I}-\boldsymbol{A})^{-1}$，得

$$\begin{aligned}\boldsymbol{X}(s)&=(s\boldsymbol{I}-\boldsymbol{A})^{-1}\boldsymbol{x}(0_-)+(s\boldsymbol{I}-\boldsymbol{A})^{-1}\boldsymbol{B}\boldsymbol{F}(s)\\&=\boldsymbol{\Phi}(s)\boldsymbol{x}(0_-)+\boldsymbol{\Phi}(s)\boldsymbol{B}\boldsymbol{F}(s)\end{aligned} \tag{8-19}$$

式中

$$\boldsymbol{\Phi}(s)=(s\boldsymbol{I}-\boldsymbol{A})^{-1} \tag{8-20}$$

称为连续系统的预解矩阵。对式(8－19)取拉普拉斯反变换，得状态向量的解为

$$\boldsymbol{x}(t)=\mathscr{L}^{-1}[\boldsymbol{\Phi}(s)\boldsymbol{x}(0_-)]+\mathscr{L}^{-1}[\boldsymbol{\Phi}(s)\boldsymbol{B}\boldsymbol{F}(s)] \tag{8-21}$$

式中 $\mathscr{L}^{-1}[\boldsymbol{\Phi}(s)\boldsymbol{x}(0_-)]$ 是状态向量的零输入分量，$\mathscr{L}^{-1}[\boldsymbol{\Phi}(s)\boldsymbol{B}\boldsymbol{F}(s)]$ 是状态向量的零状态分量，即

$$\boldsymbol{x}_{zi}(t)=\mathscr{L}^{-1}[\boldsymbol{\Phi}(s)\boldsymbol{x}(0_-)]$$

$$\boldsymbol{x}_{zs}(t)=\mathscr{L}^{-1}[\boldsymbol{\Phi}(s)\boldsymbol{B}\boldsymbol{F}(s)]$$

对式(8-18)进行拉普拉斯变换，得

$$\boldsymbol{Y}(s)=\boldsymbol{C}\boldsymbol{X}(s)+\boldsymbol{D}\boldsymbol{F}(s)$$

将式(8-20)代入上式，得

$$\boldsymbol{Y}(s)=\boldsymbol{C}\boldsymbol{\Phi}(s)\boldsymbol{x}(0_-)+[\boldsymbol{C}\boldsymbol{\Phi}(s)\boldsymbol{B}+\boldsymbol{D}]\boldsymbol{F}(s) \tag{8-22}$$

零输入响应分量和零状态响应分量分别为

$$y_{zi}(t)=\mathscr{L}^{-1}[\boldsymbol{C}\boldsymbol{\Phi}(s)\boldsymbol{x}(0_-)]$$

$$\boldsymbol{y}_{zs}(t)=\mathscr{L}^{-1}\{[\boldsymbol{C}\boldsymbol{\Phi}(s)\boldsymbol{B}+\boldsymbol{D}]\boldsymbol{F}(s)\}$$

系统函数矩阵为

$$\boldsymbol{H}(s)=\boldsymbol{C}\boldsymbol{\Phi}(s)\boldsymbol{B}+\boldsymbol{D} \tag{8-23}$$

对于有 p 个输入、q 个输出的系统，矩阵 $\boldsymbol{H}(s)$是一个 $q\times p$ 的矩阵

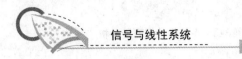

$$\boldsymbol{H}(s)=\begin{bmatrix} H_{11}(s) & H_{12}(s) & \cdots & H_{1p}(s) \\ H_{21}(s) & H_{22}(s) & \cdots & H_{2p}(s) \\ \vdots & \vdots & \ddots & \vdots \\ H_{q1}(s) & H_{q2}(s) & \cdots & H_{qp}(s) \end{bmatrix}$$

系统函数矩阵中第 i 行第 j 列的元素

$$H_{ij}(s)=\frac{\text{第 } j \text{ 个输入 } F_j(s) \text{ 所引起的第 } i \text{ 个输出的响应分量 } Y_i(s)}{\text{第 } j \text{ 个输入 } F_j(s)}$$

系统冲激响应矩阵为

$$\boldsymbol{h}(t)=\mathscr{L}^{-1}[\boldsymbol{C}\boldsymbol{\Phi}(s)\boldsymbol{B}+\boldsymbol{D}]$$

将式(8-20)代入式(8-23)，得

$$\boldsymbol{H}(s)=\frac{\boldsymbol{C}\mathrm{adj}(s\boldsymbol{I}-\boldsymbol{A})\boldsymbol{B}+\boldsymbol{D}\det(s\boldsymbol{I}-\boldsymbol{A})}{\det(s\boldsymbol{I}-\boldsymbol{A})}$$

所以 $\boldsymbol{H}(s)$的极点就是特征方程

$$\det(s\boldsymbol{I}-\boldsymbol{A})=0$$

的根。若连续系统为因果系统，当特征方程的根均在左半开平面里时，系统是稳定的。

知识联想

在输入输出法中，判断因果连续系统是否稳定，就是判断系统函数 $H(s)$分母等于零的根是否在左半开平面。对状态变量分析法，判断因果连续系统是否稳定，也是判断系统函数矩阵 $H(s)$分母等于零的根是否在左半开平面。

【例 8.5】 描述系统的状态方程和输出方程为

$$\begin{bmatrix} \dot{x}_1(t) \\ \dot{x}_2(t) \end{bmatrix}=\begin{bmatrix} -1 & 0 \\ 1 & -4 \end{bmatrix}\begin{bmatrix} x_1(t) \\ x_2(t) \end{bmatrix}+\begin{bmatrix} 0 \\ 1 \end{bmatrix}f(t)$$

$$y(t)=\begin{bmatrix} 1 & -1 \end{bmatrix}\begin{bmatrix} x_1(t) \\ x_2(t) \end{bmatrix}+f(t)$$

初始状态 $x_1(0_-)=1$，$x_2(0_-)=2$，输入 $f(t)=\varepsilon(t)$。求状态变量和输出。

解：

$$(s\boldsymbol{I}-\boldsymbol{A})=s\begin{bmatrix} 1 & 0 \\ 0 & 1 \end{bmatrix}-\begin{bmatrix} -1 & 0 \\ 1 & -4 \end{bmatrix}=\begin{bmatrix} s+1 & 0 \\ -1 & s+4 \end{bmatrix}$$

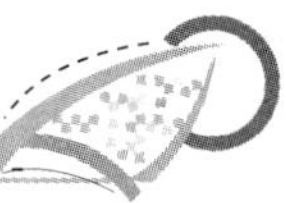

预解矩阵为

$$\boldsymbol{\Phi}(s)=(s\boldsymbol{I}-\boldsymbol{A})^{-1}=\frac{1}{(s+1)(s+4)}\begin{bmatrix}s+4 & 0\\ 1 & s+1\end{bmatrix}$$

知识补充

在线性代数理论中，求逆矩阵的方法很多，这里仅展示一种。假设 $\boldsymbol{A}$ 是 $\boldsymbol{n}$ 阶的可逆矩阵，则有变换

$$[\boldsymbol{A}\quad \boldsymbol{I}_n]\xrightarrow{\text{行变换}}[\boldsymbol{I}_n\quad \boldsymbol{A}^{-1}]$$

当 $\boldsymbol{A}$ 是 2 阶的可逆矩阵时，求它的逆矩阵可用下面的结论。若

$$\boldsymbol{A}=\begin{bmatrix}a & b\\ d & c\end{bmatrix}$$

则

$$\boldsymbol{A}^{-1}=\frac{1}{(ac-bd)}\begin{bmatrix}c & -b\\ -d & a\end{bmatrix}$$

根据式(8-19)，得

$$\begin{aligned}\boldsymbol{X}(s)&=\boldsymbol{\Phi}(s)[\boldsymbol{x}(0_-)+\boldsymbol{BF}(s)]\\ &=\frac{1}{(s+1)(s+4)}\begin{bmatrix}s+4 & 0\\ 1 & s+1\end{bmatrix}\left[\begin{bmatrix}1\\ 2\end{bmatrix}+\begin{bmatrix}0\\ 1\end{bmatrix}\frac{1}{s}\right]\\ &=\frac{1}{(s+1)(s+4)}\begin{bmatrix}s+4 & 0\\ 1 & s+1\end{bmatrix}\begin{bmatrix}1\\ \dfrac{2s+1}{s}\end{bmatrix}\\ &=\begin{bmatrix}\dfrac{1}{s+1}\\ \dfrac{2s^2+4s+1}{s(s+1)(s+4)}\end{bmatrix}\end{aligned}$$

求逆变换，得

$$\boldsymbol{x}(t)=\mathscr{L}^{-1}[\boldsymbol{X}(s)]=\begin{bmatrix}\mathrm{e}^{-t}\\ \dfrac{1}{4}+\dfrac{1}{3}\mathrm{e}^{-t}+\dfrac{17}{12}\mathrm{e}^{-4t}\end{bmatrix}\varepsilon(t)$$

在求系统的响应时，不需要经过式(8-22)的正变换，只需要将求得的 $\boldsymbol{x}(t)$ 直接代入输出方程就行了。

将 $\boldsymbol{x}(t)$ 代入输出方程，得

$$\begin{aligned}y(t)&=[1\quad -1]\begin{bmatrix}\mathrm{e}^{-t}\\ \dfrac{1}{4}+\dfrac{1}{3}\mathrm{e}^{-t}+\dfrac{17}{12}\mathrm{e}^{-4t}\end{bmatrix}\varepsilon(t)+\varepsilon(t)\\ &=\left[\frac{3}{4}+\frac{2}{3}\mathrm{e}^{-t}-\frac{17}{12}\mathrm{e}^{-4t}\right]\varepsilon(t)\end{aligned}$$

【例 8.6】 描述某因果系统的状态方程为

$$\begin{bmatrix}\dot{x}_1(t)\\ \dot{x}_2(t)\end{bmatrix}=\begin{bmatrix}-1 & 0\\ 1 & K\end{bmatrix}\begin{bmatrix}x_1(t)\\ x_2(t)\end{bmatrix}+\begin{bmatrix}1 & 2\\ 0 & 1\end{bmatrix}\begin{bmatrix}f_1(t)\\ f_2(t)\end{bmatrix}$$

求常数 K 在什么范围内取值系统是稳定的？

解：系统的特征多项式为

$$\det(s\boldsymbol{I}-\boldsymbol{A})=\det\begin{bmatrix}s+1 & 0\\ -1 & s-K\end{bmatrix}=(s+1)(s-K)$$

特征方程为

$$(s+1)(s-K)=0$$

特征根为

$$s_1=-1,\ s_2=K$$

为使系统的特征根都在 s 的左半开平面，需要 $K<0$。故当 $K<0$ 时此因果系统稳定。

8.3.2 时域求解法

用时域法求解状态方程，需要仿照指数函数

$$e^{at}=1+at+\frac{1}{2!}a^2t^2+\cdots=\sum_{i=0}^{\infty}\frac{1}{i!}a^it^i$$

对系统矩阵 $\boldsymbol{A}$ 定义矩阵指数函数

$$e^{At}=\boldsymbol{I}+\boldsymbol{A}t+\frac{1}{2!}\boldsymbol{A}^2t^2+\cdots=\sum_{i=0}^{\infty}\frac{1}{i!}\boldsymbol{A}^it^i \tag{8-24}$$

矩阵指数函数 e^{At} 的主要性质有以下几个。

(1) $$e^{At}e^{-At}=\boldsymbol{I} \tag{8-25}$$

(2) $$(e^{At})^{-1}=e^{-At} \tag{8-26}$$

(3) $$\frac{d}{dt}e^{At}=e^{At}\boldsymbol{A}=\boldsymbol{A}e^{At} \tag{8-27}$$

(4) $$\frac{d}{dt}[e^{-At}\boldsymbol{x}(t)]=-e^{-At}\boldsymbol{A}\boldsymbol{x}(t)+e^{-At}\dot{\boldsymbol{x}}(t) \tag{8-28}$$

根据指数函数 e^{at} 的性质，容易类比理解 e^{At} 的这些性质，这里不作证明。

由式(8-17)有

$$\dot{\boldsymbol{x}}(t)-\boldsymbol{A}\boldsymbol{x}(t)=\boldsymbol{B}\boldsymbol{f}(t)$$

将上式两边乘以 e^{-At}，得

$$e^{-At}[\dot{\boldsymbol{x}}(t)-\boldsymbol{A}\boldsymbol{x}(t)]=e^{-At}\boldsymbol{B}\boldsymbol{f}(t)$$

由式(8-28)有

$$\frac{d}{dt}[e^{-At}\boldsymbol{x}(t)]=e^{-At}[\dot{\boldsymbol{x}}(t)-\boldsymbol{A}\boldsymbol{x}(t)]=e^{-At}\boldsymbol{B}\boldsymbol{f}(t)$$

对上式两边求从 0_- 到 t 的积分，得

$$e^{-At}\boldsymbol{x}(t)-x(0_-)=\int_{0_-}^{t}e^{-A\tau}\boldsymbol{B}\boldsymbol{f}(\tau)d\tau$$

将上式两边左乘 e^{At}，整理得

$$\boldsymbol{x}(t)=e^{At}\boldsymbol{x}(0_-)+\int_{0_-}^{t}e^{A(t-\tau)}\boldsymbol{B}\boldsymbol{f}(\tau)d\tau,\quad t\geqslant 0 \tag{8-29}$$

式(8-29)就是时域里求解 $\boldsymbol{x}(t)$ 的公式。状态向量的零输入分量和零状态分别为

$$\boldsymbol{x}_{zi}(t)=e^{At}\boldsymbol{x}(0_-)$$

$$\boldsymbol{x}_{zs}(t)=\int_{0_-}^{t}e^{A(t-\tau)}\boldsymbol{B}\boldsymbol{f}(\tau)d\tau$$

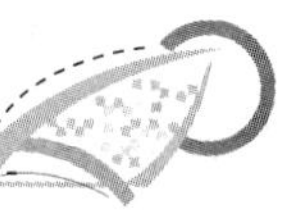

求出了 $\boldsymbol{x}(t)$，根据式(8－18)就很容易得到输出响应 $\boldsymbol{y}(t)$。

不难发现，求解矩阵指数函数 e^{At} 是求解 $\boldsymbol{x}(t)$ 的关键，常将 e^{At} 称为状态转移矩阵，用 $\boldsymbol{\phi}(t)$ 表示，它与预解矩阵 $\boldsymbol{\Phi}(s)$ 是一对拉普拉斯变换，即

$$\boldsymbol{\phi}(t)=e^{At}\leftrightarrow\boldsymbol{\Phi}(s)=(s\boldsymbol{I}-\boldsymbol{A})^{-1} \tag{8-30}$$

知识联想

可以与 e^{at} 进行类比记忆，即 e^{at} 的单边拉普拉斯变换的形式为

$$\mathscr{L}[e^{at}]=(s-a)^{-1}$$

矩阵指数函数 e^{At} 的单边拉普拉斯变换为

$$\mathscr{L}[e^{At}]=(s\boldsymbol{I}-\boldsymbol{A})^{-1}$$

求 e^{At} 的方法很多，这里介绍两种方法：一是根据式(8－30)求 e^{At} 的方法，即

$$e^{At}=\mathscr{L}^{-1}[(s\boldsymbol{I}-\boldsymbol{A})^{-1}] \tag{8-31}$$

二是用凯莱—哈密顿定理求。

阅读材料

英国数学家凯莱(Arthur Cayley)于 1842 年完成了他的学士学位，此前他已经发表了 3 篇数学论文。爱尔兰数学家哈密顿(Wiooiam Hamilton)于 1827 年成为教授，当时他只有 22 岁，还是一个本科生。

凯莱—哈密顿定理指出，对于 n 阶方阵 $\boldsymbol{A}$，当 $i\geqslant n$ 时，有

$$\boldsymbol{A}^i=b_0\boldsymbol{I}+b_1\boldsymbol{A}+b_2\boldsymbol{A}^2+\cdots+b_{n-1}\boldsymbol{A}^{n-1}$$

即对于 $i\geqslant n$ 的 $\boldsymbol{A}^i$ 可以表示为 $\boldsymbol{I}$，$\boldsymbol{A}$，$\boldsymbol{A}^2$，…，$\boldsymbol{A}^{n-1}$ 的线性组合。在式(8－24)中，$i\geqslant n$ 的项都可以转化为 $\boldsymbol{I}$，$\boldsymbol{A}$，$\boldsymbol{A}^2$，…，$\boldsymbol{A}^{n-1}$ 的线性组合，于是有

$$e^{At}=\alpha_0(t)\boldsymbol{I}+\alpha_1(t)\boldsymbol{A}+\alpha_2(t)\boldsymbol{A}^2+\cdots+\alpha_{n-1}(t)\boldsymbol{A}^{n-1} \tag{8-32}$$

凯莱—哈密顿定理还指出，如果用方阵 $\boldsymbol{A}$ 的特征根 $\lambda_i(i=1, 2, \cdots n)$ 代替式(8－32)中的矩阵 $\boldsymbol{A}$，方程仍成立，即

$$e^{\lambda_i t}=\alpha_0(t)+\alpha_1(t)\lambda_i+\alpha_2(t)\lambda_i^2+\cdots+\alpha_{n-1}(t)\lambda_i^{n-1} \tag{8-33}$$

只要将式(8－32)中的系数 $\alpha_0(t)$，$\alpha_1(t)$，…，$\alpha_{n-1}(t)$ 确定出来，然后用式(8－32)就可以得到 e^{At}。系数 $\alpha_0(t)$，$\alpha_1(t)$，…，$\alpha_{n-1}(t)$ 可用以下的方法确定。

若 $\boldsymbol{A}$ 的特征值 λ_1，λ_2，…λ_n 两两相异，则根据以下的 n 个方程

$$\left.\begin{aligned}
&\alpha_0(t)+\alpha_1(t)\lambda_1+\alpha_2(t)\lambda_1^2+\cdots+\alpha_{n-1}(t)\lambda_1^{n-1}=e^{\lambda_1 t}\\
&\alpha_0(t)+\alpha_1(t)\lambda_2+\alpha_2(t)\lambda_2^2+\cdots+\alpha_{n-1}(t)\lambda_2^{n-1}=e^{\lambda_2 t}\\
&\cdots\\
&\alpha_0(t)+\alpha_1(t)\lambda_n+\alpha_2(t)\lambda_n^2+\cdots+\alpha_{n-1}(t)\lambda_n^{n-1}=e^{\lambda_n t}
\end{aligned}\right\}$$

可确定出这 n 个系数 $[\alpha_0(t), \alpha_1(t), \cdots\alpha_{n-1}(t)]$。

若 $\boldsymbol{A}$ 的某个特征值(如 λ_1)为 r 重根，则此特征根对应的 r 个方程为

$$\left.\begin{aligned}
&\alpha_0(t)+\alpha_1(t)\lambda_1+\alpha_2(t)\lambda_1^2+\cdots+\alpha_{n-1}(t)\lambda_1^{n-1}=e^{\lambda_1 t}\\
&\frac{d}{d\lambda_1}[\alpha_0(t)+\alpha_1(t)\lambda_1+\alpha_2(t)\lambda_1^2+\cdots+\alpha_{n-1}(t)\lambda_1^{n-1}]=\frac{d}{d\lambda_1}[e^{\lambda_2 t}]\\
&\cdots\\
&\frac{d^{n-1}}{d\lambda_1^{n-1}}[\alpha_0(t)+\alpha_1(t)\lambda_1+\alpha_2(t)\lambda_1^2+\cdots+\alpha_{n-1}(t)\lambda_1^{n-1}]=\frac{d^{n-1}}{d\lambda_1^{n-1}}[e^{\lambda_n t}]
\end{aligned}\right\}$$

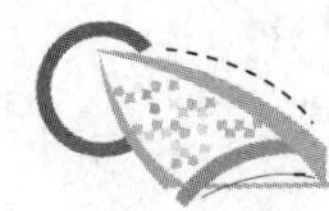

这样，同样可以建立 n 个方程，从而确定出系数$[\alpha_0(t), \alpha_1(t), \cdots \alpha_{n-1}(t)]$。

【例 8.7】 若有矩阵

$$\boldsymbol{A}=\begin{bmatrix}-1 & 0\\ 1 & -4\end{bmatrix}$$

求状态转移矩阵 $\boldsymbol{\phi}(t)=\mathrm{e}^{At}$。

解：

(1) 用拉普拉斯变换法，即用式(8-30)求：

$$(s\boldsymbol{I}-\boldsymbol{A})^{-1}=\begin{bmatrix}s+1 & 0\\ -1 & s+4\end{bmatrix}^{-1}=\frac{1}{(s+1)(s+4)}\begin{bmatrix}s+4 & 0\\ 1 & s+1\end{bmatrix}$$

$$\mathrm{e}^{At}=\mathscr{L}^{-1}[(s\boldsymbol{I}-\boldsymbol{A})^{-1}]=\mathscr{L}^{-1}\begin{bmatrix}\dfrac{1}{(s+1)} & 0\\ \dfrac{1}{3}\left(\dfrac{1}{s+1}-\dfrac{1}{s+4}\right) & \dfrac{1}{(s+4)}\end{bmatrix}=\begin{bmatrix}\mathrm{e}^{-t} & 0\\ \dfrac{1}{3}(\mathrm{e}^{-t}-\mathrm{e}^{-4t}) & \mathrm{e}^{-4t}\end{bmatrix}$$

(2) 用凯莱—哈密顿定理求，由于矩阵 $\boldsymbol{A}$ 是二阶方阵，故有

$$\mathrm{e}^{At}=\alpha_0(t)\boldsymbol{I}+\alpha_1(t)\boldsymbol{A}$$

$\boldsymbol{A}$ 的特征方程为

$$\det(\lambda\boldsymbol{I}-\boldsymbol{A})=\det\begin{bmatrix}\lambda+4 & 0\\ 1 & \lambda+1\end{bmatrix}=(\lambda+4)(\lambda+1)=0$$

特征根为 $\lambda_1=-4$，$\lambda_2=-1$。求系数$[\alpha_0(t), \alpha_1(t)]$的方程为

$$\left.\begin{aligned}\alpha_0(t)-4\alpha_1(t)=\mathrm{e}^{-4t}\\ \alpha_0(t)-\alpha_1(t)=\mathrm{e}^{-t}\end{aligned}\right\}$$

解得

$$\alpha_0(t)=\frac{1}{3}(4\mathrm{e}^{-t}-\mathrm{e}^{-4t})$$

$$\alpha_1(t)=\frac{1}{3}(\mathrm{e}^{-t}-\mathrm{e}^{-4t})$$

故

$$\begin{aligned}\mathrm{e}^{At}&=\alpha_0(t)\boldsymbol{I}+\alpha_1(t)\boldsymbol{A}\\ &=\frac{1}{3}(4\mathrm{e}^{-t}-\mathrm{e}^{-4t})\begin{bmatrix}1 & 0\\ 0 & 1\end{bmatrix}+\frac{1}{3}(\mathrm{e}^{-t}-\mathrm{e}^{-4t})\begin{bmatrix}-1 & 0\\ 1 & -4\end{bmatrix}\\ &=\begin{bmatrix}\mathrm{e}^{-t} & 0\\ \dfrac{1}{3}(\mathrm{e}^{-t}-\mathrm{e}^{-4t}) & \mathrm{e}^{-4t}\end{bmatrix}\end{aligned}$$

将式(8-29)代入输出方程式(8-18)，有

$$\boldsymbol{y}(t)=\boldsymbol{C}\mathrm{e}^{At}x(0_-)+\boldsymbol{C}\int_{0_-}^{t}\mathrm{e}^{A(t-\tau)}\boldsymbol{B}\boldsymbol{f}(\tau)\mathrm{d}\tau+\boldsymbol{D}f(t)$$

若 $f(t)$为因果信号，有

$$\boldsymbol{y}(t)=\boldsymbol{C}\mathrm{e}^{At}\boldsymbol{x}(0_-)+[\boldsymbol{C}\mathrm{e}^{At}\boldsymbol{B}\varepsilon(t)+\boldsymbol{D}\delta(t)]*f(t)$$

其中

$$\boldsymbol{y}_{zi}(t)=\boldsymbol{C}\mathrm{e}^{At}\boldsymbol{x}(0_-)$$

$$\boldsymbol{y}_{zs}(t)=[\boldsymbol{C}\mathrm{e}^{At}\boldsymbol{B}\varepsilon(t)+\boldsymbol{D}\delta(t)]*f(t)$$

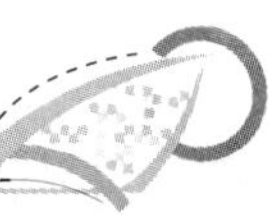

不难发现

$$\boldsymbol{h}(t)=\boldsymbol{C}\mathrm{e}^{At}\boldsymbol{B}\varepsilon(t)+\boldsymbol{D}\delta(t)$$

对于有 p 个输入，q 个输出的系统，矩阵 $\boldsymbol{h}(t)$ 是一个 $q\times p$ 的矩阵

$$\boldsymbol{h}(t)=\begin{bmatrix} h_{11}(t) & h_{12}(t) & \cdots & h_{1p}(t) \\ h_{21}(t) & h_{22}(t) & \cdots & h_{2p}(t) \\ \vdots & \vdots & \ddots & \vdots \\ h_{q1}(t) & h_{q2}(t) & \cdots & h_{qp}(t) \end{bmatrix}$$

系统函数矩阵中第 i 行第 j 列的元素 $h_{ij}(t)$ 是当第 j 个输入 $f_j(t)=\delta(t)$，而其余输入均为零时，所引起的第 i 个输出 $y_i(t)$ 的零状态响应。

【例 8.8】 描述系统的状态方程和输出方程为

$$\begin{bmatrix} \dot{x}_1(t) \\ \dot{x}_2(t) \end{bmatrix}=\begin{bmatrix} -1 & 0 \\ 1 & -4 \end{bmatrix}\begin{bmatrix} x_1(t) \\ x_2(t) \end{bmatrix}+\begin{bmatrix} 0 \\ 1 \end{bmatrix}f(t)$$

$$y(t)=[1\quad -1]\begin{bmatrix} x_1(t) \\ x_2(t) \end{bmatrix}+f(t)$$

初始状态 $x_1(0_-)=1$，$x_2(0_-)=2$，输入 $f(t)=\varepsilon(t)$。用时域法求状态变量和输出。

解：由【例 8.7】可知

$$\mathrm{e}^{At}=\begin{bmatrix} \mathrm{e}^{-t} & 0 \\ \frac{1}{3}(\mathrm{e}^{-t}-\mathrm{e}^{-4t}) & \mathrm{e}^{-4t} \end{bmatrix}$$

$$\begin{aligned} \boldsymbol{x}(t) &= \mathrm{e}^{At}x(0_-)+\int_{0_-}^{t}\mathrm{e}^{A(t-\tau)}\boldsymbol{Bf}(\tau)\mathrm{d}\tau \\ &= \begin{bmatrix} \mathrm{e}^{-t} & 0 \\ \frac{1}{3}(\mathrm{e}^{-t}-\mathrm{e}^{-4t}) & \mathrm{e}^{-4t} \end{bmatrix}\begin{bmatrix} 1 \\ 2 \end{bmatrix}+\int_{0_-}^{t}\begin{bmatrix} \mathrm{e}^{-(t-\tau)} & 0 \\ \frac{1}{3}(\mathrm{e}^{-(t-\tau)}-\mathrm{e}^{-4(t-\tau)}) & \mathrm{e}^{-4(t-\tau)} \end{bmatrix}\begin{bmatrix} 0 \\ 1 \end{bmatrix}\varepsilon(\tau)\mathrm{d}\tau \\ &= \begin{bmatrix} \mathrm{e}^{-t} \\ \frac{1}{3}\mathrm{e}^{-t}+\frac{5}{3}\mathrm{e}^{-4t} \end{bmatrix}+\begin{bmatrix} 0 \\ \int_{0_-}^{t}\mathrm{e}^{-4(t-\tau)}\varepsilon(\tau)\mathrm{d}\tau \end{bmatrix}=\begin{bmatrix} \mathrm{e}^{-t} \\ \frac{1}{3}\mathrm{e}^{-t}+\frac{5}{3}\mathrm{e}^{-4t} \end{bmatrix}+\begin{bmatrix} 0 \\ \frac{1}{4}-\frac{1}{4}\mathrm{e}^{-4t} \end{bmatrix} \\ &= \begin{bmatrix} \mathrm{e}^{-t} \\ \frac{1}{4}+\frac{1}{3}\mathrm{e}^{-t}+\frac{17}{12}\mathrm{e}^{-4t} \end{bmatrix},\ t\geqslant 0 \end{aligned}$$

将 $\boldsymbol{x}(t)$ 代入输出方程，得

$$\begin{aligned} y(t) &= [1\quad -1]\begin{bmatrix} \mathrm{e}^{-t} \\ \frac{1}{4}+\frac{1}{3}\mathrm{e}^{-t}+\frac{17}{12}\mathrm{e}^{-4t} \end{bmatrix}\varepsilon(t)+\varepsilon(t) \\ &= \left[\frac{3}{4}+\frac{2}{3}\mathrm{e}^{-t}-\frac{17}{12}\mathrm{e}^{-4t}\right]\varepsilon(t) \end{aligned}$$

8.4　离散系统状态方程的建立

离散系统状态方程的建立与连续系统状态方程的建立具有很多相似之处，针对离散系

统这里只介绍如何根据系统函数和信号流图来建立状态方程。

8.4.1 由系统函数建立状态方程

若某 n 阶的 LTI 离散系统的输入为 $f(k)$，系统函数为

$$H(z)=\frac{b_m z^m+b_{m-1}z^{m-1}+\cdots+b_1 z+b_0}{z^n+a_{n-1}z^{n-1}+\cdots+a_1 z+a_0}$$

(1) 当 $m<n$ 时，对应的一个状态方程和输出方程为

$$\begin{bmatrix} x_1(k+1) \\ \vdots \\ x_n(k+1) \end{bmatrix}=\left[\begin{array}{c|ccc} 0 & 1 & & \\ \vdots & & \ddots & \\ 0 & & & 1 \\ \hline -a_0 & -a_1 & \cdots & -a_{n-1} \end{array}\right]\begin{bmatrix} x_1(k) \\ \vdots \\ x_n(k) \end{bmatrix}+\begin{bmatrix} 0 \\ \vdots \\ 0 \\ 1 \end{bmatrix} f(k) \tag{8-34}$$

$$y(k)=\begin{bmatrix} b_0 & \cdots & b_m & 0 & \cdots & 0 \end{bmatrix}\begin{bmatrix} x_1(k) \\ \vdots \\ x_n(k) \end{bmatrix} \tag{8-35}$$

(2) 当 $m=n$ 时，

$$\begin{aligned} H(z)&=\frac{b_n z^n+b_{n-1}z^{n-1}+\cdots+b_1 z+b_0}{z^n+a_{n-1}z^{n-1}+\cdots+a_1 z+a_0} \\ &=b_n+\frac{c_{n-1}z^{n-1}+\cdots+c_1 z+c_0}{z^n+a_{n-1}z^{n-1}+\cdots+a_1 z+a_0} \end{aligned}$$

对应的一个状态方程和输出方程为

$$\begin{bmatrix} x_1(k+1) \\ \vdots \\ x_n(k+1) \end{bmatrix}=\left[\begin{array}{c|ccc} 0 & 1 & & \\ \vdots & & \ddots & \\ 0 & & & 1 \\ \hline -a_0 & -a_1 & \cdots & -a_{n-1} \end{array}\right]\begin{bmatrix} x_1(k) \\ \vdots \\ x_n(k) \end{bmatrix}+\begin{bmatrix} 0 \\ \vdots \\ 0 \\ 1 \end{bmatrix} f(k) \tag{8-36}$$

$$y(k)=\begin{bmatrix} c_0 & \cdots & c_{n-1} & 0 & \cdots & 0 \end{bmatrix}\begin{bmatrix} x_1(k) \\ \vdots \\ x_n(k) \end{bmatrix}+[b_n]f(k) \tag{8-37}$$

式(8-37)中，$c_{n-1}=b_{n-1}-b_n a_{n-1}$。

【例 8.9】 描述某离散系统的差分方程为

$$y(k)+2y(k-1)+3y(k-2)+4y(k-3)=f(k)+f(k-1)+3f(k-2)$$

写出其状态方程和输出方程。

解： 根据差分方程可得到该系统的系统函数为

$$H(z)=\frac{1+z^{-1}+3z^{-2}}{1+2z^{-1}+3z^{-2}+4z^{-3}}$$

即

$$H(z)=\frac{z^3+z^2+3z}{z^3+2z^2+3z+4}=1+\frac{z^2-4}{z^3+2z^2+3z+4}$$

根据式(8-36)和式(8-37)可得此离散系统的状态方程和输出方程分别为

$$\begin{bmatrix} x_1(k+1) \\ x_2(k+1) \\ x_3(k+1) \end{bmatrix}=\begin{bmatrix} 0 & 1 & 0 \\ 0 & 0 & 1 \\ -4 & -3 & -2 \end{bmatrix}\begin{bmatrix} x_1(k) \\ x_2(k) \\ x_3(k) \end{bmatrix}+\begin{bmatrix} 0 \\ 0 \\ 1 \end{bmatrix} f(k)$$

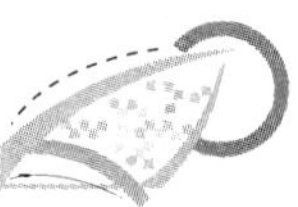

$$y(k)=[-4\quad 0\quad 1]\begin{bmatrix}x_1(k)\\x_2(k)\\x_3(k)\end{bmatrix}+[1]f(k)$$

8.4.2　由信号流图建立状态方程

若给出了系统的信号流图，可以先用梅森公式求出系统函数，然后再根据系统函数建立系统的状态方程和输出方程。这里所说的由信号流图建立状态方程是指，根据信号流图直接建立系统的状态方程和输出方程，举例说明如下。

【例 8.10】 描述某离散系统的信号流图如图 8.5 所示。

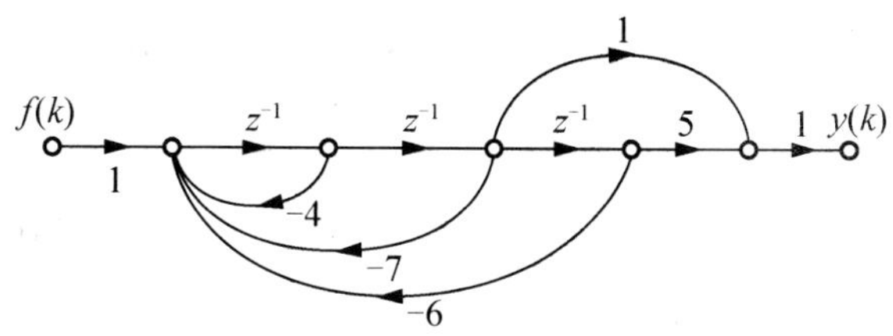

图 8.5　例 8.10 图

写出其状态方程和输出方程。

解：选迟延单元(对应流图中增益为 z^{-1} 的支路)的输出端为状态变量，从后往前依次设为 $x_1(k)$、$x_2(k)$和 $x_3(k)$，如图 8.6 所示。

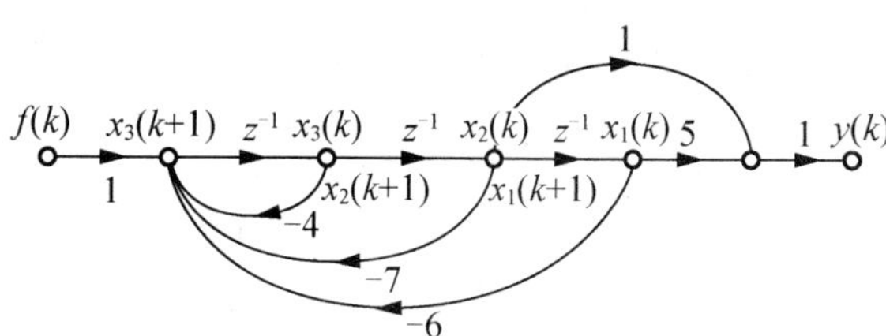

图 8.6　流图中的状态标示

根据图 8.6 可列出状态方程和输出为

$$x_1(k+1)=x_2(k)$$

$$x_2(k+1)=x_3(k)$$

$$x_3(k+1)=-6x_1(k)-7x_2(k)-4x_3(k)+f(k)$$

$$y(k)=5x_1(k)+x_2(k)$$

写成矩阵的形式为

$$\begin{bmatrix}x_1(k+1)\\x_2(k+1)\\x_3(k+1)\end{bmatrix}=\begin{bmatrix}0&1&0\\0&0&1\\-6&-7&-4\end{bmatrix}\begin{bmatrix}x_1(k)\\x_2(k)\\x_3(k)\end{bmatrix}+\begin{bmatrix}0\\0\\1\end{bmatrix}f(k)$$

$$y(k)=[5\quad 1\quad 0]\begin{bmatrix}x_1(k)\\x_2(k)\\x_3(k)\end{bmatrix}$$

实用小窍门

对于单输入输出系统可根据流图写出系统函数后再根据系统函数列写出状态方程和输出方程。

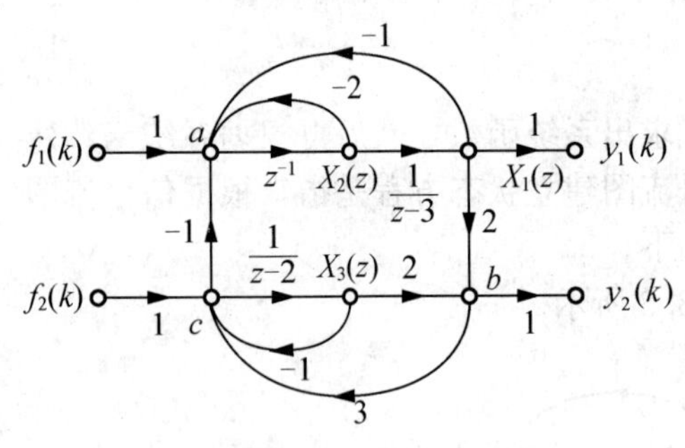

图 8.7 例 8.11 图

【例 8.11】 信号的流图如图 8.7 所示，建立系统的状态方程和输出方程。

解：(1) 令 3 个延时器$\frac{1}{z-3}$、$\frac{1}{z}$、$\frac{1}{z-2}$输出节点的状态变量分别为 $X_1(z)$、$X_2(z)$和 $X_3(z)$。

(2) 求出各节点的信号，有

$$b(z)=2X_1(z)+2X_2(z),$$

$$c(z)=3b(z)-X_3(z)+F_2(z)$$
$$=6X_1(z)+5X_3(z)+F_2(z)$$

$$a(z)=-c(z)-2X_2(z)-X_1(z)+F_1(z)=-7X_1(z)-2X_2(z)-5X_3(z)+F_1(z)-F_2(z)$$

(3) $X_2(z)\frac{1}{z-3}=X_1(z)$，即

$$zX_1(z)=3X_1(z)+X_2(z) \tag{8-38a}$$

$a(z)z^{-1}=X_2(z)$，即

$$zX_2(z)=a(z)=-7X_1(z)-2X_2(z)-5X_3(z)+F_1(z)-F_2(z) \tag{8-38b}$$

$c(z)\frac{1}{z-2}=X_3(z)$，即

$$zX_3(z)=c(z)+2X_3(z)=6X_1(z)+7X_3(z)+F_2(z) \tag{8-38c}$$

对式(8-38a)、式(8-38b)、式(8-38c)进行反 z 变换，得

$$x_1(k+1)=3x_1(k)+x_2(k)$$
$$x_2(k+1)=-7x_1(k)-2x_2(k)-5x_3(k)+f_1(k)-f_2(k)$$
$$x_3(k+1)=6x_1(k)+7x_3(k)+f_2(k)$$

整理为矩阵形式为

$$\begin{bmatrix}x_1(k+1)\\x_2(k+1)\\x_3(k+1)\end{bmatrix}=\begin{bmatrix}3&1&0\\-7&-2&-5\\6&0&7\end{bmatrix}\begin{bmatrix}x_1(k)\\x_2(k)\\x_3(k)\end{bmatrix}+\begin{bmatrix}0&0\\1&-1\\0&1\end{bmatrix}\begin{bmatrix}f_1(k)\\f_2(k)\end{bmatrix}$$

根据输出信号节点有

$$y_1(k)=x_1(k)$$
$$y_2(k)=2x_1(k)+2x_3(k)$$

整理为矩阵形式为

$$\begin{bmatrix}y_1(k)\\y_2(k)\end{bmatrix}=\begin{bmatrix}1&0&0\\2&0&2\end{bmatrix}\begin{bmatrix}x_1(k)\\x_2(k)\\x_3(k)\end{bmatrix}$$

8.5 离散系统状态方程的求解

在 8.1 节中已经讨论了离散系统的状态方程和输出方程的一般形式为

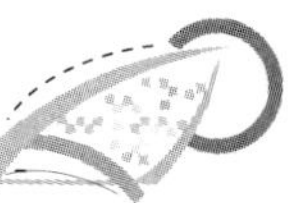

$$\boldsymbol{x}(k+1)=\boldsymbol{A}\boldsymbol{x}(k)+\boldsymbol{B}\boldsymbol{f}(k) \tag{8-39}$$

$$\boldsymbol{y}(k)=\boldsymbol{C}\boldsymbol{x}(k)+\boldsymbol{D}\boldsymbol{f}(k) \tag{8-40}$$

与连续系统类似，离散系统状态方程的求解方法有 z 域求解法和时域求解法两种。

8.5.1　z 域求解法

用 $\boldsymbol{X}(z)$表示状态向量 $\boldsymbol{x}(k)$的 z 变换，对式(8－39)进行 z 变换，得

$$z\boldsymbol{X}(z)-z\boldsymbol{x}(0)=\boldsymbol{A}\boldsymbol{X}(z)+\boldsymbol{B}\boldsymbol{F}(z)$$

$\boldsymbol{x}(0)=[x_1(0)\ \ \cdots\ \ x_n(0)]$称为初始状态向量。对上式移项，得

$$(z\boldsymbol{I}-\boldsymbol{A})\boldsymbol{X}(z)=z\boldsymbol{x}(0)+\boldsymbol{B}\boldsymbol{F}(z)$$

方程两边左$(z\boldsymbol{I}-\boldsymbol{A})^{-1}$，得

$$\begin{aligned}\boldsymbol{X}(z)&=(z\boldsymbol{I}-\boldsymbol{A})^{-1}z\boldsymbol{x}(0)+(z\boldsymbol{I}-\boldsymbol{A})^{-1}\boldsymbol{B}\boldsymbol{F}(z)\\&=\boldsymbol{\Phi}(z)\boldsymbol{x}(0)+z^{-1}\boldsymbol{\Phi}(z)\boldsymbol{B}\boldsymbol{F}(z)\end{aligned} \tag{8-41}$$

式中

$$\boldsymbol{\Phi}(z)=(z\boldsymbol{I}-\boldsymbol{A})^{-1}z \tag{8-42}$$

称为离散系统的预解矩阵。对式(8－41)取 z 反变换，得状态向量的解为

$$\boldsymbol{x}(k)=\mathscr{Z}^{-1}[\boldsymbol{\Phi}(z)\boldsymbol{x}(0)]+\mathscr{Z}^{-1}[z^{-1}\boldsymbol{\Phi}(z)\boldsymbol{B}\boldsymbol{F}(z)] \tag{8-43}$$

式中$\mathscr{Z}^{-1}[\boldsymbol{\Phi}(z)\boldsymbol{x}(0)]$是状态向量的零输入分量，$\mathscr{Z}^{-1}[z^{-1}\boldsymbol{\Phi}(z)\boldsymbol{B}\boldsymbol{F}(z)]$是状态向量的零状态分量，即

$$\boldsymbol{x}_{zi}(k)=\mathscr{Z}^{-1}[\boldsymbol{\Phi}(z)\boldsymbol{x}(0)]$$

$$\boldsymbol{x}_{zs}(k)=\mathscr{Z}^{-1}[z^{-1}\boldsymbol{\Phi}(z)\boldsymbol{B}\boldsymbol{F}(z)]$$

对式(8－36)进行 z 变换，得

$$\boldsymbol{Y}(z)=\boldsymbol{C}\boldsymbol{X}(z)+\boldsymbol{D}\boldsymbol{F}(z)$$

将式(8－41)代入上式得

$$\boldsymbol{Y}(z)=[\boldsymbol{C}\boldsymbol{\Phi}(z)\boldsymbol{x}(0)]+[z^{-1}\boldsymbol{C}\boldsymbol{\Phi}(z)\boldsymbol{B}+\boldsymbol{D}]\boldsymbol{F}(z)$$

零输入响应分量和零状态响应分量分别为

$$\boldsymbol{y}_{zi}(k)=\mathscr{Z}^{-1}[\boldsymbol{C}\boldsymbol{\Phi}(z)\boldsymbol{x}(0)]$$

$$\boldsymbol{y}_{zs}(t)=\mathscr{Z}^{-1}\{[z^{-1}\boldsymbol{C}\boldsymbol{\Phi}(z)\boldsymbol{B}+\boldsymbol{D}]\boldsymbol{F}(z)\}$$

系统函数矩阵为

$$\boldsymbol{H}(z)=z^{-1}\boldsymbol{C}\boldsymbol{\Phi}(z)\boldsymbol{B}+\boldsymbol{D} \tag{8-44}$$

系统单位序列响应矩阵为

$$\boldsymbol{h}(k)=\mathscr{Z}^{-1}[z^{-1}\boldsymbol{C}\boldsymbol{\Phi}(z)\boldsymbol{B}+\boldsymbol{D}]$$

将式(8－42)代入式(8－44)有

$$\boldsymbol{H}(z)=\frac{\boldsymbol{C}\mathrm{adj}(z\boldsymbol{I}-\boldsymbol{A})\boldsymbol{B}+\boldsymbol{D}\det(z\boldsymbol{I}-\boldsymbol{A})}{\det(z\boldsymbol{I}-\boldsymbol{A})}$$

所以 $\boldsymbol{H}(z)$的极点就是特征方程

$$\det(z\boldsymbol{I}-\boldsymbol{A})=0$$

的根。若离散系统为因果系统，当特征方程的根均在单位圆内时，系统是稳定的。

知识联想

在输入输出法中，判断因果离散系统是否稳定，就是判断系统函数 $H(z)$分母等于零的根是否在单

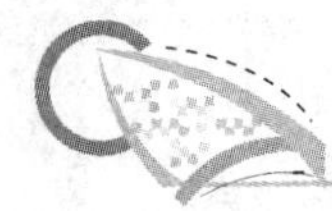

位圆内。对状态变量分析法，判断因果离散系统是否稳定，也是判断系统函数矩阵 $\boldsymbol{H}(z)$ 分母等于零的根是否在单位圆内。

【例 8.12】 描述离散系统的状态方程和输出方程为

$$\begin{bmatrix}x_1(k+1)\\x_2(k+1)\end{bmatrix}=\begin{bmatrix}1&2\\3&2\end{bmatrix}\begin{bmatrix}x_1(k)\\x_2(k)\end{bmatrix}+\begin{bmatrix}0\\1\end{bmatrix}f(k)$$

$$y(k)=\begin{bmatrix}1&1\end{bmatrix}\begin{bmatrix}x_1(k)\\x_2(k)\end{bmatrix}+f(k)$$

初始状态 $x_1(0)=1$，$x_2(0)=1$，输入 $f(k)=\varepsilon(k)$。求状态变量和输出。

解：

$$(z\boldsymbol{I}-\boldsymbol{A})=z\begin{bmatrix}1&0\\0&1\end{bmatrix}-\begin{bmatrix}1&2\\3&2\end{bmatrix}=\begin{bmatrix}z-1&-2\\-3&z-2\end{bmatrix}$$

预解矩阵为

$$\boldsymbol{\Phi}(z)=z\,(z\boldsymbol{I}-\boldsymbol{A})^{-1}=\frac{z}{(z+1)(z-4)}\begin{bmatrix}z-2&2\\3&z-1\end{bmatrix}$$

根据式(8-41)，得

$$\begin{aligned}\boldsymbol{X}(z)&=\boldsymbol{\Phi}(z)[\boldsymbol{x}(0)+z^{-1}\boldsymbol{B}\boldsymbol{F}(z)]\\&=\frac{z}{(z+1)(z-4)}\begin{bmatrix}z-2&2\\3&z-1\end{bmatrix}\left[\begin{bmatrix}1\\1\end{bmatrix}+z^{-1}\begin{bmatrix}0\\1\end{bmatrix}\frac{z}{z-1}\right]\\&=\frac{z}{(z+1)(z-4)}\begin{bmatrix}z-2&2\\3&z-1\end{bmatrix}\begin{bmatrix}1\\\dfrac{z}{z-1}\end{bmatrix}=\begin{bmatrix}\dfrac{z(z^2-z+2)}{(z+1)(z-4)(z-1)}\\\dfrac{z(3+z)}{(z+1)(z-4)}\end{bmatrix}\\&=\begin{bmatrix}\dfrac{\frac{2}{5}z}{z+1}+\dfrac{\frac{14}{15}z}{z-4}+\dfrac{-\frac{1}{3}z}{z-1}\\\dfrac{-\frac{2}{5}z}{z+1}+\dfrac{\frac{7}{5}z}{z-4}\end{bmatrix}\end{aligned}$$

求逆变换，得

$$\boldsymbol{x}(k)=\mathscr{Z}^{-1}[\boldsymbol{X}(z)]=\begin{bmatrix}\frac{2}{5}(-1)^k+\frac{14}{15}4^k-\frac{1}{3}\\-\frac{2}{5}(-1)^k+\frac{7}{5}4^k\end{bmatrix}\varepsilon(k)$$

将 $x(k)$ 代入输出方程，得

$$\begin{aligned}y(t)&=\begin{bmatrix}1&1\end{bmatrix}\begin{bmatrix}\frac{2}{5}(-1)^k+\frac{14}{15}4^k-\frac{1}{3}\\-\frac{2}{5}(-1)^k+\frac{7}{5}4^k\end{bmatrix}\varepsilon(k)+\varepsilon(k)\\&=\left[\frac{7}{3}4^k+\frac{2}{3}\right]\varepsilon(k)\end{aligned}$$

【例 8.13】 某因果离散系统的状态方程为

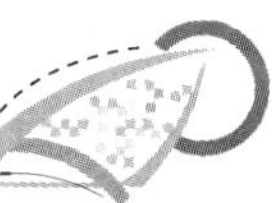

$$\begin{bmatrix}x_1(k+1)\\x_2(k+1)\end{bmatrix}=\begin{bmatrix}\frac{1}{2} & \frac{1}{4}\\10 & 2\end{bmatrix}\begin{bmatrix}x_1(k)\\x_2(k)\end{bmatrix}+\begin{bmatrix}0\\1\end{bmatrix}f(k)$$

判断该系统是否稳定。

解： 由 $\det(z\boldsymbol{I}-\boldsymbol{A})=\det\begin{bmatrix}z-\frac{1}{2} & -\frac{1}{4}\\-10 & z-2\end{bmatrix}=\left(z+\frac{1}{2}\right)(z-3)=0$，解得 $z_1=-\frac{1}{2}$，$z_2=3$。因特征根 z_2 在单位圆外，故该因果系统不稳定。

8.5.2 时域求解法

由于离散系统的状态方程为一阶差分方程，因此有

$$\begin{aligned}\boldsymbol{x}(1)&=\boldsymbol{A}x(0)+\boldsymbol{B}f(0)\\\boldsymbol{x}(2)&=\boldsymbol{A}x(1)+\boldsymbol{B}f(1)=\boldsymbol{A}^2x(0)+\boldsymbol{AB}f(0)+\boldsymbol{B}f(1)\\\boldsymbol{x}(3)&=\boldsymbol{A}x(2)+\boldsymbol{B}f(2)=\boldsymbol{A}^3x(0)+\boldsymbol{A}^2\boldsymbol{B}f(0)+\boldsymbol{AB}f(1)+\boldsymbol{B}f(2)\\&\cdots\\\boldsymbol{x}(k)&=\boldsymbol{A}x(k-1)+\boldsymbol{B}f(k-1)\\&=\boldsymbol{A}^kx(0)+\boldsymbol{A}^{k-1}\boldsymbol{B}f(0)+\boldsymbol{A}^{k-2}\boldsymbol{B}f(1)+\cdots+\boldsymbol{B}f(k-1)\end{aligned}$$

或写为

$$x(k)=\boldsymbol{A}^kx(0)+\sum_{i=0}^{k-1}\boldsymbol{A}^{k-1-i}\boldsymbol{B}f(i),\ k\geqslant1 \tag{8-45}$$

其中 $\boldsymbol{A}^k$ 称为状态转移矩阵，用 $\boldsymbol{\phi}(k)$ 表示。式(8-45)就是时域里求解 $\boldsymbol{x}(k)$ 的公式。状态向量的零输入分量和零状态分别为

$$\boldsymbol{x}_{zi}(k)=\boldsymbol{A}^kx(0)$$

$$x_{zs}(k)=\sum_{i=0}^{k-1}\boldsymbol{A}^{k-1-i}\boldsymbol{B}f(i)$$

求出了 $\boldsymbol{x}(k)$ 后将其代入到式(8-39)就可得到输出响应 $\boldsymbol{y}(k)$。

不难发现对于离散系统，求解状态转移矩阵 $\boldsymbol{A}^k$ 是求解状态方程的关键。同样 $\boldsymbol{\phi}(k)$ 与预解矩阵 $\boldsymbol{\Phi}(z)$ 是一对拉普拉斯变换，即

$$\boldsymbol{\phi}(k)=\boldsymbol{A}^k\leftrightarrow\boldsymbol{\Phi}(z)=z\,(z\boldsymbol{I}-\boldsymbol{A})^{-1} \tag{8-46}$$

知识联想

同样也可以同 a^k 进行类比记忆，即 a^k 的单边 z 变换的形式为

$$\mathscr{Z}[\mathrm{a}^k]=\mathrm{z}\,(\mathrm{z}-\mathrm{a})^{-1}$$

状态转移矩阵 $\boldsymbol{A}^k$ 的单边 z 变换的形式为

$$\mathscr{Z}[\boldsymbol{A}^k]=z\,(z\boldsymbol{I}-\boldsymbol{A})^{-1}$$

求 $\boldsymbol{A}^k$ 的方法同样也很多，这里介绍两种方法：一是根据式(8-40)求 e^{At} 的方法，即

$$\boldsymbol{A}^k=\mathscr{Z}^{-1}[\mathrm{z}\,(\mathrm{z}\boldsymbol{I}-\boldsymbol{A})^{-1}] \tag{8-47}$$

二是用凯莱—哈密顿定理求。

凯莱—哈密顿定理指出，对于 n 阶方阵 $\boldsymbol{A}$，$\boldsymbol{A}^k$ 总可以表示为 $\boldsymbol{I}$，$\boldsymbol{A}$，$\boldsymbol{A}^2$，…，$\boldsymbol{A}^{n-1}$ 的和，即

$$\boldsymbol{A}^k = a_0(k)\boldsymbol{I} + a_1(k)\boldsymbol{A} + a_2(k)\boldsymbol{A}^2 + \cdots + a_{n-1}(k)\boldsymbol{A}^{n-1} \tag{8-48}$$

凯莱—哈密顿定理还指出，如果用方阵 $\boldsymbol{A}$ 的特征根 $\lambda_i(i=1, 2, \cdots n)$ 代替式(8-42)中的矩阵 $\boldsymbol{A}$，方程仍成立，即

$$\lambda_i{}^k = \alpha_0(k) + \alpha_1(k)\lambda_i + \alpha_2(k)\lambda_i^2 + \cdots + \alpha_{n-1}(k)\lambda_i^{n-1} \tag{8-49}$$

只要将式(8-48)中的系数 $\alpha_0(k)$，$\alpha_1(k)$，…，$\alpha_{n-1}(k)$ 确定出来，然后用式(8-48)就可以得到 e^{At}。系数 $\alpha_0(k)$，$\alpha_1(k)$，…，$\alpha_{n-1}(k)$ 可用以下的方法确定。

若 $\boldsymbol{A}$ 的特征值 λ_1，λ_2，$\cdots\lambda_n$ 两两相异，则根据以下的 n 个方程：

$$\left.\begin{aligned} \alpha_0(k)+\alpha_1(k)\lambda_1+\alpha_2(k)\lambda_1^2+\cdots+\alpha_{n-1}(k)\lambda_1^{n-1}=\lambda_1^k \\ \alpha_0(k)+\alpha_1(k)\lambda_2+\alpha_2(k)\lambda_2^2+\cdots+\alpha_{n-1}(k)\lambda_2^{n-1}=\lambda_2^k \\ \cdots \\ \alpha_0(k)+\alpha_1(k)\lambda_n+\alpha_2(k)\lambda_n^2+\cdots+\alpha_{n-1}(k)\lambda_n^{n-1}=\lambda_n^k \end{aligned}\right\}$$

求出这 n 个系数 $[\alpha_0(k), \alpha_1(k), \cdots\alpha_{n-1}(k)]$。

若 $\boldsymbol{A}$ 的某个特征值(如 λ_1)为 r 重根，则此特征根对应的 r 个方程为

$$\left.\begin{aligned} \alpha_0(k)+\alpha_1(k)\lambda_1+\alpha_2(k)\lambda_1^2+\cdots+\alpha_{n-1}(k)\lambda_1^{n-1}=\lambda_1^k \\ \frac{\mathrm{d}}{\mathrm{d}\lambda_1}[\alpha_0(k)+\alpha_1(k)\lambda_1+\alpha_2(k)\lambda_1^2+\cdots+\alpha_{n-1}(k)\lambda_1^{n-1}]=\frac{\mathrm{d}}{\mathrm{d}\lambda_1}[\lambda_1^k] \\ \cdots \\ \frac{\mathrm{d}^{n-1}}{\mathrm{d}\lambda_1^{n-1}}[\alpha_0(k)+\alpha_1(k)\lambda_1+\alpha_2(k)\lambda_1^2+\cdots+\alpha_{n-1}(k)\lambda_1^{n-1}]=\frac{\mathrm{d}^{n-1}}{\mathrm{d}\lambda_1^{n-1}}[\lambda_1^k] \end{aligned}\right\}$$

这样同样可以建立 n 个方程，从而求出系数 $[\alpha_0(k), \alpha_1(k), \cdots\alpha_{n-1}(k)]$。

【例 8.14】 若有矩阵

$$\boldsymbol{A}=\begin{bmatrix}1 & 2\\ 3 & 2\end{bmatrix}$$

求状态转移矩阵 $\boldsymbol{\phi}(k)=\boldsymbol{A}^k$。

解：

(1) 用 z 变换法，即式(8-41)求。

$$(z\boldsymbol{I}-\boldsymbol{A})^{-1}=\begin{bmatrix}z-1 & -2\\ -3 & z-2\end{bmatrix}^{-1}=\frac{1}{(z-4)(z+1)}\begin{bmatrix}z-2 & 2\\ 3 & z-1\end{bmatrix}$$

$$\boldsymbol{A}^k=\mathscr{Z}^{-1}[z(z\boldsymbol{I}-\boldsymbol{A})^{-1}]$$

$$=\mathscr{Z}^{-1}\begin{bmatrix}\dfrac{z(z-2)}{(z-4)(z+1)} & \dfrac{2z}{(z-4)(z+1)}\\ \dfrac{3z}{(z-4)(z+1)} & \dfrac{z(z-1)}{(z-4)(z+1)}\end{bmatrix}=\begin{bmatrix}\dfrac{2}{5}4^k+\dfrac{3}{5}(-1)^k & \dfrac{2}{5}4^k-\dfrac{2}{5}(-1)^k\\ \dfrac{3}{5}4^k-\dfrac{3}{5}(-1)^k & \dfrac{3}{5}4^k+\dfrac{2}{5}(-1)^k\end{bmatrix}$$

(2) 用凯莱—哈密顿定理求，由于矩阵 $\boldsymbol{A}$ 是二阶方阵，故有

$$\boldsymbol{A}^k=\alpha_0(k)\boldsymbol{I}+\alpha_1(k)\boldsymbol{A}$$

$\boldsymbol{A}$ 的特征方程为

$$\det(\lambda\boldsymbol{I}-\boldsymbol{A})=\det\begin{bmatrix}z-1 & -2\\ -3 & z-2\end{bmatrix}=(\lambda-4)(\lambda+1)=0$$

特征根为 $\lambda_1=4$，$\lambda_2=-1$。求系数 $[\alpha_0(k), \alpha_1(k)]$ 的方程为

$$\left.\begin{aligned}\alpha_0(k)+4\alpha_1(k)=4^k\\ \alpha_0(k)-\alpha_1(k)=(-1)^k\end{aligned}\right\}$$

解得

$$\alpha_0(k)=\frac{1}{5}[4^k+4(-1)^k]$$

$$\alpha_1(k)=\frac{1}{5}[4^k-(-1)^k]$$

故

$$\begin{aligned}\boldsymbol{A}^k&=\alpha_0(k)\boldsymbol{I}+\alpha_1(k)\boldsymbol{A}\\&=\frac{1}{5}[4^k+4(-1)^k]\begin{bmatrix}1&0\\0&1\end{bmatrix}+\frac{1}{5}[4^k-(-1)^k]\begin{bmatrix}1&2\\3&2\end{bmatrix}\\&=\begin{bmatrix}\frac{2}{5}4^k+\frac{3}{5}(-1)^k&\frac{2}{5}4^k-\frac{2}{5}(-1)^k\\\frac{3}{5}4^k-\frac{3}{5}(-1)^k&\frac{3}{5}4^k+\frac{2}{5}(-1)^k\end{bmatrix}\end{aligned}$$

【例 8.15】 描述系统的状态方程和输出方程为

$$\begin{bmatrix}x_1(k+1)\\x_2(k+1)\end{bmatrix}=\begin{bmatrix}1&2\\3&2\end{bmatrix}\begin{bmatrix}x_1(k)\\x_2(k)\end{bmatrix}+\begin{bmatrix}0\\1\end{bmatrix}f(k)$$

$$y(k)=[1\quad 1]\begin{bmatrix}x_1(k)\\x_2(k)\end{bmatrix}+f(k)$$

初始状态 $x_1(0)=1$，$x_2(0)=1$，输入 $f(k)=\varepsilon(k)$，用时域法求状态变量和输出。

解： 由【例 8.14】可知

$$\boldsymbol{A}^k=\begin{bmatrix}\frac{2}{5}4^k+\frac{3}{5}(-1)^k&\frac{2}{5}4^k-\frac{2}{5}(-1)^k\\\frac{3}{5}4^k-\frac{3}{5}(-1)^k&\frac{3}{5}4^k+\frac{2}{5}(-1)^k\end{bmatrix}$$

$$\begin{aligned}\boldsymbol{x}(k)&=\boldsymbol{A}^kx(0)+\sum_{i=0}^{k-1}\boldsymbol{A}^{k-1-i}\boldsymbol{B}f(i)\\&=\begin{bmatrix}\frac{2}{5}4^k+\frac{3}{5}(-1)^k&\frac{2}{5}4^k-\frac{2}{5}(-1)^k\\\frac{3}{5}4^k-\frac{3}{5}(-1)^k&\frac{3}{5}4^k+\frac{2}{5}(-1)^k\end{bmatrix}\begin{bmatrix}1\\1\end{bmatrix}+\\&\quad\sum_{i=0}^{k-1}\begin{bmatrix}\frac{2}{5}4^{k-1-i}+\frac{3}{5}(-1)^{k-1-i}&\frac{2}{5}4^{k-1-i}-\frac{2}{5}(-1)^{k-1-i}\\\frac{3}{5}4^{k-1-i}-\frac{3}{5}(-1)^{k-1-i}&\frac{3}{5}4^{k-1-i}+\frac{2}{5}(-1)^{k-1-i}\end{bmatrix}\begin{bmatrix}0\\1\end{bmatrix}\varepsilon(i)\\&=\begin{bmatrix}\frac{4}{5}4^k+\frac{1}{5}(-1)^k\\\frac{6}{5}4^k-\frac{1}{5}(-1)^k\end{bmatrix}+\begin{bmatrix}\sum_{i=0}^{k-1}\frac{2}{5}4^{k-1-i}-\frac{2}{5}(-1)^{k-1-i}\\\sum_{i=0}^{k-1}\frac{3}{5}4^{k-1-i}+\frac{2}{5}(-1)^{k-1-i}\end{bmatrix}\\&=\begin{bmatrix}\frac{14}{15}4^k+\frac{2}{5}(-1)^k-\frac{1}{3}\\\frac{7}{5}4^k-\frac{2}{5}(-1)^k\end{bmatrix},\ k\geqslant1\end{aligned}$$

由于 $k=0$ 时，$[x_1(0)\quad x_2(0)]^{\mathrm{T}}=[1\quad 1]^{\mathrm{T}}$ 可并入上式，故

$$\boldsymbol{x}(k)=\begin{bmatrix}\frac{14}{15}4^k+\frac{2}{5}(-1)^k-\frac{1}{3}\\ \frac{7}{5}4^k-\frac{2}{5}(-1)^k\end{bmatrix},\ k\geqslant 0$$

将 $\boldsymbol{x}(k)$ 代入输出方程，得

$$\begin{aligned}y(t)&=[1\quad 1]\begin{bmatrix}\frac{2}{5}(-1)^k+\frac{14}{15}4^k-\frac{1}{3}\\ -\frac{2}{5}(-1)^k+\frac{7}{5}4^k\end{bmatrix}\varepsilon(k)+\varepsilon(k)\\ &=[\frac{7}{3}4^k+\frac{2}{3}]\varepsilon(k)\end{aligned}$$

拓展阅读

20 世纪 50 年代，经典的线性系统理论就已经发展成熟，并在各种工程中得到广泛应用。然而经典线性系统理论的局限性表现在，一般难于有效地处理多输入输出线性系统的分析和综合，难以揭示系统内部结构的特性。

在第二次世界大战后，在航天技术发展的推动下，1960 年前后开始了从经典理论到现代理论的过渡。卡尔曼(R. E. Kalman)把分析力学中广为采用的状态空间描述法，引入到线性系统理论中，并在此基础上，提出了系统的能控性和能观测性的概念。经过 20 世纪 60 年代和 70 年代的大发展，形成了基于状态空间变量的状态变量分析法。这种建立在状态空间变量基础上的线性系统分析理论，称为现代线性系统理论。

本章小结

本章首先介绍了状态变量、状态、状态方程的定义。

本章在此基础上，介绍了连续系统状态方程的建立方法：直接法和间接法，讨论了在 s 域和时域中，求解连续系统状态方程的方法。

对于离散系统，本章也介绍了建立它状态方程的方法，并讨论了在 z 域和时域中，求解离散系统状态方程的方法。

【习题 8】

8.1 填空题

(1) 描述系统内部的态势的变量称为________。

(2) 由描述系统内部态势所必需的最少状态变量所组成的一个列向量，常称为系统的________。

(3) 在状态方程中，矩阵 $\boldsymbol{A}$ 称为________，矩阵 $\boldsymbol{B}$ 称为________。

(4) 在输出方程中，矩阵 $\boldsymbol{C}$ 称为________，矩阵 $\boldsymbol{D}$ 称为________。

8.2 列写题 8.2 图所示电路的状态方程。

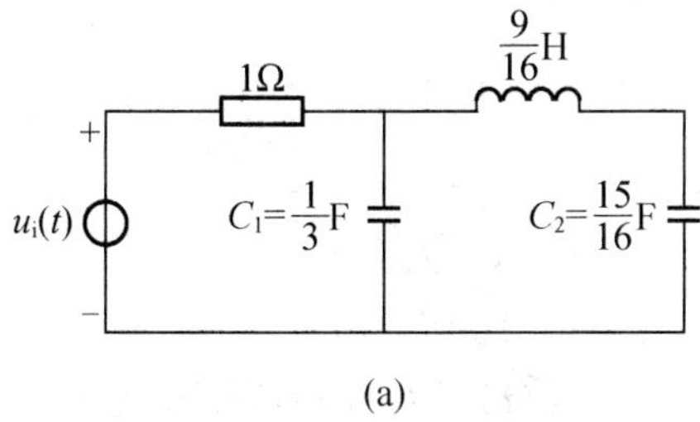

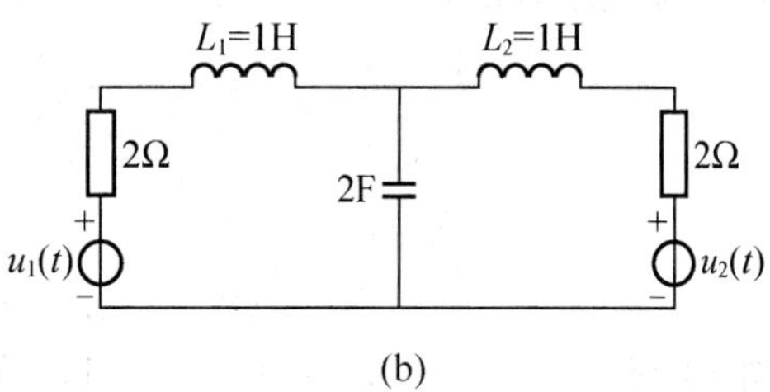

题 8.2 图

8.3 题 8.3 图所示电路，电源 $u_i(t)$ 为输入，$i_S(t)$ 和 $u_O(t)$ 为输出，列出状态方程和输出方程。

8.4 题 8.4 图所示电路，写出以 $u_C(t)$、$i_L(t)$ 为状态变量，$y_1(t)$ 和 $y_2(t)$ 为输出的状态方程和输出方程。

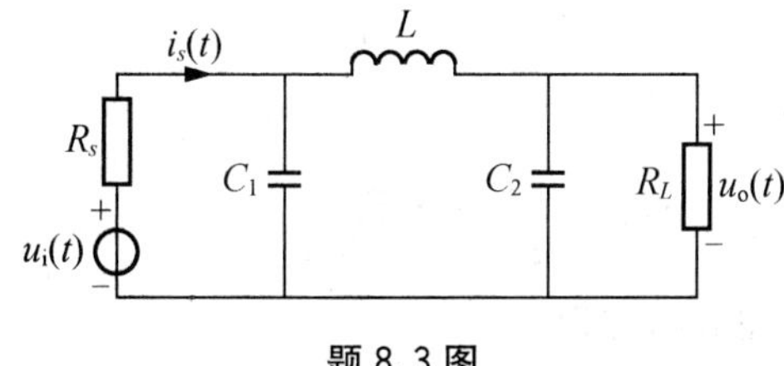

题 8.3 图

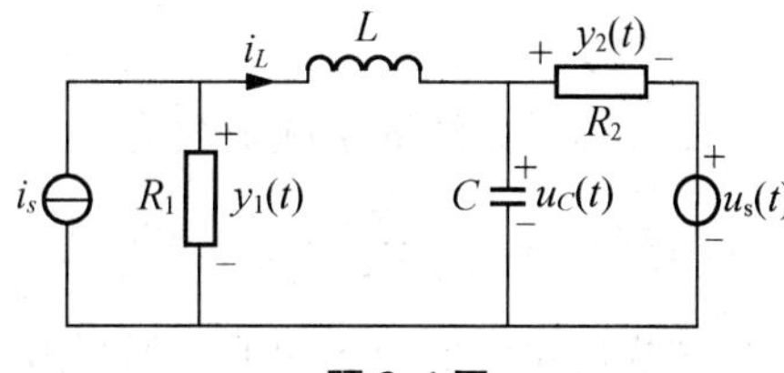

题 8.4 图

8.5 描述连续系统的微分方程如下，列写系统的状态方程和输出方程。

(1) $y''(t)+2y'(t)+4y(t)=f(t)$

(2) $y'''(t)+4y''(t)+y'(t)+3y(t)=f''(t)+2f'(t)+5f(t)$

8.6 设连续系统的系统函数为

(1) $H(s)=\dfrac{s+2}{s^2+7s+12}$　　(2) $H(s)=\dfrac{2s^2+10s}{s^2+4s+9}$

列出系统的状态方程和输出方程。

8.7 分别用时域和变换域法求解下列系统矩阵的状态转移矩阵 $\varphi(t)=\mathrm{e}^{At}$。

(1) $\boldsymbol{A}=\begin{bmatrix}-4 & -1\\ 3 & 0\end{bmatrix}$　　(2) $\boldsymbol{A}=\begin{bmatrix}0 & 1 & 0\\ 0 & 0 & 1\\ 0 & 1 & 0\end{bmatrix}$

8.8 已知某系统的状态转移矩阵

$$\varphi(t)=\mathrm{e}^{At}=\begin{bmatrix}(t+1)\mathrm{e}^{-t} & t\mathrm{e}^{-t}\\ -t\mathrm{e}^{-t} & (1-t)\mathrm{e}^{-t}\end{bmatrix}$$

求矩阵 $\boldsymbol{A}$。

8.9 描述系统的状态方程和输出方程为

$$\begin{bmatrix}\dot{x}_1(t)\\ \dot{x}_2(t)\end{bmatrix}=\begin{bmatrix}-2 & 1\\ 0 & -1\end{bmatrix}\begin{bmatrix}x_1(t)\\ x_2(t)\end{bmatrix}+\begin{bmatrix}1\\ 0\end{bmatrix}f(t)\ \ y(t)=\begin{bmatrix}1 & 0\end{bmatrix}\begin{bmatrix}x_1(t)\\ x_2(t)\end{bmatrix}$$

初始状态 $x_1(0_-)=1$，$x_2(0_-)=1$，输入 $f(t)=\varepsilon(t)$。求状态变量和输出。

8.10 描述系统的状态方程和输出方程为

$$\begin{bmatrix}\dot{x}_1(t)\\ \dot{x}_2(t)\end{bmatrix}=\begin{bmatrix}-3 & -2\\ 2 & 2\end{bmatrix}\begin{bmatrix}x_1(t)\\ x_2(t)\end{bmatrix}+\begin{bmatrix}1 & -1\\ 0 & 2\end{bmatrix}\begin{bmatrix}f_1(t)\\ f_2(t)\end{bmatrix}$$

$$\begin{bmatrix}y_1(t)\\ y_2(t)\end{bmatrix}=\begin{bmatrix}1 & 2\\ 0 & -1\end{bmatrix}\begin{bmatrix}x_1(t)\\ x_2(t)\end{bmatrix}+\begin{bmatrix}1 & 0\\ -1 & 1\end{bmatrix}\begin{bmatrix}f_1(t)\\ f_2(t)\end{bmatrix}$$

初始状态 $x_1(0_-)=2$，$x_2(0_-)=-1$，输入 $f_1(t)=\varepsilon(t)$，$f_2(t)=\delta(t)$。求

(1) 状态变量的零输入分量、零状态分量；

(2) 系统的零输入响应、零状态响应；

(3) 系统函数矩阵及冲激响应矩阵。

8.11 描述离散系统的差分方程如下，列写出状态方程和输出方程。

(1) $y(k)+3y(k-1)+y(k-2)=f(k-2)$

(2) $y(k)+2y(k-1)+3y(k-2)+4y(k-3)=f(k)+3f(k-1)+5f(k-2)$

(3) $y(k)+4y(k-1)+3y(k-2)=f(k)$

8.12 设离散系统的系统函数为

(1) $H(z)=\dfrac{z+2}{z^2+7z+12}$　　　　(2) $H(s)=\dfrac{z^2+10z}{z^2+4z+9}$

8.13 描述系统的流图如下，列写出状态方程和输出方程。

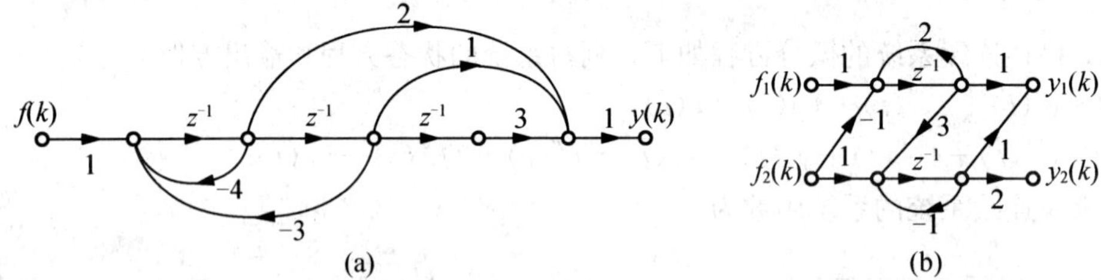

题 8.13 图

8.14 已知离散系统的系统矩阵如下，求状态转移矩阵 $\mathbf{A}^k$。

(1) $\mathbf{A}=\begin{bmatrix}0.5 & 0\\ 0.5 & 0.5\end{bmatrix}$　　　　(2) $\mathbf{A}=\begin{bmatrix}1 & 0 & 0\\ 0 & 1 & 0\\ 0 & 1 & 2\end{bmatrix}$

8.15 某 LTI 离散系统的状态方程和输出方程分别为

$$\begin{bmatrix}x_1(k+1)\\ x_2(k+2)\end{bmatrix}=\begin{bmatrix}1 & 2\\ 0 & -1\end{bmatrix}\begin{bmatrix}x_1(k)\\ x_2(k)\end{bmatrix}+\begin{bmatrix}0 & 1\\ 1 & 0\end{bmatrix}\begin{bmatrix}f_1(k)\\ f_2(k)\end{bmatrix}$$

$$y(k)=\begin{bmatrix}1 & 1\\ 0 & -1\end{bmatrix}\begin{bmatrix}x_1(k)\\ x_2(k)\end{bmatrix}+\begin{bmatrix}1 & 0\\ 1 & 0\end{bmatrix}\begin{bmatrix}f_1(k)\\ f_2(k)\end{bmatrix}$$

其初始值和激励分别为

$$\begin{bmatrix}x_1(0)\\ x_2(0)\end{bmatrix}=\begin{bmatrix}1\\ -1\end{bmatrix},\ \begin{bmatrix}f_1(k)\\ f_2(k)\end{bmatrix}=\begin{bmatrix}\delta(k)\\ \delta(k)\end{bmatrix}$$

求系统的状态变量的零输入分量、零状态分量、输出响应。

8.16 某 LTI 离散系统的状态方程和输出方程分别为

$$\begin{bmatrix} x_1(k+1) \\ x_2(k+2) \end{bmatrix} = \begin{bmatrix} \frac{1}{2} & \frac{1}{4} \\ 1 & \frac{1}{2} \end{bmatrix} \begin{bmatrix} x_1(k) \\ x_2(k) \end{bmatrix} + \begin{bmatrix} 1 \\ 0 \end{bmatrix} f(k)$$

$$y(k) = \begin{bmatrix} 1 & 0 \\ 0 & 1 \end{bmatrix} \begin{bmatrix} x_1(k) \\ x_2(k) \end{bmatrix} + \begin{bmatrix} 1 \\ 1 \end{bmatrix} f(k)$$

其初始值和激励分别为

$$\begin{bmatrix} x_1(0) \\ x_2(0) \end{bmatrix} = \begin{bmatrix} 1 \\ 1 \end{bmatrix}, \quad f(k) = \varepsilon(k)$$

求(1)系统的状态变量；(2)输出响应；(3)系统函数矩阵；(4)系统单位序列响应矩阵。

8.17 某 LTI 离散系统的状态方程和输出方程分别为

$$\begin{bmatrix} x_1(k+1) \\ x_2(k+2) \end{bmatrix} = \begin{bmatrix} 0 & 1 \\ -6 & 5 \end{bmatrix} \begin{bmatrix} x_1(k) \\ x_2(k) \end{bmatrix} + \begin{bmatrix} 0 \\ 1 \end{bmatrix} f(k)$$

$$\begin{bmatrix} y_1(k) \\ y_2(k) \end{bmatrix} = \begin{bmatrix} 1 & 1 \\ 2 & -1 \end{bmatrix} \begin{bmatrix} x_1(k) \\ x_2(k) \end{bmatrix}$$

其初始值和激励分别为

$$\begin{bmatrix} x_1(0) \\ x_2(0) \end{bmatrix} = \begin{bmatrix} 1 \\ 2 \end{bmatrix}, \quad f(k) = \varepsilon(k)$$

求(1) $\mathbf{A}^k$；

(2) 系统函数矩阵；

(3) 系统单位序列响应矩阵；

(4) 判断系统的稳定性。

习题答案

第1章 习题1

1.1 (1) 连续。(2) 能量，平均功率。(3) 单位阶跃信号 $\varepsilon(t)$，单位冲激信号 $\delta(t)$。(4) 数学方程式，方框图。(5) 输入输出法，状态变量法。(6) 时域法，变换域法。(7) 可分解；齐次；叠加。

1.2 (1) ×；(2) √；(3) √；(4) ×；(5) ×；(6) ×；(7) √；(8) √；(9) ×。

1.4 (a) $\frac{1}{2}\varepsilon(t+1)+\frac{1}{2}\varepsilon(t)+\varepsilon(t-1)+\varepsilon(t-2)$

(b) $\sin\left(\frac{\pi}{2}t+\frac{\pi}{2}\right)[\varepsilon(t+1)-\varepsilon(t-3)]$

(c) $(t+1)[\varepsilon(t+1)-\varepsilon(t-1)]+(3-t)[(t-1)-\varepsilon(t-3)]$

(d) $1+\left(-\frac{1}{2}t+1\right)[\varepsilon(t)-\varepsilon(t-2)]$

(e) $\varepsilon(k+2)-\varepsilon(k-4)$

(f) $\varepsilon(k)-\varepsilon(k-5)$ 或 $R_5(k)$

1.5 (1) 周期信号，周期为2　(2) 非周期信号
(3) 非周期信号　(4) 周期信号，周期为3
(5) 周期信号，周期为24　(6) 非周期信号

1.6 (1) 能量信号　(2) 都不是
(3) 功率信号　(4) 功率信号
(5) 能量信号　(6) 功率信号

1.7 (1) 4　(2) $(-\sin t+\cos t)\varepsilon(t)+\delta(t)$
(3) 2　(4) 3
(5) 1　(6) $e^t\varepsilon(-t)+(2-e^{-t})\varepsilon(t)$
(7) $-A$　(8) $-\frac{\pi}{e}$

1.11 (1) 是　(2) 是
(3) 否　(4) 是

1.12 (1) 否　(2) 是
(3) 是　(4) 是

1.13 (1) 线性、时不变、因果　(2) 线性、时不变、非因果
(3) 线性、时不变、因果　(4) 线性、时变、非因果
(5) 非线性、时变、因果　(6) 线性、时变、因果
(7) 线性、时变、非因果　(8) 非线性、时不变、因果

1.14 (1) 否　(2) 是
(3) 否　(4) 否
(5) 否　(6) 否

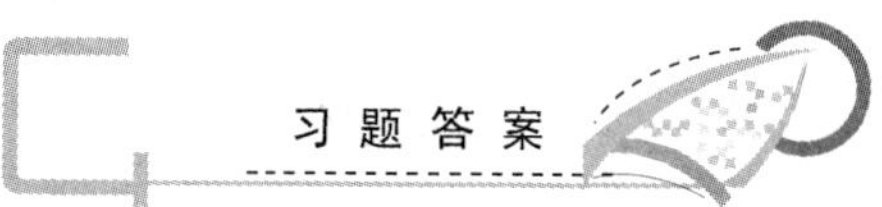

1.15 (a) $y''(t)-3y'(t)-2y(t)=4f''(t)+3f(t)$

(b) $y'''(t)+3y''(t)+5y'(t)+2y(t)=4f'''(t)+3f'(t)+2f(t)$

(c) $y(k)+2y(k-1)+3y(k-2)=4f(k)+2f(k-2)$

(d) $y(k)-2y(k-1)+3y(k-2)=-4f(k)+f(k-1)+2f(k-2)$

1.16 (1) $\delta(t)-3\mathrm{e}^{-3t}$　(2) $\frac{1}{3}(1-\mathrm{e}^{-3t})\varepsilon(t)$

1.17 (1) $\delta(t)-\mathrm{e}^{-t}\varepsilon(t)$　(2) $(1+\mathrm{e}^{-t})\varepsilon(t)$

1.18 $4\sin t-2\mathrm{e}^{-2t}$

第2章　习题2

2.1 (1) 齐次解，特解。(2) 自由响应，强迫响应；瞬态响应，稳态响应；零状态响应，零输入响应。(3) 零状态响应。(4) 初始状态，$h(t)$。(5) $h(t)=h_1(t)*h_2(t)$。(6) $h(t)=0$，$t<0$。(7) 绝对可积，$\int_{-\infty}^{\infty}|h(t)|\mathrm{d}t\leqslant M$ 。

2.2 (1) ×；(2) ×；(3) √；(4) √；(5) √；(6) ×；(7) √；(8) ×；(9) ×；(10) ×。

2.3 (1) $\left(\frac{1}{3}+\frac{3}{2}\mathrm{e}^{-t}-\frac{5}{6}\mathrm{e}^{-3t}\right)\varepsilon(t)$　(2) $[(3t-1)\mathrm{e}^{-2t}+2\mathrm{e}^{-t}]\varepsilon(t)$

(3) $\left[2\mathrm{e}^{-2t}-\mathrm{e}^{-3t}+\sqrt{2}\cos\left(t-\frac{\pi}{4}\right)\right]\varepsilon(t)$

2.4 (1) $y(0_+)=-1$，$y'(0_+)=4$　(2) $y(0_+)=2$，$y'(0_+)=0$

(3) $y(0_+)=1$，$y'(0_+)=1$　(4) $y(0_+)=1$，$y'(0_+)=3$

2.5 (1) $y_{zs}(t)=\left(\frac{3}{2}\mathrm{e}^{-t}-2\mathrm{e}^{-2t}+\frac{1}{2}\mathrm{e}^{-3t}\right)\varepsilon(t)$，$y_{zi}(t)=(4\mathrm{e}^{-t}-3\mathrm{e}^{-2t})\varepsilon(t)$，$y(t)=\left(\frac{11}{2}\mathrm{e}^{-t}-5\mathrm{e}^{-2t}+\frac{1}{2}\mathrm{e}^{-3t}\right)\varepsilon(t)$

(2) $y_{zs}(t)=(-4\mathrm{e}^{-t}+\mathrm{e}^{-2t}+3)\varepsilon(t)$，$y_{zi}(t)=(5\mathrm{e}^{-t}-3\mathrm{e}^{-2t})\varepsilon(t)$，$y(t)=(\mathrm{e}^{-t}-2\mathrm{e}^{-2t}+3)\varepsilon(t)$

(3) $y_{zs}(t)=\left(-2\mathrm{e}^{-t}+\frac{1}{2}\mathrm{e}^{-2t}+\frac{3}{2}\right)\varepsilon(t)$，$y_{zi}(t)=(4\mathrm{e}^{-t}-3\mathrm{e}^{-2t})\varepsilon(t)$，$y(t)=\left(2\mathrm{e}^{-t}-\frac{5}{2}\mathrm{e}^{-2t}+\frac{3}{2}\right)\varepsilon(t)$

(4) $y_{zs}(t)=(\mathrm{e}^{-t}\sin t)\varepsilon(t)$，$y_{zs}(t)=(\mathrm{e}^{-t}\sin t)\varepsilon(t)$，$y(t)=(2\mathrm{e}^{-t}\sin t)\varepsilon(t)$

2.6 $i_{zs}(t)=\left[\left(\frac{3}{4}-\frac{1}{2}t\right)\mathrm{e}^{-t}-\frac{3}{4}\mathrm{e}^{-3t}\right]\varepsilon(t)\mathrm{A}$，$i_{zi}(t)=t\mathrm{e}^{-t}\varepsilon(t)\mathrm{A}$

2.7 $i_{zs}(t)=\left(\frac{8}{3}\mathrm{e}^{-2t}-\frac{4}{15}\mathrm{e}^{-5t}+\frac{8}{5}\right)\varepsilon(t)\mathrm{A}$，$i_{zi}(t)=\left(-\frac{4}{3}\mathrm{e}^{-2t}+\frac{2}{15}\mathrm{e}^{-5t}\right)\varepsilon(t)\mathrm{A}$

2.8 (1) $h(t)=2\delta(t)-4\mathrm{e}^{-2t}\varepsilon(t)$　(2) $h(t)=(\mathrm{e}^{-2t}-\mathrm{e}^{-3t})\varepsilon(t)$

(3) $h(t)=\mathrm{e}^{-\frac{1}{2}t}\left(\cos\frac{\sqrt{3}}{2}t+\frac{\sqrt{3}}{3}\sin\frac{\sqrt{3}}{2}t\right)\varepsilon(t)$

2.9 (1) $g(t)=(-3\mathrm{e}^{-t}+2\mathrm{e}^{-2t}+1)\varepsilon(t)$

(2) $g(t)=\left\{1-\mathrm{e}^{-3t}\left[\cos(4t)+\frac{3}{4}\sin(4t)\right]\right\}\varepsilon(t)$

(3) $g(t)=\left(\frac{2}{3}\mathrm{e}^{-2t}-\frac{1}{15}\mathrm{e}^{-5t}+\frac{2}{5}\right)\varepsilon(t)$

2.10 $h(t)=2(\mathrm{e}^{-t}-\mathrm{e}^{-2t})\varepsilon(t)$，$g(t)=(1-2\mathrm{e}^{-t}+\mathrm{e}^{-2t})\varepsilon(t)$

2.11 $h(t)=2.5\mathrm{e}^{-t}\sin(2t)\varepsilon(t)$，$g(t)=\left[1-\frac{\sqrt{5}}{2}\mathrm{e}^{-t}\sin(2t+63.4°)\right]\varepsilon(t)$

2.12 $h(t)=\left(\frac{7}{4}\mathrm{e}^{-5t}+\frac{1}{4}\mathrm{e}^{-t}\right)\varepsilon(t)$

2.13 $h(t)=\frac{1}{2}\mathrm{e}^{-2t}\varepsilon(t)$

2.14 $y_{zi}(t)=\mathrm{e}^{-t}\varepsilon(t)$，$y_3(t)=(2-t)\mathrm{e}^{-t}\varepsilon(t)$

2.15 (1) $\frac{2}{\alpha}(1-\mathrm{e}^{-\alpha t})\varepsilon(t)$　　(2) $t\mathrm{e}^{-2t}\varepsilon(t)$

(3) $0.25(2t-1+\mathrm{e}^{-2t})\varepsilon(t)$　　(4) $(t-1)\varepsilon(t-1)$

(5) $\begin{cases}0 & (t<1,\ t>3)\\ \frac{1}{2}(t^2-1) & (1\leqslant t\leqslant 2)\\ -\frac{1}{2}t^2+t+\frac{3}{2} & (2<t\leqslant 3)\end{cases}$　　(6) $\begin{cases}\frac{1}{\pi}[1-\cos(\pi t)] & (0\leqslant t\leqslant 4)\\ 0 & (t<0,\ t>4)\end{cases}$

2.17 $h(t)=\varepsilon(t-4)-\varepsilon(t-8)+\delta(t-8)$

2.18 $y_{zs}(t)=\begin{cases}t & (0<t\leqslant 3)\\ 6-t & (3<t\leqslant 6)\\ 0 & (t\leqslant 0,\ t>6)\end{cases}$

2.19 $R_{12}(t)=\begin{cases}\dfrac{\mathrm{e}^{\beta t}}{\alpha+\beta} & (t<0)\\ \dfrac{\mathrm{e}^{-\alpha t}}{\alpha+\beta} & (t\geqslant 0)\end{cases}$　　$R_{21}(t)=\begin{cases}\dfrac{\mathrm{e}^{\alpha t}}{\alpha+\beta} & (t<0)\\ \dfrac{\mathrm{e}^{-\beta t}}{\alpha+\beta} & (t\geqslant 0)\end{cases}$

2.20 $R(t)=\begin{cases}0 & (t<-1,\ t>1)\\ \frac{1}{6}(t+1)^2(2-t) & (-1\leqslant t<0)\\ \frac{1}{3}-\frac{1}{2}t+\frac{1}{6}t^3 & (0\leqslant t\leqslant 1)\end{cases}$

第3章　习题3

3.1 (1) 初始状态。(2) $h(k)=g(k)-g(k-1)$，$g(k)=\sum_{j=-\infty}^{k}h(j)$(或 $g(k)=\sum_{j=0}^{\infty}h(k-j)$)。(3) $y_{zs}(k)=f(k)*h(k)$。(4) 因果系统。(5) 稳定系统。

3.2 (1) ×；(2) ×；(3) √；(4) √；(5) ×；(6) ×。

3.3 (1) $y(k)=(2k+1)(-1)^k$

(2) $y(k)=\left[\frac{2}{3}\cdot 2^k-\frac{1}{6}(-1)^k-\frac{1}{2}\right]\varepsilon(k)$

(3) $y(k)=\left[\frac{1}{2}\cdot(-1)^k-\frac{8}{3}(-2)^k+\frac{1}{6}\right]\varepsilon(k)$

3.4 (1) $y_{zs}(k)=(0.5-0.45\times0.9^k)\varepsilon(k)$，$y_{zi}(k)=(0.9^{k+1})\varepsilon(k)$，$y(k)=(0.45\times0.9^k+0.5)\varepsilon(k)$

(2) $y_{zs}(k)=\left[-\frac{1}{3}(-1)^k+(-2)^k+\frac{1}{3}\times2^k\right]\varepsilon(k)$，$y_{zi}(k)=[(-1)^k-2(-2)^k]\varepsilon(k)$，$y(k)=\left[\frac{2}{3}(-1)^k-(-2)^k+\frac{1}{3}\times2^k\right]\varepsilon(k)$

(3) $y_{zs}(k)=\left[\left(-2k+\frac{8}{3}\right)(-1)^k+\frac{1}{3}\times0.5^k\right]\varepsilon(k)$，$y_{zi}(k)=(2k-1)(-1)^k\varepsilon(k)$，$y(k)=\left[\frac{5}{3}(-1)^k+\frac{1}{3}\times0.5^k\right]\varepsilon(k)$

3.5 (1) $h(k)=[-(-1)^k+2(-2)^k]\varepsilon(k)$　　(2) $h(k)=[0.8^{k+1}-(-0.2)^{k+1}]\varepsilon(k)$

(3) $h(k)=-\left[(-\sqrt{2})^k\cos\left(\frac{\pi}{4}k\right)\right]\varepsilon(k-1)$

3.6 (a) $g(k)=\left[\frac{1}{6}(-1)^k+\frac{4}{3}\times2^k-\frac{1}{2}\right]\varepsilon(k)$　　(b) $g(k)=[2\times3^k-k-1]\varepsilon(k)$

3.7 (1) $y_{zs}(k)=(k+1)\varepsilon(k)$

(2) $y_{zs}(k)=(k+1)\varepsilon(k)-2(k-3)\varepsilon(k-4)+(k-7)\varepsilon(k-8)$

(3) $y_{zs}(k)=\left(\frac{1}{2}\right)^{k-1}\varepsilon(k-1)+2\times\left(\frac{1}{2}\right)^k\varepsilon(k)$

3.8 $h(k)=\left(\frac{1}{2}\right)^{k-1}\varepsilon(k-1)+\left(\frac{1}{3}\right)^{k-1}\varepsilon(k-1)+\left(\frac{1}{4}\right)^k\varepsilon(k)$

3.9 $y_{zs2}(k)=(k\times0.5^{k-1})\varepsilon(k-1)$

3.10 (1) $y_{zi}(k)=\frac{1}{2}\left[\left(\frac{1}{2}\right)^k+\left(-\frac{1}{2}\right)^k\right]\varepsilon(k)$，(2) $y(k)=\left[2+3\left(\frac{1}{2}\right)^{k+1}+\left(-\frac{1}{2}\right)^{k+1}\right]\varepsilon(k)$

3.11 (1) $h(k)=\frac{111}{10}\delta(k)+2^{k-1}\varepsilon(k)+12\times5^{k-1}\varepsilon(k)$，(2) $y_{zs}(k)=[3^{k+2}+9\times5^k+10]\varepsilon(k)$

3.12 (1) 非因果，稳定　　(2) 因果，不稳定

(3) 非因果，稳定　　(4) 因果，不稳定

第 4 章　习题 4

4.1 (1) 离散性，谐波性，收敛性。(2) $B_\omega=\frac{2\pi}{\tau}$或$B_f=\frac{1}{\tau}$。(3) 变密。(4) $2\pi\delta(\omega)$，$\pi\delta(\omega)+\frac{1}{j\omega}$。(5) 频率响应函数。(6) 抽样频率，原信号最高频率的。

4.2 (1) ×；(2) √；(3) √；(4) ×；(5) √；(6) ×。

4.3 (a) $f_T(t)=\frac{2E}{\pi}\left[\sin(\Omega t)+\frac{1}{3}\sin(3\Omega t)+\frac{1}{5}\sin(5\Omega t)+\cdots\right]$，$f_T(t)$

$$=\sum_{k=-\infty}^{\infty}\frac{E}{j(2k+1)\pi}e^{j(2k+1)\Omega t}\ ;$$

(b) $f_T(t)=\frac{1}{2}+\sum_{n=1}^{\infty}\frac{2[1-\cos(n\pi)]}{(n\pi)^2}\cos(n\Omega t)$，$f_T(t)=\sum_{n=-\infty}^{\infty}\frac{[1-\cos(n\pi)]}{(n\pi)^2}e^{jn\Omega t}$；

4.4 (a) $f_T(t)=\frac{2E}{\pi}\left[1-\frac{2}{3}\cos(2\Omega t)-\frac{2}{15}\cos(4\Omega t)-\cdots\right]$，

(b) $f_T(t)=\frac{4}{\pi^2}\left[\cos(\Omega t)+\frac{1}{9}\cos(3\Omega t)+\frac{1}{25}\cos(5\Omega t)\cdots\right]$

$+\frac{2}{\pi}\left[\sin(\Omega t)+\frac{1}{3}\sin(3\Omega t)+\frac{1}{5}\sin(5\Omega t)+\cdots\right]$

4.5 $\frac{A_0}{2}=1\text{V}$

$n=1$，$A_1=\frac{20}{\pi}\sin\left(\frac{\pi}{10}\right)$，有效值$\frac{A_1}{\sqrt{2}}=\frac{20}{\sqrt{2}\pi}\sin\left(\frac{\pi}{10}\right)$

$n=2$，$A_2=\frac{10}{\pi}\sin\left(\frac{\pi}{5}\right)$，有效值$\frac{A_2}{\sqrt{2}}=\frac{10}{\sqrt{2}\pi}\sin\left(\frac{\pi}{5}\right)$

$n=3$，$A_3=\frac{20}{3\pi}\sin\left(\frac{3\pi}{10}\right)$，有效值$\frac{A_3}{\sqrt{2}}=\frac{20}{3\sqrt{2}\pi}\sin\left(\frac{3\pi}{10}\right)$

4.6 $P_{10\pi}=0.1806$，$P=0.2$，占总功率的 90.3%。

4.7 (1) $F(j\omega)=\frac{e^{j\omega+2}-e^{-3(j\omega+2)}}{j\omega+2}$ (2) $F(j\omega)=\frac{e^{-j\omega}}{1-j\omega}$ (3) $F(j\omega)=\frac{4e^{-j\omega}}{\omega^2+4}$

(4) $F(j\omega)=\frac{0.5}{1+j(\omega-\pi)}+\frac{0.5}{1+j(\omega+\pi)}$ (5) $F(j\omega)=\pi\delta(\omega)+\frac{1}{j\omega}e^{-2j\omega}$

(6) $F(j\omega)=e^{-j2(\omega+1)}$

4.8 (1) $\frac{1}{3}\left(1-\frac{|\omega|}{6\pi}\right)g_{12\pi}(\omega)$ (2) $-j\text{sgn}(\omega)$

(3) $2\pi e^{a|\omega|}$ (4) $g_{4\pi}(\omega)e^{-2j\omega}$

4.9 (1) $F(-j\omega)e^{-2j\omega}$ (2) $\frac{1}{2}j\cdot\frac{dF\left(j\frac{\omega}{2}\right)}{d\omega}$ (3) $j\frac{dF(j\omega)}{d\omega}-2F(j\omega)$

(4) $-\left[\omega\frac{dF(j\omega)}{d\omega}+F(j\omega)\right]$ (5) $\frac{1}{4\pi}F\left(\frac{j\omega}{2}\right)*\left[\pi\delta(\omega)+\frac{1}{j\omega}\right]$

(6) $\frac{\pi}{3}F(j\omega)g_6(\omega)$ (7) $\pi F(0)\delta(\omega)-\frac{1}{j\omega}e^{-2j\omega}F(-2j\omega)$ (8) $|\omega|F(j\omega)$

4.10 (1) $\frac{\sin(\omega_0 t)}{j\pi}$ (2) $\frac{\delta(t+3)+\delta(t-3)}{2}$

(3) $\frac{\sin(t-1)}{\pi(t-1)}e^{j(t-1)}$ (4) $2\left(1-\frac{|t|}{4}\right)g_8(t)$

4.11 (1) $2\pi\delta(\omega)+\pi[\delta(\omega-\omega_0)+\delta(\omega+\omega_0)]$ (2) $\frac{2\pi}{T}\sum_{n=-\infty}^{\infty}(1-e^{jn\pi})\delta\left(\omega-\frac{2n\pi}{T}\right)$

4.12 (1) $\sin(2t)$ (2) $-je^{2jt}$

4.13 $y_{zs}(t)=(e^{-2t}-e^{-3t})\varepsilon(t)$

4.14 $y_{zs}(t)=(1-e^{-t}-te^{-t})\varepsilon(t)$

4.15 (1) $\frac{2j\omega}{j\omega+2}$ (2) $\frac{1}{(j\omega)^2+5j\omega+6}$ (3) $\frac{j\omega+1}{(j\omega)^2+j\omega+1}$

4.16 (1) $H(j\omega)=\frac{j\omega+2}{(j\omega)^2+4j\omega+3}$，$h(t)=[0.5e^{-t}+0.5e^{-3t}]\varepsilon(t)$

(2) $y_{zs}(t)=\left(\frac{1}{4}e^{-t}+\frac{1}{2}te^{-t}-\frac{1}{4}e^{-3t}\right)\varepsilon(t)$

4.17 $R_1C_1=R_2C_2$

4.18 $y(t)=\frac{4}{\pi}\left[(\sin(\Omega t)+\frac{1}{3}\sin(3\Omega t)\right]$，$\Omega=\frac{2\pi}{T}$

4.19 $\omega_c=2$

4.20 $y(t)=\frac{1}{2\pi}Sa(t)\cos(1000t)$

4.21 (1) $f_s\geqslant 4000\text{Hz}$ (2) $f_s\geqslant 4000\text{Hz}$ (3) $f_s\geqslant 2000\text{Hz}$ (4) $f_s\geqslant 4000\text{Hz}$

4.22 (2) $4\pi\times 10^3\,\text{rad/s}<\omega_c<6\pi\times 10^3\,\text{rad/s}$

4.23 (1) $\frac{1}{3000}$

第5章　习题5

5.1 $F_N(n)=2\left[1+\cos\left(\frac{\pi k}{2}\right)\right]$

5.2 $F_N(n)=[1+e^{-\frac{\pi k}{2}j}]$

5.3 (1) $F(e^{j\omega})=\frac{\sin(3\omega)}{\sin\left(\frac{\omega}{2}\right)}e^{-j\frac{5}{2}\omega}$　(2) $F(e^{j\omega})=\frac{\frac{1}{4}e^{2j\omega}}{1-\frac{1}{4}e^{-j\omega}}$

(3) $F(e^{j\omega})=6\cos\left(\frac{\omega}{2}\right)e^{-j\frac{5}{2}\omega}+j2\sin\left(\frac{\omega}{2}\right)e^{-j\frac{3}{2}\omega}$　(4) $F(e^{j\omega})=\sum_{k=-2}^{1}\sin k\,e^{-jn\omega}$

5.4 (1) $2F(e^{j\omega})\cos\omega$　(2) $\mathrm{Re}[F(e^{j\omega})]$　(3) $-\frac{d^2F(j\omega)}{d\omega^2}-2j\frac{dF(j\omega)}{d\omega}+F(j\omega)$

5.5 (1) 6　(2) 4π　(3) 28π　(4) 316π

5.6 $\mathrm{DTFT}[f_N(t)]=\frac{\pi}{3}\sum_{n=-\infty}^{\infty}\frac{1-e^{j\frac{4\pi}{3}}}{1-e^{j\frac{\pi}{3}}}\delta\left(\omega-\frac{2\pi}{N}n\right)$

5.8 ①$F(0)=5$，$F(1)=2+j$，$F(2)=-5$；$F(3)=2-j$

② $F(n)=\sum_{k=0}^{5}f(k)W_6^{nk}=1+2e^{-j\frac{\pi}{3}n}-e^{-j\frac{2\pi}{3}n}+3e^{-j\pi n}$，$0\leqslant n\leqslant 5$。

5.9 ①{$\underset{\uparrow}{1}$，2，5，6，12，10，13，6，9}

②{$\underset{\uparrow}{1}$，2，5，6，12，10，13，6，9}

③{$\underset{\uparrow}{14}$，8，14，6，12，10}

5.10 (1) $H(e^{j\omega})=\frac{\frac{3}{5}}{1-\frac{1}{2}e^{-j\omega}}+\frac{\frac{2}{5}}{1-\frac{1}{3}e^{-j\omega}}$　(2) $h(k)=\frac{3}{5}\left(\frac{1}{2}\right)^k\varepsilon(k)+\frac{2}{5}\left(-\frac{1}{3}\right)^k\varepsilon(k)$

5.11 (1) $H(e^{j\omega})=\frac{2}{1-\frac{3}{4}e^{-j\omega}+\frac{1}{8}e^{-j2\omega}}$　(2) $h(k)=4\left(\frac{1}{2}\right)^k\varepsilon(k)-2\left(\frac{1}{4}\right)^k\varepsilon(k)$

(3) $y_{zs}(k)=\left[-4\left(\frac{1}{4}\right)^k-2(k+1)\left(\frac{1}{4}\right)^k+8\left(\frac{1}{2}\right)^k\right]\varepsilon(k)$

5.12 (1) $H(\mathrm{e}^{\mathrm{j}\omega})=\dfrac{\frac{4}{5}\mathrm{e}^{-\mathrm{j}\omega}}{1-\frac{4}{5}\mathrm{e}^{-\mathrm{j}\omega}}$　(2) $y(k)-\frac{4}{5}y(k-1)=\frac{4}{5}f(k-1)$

5.13 ①$y(k)-0.8y(k-1)=0.2f(k)$,

②$y_{zs}(k)=\left[1+0.22\cos\left(\frac{\pi}{3}k-49.1°\right)+0.11\cos(\pi k)\right]\varepsilon(k)$

第6章　习题6

6.1 (1) 围线积分法(留数法)，部分分式展开法，(2) 冲激响应，(3) 直接形式，级联形式，并联形式。

6.2 (1) ×；(2) √；(3) ×；(4) √；(5) ×；(6) ×；(7) ×；(8) √。

6.3 (1) $\frac{1}{s(s+1)}$　(2) $\frac{2s+3}{s^2+1}$　(3) $\frac{2}{(s+1)^2+4}$　(4) $\frac{1}{(s+2)^2}$

(5) $\frac{s^2-\omega^2}{(s^2+\omega^2)^2}$　(6) $\frac{1}{s^2}$　(7) $\frac{\alpha^2}{s^2(s+\alpha)}$　(8) $\frac{3s^2+2s+1}{s^2}$

6.4 (1) $\frac{1}{s+1}\mathrm{e}^{-2s}$　(2) $\frac{2\cos2+s\sin2}{s^2+4}\mathrm{e}^{-s}$　(3) $\frac{\pi(1-\mathrm{e}^{-s})}{s^2+\pi^2}$　(4) $\frac{s}{s^2+9}\mathrm{e}^{-\frac{2}{3}s}$

(5) $\frac{\pi}{s(s^2+\pi^2)}$　(6) $\frac{s^2\pi}{s^2+\pi^2}$　(7) $\frac{2s^3-6s}{(s^2+1)^3}$　(8) $\frac{(s+\alpha)^2-\beta^2}{[(s+\alpha)^2+\beta^2]^2}$

6.5 (1) $f(0_+)=1$，$f(\infty)$不存在　(2) $f(0_+)=0$，$f(\infty)=0$

(3) $f(0_+)=0$，$f(\infty)=\frac{1}{2}$　(4) $f(0_+)=1$，$f(\infty)$不存在

6.6 (1) $f(t)=\frac{1}{2}(\mathrm{e}^{-2t}-\mathrm{e}^{-4t})\varepsilon(t)$　(2) $f(t)=(2\mathrm{e}^{-4t}-\mathrm{e}^{-t})\varepsilon(t)$

(3) $f(t)=\left[\frac{2}{3}+\mathrm{e}^{-2t}-\frac{2}{3}\mathrm{e}^{-3t}\right]\varepsilon(t)$　(4) $f(t)=[\mathrm{e}^{-t}-2\sin(2t)]\varepsilon(t)$

(5) $f(t)=[1-(1-t)\mathrm{e}^{t}]\varepsilon(t)$　(6) $f(t)=(\mathrm{e}^{-t}-4\mathrm{e}^{-2t})\varepsilon(t)+\delta(t)$

(7) $f(t)=\left[\mathrm{e}^{-t}-\frac{\sqrt{5}}{2}\cos(2t+26.6°)\right]\varepsilon(t)$

(8) $f(t)=\left(\frac{12}{5}\mathrm{e}^{-2t}-\frac{34}{9}\mathrm{e}^{-3t}+\frac{152}{45}\mathrm{e}^{-12t}\right)\varepsilon(t)$

6.7 (1) $f(t)=\sum_{m=0}^{\infty}\varepsilon(t-m)$　(2) $f(t)=t\varepsilon(t)-2(t-1)\varepsilon(t-1)+(t-2)\varepsilon(t-2)$

(3) $f(t)=\sqrt{2}\mathrm{e}^{-2(t-3)}\cos\left(t-3+\frac{\pi}{4}\right)\varepsilon(t-3)+2\mathrm{e}^{-t}\sin(t)\varepsilon(t)$

(4) $f(t)=\sin(\pi t)[\varepsilon(t)-\varepsilon(t-2)]$

6.8 (1) $y_{zi}(t)=(5\mathrm{e}^{-2t}-4\mathrm{e}^{-3t})\varepsilon(t)$，$y_{zs}(t)=\left(\frac{1}{2}-\frac{3}{2}\mathrm{e}^{-2t}+\mathrm{e}^{-3t}\right)\varepsilon(t)$。

(2) $y_{zi}(t)=(\mathrm{e}^{-2t}-\mathrm{e}^{-3t})\varepsilon(t)$，$y_{zs}(t)=\left(\frac{3}{2}\mathrm{e}^{-t}-3\mathrm{e}^{-2t}+\frac{3}{2}\mathrm{e}^{-3t}\right)\varepsilon(t)$。

6.9 (1) $y_{zi}(t)=(e^{-t}-e^{-2t})\varepsilon(t)$，$y_{zs}(t)=(2-3e^{-t}+e^{-2t})\varepsilon(t)$。

(2) $y_{zi}(t)=(3e^{-t}-2e^{-2t})\varepsilon(t)$，$y_{zs}(t)=[3e^{-t}+(2t+3)e^{-2t}]\varepsilon(t)$。

6.10 $f(t)=(-1-2t)\varepsilon(t)$

6.11 $u(t)=\left(-2e^{-t}+2.8e^{-2t}+\frac{1}{5}\cos t+\frac{2}{5}\sin t\right)\varepsilon(t)$

6.12 (1) $u(t)=10te^{-10t}\varepsilon(t)$V，(2) $u(t)=\frac{2}{3}(e^{-5t}-e^{-20t})\varepsilon(t)$V。

6.13 $u_{zi}(t)=(8t+6)e^{-2t}\varepsilon(t)$V，$u_{zs}(t)=[3-(6t+3)e^{-2t}]\varepsilon(t)$V，$u(t)=[3+(2t+3)e^{-2t}]\varepsilon(t)$V。

6.14 (1) $H(s)=\frac{s+3}{s^2+2s+2}$，$h(t)=\sqrt{5}e^{-t}[\cos t+2\cos t]\varepsilon(t)$。

(2) $H(s)=\frac{2s+8}{s^2+5s+6}$，$h(t)=(4e^{-2t}-2e^{-3t})\varepsilon(t)$。

(3) $H(s)=\frac{s+3}{s^2+3s+2}$，$h(t)=(2e^{-t}-e^{-2t})\varepsilon(t)$。

6.15 (1) 稳定；(2) 稳定；(3) 稳定；(4) 不稳定。

6.16 $K<2$

6.17 (1) $K<5$　　(2) $K=5$，$h(t)=\cos\sqrt{6}t\,\varepsilon(t)$

6.18 (a) $H(s)=\frac{s}{s+2}$，$|H(j\omega)|=\frac{1}{\sqrt{1+\left(\frac{2}{\omega}\right)^2}}$　　(b) $H(s)=\frac{s-2}{s+2}$，$|H(j\omega)|=1$

6.19 (a) $H(s)=\frac{2s^2-1}{s^3+4s^2+5s+6}$　　(b) $H(s)=\frac{3s+2}{s^3+3s^2+2s}$

(c) $H(s)=\frac{10s+10}{s^3+4s^2+20s+10}$

6.20 (1) $y'''(t)+6y''(t)+11y'(t)+6y(t)=f'(t)-2f(t)$

(2) $y'''(t)+4y''(t)+5y'(t)+2y(t)=f'(t)-2f(t)$

(3) $y'''(t)+5y''(t)+8y'(t)+4y(t)=f'(t)-f(t)$

(4) $y'''(t)+4y''(t)+5y'(t)+2y(t)=f''(t)+3f'(t)$

第7章　习题7

7.1 (1) 围线积分法(留数法)，部分分式展开法，长除法。(2) 单位圆内部，单位圆外部，单位圆。(3) 单位序列响应。(4) 直接形式，级联形式，并联形式。

7.2 (1) ×；(2) √；(3) ×；(4) ×；(5) √；(6) ×；(7) ×。

7.3 (1) $\frac{z}{z-\frac{1}{3}}$，$|z|>\frac{1}{3}$　　(2) z，$|z|<\infty$

(3) $\frac{z}{z+3}$，$|z|>3$　　(4) $\frac{4z^2-7z}{(2z-1)(z-3)}$，$|z|>3$

(5) $\frac{1}{1+0.5z}$，$|z|<2$　　(6) $\frac{1-(0.5z^{-1})^{10}}{1-0.5z^{-1}}$，$|z|>0$

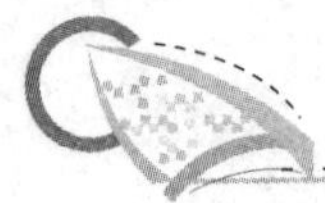

(7) $\dfrac{-\dfrac{3}{2}z}{\left(z-\dfrac{1}{2}\right)(z-2)}$，$\dfrac{1}{2}<|z|<2$　　(8) $\dfrac{z^2-\dfrac{1}{\sqrt{2}}z}{z^2-\dfrac{1}{\sqrt{2}}z+1}$

7.4　(1) $\dfrac{-z}{(z-1)^2}$　　(2) $\dfrac{z}{a}\ln\dfrac{z}{z-a}$

(3) $\dfrac{z+1}{(z-1)^3}$　　(4) $\dfrac{z^2}{z^2-1}$

(5) $\dfrac{4z^2}{4z^2+1}$　　(6) $\dfrac{\sqrt{2}z(2z-1)}{4z^2+1}$

(7) $\ln\dfrac{z-b}{z-a}$　　(8) $\dfrac{(z^2+1)(z+1)(z^3+z^2-1)}{z^5(z-1)}$

7.5　(1) $f(0)=0$，$f(1)=1$，$f(\infty)=\dfrac{2}{3}$

(2) $f(0)=2$，$f(1)=\dfrac{1}{3}$，$f(\infty)=0$

7.6　(1) $(0.5)^k\varepsilon(k)$　　(2) $(-0.5)^k\varepsilon(k)+2\delta(k)$

(3) $\left[20\left(\dfrac{1}{2}\right)^k-10\left(\dfrac{1}{4}\right)^k\right]\varepsilon(k)$　　(4) $2\delta(k)+[(-1)^k+6\times5^{k-1}]\varepsilon(k-1)$

(5) $\left(\dfrac{2}{\sqrt{3}}\sin\dfrac{2\pi}{3}k\right)\varepsilon(k)$　　(6) $\left(\dfrac{1}{2}\right)^{k-3}\varepsilon(k-4)$

(7) $(2^k-k-1)\varepsilon(k)$　　(8) $2\delta(k-1)+6\delta(k)+[8-13\times(0.5)^k]\varepsilon(k)$

7.7　(1) $f(k)=\left[\left(\dfrac{1}{2}\right)^k-2^k\right]\varepsilon(k)$　　(2) $f(k)=\left[2^k-\left(\dfrac{1}{2}\right)^k\right]\varepsilon(-k-1)$

(3) $f(k)=\left(\dfrac{1}{2}\right)^k\varepsilon(k)-2^k\varepsilon(-k-1)$

7.8　(1) $[1+(0.9)^{k+1}]\varepsilon(k)$　　(2) $\left[\dfrac{1}{6}+\dfrac{1}{2}(-1)^k-\dfrac{2}{3}(-2)^k\right]\varepsilon(k)$

(3) $\left[\dfrac{1}{20}\times3^k-\dfrac{14}{5}(-2)^k+\dfrac{19}{4}(-1)^k\right]\varepsilon(k)$

(4) $\left[\dfrac{4}{9}\times2^k-\dfrac{2}{3}k(-1)^k+\dfrac{13}{9}(-1)^k\right]\varepsilon(k)$

(5) $\left[-\dfrac{1}{2}+\dfrac{1}{2}(-1)^k+2^k\right]\varepsilon(k)$

7.9　$y_{zi}(k)=\left[\dfrac{1}{2}(-1)^k-2^k\right]\varepsilon(k)$，$y_{zs}(k)=\left[-\dfrac{1}{2}+\dfrac{1}{6}(-1)^k+\dfrac{4}{3}(2)^k\right]\varepsilon(k)$

$y(k)=\left[-\dfrac{1}{2}+\dfrac{2}{3}(-1)^k+\dfrac{1}{3}(2)^k\right]\varepsilon(k)$

7.10　$y_{zi}(k)=[2(-1)^k+3(-3)^k]\varepsilon(k)$，$y_{zs}(k)=[(-1)^k+15(-3)^k-12(-2)^k]\varepsilon(k)$，$y(k)=[3(-1)^k+18(-3)^k-12(-2)^k]\varepsilon(k)$

7.11　(1) $H(z)=\dfrac{z^3}{z^3-3z^2+3z-1}$，$h(k)=\dfrac{1}{2}(k+2)(k+1)\varepsilon(k)$

(2) $H(z)=\dfrac{z^2-3}{z^2-5z+6}$，$h(k)=-\dfrac{1}{2}\delta(k)-\dfrac{1}{2}\times2^k\varepsilon(k)+2\times3^k\varepsilon(k)$

7.12 (1) 稳定； (2) 不稳定； (3) 临界稳定； (4) 临界稳定。

7.13 $-2<k<4$

7.14 (1) $h(k)=(0.5^k-10^k)\varepsilon(k)$，因果，不稳定。

(2) $h(k)=0.5^k\varepsilon(k)+10^k\varepsilon(-k-1)$，非因果，稳定。

7.15 $|H(e^{j0})|=3.45$，$|H(e^{j\frac{\pi}{2}})|=2.38$，$|H(e^{j\pi})|=0$。

7.16 $H(z)=\dfrac{2z^2+0.5}{z^2+z-0.75}$，$y(k)+y(k-1)-0.75y(k-2)=2f(k)+0.5f(k-2)$

7.17 $h(k)=(0.5)^{k-1}\varepsilon(k-1)-(0.5)^k\varepsilon(k)$

7.18 (1) $H(z)=\dfrac{z(z+1)}{z^2+0.8z-0.2}$

(2) $y(k)+0.8y(k-1)-0.2y(k-2)=f(k)+f(k-1)$

(3) 临界稳定

7.19 (1) $H(z)=\dfrac{\frac{3}{4}-\frac{1}{3}z^{-2}}{1-\frac{1}{3}z^{-1}-\frac{1}{4}z^{-2}+\frac{1}{12}z^{-3}}$

(2) $y(k)+\dfrac{1}{3}y(k-1)-\dfrac{1}{4}y(k-2)+\dfrac{1}{12}y(k-3)=\dfrac{3}{4}f(k)+\dfrac{1}{3}(k-2)$

(3) 稳定

(4) $h(k)=\left[\dfrac{9}{5}\left(\dfrac{1}{3}\right)^k-\dfrac{7}{8}\left(\dfrac{1}{2}\right)^k-\dfrac{7}{40}\left(-\dfrac{1}{2}\right)^k\right]\varepsilon(k)$

(5) $f(k)=\varepsilon(k)$

第8章 习题8

8.1 (1) 状态变量。(2) 状态。(3) 系统矩阵，控制矩阵。(4) 输出矩阵，传输矩阵。

8.2 (a) $\begin{bmatrix}\dot{u}_{c1}(t)\\ \dot{u}_{c2}(t)\\ \dot{i}_L(t)\end{bmatrix}=\begin{bmatrix}-3 & 0 & -3\\ 0 & 0 & \frac{15}{16}\\ \frac{16}{9} & -\frac{16}{9} & 0\end{bmatrix}\begin{bmatrix}u_{c1}(t)\\ u_{c2}(t)\\ i_L(t)\end{bmatrix}+\begin{bmatrix}3\\0\\0\end{bmatrix}u_i(t)$

(b) $\begin{bmatrix}\dot{i}_{L1}(t)\\ \dot{i}_{L2}(t)\\ \dot{u}_C(t)\end{bmatrix}=\begin{bmatrix}-2 & 0 & -1\\ 0 & -2 & -1\\ \frac{1}{2} & \frac{1}{2} & 0\end{bmatrix}\begin{bmatrix}i_{L1}(t)\\ i_{L2}(t)\\ u_C(t)\end{bmatrix}+\begin{bmatrix}1 & 0\\ 0 & 1\\ 0 & 0\end{bmatrix}\begin{bmatrix}u_1(t)\\ u_2(t)\end{bmatrix}$

8.3 $\begin{bmatrix}\dot{i}_L(t)\\ \dot{u}_{c1}(t)\\ \dot{u}_{c2}(t)\end{bmatrix}=\begin{bmatrix}0 & \frac{1}{L} & -\frac{1}{L}\\ -\frac{1}{C_1} & -\frac{1}{R_SC_1} & 0\\ \frac{1}{C_2} & 0 & -\frac{1}{R_LC_2}\end{bmatrix}\begin{bmatrix}i_L(t)\\ u_{c1}(t)\\ u_{c2}(t)\end{bmatrix}+\begin{bmatrix}0\\ \frac{1}{R_SC_1}\\ 0\end{bmatrix}u_i(t)$

$$\begin{bmatrix} i_S(t) \\ u_O(t) \end{bmatrix} = \begin{bmatrix} 0 & -\dfrac{1}{R_S} & 0 \\ 0 & 0 & 1 \end{bmatrix} \begin{bmatrix} i_L(t) \\ u_{c1}(t) \\ u_{c2}(t) \end{bmatrix} + \begin{bmatrix} \dfrac{1}{R_S} \\ 0 \end{bmatrix} u_i(t)$$

8.4 $\begin{bmatrix} \dot{u}_C(t) \\ \dot{i}_L(t) \end{bmatrix} = \begin{bmatrix} -\dfrac{1}{R_2C} & \dfrac{1}{C} \\ -\dfrac{1}{L} & -\dfrac{R_1}{L} \end{bmatrix} \begin{bmatrix} u_C(t) \\ i_L(t) \end{bmatrix} + \begin{bmatrix} \dfrac{1}{R_2C} & 0 \\ 0 & \dfrac{R_1}{L} \end{bmatrix} \begin{bmatrix} u_s \\ i_s \end{bmatrix}$

$$\begin{bmatrix} y_1(t) \\ y_2(t) \end{bmatrix} = \begin{bmatrix} 0 & -R_1 \\ 1 & 0 \end{bmatrix} \begin{bmatrix} u_C(t) \\ i_L(t) \end{bmatrix} + \begin{bmatrix} 0 & R_1 \\ -1 & 0 \end{bmatrix} \begin{bmatrix} u_s \\ i_s \end{bmatrix}$$

8.5 (1) $\begin{bmatrix} \dot{x}_1(t) \\ \dot{x}_2(t) \end{bmatrix} = \begin{bmatrix} 0 & 1 \\ -4 & -3 \end{bmatrix} \begin{bmatrix} x_1(t) \\ x_2(t) \end{bmatrix} + \begin{bmatrix} 0 \\ 1 \end{bmatrix} f(t) \quad y(t) = [1 \quad 0] \begin{bmatrix} x_1(t) \\ x_2(t) \end{bmatrix}$

(2) $\begin{bmatrix} \dot{x}_1(t) \\ \dot{x}_2(t) \\ \dot{x}_3(t) \end{bmatrix} = \begin{bmatrix} 0 & 1 & 0 \\ 0 & 0 & 1 \\ -3 & -1 & -4 \end{bmatrix} \begin{bmatrix} x_1(t) \\ x_2(t) \\ x_3(t) \end{bmatrix} + \begin{bmatrix} 0 \\ 0 \\ 1 \end{bmatrix} f(t) y(t) = [5 \quad 2 \quad 1] \begin{bmatrix} x_1(t) \\ x_2(t) \\ x_3(t) \end{bmatrix}$

8.6 (1) $\begin{bmatrix} \dot{x}_1(t) \\ \dot{x}_2(t) \end{bmatrix} = \begin{bmatrix} 0 & 1 \\ -12 & -7 \end{bmatrix} \begin{bmatrix} x_1(t) \\ x_2(t) \end{bmatrix} + \begin{bmatrix} 0 \\ 1 \end{bmatrix} f(t) \quad y(t) = [2 \quad 1] \begin{bmatrix} x_1(t) \\ x_2(t) \end{bmatrix}$

(2) $\begin{bmatrix} \dot{x}_1(t) \\ \dot{x}_2(t) \end{bmatrix} = \begin{bmatrix} 0 & 1 \\ -9 & -4 \end{bmatrix} \begin{bmatrix} x_1(t) \\ x_2(t) \end{bmatrix} + \begin{bmatrix} 0 \\ 1 \end{bmatrix} f(t) \quad y(t) = [-8 \quad 1] \begin{bmatrix} x_1(t) \\ x_2(t) \end{bmatrix} + 2f(t)$

8.7 (1) $\varphi(t) = e^{At} = \dfrac{1}{2} \begin{bmatrix} 3e^{-3t} - e^{-t} & 3e^{-3t} - e^{-t} \\ -3e^{-3t} + 3e^{-t} & -e^{-3t} + 3e^{-t} \end{bmatrix}$

(2) $\varphi(t) = e^{At} = \begin{bmatrix} 1 & 0.5(e^t - e^{-t}) & 0.5(e^t + e^{-t}) - 1 \\ 0 & 0.5(e^t + e^{-t}) & 0.5(e^t - e^{-t}) \\ 0 & 0.5(e^t - e^{-t}) & 0.5(e^t + e^{-t}) \end{bmatrix}$

8.8 $\boldsymbol{A} = \begin{bmatrix} 0 & 1 \\ -1 & -2 \end{bmatrix}$

8.9 $\boldsymbol{x}(t) = \begin{bmatrix} \dfrac{1}{2} + e^{-t} - \dfrac{1}{2}e^{-2t} \\ e^{-t} \end{bmatrix} \varepsilon(t) \quad y(t) = \left(\dfrac{1}{2} + e^{-t} - \dfrac{1}{2}e^{-2t}\right)\varepsilon(t)$

8.10 (1) $\boldsymbol{x}_{zi}(t) = \begin{bmatrix} 2e^{-2t} \\ -e^{-2t} \end{bmatrix} \varepsilon(t) \quad \boldsymbol{x}_{zs}(t) = \begin{bmatrix} 1 - \dfrac{2}{3}e^{-2t} - \dfrac{4}{3}e^t \\ -1 + \dfrac{1}{3}e^{-2t} + \dfrac{8}{3}e^t \end{bmatrix} \varepsilon(t)$

(2) $\boldsymbol{y}_{zi}(t) = \begin{bmatrix} 0 \\ e^{-2t} \end{bmatrix} \varepsilon(t) \quad \boldsymbol{y}_{zs}(t) = \begin{bmatrix} 4e^t\varepsilon(t) \\ \delta(t) - \dfrac{1}{3}e^{-2t}\varepsilon(t) - \dfrac{8}{3}e^t\varepsilon(t) \end{bmatrix}$

(3) $\boldsymbol{H}(s)=\begin{bmatrix}\dfrac{s}{s-1} & \dfrac{3}{s-1}\\ \dfrac{-s(s+1)}{(s+2)(s-1)} & \dfrac{s-3}{s-1}\end{bmatrix}$

$\boldsymbol{h}(t)=\begin{bmatrix}\delta(t)+\mathrm{e}^{t}\varepsilon(t) & 3\mathrm{e}^{t}\varepsilon(t)\\ -\delta(t)+\dfrac{2}{3}\mathrm{e}^{-2t}\varepsilon(t)-\dfrac{2}{3}\mathrm{e}^{t}\varepsilon(t) & \delta(t)-2\mathrm{e}^{t}\varepsilon(t)\end{bmatrix}$

8.11 (1) $\begin{bmatrix}x_1(k+1)\\x_2(k+2)\end{bmatrix}=\begin{bmatrix}0 & 1\\-1 & -3\end{bmatrix}\begin{bmatrix}x_1(k)\\x_2(k)\end{bmatrix}+\begin{bmatrix}0\\1\end{bmatrix}f(k)$，$y(k)=[1\quad 0]\begin{bmatrix}x_1(k)\\x_2(k)\end{bmatrix}$

(2) $\begin{bmatrix}x_1(k+1)\\x_2(k+1)\\x_3(k+1)\end{bmatrix}=\begin{bmatrix}0 & 1 & 0\\0 & 0 & 1\\-4 & -3 & -2\end{bmatrix}\begin{bmatrix}x_1(k)\\x_2(k)\\x_3(k)\end{bmatrix}+\begin{bmatrix}0\\0\\1\end{bmatrix}f(k)$，

$y(k)=[-4\quad 2\quad 1]\begin{bmatrix}x_1(k)\\x_2(k)\\x_3(k)\end{bmatrix}+[1]f(k)$

(3) $\begin{bmatrix}x_1(k+1)\\x_2(k+2)\end{bmatrix}=\begin{bmatrix}0 & 1\\-3 & -4\end{bmatrix}\begin{bmatrix}x_1(k)\\x_2(k)\end{bmatrix}+\begin{bmatrix}0\\1\end{bmatrix}f(k)$，

$y(k)=[-3\quad -4]\begin{bmatrix}x_1(k)\\x_2(k)\end{bmatrix}+[1]f(k)$

8.12 (1) $\begin{bmatrix}x_1(k+1)\\x_2(k+2)\end{bmatrix}=\begin{bmatrix}0 & 1\\-12 & -7\end{bmatrix}\begin{bmatrix}x_1(k)\\x_2(k)\end{bmatrix}+\begin{bmatrix}0\\1\end{bmatrix}f(k)$，$y(k)=[2\quad 1]\begin{bmatrix}x_1(k)\\x_2(k)\end{bmatrix}$

(2) $\begin{bmatrix}x_1(k+1)\\x_2(k+2)\end{bmatrix}=\begin{bmatrix}0 & 1\\-9 & -4\end{bmatrix}\begin{bmatrix}x_1(k)\\x_2(k)\end{bmatrix}+\begin{bmatrix}0\\1\end{bmatrix}f(k)$，$y(k)=[1\quad -4]\begin{bmatrix}x_1(k)\\x_2(k)\end{bmatrix}+[1]f(k)$

8.13 (a) $\begin{bmatrix}x_1(k+1)\\x_2(k+1)\\x_3(k+1)\end{bmatrix}=\begin{bmatrix}0 & 1 & 0\\0 & 0 & 1\\0 & -3 & -4\end{bmatrix}\begin{bmatrix}x_1(k)\\x_2(k)\\x_3(k)\end{bmatrix}+\begin{bmatrix}0\\0\\1\end{bmatrix}f(k)$，

$y(k)=[3\quad 1\quad 2]\begin{bmatrix}x_1(k)\\x_2(k)\\x_3(k)\end{bmatrix}$

(b) $\begin{bmatrix}x_1(k+1)\\x_2(k+2)\end{bmatrix}=\begin{bmatrix}2 & 0\\3 & -1\end{bmatrix}\begin{bmatrix}x_1(k)\\x_2(k)\end{bmatrix}+\begin{bmatrix}1 & -1\\0 & 1\end{bmatrix}\begin{bmatrix}f_1(k)\\f_2(k)\end{bmatrix}$，$\begin{bmatrix}y_1(k)\\y_2(k)\end{bmatrix}=\begin{bmatrix}1 & 1\\0 & 2\end{bmatrix}\begin{bmatrix}x_1(k)\\x_2(k)\end{bmatrix}$

8.14 (1) $\boldsymbol{A}^k=\begin{bmatrix}0.5^k & 0\\k\,0.5^k & 0.5^k\end{bmatrix}$，$k\geqslant 0$　　(2) $\boldsymbol{A}^k=\begin{bmatrix}1 & 0 & 0\\0 & 1 & 0\\0 & 2^k-1 & 2^k\end{bmatrix}$，$k\geqslant 0$

8.15 $\begin{bmatrix}x_{1zi}(k)\\x_{2zi}(k)\end{bmatrix}=\begin{bmatrix}(-1)^k\\(-1)^{k+1}\end{bmatrix}\varepsilon(k)$，$\begin{bmatrix}x_{1zs}(k)\\x_{2zs}(k)\end{bmatrix}=\begin{bmatrix}2-(-1)^k\\(-1)^k\end{bmatrix}\varepsilon(k-1)$，

$\begin{bmatrix}y_1(k)\\y_2(k)\end{bmatrix}=\begin{bmatrix}\delta(k)+2\varepsilon(k-1)\\2\delta(k)\end{bmatrix}$

8.16 (1) $\begin{bmatrix} x_1(k) \\ x_2(k) \end{bmatrix}=\begin{bmatrix} \delta(k)+\frac{3}{4}\varepsilon(k-1) \\ \delta(k)+\frac{3}{2}\varepsilon(k-1) \end{bmatrix}+\begin{bmatrix} k\varepsilon(k)-\frac{1}{2}(k-1)\varepsilon(k-1) \\ (k-1)\varepsilon(k-1) \end{bmatrix}$

(2) $\begin{bmatrix} y_1(k) \\ y_2(k) \end{bmatrix}=\begin{bmatrix} \delta(k)+\frac{3}{4}\varepsilon(k-1) \\ \delta(k)+\frac{3}{2}\varepsilon(k-1) \end{bmatrix}+\begin{bmatrix} \delta(k)+2k\varepsilon(k)+\frac{3}{2}(k-1)\varepsilon(k-1) \\ \delta(k)+k\varepsilon(k) \end{bmatrix}$

(3) $\boldsymbol{H}(z)=\begin{bmatrix} 1+\frac{\frac{1}{2}}{z}+\frac{\frac{1}{2}}{z-1} \\ 1-\frac{1}{z}+\frac{1}{z-1} \end{bmatrix}$，(4) $h(k)=\begin{bmatrix} \delta(k)+\frac{1}{2}\delta(k-1)+\frac{1}{2}\varepsilon(k-1) \\ \delta(k)+\delta(k-1)+\varepsilon(k) \end{bmatrix}$

8.17 (1) $\boldsymbol{A}^k=\begin{bmatrix} 3\times 2^k-2\times 3^k & (-2)^k+3^k \\ 6\times 2^k-6\times 3^k & -2\,(2)^k+3^{k+1} \end{bmatrix}$，$k\geqslant 0$

(2) $\boldsymbol{H}(z)=\begin{bmatrix} \frac{-3}{z-2}+\frac{4}{z-3} \\ -\frac{1}{z-1} \end{bmatrix}$，(3) $h(k)=\begin{bmatrix} -3\times(-2)^k+4\times 3^{k-1} \\ -3^{k-1} \end{bmatrix}\varepsilon(k-1)$

(4) $p_1=2$，$p_2=3$，系统不稳定。

参 考 文 献

[1] Alan V. Oppenheim，Alan S. Willsky，S. Hamid Nawab. 信号与系统. 2 版. 北京：电子工业出版社，2009.

[2] 吴大正，等．信号与线性系统．4 版. 北京：高等教育出版社，2006.

[3] 郑君里，应启珩，杨为理．信号与系统．3 版. 北京：高等教育出版社，2011.

[4] 管致中，夏恭格，孟桥．信号与线性系统．5 版. 北京：高等教育出版社，2011.

[5] 华容，隋晓红．信号与系统．北京：北京大学出版社，2006.

[6] 邱德润，等．信号系统与控制理论．北京：北京大学出版社，2006.

[7] 卡门(Kamen，E. W.)，等．信号与系统基础教程(MATLAB 版). 3 版. 高强，威银城，余萍，等译．北京：电子工业出版社，2007.

[8] 甘俊英，胡异丁．基于 MATLAB 的信号与系统实验指导．北京：清华大学出版社，2007.

[9] 袁文燕，王旭智．信号与系统的 Matlab 实现．北京：清华大学出版社，2011.

[10] 马金龙，胡建萍，王宛苹．信号与系统．2 版. 北京：科学出版社，2010.

[11] 谢里克(Sherrick，D. J.). 系统与信号入门．2 版. 肖创柏，罗琼，译．北京：清华大学出版社，2005.

[12] 程佩青．数字信号处理．3 版. 北京：清华大学出版社，2007.

[13] 郑大钟．线性系统理论．2 版. 北京：清华大学出版社，2003.

[14] 谷源涛．信号与系统习题解析．3 版. 北京：高等教育出版社，2011.

[15] 吴楚，李京清，王雪明．信号与系统例题精解与考研辅导．北京：清华大学出版社，2010.

[16] 乐正友．信号与系统例题分析．北京：清华大学出版社，2008.

北京大学出版社本科计算机系列实用规划教材

序号	标准书号	书　名	主　编	定价	序号	标准书号	书　名	主　编	定价
1	7-301-10511-5	离散数学	段禅伦	28	38	7-301-13684-3	单片机原理及应用	王新颖	25
2	7-301-10457-X	线性代数	陈付贵	20	39	7-301-14505-0	Visual C++程序设计案例教程	张荣梅	30
3	7-301-10510-X	概率论与数理统计	陈荣江	26	40	7-301-14259-2	多媒体技术应用案例教程	李　建	30
4	7-301-10503-0	Visual Basic 程序设计	闵联营	22	41	7-301-14503-6	ASP .NET 动态网页设计案例教程(Visual Basic .NET 版)	江　红	35
5	7-301-21752-8	多媒体技术及其应用(第2版)	张　明	39	42	7-301-14504-3	C++面向对象与 Visual C++程序设计案例教程	黄贤英	35
6	7-301-10466-8	C++程序设计	刘天印	33	43	7-301-14506-7	Photoshop CS3 案例教程	李建芳	34
7	7-301-10467-5	C++程序设计实验指导与习题解答	李　兰	20	44	7-301-14510-4	C++程序设计基础案例教程	于永彦	33
8	7-301-10505-4	Visual C++程序设计教程与上机指导	高志伟	25	45	7-301-14942-3	ASP .NET 网络应用案例教程(C# .NET 版)	张登辉	33
9	7-301-10462-0	XML 实用教程	丁跃潮	26	46	7-301-12377-5	计算机硬件技术基础	石　磊	26
10	7-301-10463-7	计算机网络系统集成	斯桃枝	22	47	7-301-15208-9	计算机组成原理	娄国焕	24
11	7-301-22437-3	单片机原理及应用教程(第2版)	范立南	43	48	7-301-15463-2	网页设计与制作案例教程	房爱莲	36
12	7-5038-4421-3	ASP .NET 网络编程实用教程(C#版)	崔良海	31	49	7-301-04852-8	线性代数	姚喜妍	22
13	7-5038-4427-2	C 语言程序设计	赵建锋	25	50	7-301-15461-8	计算机网络技术	陈代武	33
14	7-5038-4420-5	Delphi 程序设计基础教程	张世明	37	51	7-301-15697-1	计算机辅助设计二次开发案例教程	谢安俊	26
15	7-5038-4417-5	SQL Server 数据库设计与管理	姜　力	31	52	7-301-15740-4	Visual C# 程序开发案例教程	韩朝阳	30
16	7-5038-4424-9	大学计算机基础	贾丽娟	34	53	7-301-16597-3	Visual C++程序设计实用案例教程	于永彦	32
17	7-5038-4430-0	计算机科学与技术导论	王昆仑	30	54	7-301-16850-9	Java 程序设计案例教程	胡巧多	32
18	7-5038-4418-3	计算机网络应用实例教程	魏　峥	25	55	7-301-16842-4	数据库原理与应用(SQL Server 版)	毛一梅	36
19	7-5038-4415-9	面向对象程序设计	冷英男	28	56	7-301-16910-0	计算机网络技术基础与应用	马秀峰	33
20	7-5038-4429-4	软件工程	赵春刚	22	57	7-301-15063-4	计算机网络基础与应用	刘远生	32
21	7-5038-4431-0	数据结构(C++版)	秦　锋	28	58	7-301-15250-8	汇编语言程序设计	张光长	28
22	7-5038-4423-2	微机应用基础	吕晓燕	33	59	7-301-15064-1	网络安全技术	骆耀祖	30
23	7-5038-4426-4	微型计算机原理与接口技术	刘彦文	26	60	7-301-15584-4	数据结构与算法	佟伟光	32
24	7-5038-4425-6	办公自动化教程	钱　俊	30	61	7-301-17087-8	操作系统实用教程	范立南	36
25	7-5038-4419-1	Java 语言程序设计实用教程	董迎红	33	62	7-301-16631-4	Visual Basic 2008 程序设计教程	隋晓红	34
26	7-5038-4428-0	计算机图形技术	龚声蓉	28	63	7-301-17537-8	C 语言基础案例教程	汪新民	31
27	7-301-11501-5	计算机软件技术基础	高　巍	25	64	7-301-17397-8	C++程序设计基础教程	郗亚辉	30
28	7-301-11500-8	计算机组装与维护实用教程	崔明远	33	65	7-301-17578-1	图论算法理论、实现及应用	王桂平	54
29	7-301-12174-0	Visual FoxPro 实用教程	马秀峰	29	66	7-301-17964-2	PHP 动态网页设计与制作案例教程	房爱莲	42
30	7-301-11500-8	管理信息系统实用教程	杨月江	27	67	7-301-18514-8	多媒体开发与编程	于永彦	35
31	7-301-11445-2	Photoshop CS 实用教程	张　瑾	28	68	7-301-18538-4	实用计算方法	徐亚平	24
32	7-301-12378-2	ASP .NET 课程设计指导	潘志红	35	69	7-301-18539-1	Visual FoxPro 数据库设计案例教程	谭红杨	35
33	7-301-12394-2	C# .NET 课程设计指导	龚自霞	32	70	7-301-19313-6	Java 程序设计案例教程与实训	董迎红	45
34	7-301-13259-3	VisualBasic .NET 课程设计指导	潘志红	30	71	7-301-19389-1	Visual FoxPro 实用教程与上机指导（第2版）	马秀峰	40
35	7-301-12371-3	网络工程实用教程	汪新民	34	72	7-301-19435-5	计算方法	尹景本	28
36	7-301-14132-8	J2EE 课程设计指导	王立丰	32	73	7-301-19388-4	Java 程序设计教程	张剑飞	35
37	7-301-21088-8	计算机专业英语(第2版)	张　勇	42	74	7-301-19386-0	计算机图形技术(第2版)	许承东	44

序号	标准书号	书　名	主　编	定价	序号	标准书号	书　名	主　编	定价
75	7-301-15689-6	Photoshop CS5 案例教程(第 2 版)	李建芳	39	84	7-301-16824-0	软件测试案例教程	丁宋涛	28
76	7-301-18395-3	概率论与数理统计	姚喜妍	29	85	7-301-20328-6	ASP. NET 动态网页案例教程(C#.NET 版)	江　红	45
77	7-301-19980-0	3ds Max 2011 案例教程	李建芳	44	86	7-301-16528-7	C#程序设计	胡艳菊	40
78	7-301-20052-0	数据结构与算法应用实践教程	李文书	36	87	7-301-21271-4	C#面向对象程序设计及实践教程	唐　燕	45
79	7-301-12375-1	汇编语言程序设计	张宝剑	36	88	7-301-21295-0	计算机专业英语	吴丽君	34
80	7-301-20523-5	Visual C++程序设计教程与上机指导(第 2 版)	牛江川	40	89	7-301-21341-4	计算机组成与结构教程	姚玉霞	42
81	7-301-20630-0	C#程序开发案例教程	李挥剑	39	90	7-301-21367-4	计算机组成与结构实验实训教程	姚玉霞	22
82	7-301-20898-4	SQL Server 2008 数据库应用案例教程	钱哨	38	91	7-301-22119-8	UML 实用基础教程	赵春刚	36
83	7-301-21052-9	ASP.NET 程序设计与开发	张绍兵	39					

北京大学出版社电气信息类教材书目(已出版)

欢迎选订

序号	标准书号	书　名	主　编	定价	序号	标准书号	书　名	主　编	定价
1	7-301-10759-1	DSP 技术及应用	吴冬梅	26	38	7-5038-4400-3	工厂供配电	王玉华	34
2	7-301-10760-7	单片机原理与应用技术	魏立峰	25	39	7-5038-4410-2	控制系统仿真	郑恩让	26
3	7-301-10765-2	电工学	蒋　中	29	40	7-5038-4398-3	数字电子技术	李　元	27
4	7-301-19183-5	电工与电子技术(上册)(第2版)	吴舒辞	30	41	7-5038-4412-6	现代控制理论	刘永信	22
5	7-301-19229-0	电工与电子技术(下册)(第2版)	徐卓农	32	42	7-5038-4401-0	自动化仪表	齐志才	27
6	7-301-10699-0	电子工艺实习	周春阳	19	43	7-5038-4408-9	自动化专业英语	李国厚	32
7	7-301-10744-7	电子工艺学教程	张立毅	32	44	7-5038-4406-5	集散控制系统	刘翠玲	25
8	7-301-10915-6	电子线路 CAD	吕建平	34	45	7-301-19174-3	传感器基础(第 2 版)	赵玉刚	32
9	7-301-10764-1	数据通信技术教程	吴延海	29	46	7-5038-4396-9	自动控制原理	潘　丰	32
10	7-301-18784-5	数字信号处理(第 2 版)	阎　毅	32	47	7-301-10512-2	现代控制理论基础(国家级十一五规划教材)	侯媛彬	20
11	7-301-18889-7	现代交换技术(第 2 版)	姚　军	36	48	7-301-11151-2	电路基础学习指导与典型题解	公茂法	32
12	7-301-10761-4	信号与系统	华　容	33	49	7-301-12326-3	过程控制与自动化仪表	张井岗	36
13	7-301-19318-1	信息与通信工程专业英语（第 2 版）	韩定定	32	50	7-301-12327-0	计算机控制系统	徐文尚	28
14	7-301-10757-7	自动控制原理	袁德成	29	51	7-5038-4414-0	微机原理及接口技术	赵志诚	38
15	7-301-16520-1	高频电子线路(第 2 版)	宋树祥	35	52	7-301-10465-1	单片机原理及应用教程	范立南	30
16	7-301-11507-7	微机原理与接口技术	陈光军	34	53	7-5038-4426-4	微型计算机原理与接口技术	刘彦文	26
17	7-301-11442-1	MATLAB 基础及其应用教程	周开利	24	54	7-301-12562-5	嵌入式基础实践教程	杨　刚	30
18	7-301-11508-4	计算机网络	郭银景	31	55	7-301-12530-4	嵌入式 ARM 系统原理与实例开发	杨宗德	25
19	7-301-12178-8	通信原理	隋晓红	32	56	7-301-13676-8	单片机原理与应用及 C51 程序设计	唐　颖	30
20	7-301-12175-7	电子系统综合设计	郭　勇	25	57	7-301-13577-8	电力电子技术及应用	张润和	38
21	7-301-11503-9	EDA 技术基础	赵明富	22	58	7-301-20508-2	电磁场与电磁波（第 2 版）	邬春明	30
22	7-301-12176-4	数字图像处理	曹茂永	23	59	7-301-12179-5	电路分析	王艳红	38
23	7-301-12177-1	现代通信系统	李白萍	27	60	7-301-12380-5	电子测量与传感技术	杨　雷	35
24	7-301-12340-9	模拟电子技术	陆秀令	28	61	7-301-14461-9	高电压技术	马永翔	28
25	7-301-13121-3	模拟电子技术实验教程	谭海曙	24	62	7-301-14472-5	生物医学数据分析及其MATLAB实现	尚志刚	25
26	7-301-11502-2	移动通信	郭俊强	22	63	7-301-14460-2	电力系统分析	曹　娜	35
27	7-301-11504-6	数字电子技术	梅开乡	30	64	7-301-14459-6	DSP 技术与应用基础	俞一彪	34
28	7-301-18860-6	运筹学(第 2 版)	吴亚丽	28	65	7-301-14994-2	综合布线系统基础教程	吴达金	24
29	7-5038-4407-2	传感器与检测技术	祝诗平	30	66	7-301-15168-6	信号处理 MATLAB 实验教程	李　杰	20
30	7-5038-4413-3	单片机原理及应用	刘　刚	24	67	7-301-15440-3	电工电子实验教程	魏　伟	26
31	7-5038-4409-6	电机与拖动	杨天明	27	68	7-301-15445-8	检测与控制实验教程	魏　伟	24
32	7-5038-4411-9	电力电子技术	樊立萍	25	69	7-301-04595-4	电路与模拟电子技术	张绪光	35
33	7-5038-4399-0	电力市场原理与实践	邹　斌	24	70	7-301-15458-8	信号、系统与控制理论(上、下册)	邱德润	70
34	7-5038-4405-8	电力系统继电保护	马永翔	27	71	7-301-15786-2	通信网的信令系统	张云麟	24
35	7-5038-4397-6	电力系统自动化	孟祥忠	25	72	7-301-16493-8	发电厂变电所电气部分	马永翔	35
36	7-5038-4404-1	电气控制技术	韩顺杰	22	73	7-301-16076-3	数字信号处理	王震宇	32
37	7-5038-4403-4	电器与 PLC 控制技术	陈志新	38	74	7-301-16931-5	微机原理及接口技术	肖洪兵	32

序号	标准书号	书　名	主　编	定价	序号	标准书号	书　名	主　编	定价
75	7-301-16932-2	数字电子技术	刘金华	30	109	7-301-20763-5	网络工程与管理	谢　慧	39
76	7-301-16933-9	自动控制原理	丁　红	32	110	7-301-20845-8	单片机原理与接口技术实验与课程设计	徐懂理	26
77	7-301-17540-8	单片机原理及应用教程	周广兴	40	111	301-20725-3	模拟电子线路	宋树祥	38
78	7-301-17614-6	微机原理及接口技术实验指导书	李干林	22	112	7-301-21058-1	单片机原理与应用及其实验指导书	邵发森	44
79	7-301-12379-9	光纤通信	卢志茂	28	113	7-301-20918-9	Mathcad 在信号与系统中的应用	郭仁春	30
80	7-301-17382-4	离散信息论基础	范九伦	25	114	7-301-20327-9	电工学实验教程	王士军	34
81	7-301-17677-1	新能源与分布式发电技术	朱永强	32	115	7-301-16367-2	供配电技术	王玉华	49
82	7-301-17683-2	光纤通信	李丽君	26	116	7-301-20351-4	电路与模拟电子技术实验指导书	唐　颖	26
83	7-301-17700-6	模拟电子技术	张绪光	36	117	7-301-21247-9	MATLAB 基础与应用教程	王月明	32
84	7-301-17318-3	ARM 嵌入式系统基础与开发教程	丁文龙	36	118	7-301-21235-6	集成电路版图设计	陆学斌	36
85	7-301-17797-6	PLC 原理及应用	缪志农	26	119	7-301-21304-9	数字电子技术	秦长海	49
86	7-301-17986-4	数字信号处理	王玉德	32	120	7-301-21366-7	电力系统继电保护(第 2 版)	马永翔	42
87	7-301-18131-7	集散控制系统	周荣富	36	121	7-301-21450-3	模拟电子与数字逻辑	邬春明	39
88	7-301-18285-7	电子线路 CAD	周荣富	41	122	7-301-21439-8	物联网概论	王金甫	42
89	7-301-16739-7	MATLAB 基础及应用	李国朝	39	123	7-301-21849-5	微波技术基础及其应用	李泽民	49
90	7-301-18352-6	信息论与编码	隋晓红	24	124	7-301-21688-0	电子信息与通信工程专业英语	孙桂芝	36
91	7-301-18260-4	控制电机与特种电机及其控制系统	孙冠群	42	125	7-301-22110-5	传感器技术及应用电路项目化教程	钱裕禄	30
92	7-301-18493-6	电工技术	张　莉	26	126	7-301-21672-9	单片机系统设计与实例开发（MSP430）	顾　涛	44
93	7-301-18496-7	现代电子系统设计教程	宋晓梅	36	127	7-301-22112-9	自动控制原理	许丽佳	30
94	7-301-18672-5	太阳能电池原理与应用	靳瑞敏	25	128	7-301-22109-9	DSP 技术及应用	董　胜	39
95	7-301-18314-4	通信电子线路及仿真设计	王鲜芳	29	129	7-301-21607-1	数字图像处理算法及应用	李文书	48
96	7-301-19175-0	单片机原理与接口技术	李　升	46	130	7-301-22111-2	平板显示技术基础	王丽娟	52
97	7-301-19320-4	移动通信	刘维超	39	131	7-301-22448-9	自动控制原理	谭功全	44
98	7-301-19447-8	电气信息类专业英语	缪志农	40	132	7-301-22474-8	电子电路基础实验与课程设计	武　林	36
99	7-301-19451-5	嵌入式系统设计及应用	邢吉生	44	133	7-301-22484-7	电文化——电气信息学科概论	高　心	30
100	7-301-19452-2	电子信息类专业 MATLAB 实验教程	李明明	42	134	7-301-22436-6	物联网技术案例教程	崔逊学	40
101	7-301-16914-8	物理光学理论与应用	宋贵才	32	135	7-301-22598-1	实用数字电子技术	钱裕禄	30
102	7-301-16598-0	综合布线系统管理教程	吴达金	39	136	7-301-22529-5	PLC 技术与应用(西门子版)	丁金婷	32
103	7-301-20394-1	物联网基础与应用	李蔚田	44	137	7-301-22386-4	自动控制原理	佟　威	30
104	7-301-20339-2	数字图像处理	李云红	36	138	7-301-22528-8	通信原理实验与课程设计	邬春明	34
105	7-301-20340-8	信号与系统	李云红	29	139	7-301-22582-0	信号与系统	许丽佳	38
106	7-301-20505-1	电路分析基础	吴舒辞	38	140	7-301-22447-2	嵌入式系统基础实践教程	韩　磊	35
107	7-301-22447-2	嵌入式系统基础实践教程	韩　磊	35	141	7-301-22776-3	信号与线性系统	朱明早	33
108	7-301-20506-8	编码调制技术	黄　平	26					

相关教学资源如电子课件、电子教材、习题答案等可以登录 www.pup6.com 下载或在线阅读。

扑六知识网(www.pup6.com)有海量的相关教学资源和电子教材供阅读及下载(包括北京大学出版社第六事业部的相关资源)，同时欢迎您将教学课件、视频、教案、素材、习题、试卷、辅导材料、课改成果、设计作品、论文等教学资源上传到 pup6.com，与全国高校师生分享您的教学成就与经验，并可自由设定价格，知识也能创造财富。具体情况请登录网站查询。

如您需要免费纸质样书用于教学，欢迎登陆第六事业部门户网(www.pup6.com)填表申请，并欢迎在线登记选题以到北京大学出版社来出版您的大作，也可下载相关表格填写后发到我们的邮箱，我们将及时与您取得联系并做好全方位的服务。

扑六知识网将打造成全国最大的教育资源共享平台，欢迎您的加入——让知识有价值，让教学无界限，让学习更轻松。

联系方式：010-62750667，pup6_czq@163.com，szheng_pup6@163.com，linzhangbo@126.com，欢迎来电来信咨询。